Plutopia: Nuclear Families, Atomic Cities, and the Great Soviet and American Plutonium Disasters

鈽托邦

失去選擇的幸福
與核子競賽下的世界墳場

凱特・布朗
Kate Brown｜著

張家綺｜譯

獻給英年早逝的南茜・伯恩科夫・塔克（Nancy Bernkopf Tucker）

目錄

作者序

這本書要講的是在恐懼、仿效、瘋狂的製鈽過程中，兩個社群團結相擁的故事，里奇蘭（Richland）是華盛頓州東部城鎮，奧爾斯克（Ozersk，意思是「湖谷」）則位於俄羅斯烏拉山南方，兩者是冷戰時期的死對頭，卻有不少共通點。核武工廠製造的不只有飛射導彈和飛彈，還在獲獎模範社區裡，帶來幸福的童年記憶、負擔得起的房價、優秀學校，這些社區成了為新核心家庭遮風避雨的港灣。里奇蘭和奧爾斯克的鈽先鋒回憶道，他們過去從不需鎖門，孩子可以安心外出遊晃，鄰居友善親切，也不見失業、貧窮、犯罪的蹤跡。聽見這些身為核軍備競賽引爆點的城市，沾染上安全、生活有保障的回憶，讓我相當困惑。在產鈽都市，安檢人員和醫師忐忑焦慮地監督居民，更布下線民網絡，進行電話監聽、強制施行醫療健檢。同時工廠工程師也以飛快速度，馬不停蹄製造鈽，隨心所欲污染附近景觀，帶來空前災難。

在所有核武生產線的停靠站，製造鈽導致的污染是最嚴重的。最終產物每公斤會形成數十萬加侖的輻射廢料。里奇蘭附近的漢福德（Hanford）鈽工廠和奧爾斯克隔壁的馬亞科（Maiak）工廠，分別在周遭環境，釋放至少兩億居里的放射線，這是車諾比排放數量的兩倍。鈽工廠留下幾百平方英里不宜居住的地區、污染河川、骯髒田野森林、幾千人聲稱鈽工廠流出的放射線害他們生病。

車諾比無人不知，無人不曉，那為何沒什麼人知道漢福德和馬亞科？在這兩個慢動作踏入災難的地區，為何居民會覺得這裡可愛，令人滿心憧憬？里奇蘭和奧爾斯克的領導人喜歡細數他們城鎮裡有多少博士，那麼這群對自我知識心滿意足的人，為何會同意數十載蒙在鼓裡，對身邊嚴重的環境污染一無所知？

為這本書進行研究時，我很詫異發現負責製作世界第一批鈽產品的權勢人物，除了擔心石墨和化學處理廠，亦對住房、消費、學校、休閒活動憂心忡忡。除了反應爐，他們蓋了以家庭與消費者為取向的社區，勞動階級的薪資和生活並不輸中產階級，這現象並不常見，接下來幾十年，單一階級化的富足藍圖甚至挪用在民用核能計畫。車諾比反應爐周圍的普里皮亞季市（Pripiat）位處烏克蘭的貧困偏鄉地帶，可說是罕見的現代化城市，都會便利性十足。福島核災後，媒體報導描述日本電力公司雖然對安全錙銖必較，卻大手筆資助深受美國靈感激發的「核能村」，打著中產階級富庶的願景，販售核能[2]。核能和高風險富庶的長久關係，著實讓我好奇。

奧爾斯克和里奇蘭是國營企業，由公司大老管理。在美國來說，里奇蘭的分身非比尋常，因為沒有私有財產、自由市場、地方自治；奧爾斯克是蘇聯十座祕密核城之一，地圖上找不到，與世隔絕，每位居民都需要特殊通關才能住在那裡。奇怪的是，居民似乎對這種限制重重的安頓很滿意。五〇年代的里奇蘭，選民在兩場不同選舉中斷然拒絕法人化、地方自治、自由企業，而在九〇年代後半，百分之九十五的奧爾斯克民眾甚至投票表示，希望保留該城的柵欄、警衛、通關系統。我動筆的這一刻，奧爾斯克依舊過著與世隔絕的生活，柵欄環繞、戒備森嚴。我好奇他們為何做出這種選擇，鈽城人民為何選擇放棄公民權和政治權？蘇聯人民沒有選舉政治，沒有獨立媒體，但里奇蘭居民住在活躍的民主世界，為何有名的制衡原則失敗到更勝車諾比的災情，會發生在美國的心臟地區？

以上就是驅動我寫這本書的問題。找出解答的過程中，我發現美國和蘇聯核能領袖發明出全新的「鈽托邦」，誘拐員工答應吸收鈽生產的風險，犧牲自我。鈽托邦獨享獨有、門禁管制、夢寐以求的社區，滿足了美蘇戰後社會的諸多欲望。鈽托邦井然有序的繁榮富足，讓多數災情目擊者甘願漠視周遭堆積的放射線廢料。

這是第一本穿插敘述美國與蘇聯鈽災歷史的書籍，我希望這本書問世後，不再有人搬出這兩段歷史應該分開述說的理由。奧爾斯克人民曾說，若你在地面鑽一個孔，這個孔洞會直接連到里奇蘭，這也是我對這兩座城市的想像：繞著彼此打轉，相連在同一條軸線上。里奇蘭和奧爾斯克像是彼此的倒影，而且是刻意操控的倒影，關於這點，我會在書中闡述，這種重疊倒影是情報人員和社區推手謹慎策劃的布局，他們既害怕自己的核能競爭對手，也恐懼鈽製造業步入終點。

故事總共分成四個階段，第一、二部濃縮了華盛頓州東部自一九四三年起、烏拉山南部自一九四六年後，移工、獄友、士兵建蓋大型鈽工廠的時期，起初美國和蘇聯領導人計畫在軍隊營區利用軍事人力製作鈽，偏偏建築工人喝酒鬧事，讓美國和蘇聯工廠經理大驚失色，趕緊改變主意。他們得出一個心得，那就是世界第一座鈽工廠的作業員絕不能像他們製造的產品一樣反覆無常。

想要解決移工暴力相向、不守秩序，遠離家人和社群的失序狀況，就要讓鈽操作員建立核心家庭，安居樂業，生活在富裕專屬的原子城市。美國人稱里奇蘭是「村莊」，讓人想起美國民主的田園神話根源。蘇聯說奧爾斯克是「社會主義都市」，指向沒有赤貧村莊的共產神話未來。政府官員不惜鋪張打造鈽托邦，用在學校的經費高於用在放射性廢料貯存的費用，花在居民身上的資金亦高出鈽托邦外的人民。冷戰應允富足豐碩、提升社經地位的能力、消費自由，而這些諾言都在鈽托邦一一實現，焦慮的居民逐漸開始相信領袖、相信他們的工廠安全無虞、相信這項國家任務的公正性。隨著鈽托邦日趨成熟，居民亦放棄公民權和生命權，擁戴消費權。

以人口統計學來看，鈽城屬於勞動階級，但由於他們多金富足，因此在當時和現代的記憶裡，它們都是中產階級的飛地。在美國和蘇聯，中產階級的專業人士侵占勞動階級，代他們發聲，在一個難以歸類的「無階級」社會納入他們，藉此形塑捏造國家記憶[3]。階級注定消失，因此蘇聯和美國工廠員工漸漸認同中產階級督導和科學家，相信他們的說法：工作場所和住家都絕對安全。

鈽托邦不能靠一己之力存活，歷史學家布魯斯・赫夫利（Bruce Hevly）和約翰・芬德雷描述，漢福德鈽廠是如何四處開設一系列的「集散待命區」，亦即收留低階員工的短期營區和駐防地[4]。我發現南烏拉山的勞動營和駐防地周圍的富有飛地，也可見同樣景觀。在鈽托邦城市周遭，美國和蘇聯領導人也建立士兵、囚犯、少數族群、農夫、移工的社區，這群人都沒有資格跟鈽托邦的「神選之民」平起平坐，而是服侍他們、替他們付錢。為何大費周章將他們隔離成不同社區？為何不乾脆打造常見的大型工業城，上游和逆風地區住著上流富人，下游及順風地區則是勞動階級的天地？這些有關都會史的問題答案，都深受科學、醫學、公共衛生歷史影響，也不脫情報與核安歷史，皆一一道出領地區分的重要性，將人們依照階級和種族進行隔離，這個做法不僅決定了他們的富有程度，更決定了健康程度。

人們安分待在各自的社區裡，但鈽和放射性副產品卻不識邊界。第三部講述工廠操作員躲在雙層蛇腹式鐵絲網和帶刺鐵絲網後方，大量生產鈽的年代。工廠密不通風的安檢以及核區與非核區的隔離地帶，形成我所謂的免疫區，工廠經理可以自由挪用預算、盜用侵占、隱藏意外事故，最可怕的是行污染之能事。烏拉山的蘇聯工程師效法美國經驗，採用快速省錢的方式朝地底、當地河川傾倒廢料，將放射性氣體噴發至天空。幾年下來，工廠操作員意外頻傳，有些驚天動地，例如一九五七年馬亞科廠區的大爆炸，但多半洩漏都是定期進行、刻意安排，操作員傾倒廢料時，放射性粒子會隨風飄入氣流、滲透至飲用水，順著河水流走。

研究的頭幾年，華盛頓東部和烏拉山南部的科學家意識到，國家製作的分裂產物具有哪些危險，亦得知放射性同位素會在食物鏈沈澱，進入身體，先是動植物，再進入人體，最後堆積在內臟，破壞細胞。最早的工廠負責人很擔心這種「流行病」，憂心著鄰區人民會明顯爆發個別疾病案例，但隨著時間過去，暴露在放射性物質裡的員工和鄰居卻未出現顯見的疾病模式，這並非全是意外，科學家對實驗室動物進行實驗後，發現各種放射性同位素會以不同方式影響人體，而放射性物質發生中毒情況時，兩個不同人出現的反應也不盡相同[5]。科學家也發現，人體接觸的劑量若較低，會需要長時間才會明顯衰弱死亡，工廠經理默默祈禱潛伏期足以讓科學得出最新進展，找到辦法解決未來的放射性同位素洩漏和擴散的問題，因此沒有採用耗時而所費不貲的全新設計，保護員工和鄰近居民。

經證實，地表結構就和人體的情況一樣，很難發現放射性同位素，研究員並未運用常見的同心圓地圖，顯示愈接近污染源情況愈嚴重，反而畫出一張色彩繽紛的地圖，在距離鈽廠幾英里外，偵測出意想不到的一幅射熱點」，反應爐附近一帶反而沒有污染，放射性副產品的狡猾特色和健康危害不易預測、定位、分析，這一點讓美國和蘇聯領導人安然打發問題。經理發現更受歡迎的政策做法，即將安檢和廢料貯存的資金，挪用在鈽托邦的消費品、服務、優秀住房、高薪上。

面對保密到家卻隱隱浮現的環境巨災，將地帶分隔成鈽托邦和集散待命區是種很方便的做法。鈽托邦的人民年輕多金、擁有全職工作，有人看顧健康狀態，從調查數據上來看十分健康。而移工、囚犯、士兵則在污染場地進行建設工作，意外發生後，負責清理洩漏物質、修復工廠建物的也是他們。身為臨時工的他們沒人看顧，他們就是現代人稱的「遊牧民族工人」，結束一份工作後就繼續找下一個，順道帶走他們吸收的放射性同位素和隨之而來、可能留下流行病足跡的健康問題。

鈽廠附近住著農夫和原住民，跟鈽托邦居民不同，他們並非全靠偏遠的消費者市場存活，主要靠當地土地維生，也就是放射性同位素熱點日益增多的順風處和下流地區。鈽廠在當地發展設點時，也有愈來愈多人搬進核能緩衝區及傷害的勢力範圍，這些人也幾乎沒有受到放射性物質接觸的健康監測，換言之，風險會沿著階級和富庶的路線校準方向，多少與核安地圖的主要和次要區相符。

第四部追蹤到最早發現自己住在放射線前線的先鋒。一九八六年車諾比核災後，吹掀了核能電廠安檢機制的封蓋，順風處和下流河域的居民開始把社區出現慢性病的遭遇、先天缺陷、不孕、癌症的高機率，全怪到鈽廠頭上。但「鈽幕」長期守住鈽廠放射性足跡的知識，因此居民有苦難伸。幾十年來，知悉祕密真相的專家對外拍胸脯保證，工廠安全無慮，他們使用的劑量也落在允許範圍內，藉此打發外行人的關注。

一九八六年後，地方農夫、記者、社會運動人士要求意外紀錄及環境健康研究，堅持要求獲知公司和政治捐客究竟都讓他們背負什麼樣的風險。法庭戰爭接著開打，自行組織的受害者團體以知識、自由、公民權的新穎概念組成合作。

這是長期關注政治、公民、消費自由的美國和蘇聯社會運動分子展開的全新傑出運動，訴求是最基本的人身權利[6]，旨在力抗私呑高核武製造利潤，卻讓群體社會陷入衛生和環境風險的企業承包商。社運人士全副武裝，披上競爭對手的科學專業知識和他們自身的社區衛生研究上陣。過程中，他們也創造出嶄新的公民參與形式，後來烏克蘭和日本的社運團體也採用相同模式。

雖然還有其他大型的核武跨國歷史，以及原子計畫或核設備的國家地區史，但《鈽托邦》卻是一部將軍備競賽結合炸彈製作地區及人民生活的跨國歷史[7]。故事敘述從高聳的間諜衛星，降落至街道視野，專注在十字瞄準線範圍的核能毀滅城鎮，就是為了講述，對於勤奮製造炸彈的工人以及與環境分裂物質朝夕共處的農夫鄰居而言，原子時代究竟具備什麼意義。

冷戰期間，宣傳家和權威經常拿美蘇兩國做比較，目的是赦免其中一方的不公正或錯誤。但我反而把這兩個鈽社群擺在一起，顯示出無論冷戰如何分裂，鈽都為這些生命帶來羈絆。我認為世界首兩座鈽城共有的特質，超越了政治意識型態和國家文化的藩籬，皆源自核能安全、原子情報、放射線危害。美國與俄羅斯的鈽托邦之間關鍵影響健康和疾病的主要差異，就是里奇蘭及鄰近地區的居民，生活在相較之下富有許多的國家，意思是雖然他們為核能安全所做的犧牲不小，遭遇卻不比奧爾斯克居民包羅萬象。

文件資料為這本書提供了敘述框架，我在十幾間美國和俄羅斯檔案資料庫進行研究，將主力放在歷史學家前輩的研究資料。文字紀錄驚人，描述官員所知道的事、他們決定隱瞞的事、他們選擇揭露多少事實，以及他們這麼做的原因。而打造科學和決定政策的官員說詞則彰顯出，核能安全狀況是怎麼與都市景觀、公共衛生災難、環境散播污染的發生息息相關。

在核能都市及鄰近地區生活與工作的人，即是本書的主角，過去五年來，我和不可思議的人物進行了幾十場訪談，這些人都是因為轉換事業跑道，或出生地發生意外，因而踏上這齣戲劇的舞台。許多簽署過合約，誓言一輩子都不說出去的人，最後都答應和我面談，是因為他們親眼見證的不公義，讓他們忿忿不平。俄羅斯原能部（Russian Ministry of Atomic Energy）並未發給我進入奧爾斯克的許可證，於是我和他們約在鄰近城鎮村莊見面，這種安排讓人不禁想起冷戰間諜小說的情節。有些人緊張地竊竊私語，使用暗示密語，還有幾個人拒絕讓我公布名字，因此我替少數不樂於曝光的人取了假名。

有幾個人告訴我的故事聽來狀似想像情節，不禁讓我懷疑內容的真實性，但經過查證，他們說的故事多為屬實。我學到要注意不可靠敘事者說的話，並把他們當作豐富情報來源，這些人看待周遭環境的視野可能更寬廣，而不是常見的偏狹觀點。由於訪談情境通常決定內容，因此我會敘述我是在哪個地點和時間點，與情報來源碰面，我也會描述他們的脆弱和我本身對文化的遲鈍，顯示出訪談過程如同檔案資料研究，亦充滿省略、矛盾、刻意及不經意的無知。有些訪談對象帶著懷疑或不信任的態度與我見面，因為我在為這本書進行研究時，自己也成了把災難當好戲看的觀光客。對他們而言，我才是那個不可靠的敘事者，或許對某些讀者來說我也不可靠，要這麼想也沒有錯，我沒有打著揭露真相的名號，只是希望照亮真相的一小角，也期盼聽見其他說法和詮釋。

為冷戰煽風點火的政治敵意已然消退，但世界歷史的核能章節還沒寫完。鈽廠周圍的毀滅性景觀，布滿密密麻麻、穿透性強烈的放射性廢料地雷，人們繼續生病，並且相信這一切都是放射性物質所致。美國和日本的核能廢料目前無家可歸，這個情況證明了安全存放爆炸性高、極不穩定的放射性同位素，是一個複雜問題，而同位素會自燃至幾百度高溫、腐蝕金屬、滲透土壤，隨時被植物吸收，並延續幾萬年之久。核能的賭注很大，人們亦忍不住拒絕承認和否定隱形看不見的放射性同位素，在車諾比和福島之前，還有漢福德和馬亞科，以及兩個鈽托邦的慣例：將地域分隔成「核」和「非核」地區，對安全和廢料處理事務吝嗇，將製造列為第一順位、壓下意外情報、偽造安全紀錄、雇用短期「職業遊牧民族」從事骯髒工作、遮掩員工生病與放射線地帶的真相、供應特殊選民大方的政府經費、安撫人心的公共關係計畫。與此同時，試圖警告大眾留意意外和公共衛生問題的告密者，卻在封閉的鈽廠遭到監控、騷擾、跟蹤、恐嚇，這情況無獨有偶，在冷戰結束後的美國或俄羅斯同時上演。而這一類場景，不少都在一九八六年的烏克蘭及二〇一一年的日本重新登場。

《鈽托邦》講的是許多核能居民遲遲不能面對的遺產，遲遲無法釐清該怎麼談的事，即便現在世界領袖都在討論「核能復興」正日漸崛起。要隱瞞軍事化隔離的核災情況並不困難，這解釋了為何車諾比和最近的福島核災壓不下來，而漢福德及馬亞科的鈽災卻幾乎沒人聽過。我希望世界兩大放射性污染最嚴重的居民故事，能鼓勵讀者重新檢視核能歷史。

第一部　西方核前線的禁閉空間

1 馬提亞斯先生前往華盛頓州

一九四二年十二月，美國陸軍工程兵部隊（U.S. Army Corps of Engineers）中校法蘭克·馬提亞斯（Frank Matthias）寫下當月遊記，記載他是怎麼橫跨美國西部內陸，來到幾個抵達不易、飽經憂患的所在[1]。馬提亞斯跟兩位杜邦化工公司（DuPont Corporation）的高層合作，為了曼哈頓計畫*，尋覓最適合建造世界第一座工業級鈽工廠的據點，陸軍工程兵部隊負責監督這項計畫，杜邦則是該工廠的主承包商。

一幫人馬在濃霧中行駛，穿越哥倫比亞盆地（Columbia Basin），行經貌不驚人、荒蕪淒涼的小型家庭農場，經過晦暗光禿的旱地自家農場，以及灌溉淤塞渠道的小型水泵房。在幾座護牆板已然褪色、僅有兩條街的「城市」，他們的車子開進開出，城鎮猶如乾涸遼闊鄉間裡的一顆寂寞星點，是內陸帝國州**的遺跡，也是將鼠尾草和沙子化為繁榮富饒的幻想。當初的夢想是將沿著哥倫比亞盆地、朝上流經的雄偉高山河流，打造成大型水壩，作為工業發展、農耕灌溉使用的發電，十九世紀末的殖民者說服自己相信，哥倫比亞盆地是「窮人的鄉間天堂」，意思是只要勤奮努力，即使沒錢投資，都能靠土地致富[2]。然而，覆蓋火山粉塵的土壤富含礦物質卻乾燥不已，每年降雨量僅介於六至八寸（約十五至二十公分），牛群被牽來這塊土地前，高聳山巒和起伏平原表面覆蓋著猶如波浪的叢生禾草。牛群、綿羊、犁頭易如反掌地清空了這片處女草地，火

* Manhattan Project，第二次世界大戰期間，研發製造原子彈的大型軍事工程。

** 伊利諾州的別稱。

車和馬車運送拋下「外地侵略」的植物種子，例如俄羅斯薊、沙棗、絹雀麥，它們吸乾其他植物所需的水分，而在耕犁或建設計畫過後，輕如蒲公英種子的土壤便飄入空中，對此老一輩記憶猶新，輕飄飄的沙土能附著在所有物品上，卡在機械裡、刺痛人們的雙眼、撕裂皮肉。窮人都買得起七十分錢的土地，但半沙漠地耕作屬於資本密集型農業，沒錢灌溉的農夫往往只能眼巴巴望著乾旱農地，繼續寸草不生。

四名訪客搭乘政府專車，在梅森城（Mason City）度過一宿，隔日又繼續駛在凹凸不平的顛簸道路，馬提亞斯登上一架小飛機，在庫利大水壩（Grand Coulee）和沙漠上空盤旋。這座水壩是當地新聞工作者魯夫斯．伍茲（Rufus Woods）的傑作，雖然伍茲的政治傾向保守，但三〇年代初的蘇聯龐大水壩賦予他靈感，伍茲為了這個開發案成功爭取到羅斯福新政資金。一九三四年，羅斯福總統參訪該區域，高聲宣揚庫利大水壩對這片他稱為「希望遺棄之地」[3]的土地將大有利處。

支持推手把水壩推銷成史上最大水壩，還特別強調比蘇聯水壩來得浩大[4]，國會議員荷馬．伯恩（Homer Bone）將水壩當作一種承諾，能讓獨立小農力抗大企業和大型牧場經營，否則他只怕這些機構的勢力將閹割宰制其他小型事業。政府蓋水壩，美國獨立小農也能從中獲益，連帶享受電力的好處，以及城市的便利與生產效率。水壩能串連國內各界，集結筋疲力竭的內地農夫與岸邊的富饒中產階級。庫利大水壩的訴求是美國民族主義，但這麼做的同時，卻也承認了蘇聯作風、國家資助發展的優點，這一種由國家領軍的資本主義，將在接著幾十年重整華盛頓州東部。

詆毀唱衰的人警告沒有必要建造水庫，他們問，政府為何要挑在經濟大恐慌的時刻，建造一座沒人想要的電力水壩，只是為了重新討回無人需要的兩百畝地嗎[5]？評論家說到重點了，水壩沒有朝推動者的預期發展，等到水壩一蓋好，輸電線以迅雷不及掩耳的速度，從哥倫比亞盆地將電力一路送至西部，為普吉特海灣（Puget Sound）一帶的工廠和城市供電。同時，美國墾務局（Bureau of Reclamation）正在規劃哥倫比亞盆地計畫，這份建造水泵房和灌溉溝渠網絡的野心計畫，目的是將好幾百萬英畝的沙漠變成綠地。然而，經濟大恐慌市場的農產品供過於求，因此計畫延宕。

但正值顧客饑荒期的大水壩卻吸引法蘭克・馬提亞斯，來到嗡嗡作響的渦輪前。馬提亞斯很懂水壩，三〇年代初期曾在田納西河流域管理局（Tennessee Valley Authority）任職的他，日記裡的反應不若觀光客，無論是庫利大水壩的規模，或周遭熔岩地猶如外星球的岩石構造，皆未讓他大嘆不可思議。馬提亞斯只是注意水壩使用的千瓦電力以及輸電線方向，對此佩服不已[6]。遇到馬提亞斯後，這座沒有必要興建的水壩總算找到主顧。

馬提亞斯最終選擇華盛頓州漢福德當作世界第一座鈽工廠的據點，乃因為這裡具備他尋尋覓覓的特質：哥倫比亞河取之不盡的潔淨水源、電力保證無所匱乏、多半歸屬政府的土地，以及空氣中飄散著的失敗氣息[7]。他拒絕挑選其他更近庫利大水壩的地點，因為這些地點的麥田豐饒，農場繁榮。這位舉止溫文爾雅的土木工程師可以想見，移走那群費盡心血及經費灌溉土地、農作物收益安穩的農夫，會有多麻煩。馬提亞斯發現，漢福德和懷特布拉夫（White Bluffs）的「前景看好」，因為該地區農作物品質惡劣，牧場破舊不堪[8]。「我很滿意，」馬提亞斯去信曼哈頓計畫總司令雷斯里・葛羅夫斯將軍（Leslie Groves）時描述：「整體人口數量稀少，大多農地的價值看來都不高[9]。」馬提亞斯在漢福德找到他一直在尋覓的東西：需求與破產。馬提亞斯對當地居民過著窮苦日子感到滿足，雖然近似冷血無情，事實上卻是慈悲善舉。馬提亞斯以「毀城之父」的身分來到這些不見發展的社區，進行夷平計畫。

馬提亞斯所稱的貧困並非空穴來風，法蘭克林郡（Franklin County）一半土地早在二〇至三〇年代遭抵押或遺棄，一九四二年，人口數更從一九一〇年的高峰，足足降了四成，原本的漢福德牧場城鎮位居哥倫比亞河彎處，哥倫比亞大平原上，只見河川緩緩朝東南方流去。這片平原猶如一紙碩大淺碟，位在卡斯克德山（Cascades）和洛磯山脈（Rockey Mountains）之間；巨大圓碗的最低點，接近漢福德的哥倫比亞河，則變成了沙漠河川，幽暗蜿蜒過滾草、鼠尾草和凹凸不毛的火山地帶。該區域最重要的歷史地理學家梅尼格（D. W. Meinig）把鄰近鄉間形容成飽經饑荒摧殘的軀體：「挨了幾頓餓、形體消瘦的大地，貧瘠排骨清晰可見，稀少的土壤就是它唯一單薄的肉體。[10]」

一九四三年，水壩開始輸送電力，支持杜邦公司負責的浩大祕密政府建案，在當時，杜邦可是美國最大企業之一。一九四三年後，當地活動推手不再鎖定獨立小農的內陸帝國州，雖一開始躊躇不決，後來卻熱血沸騰搭上便車，靠私人公司支持、聯邦政府補助擴建的軍事工業建物，海撈一票並且致富[11]。

在這之前，美國西部淘金夢故事早已寫過千百遍，但這次，庫利大水壩和漢福德卻讓華盛頓州東部與連袂強大企業的大型政府熱情相擁，將原住民驅離自己的家園，重新規劃數百平方英畝的領土[12]。若你仔細觀察美國西部的驅逐史模式，也許在一九四二年尾，馬提亞斯的政府座車抵達當地時，就能預見這個發展。但顯然沒人料想到這個局面。一九四三年二月，兩千名漢福德、懷特布拉夫、里奇蘭居民收到通知郵件時，皆萬萬沒想到會冒出這個發展，聯邦政府準備回收他們的土地、牧場、果園、住家、公司。通知信裡說他們有數週至數月時間，可以帶著全部家當財產撤離。聯邦鑑定人提供的賠償金額多半不包括當年徵收的作物費用，更別說不動產價值。對當地人來說，這一整個發展形同土匪搶劫。里奇蘭的巴內特（C. J. Barnett）回憶當時，居民都相當震驚，不可置信地重複說著：「他們怎能這麼做！[13]」

話雖如此，哥倫比亞河彎的居民依舊遭到驅離，並且是以刻不容緩的高效率完成撤離。幾千人井然有序地離開，馬提亞斯很滿意「農夫沒有激烈反對抗議」[14]。要是換作廉價通俗小說的劇情，一幫印地安人衝進去，攻擊牧場小鎮時，照理說農場的所有權主人會舉槍反擊才是。但面對政府侵門踏戶，他們束手無策，只能逕自收拾好行囊，向法庭發出請願書，期望爭取到更合理的賠償。[15]好比他們之前的印地安人，面對神聖漁獵地被變成一平方英里寬的地區，他們無能為力，而當地農夫百思不解地被迫放棄成為「聯邦儲

懷特布拉夫，一九三八年。美國能源部提供。

備用地」的農地，對此也手無寸鐵。曼哈頓計畫的接管並沒有實質接手的單位，意思是他們沒有實際抗爭的對象，沒有能夠接受他們砲轟襲擊的對象，徒留當地農夫癱瘓消極，讓他們在內陸帝國州歷史的下一個章節，由原本的參與者，變成了旁觀者。

2 遠走高飛的勞工

聯邦工作人員和公司經理在一九四三年春天，帶著自然災害翩然降臨華盛頓州東部，點燃沈睡農耕小鎮的星星之火。曾經目睹鄰居逐漸流失，野草緩緩占領農地的牧場主人，剎然驚見一場時空的物換星移。杜邦為漢福德計畫案製作的機密紀錄片，播映出毫不費力的轉型過程：空曠田野一轉眼變出建築地基，地基上再堆疊鷹架，工人粉刷完工建物，傢俱運送穿越嶄新的松木大門，職員在竣工大樓門前打卡[1]。讓千挑萬選的內部觀眾觀看的杜邦紀錄片，是舒心簡化的縮時過程。觀眾幾乎沒在影片中看見臉孔或身影，工作差不多全交由接上怪手和起重機的內燃引擎，移除土塊、堆砌鋼筋、攪和混凝土。機械輕而易舉超越人類極限，影片製作人在剪接室刪剪了操作機械的工人影像，一併移除各式各樣的情緒：驚愕、期待、無聊、恐懼，口角衝突、揮汗如雨著建蓋這座巨大鈽廠的畫面，也一幅不留。

一如眾多人提供的歷史證詞，這部紀錄片呈現的現實只是白日夢。建造漢福德的不是機器，而是人，而且是成千上萬的人。從安全和保護措施的角度來看，選在地處偏遠的漢福德很有道理，但以保住勞工的角度來看，卻錯得離譜。前來建蓋漢福德的法蘭克・馬提亞斯中校和杜邦經理最主要長久的問題，不是怎麼操縱機械，而是人，最大的難題是該怎麼讓他們願意來到偏遠險惡地帶，乖乖留著做事。

因此馬提亞斯的主要職責就是採購專員，在大規模建案裡擔任掮客，不只為了興建鈽工廠，也為工廠建造運作而創建的幾個特別社區招攬人力。他的第一份工作就是為這份專案招聘員工，起先是工程師和公務員，不過馬提亞斯很快就需要實力更雄厚的後衛和技巧精湛的勞工。為了大興土木蓋這座工廠，人力資源計畫在頭幾個月已飆升至幾萬人[2]。馬提亞斯和杜邦經理投注大把時間和資源招兵買馬，即便如此，一年半過去，場地員工仍舊不足[3]。在最關鍵的前十八個月，杜邦公司建案所需的員工有五至七成空缺。幅員遼闊的反應爐地基需要更多裝載、搬運、挖掘的人手，或替長如峽谷的化學處理廠傾倒幾英里的混凝土。即使員工數量已達高峰，在一九四四年六月共有四萬五千人，但高達兩成的勞工流動率卻讓工地深受其害[4]。

由於拖垮了建設步調，勞力短缺依舊是工地最嚴重的問題，杜邦經理為了最終趕上預定進度，疲於奔命。葛羅夫斯將軍向杜邦高官實施高壓，逼他們盡快完成工業反應爐和鈽加工廠的作業。一九四三年，杜邦專案經理克勞福．格林瓦特（Crawford Greenwalt）自信滿滿保證，會在一九四四年底交出加工完成的鈽[5]。不到幾個月，格林瓦特就發現自己鑄下大錯。一九四三年夏天，由於欠缺木工，占地遼闊的工廠及反應爐建案停擺。八月，杜邦員工的工廠進度繳白卷[6]。十一月，杜邦主管央求葛羅夫斯將軍大發慈悲，再多給他們一點時間[7]。

地點就是招募員工的最大障礙。乃爾．麥克葛雷格（Nell Macgregor）在她的傳記裡，回憶當初剛抵達漢福德的故事。她離開位處美國海岸的美麗奧勒岡州，橫越大陸抵達這座「荒原」，她不禁打了個寒顫，望著貧瘠光禿的山麓小丘「低低蹲伏於土地之上」，她與炯炯天空之間毫無障礙，無遮蔽的空間緊緊壓迫著她。

卡內爾（T. R. Cartnell）則猶記搭長途公車抵達時，聽見有個女人發牢騷：「你立刻帶我離開這裡，馬上回田納西州，否則我就帶著孩子離開你。這地方怎麼能住人！[8]」漢福德強風不止，可足足吹上好幾天，震得紗門、防水屋頂嘎吱作響，人們精神緊繃，狗兒不時吠叫，家庭主婦瞪著丈夫頸子，手裡撥弄著切肉刀，這是推理小說作家雷蒙·錢德勒（Raymond Chandler）有名的描寫。推土機在工地上夷平陸地，強勁大風颳起毛茸茸的土，沈積在灰綠色雲朵裡。許多經歷過黑色風暴事件的老手為了找口飯吃，現身漢福德*，當他們認出沙塵暴逼近時空氣獨有的沙沙味道，看見幽幽暗下的天空，能見度降至幾呎（約一公尺）時，連忙轉身搭下一班公車離去，逃之夭夭。「他們連過夜都省了，」羅布里·強森（Robley Johnson）回憶道：「這樣的人並不在少數。[9]」

二〇〇六年八月，我也踏上同樣的旅途，前往漢福德。之前我曾多次從西雅圖開車旅行，但景觀瞬間轉變為華盛頓州東部錚亮起伏的陸地時，還是再次令我大吃一驚。當我那日近午抵達里奇蘭時，炙熱柏油在腳底下塌陷，太陽曬得城市的公路商業區一臉蒼白，猶如平面般乾扁。我和漢福德遺址歷史學家蜜雪兒·吉伯約好見面，她答應要帶我去看核廢料處理廠。在我收到一個旅客證章後，我們便爬上政府的休旅專車，將車內冷氣調到最強。因為這趟旅途不短，我們遂停下吃三明治，吉伯警告我，我們將進入綿延不絕的空曠地帶。

一九八六年，身為單身母親的吉伯失業，政府官員剛發布一萬頁的漢福德銷密文件檔案，這些頁紙是鈽工廠機密圍牆的第一條裂縫。吉伯是專業的歷史學家，馬上嗅出銷密檔案的價值。送孩子去學校上課後，她前往里奇蘭新開放的能源部小閱覽室，讀這些檔案。她告訴我，每天她都在等《紐約時報》的人帶著大批研

* Dust Bowl，三〇年代在北美發生的沙塵暴侵襲事件。經歷幾十年的農業擴張、過度開墾和乾旱後，北美大平原表土遭受嚴重破壞，颳起連日沙塵暴，影響範圍約四十萬平方公里，乾旱導致土地荒蕪，許多居民因此被迫撤離，流離失所。

究員衝進來，挖走她發現的故事，但他們從未出現，後來吉伯整理這些文件資料[10]，寫出第一份漢福德歷史。此舉相當勇敢，她就住在里奇蘭，該社區的人對於自己能為國家安全有所貢獻，非常自豪，同時也對批評很敏感，因此分裂成兩個派別，一派人馬覺得自己是貢獻英勇功績的鈽廠英雄，另一派人則自認是鈽廠不法行為的受害者。試著在這兩種立場中間找到立足點，寫出這段歷史，意謂她最後可能眾叛親離。

吉伯把貨車停在警衛崗位前，警衛揮手要我們進入，於是我們跨進漢福德核廢料處理廠。我已經打了一個月的電話，不辭辛勞跨越美國大陸，與公共關係團隊的工作人員會面，為的就是進入這座廢料處理廠。我等著感受這個所在帶給我的歷史衝擊。

但我的等待白費了。這座核廢料處理廠貌不驚人，說是隨便一間工業園區都可能，差別只在它的占地格外寬闊。在戒備森嚴的區域裡，有一片更遼闊的沙漠地，經完美的柏油路區隔出空間，框在好幾英里的旋風柵欄內，柵欄則圍繞著龐大貧瘠的混凝土建物。位於方正道路中間的，是好幾區由柵欄包圍的礫石基座，裡面裝有混凝土殘塊，彷若沙漠中央的石化沼澤。我有種感覺，這裡當初應該到處都設有員工，負責價值一千億美元的環境清理，但占地如此開闊，人反而成了幽靈般的渺小存在。

吉伯開車經過第一座長期封存的B反應爐，再來是T廠，在這座猶如遼闊浩瀚的混凝土峽谷裡，工人利用機械，以化學浴清洗好幾噸放射性鈾，提煉出幾公克的鈽。我們行經乾燥鵝卵石基座的U池，這是工廠工程師曾經倒入放射性廢料的所在。礫石基座和其他可能用來裝廢水、變成放射性濕地的「儲藏槽」大同小異，以猶如從英文字母湯，一湯匙一湯匙地舀起的字母命名：B沼澤，U沼澤等。吉伯開車經過混凝土房，她解釋這是埋好的「油庫」。吉伯形容員工是怎麼將樣本油庫廢料的不鏽鋼「豬」，運送到實驗室化驗。雖然又是沼澤，又是豬隻，漢福德卻怎麼看都不像農場或大自然。這個地方與世隔絕，經過洗白消毒，猶如一間蒼白的開放式工廠，儘管具有隱性極端的反覆無常，卻詭異的靜謐。

吉伯手臂一揮，向我指出先前曾是漢福德營區的遺址，這座在一九四三年建立、曾是鈽工廠建築工宿舍的營區。我不做多想地點個頭，再瞄一眼，發現她正指向一片荒蕪空曠：一望無際的水平面，猶如雷射光掃描，僅有幾棵樹虛弱地戳刺著天空。我定定凝視，才逐漸認出在直角處接合的微弱街道輪廓。西部鬼鎮通常會有幾面矗立高牆，輪廓狀似髮廊或銀行的房基，然而這個遺址卻已近完整銷毀，想當初這個營區可是一座住有六萬人的城市，有幾個月甚至蟬聯美國第五大人口城鎮[11]。餐廳、營房、商店、理髮廳、戲院、酒館、溜冰場、舞廳、游泳池、保齡球館、醫院、美國最人潮熙攘的公車站和郵局，這一切都曾佇立在這片荒原。這裡曾是一座不眠營區，二十四小時不斷輪班，亦或一座永恆沉睡之地，墓園守夜般的輪班員工降下百葉窗，渴望在不間斷的機械轟鳴中覓得一絲寧靜。一九四三年，漢福德營區用了幾個月的時間完成興建，也在一九四五年花了幾個月的時間消逝無蹤。這座熱鬧沸騰的城市在此佇立了二十三個月，半個世紀後，又蒸發回歸至原始荒漠。

在這人聲鼎沸的十八個月，漢福德營區以柵欄和警衛室系統，與周遭地帶隔離開來。起先，葛羅夫斯將軍想要盡可能壓低營區成本，他只下令建蓋幾個必備設施：當作營房使用的半圓形鐵皮房、工廠餐廳、健檢診間、作為辦公室和預備區[12]的組合式橄欖綠建物。至於娛樂消遣，美國陸軍工程兵部隊蓋了一間穀倉大小的酒館，而在非請勿入的聯邦地區，曼哈頓計畫官員將原本的牧場和農田，切割成圍欄隔離的戒備區域。有些區域指派作為房舍使用，有些用於生產製造，第三類則是緩衝區[13]。在這些區域，領地更經過進一步劃分，工地營區的女人和男人分開生活，家庭居住於拖車停車場，單身員工則住營房。管理階級則住在里奇蘭較為靜僻的地區，距離廠區三十英里（約四十八公里）[14]。生產製造區也依照工作進階劃分，不同區的員工勒令不得進入其他製造區，好防範他們獲悉祕密計畫整體。

安檢官員負責篩選並決定雇用的勞工，官員尤其留意可疑的政治背景，例如共產黨員或左翼聯盟分子，這些人都吃閉門羹[15]。然而在找員工找到狗急跳牆的那陣子，許多可疑人士都闖關成功。貴族出身的杜邦主管克勞福．格林瓦特，還記得眾多優良員工之間，其中一些是「標準賤民，任何一個可能手握鋸子的平民[16]」。一九四三年三月至一九四四年八月，工廠警察發現兩百一十七名員工，是恢恢法網疏漏的在逃罪犯，五十名則是逃兵[17]。詹姆斯．帕克（James Parker）大感不可思議地說，他在求職信裡撒謊，虛誇自己年齡十八，不但成功混進工廠，還被指派到戒備最森嚴的核反應爐廠區工作[18]。

據說漢福德營區是難以管束的前線城鎮，杜邦警方記錄犯罪行為節節攀升：四起自殺、五起謀殺、六十九宗性犯罪、八十八起非法製造、一百七十七件竊盜、四百五十宗重大竊盜、一千一百二十四起夜盜、三千一百五十六起醉酒[19]。強暴不在犯罪名單之列，雖然女性遭到強暴的案件也屢見不鮮。代表杜邦監督漢福德工廠安全的羅伯特．布本瑟（Robert E. Bubenzer）不把強暴當作一條罪，反而視為某種自由市場交易。「大多強暴會發生，」他說：「起因都是顧客不想付錢。[20]」

沒有家庭和社群羈絆的單身員工發現，飲酒幾乎是唯一唾手可得的消遣。男人在啤酒屋外排隊等待擠進室內，一等到人滿為患的酒館開始失控，布本瑟就會派他的人馬進去，丟一顆催淚瓦斯清空現場，接著「囚車司機」戴維斯開車出現。「你只管把他們塞上車，直到門關不上為止，」戴維斯回憶：「然後甩上門。」[21] 工廠裡有企業自備經營的法庭和監獄，但杜邦官員不太常起訴醉酒員工，只希望員工酒醒後立刻回到工作崗位。反倒是在工廠餐廳大談闊論政治的員工較令人頭疼，布本瑟說，讓他們閉嘴是他的職責，接著這些人會從計畫中「一步步遭到解雇」，或者接到「噤

漢福德營區，一名女子被護送上囚車，美國能源部提供。

聲警告」。布本瑟統計，約有四十四宗這種他歸類為「不符美國主義」的行為[22]。

布本瑟手中共有一千三百九十五名公司巡警，外加在現場調查、監督、窺察、監聽電話的美國聯邦探員及軍隊情報員[23]。漢福德軍隊情報局的陸軍中士文森・懷特海德（Vincent Whitehead）說，他的情報來源主要是女性線人，他經常喚來兩名幾乎參加當地所有針織家政班的年長女性，而這兩人則假裝閒聊八卦，四處從朋友鄰居身上套出情報[24]。內爾・麥克葛雷格說監視「令人惴惴不安」，她還記得有次她驚懼地看見一名年輕護士因為某個不知名的違法行為，被警衛帶走[25]。沒人能躲過猜忌懷疑，即便是工廠的御用攝影師羅布里・強森，都必須徵求同意，才能查看自己拍攝的底片[26]。「每一個人，」懷特海德記憶猶新：「都逃不了窺探監視。[27]」

杜邦高官雇請麥克葛雷格擔任女訓導，維持女

漢福德營區的女性營房，一九四四年。美國能源部提供。

性營房的秩序。營房周遭經綿延八呎的鋼鐵絲圍欄包圍，並設有一扇柵欄大門，荷槍實彈的警衛負責在門前巡邏。而設置圍欄和警衛的用意，則是預防貪戀女色的「色狼」闖入。

簡言之，漢福德營區的吸引力猶如安檢標準最低的監獄設施[28]。而試圖變身社會機構的營區，表現慘敗。員工不喜歡這裡的荒涼、柵欄、無止無終的監視、樣樣要排隊、咆哮偷竊、蟑螂跳蚤（以及用來對付牠們的殺蟲劑）、無聊乏味、壓根不知自己在蓋什麼建築、不知道自己參與的是什麼任務。警長布本瑟形容，營區「令人心情低落，幾乎跟監獄沒兩樣，員工被關在鐵絲網內……我們有好幾個精神崩潰的案例。這裡太讓人寂寞沮喪，所以他們酒喝得可兇了。[29]」荒涼營區的下場是員工紛紛辭職，遠走高飛。一九四四年六月和七月，每日約有七百五十至八百五十名員工離職出走[30]。員工帶著他們在祕密營區受的訓練與知識離去，也就是說，營區本來是為了保守祕密而建，卻隨著每天幾百名搭公車遠走小鎮的離職員工，一點一滴將祕密洩露出去。

3 「勞力短缺」

在這間規模與類型前所未見、聘用勞工規模破天荒的工廠，馬提亞斯和杜邦主管計畫打造極端新穎的產品，儘管社會文化革命能解決即時長期的勞工短缺問題，他們還是反其道而行，工廠經理決定套用所費不貲又沒效率的古板歧視政策，聘請員工。

儘管他們老提工廠有「勞工危機」，其實經理手上還是有不少可用勞工。馬提亞斯大可利用技術及非技術人員領域人才，而這批人大多皆至美國東西內部備戰。例如一九四三年二月，當地兵役委員會已剔除三十萬名 1-A 登記者，這些人多半是單身健康的年輕男性，可說是龐大的勞工儲備庫，之所以拒於門外，是因為他們是非裔美國人，進行種族隔離的軍隊不太需要他們[1]。同時，美國農業管理局（Farm Security Administration，簡稱 FSA）在西部內地設有移民工營區，營區裡多為墨西哥裔美國人，都是可長時間在臨時條件下從事短期工的資深勞工，他們就是馬提亞斯最需要的人選，FSA 甚至出資流動露營車，依據不同的季節性農耕工作，派他們出動[2]。

馬提亞斯持續與許多聯邦政府分部合作，徵用補給品、達成協議[3]，但其實只要給 FSA 或戰時搬遷管理局（War Relocation Authority）一通電話，馬提亞斯大可迅速網羅到幾千名勞工，還配有他們自己的住所、戶外廚房、警衛。雖然戰時看似勞工短缺，實際上仍有大批可用勞工，不管是調動備戰或失業的人馬，馬提亞斯只要出個聲音，就不怕找不到人[4]。

偏偏馬提亞斯不打這幾通電話，在四〇年代多半美國人眼裡，勞工並不是可以依照技能與教育訓練排序的可轉換單位，在就業環境與勞工社群裡，種族和人種階級壓倒性勝出，決定誰要去哪工作，誰要在哪生活等問題。即使在戰時，這種耗費資金的歧視依舊，即便是像曼哈頓計畫這種高優先專案[5]。儘管馬提亞斯找勞工找到跳腳，儘管葛羅夫斯不斷提出勞工供給的疑問，馬提亞斯仍然無法大舉雇用非白人員工。光從他的日記便可看出，一開始他甚至不考慮用他們，是到後來才漸漸屈服於高壓，雇聘少數非白人員工。

一九四三年六月，公平就業委員會（Fair Employment Practices Commission，簡稱 FEPC）的人出現在馬提亞斯的辦公室，為了聯邦補助案不雇聘非裔美國人一事怨聲載道。馬提亞斯猶豫了一年，指出原因是另為黑人勞工蓋宿舍，花費令人望之卻步。一九四四年夏天，飽受壓力的杜邦雇請了五千四百名黑裔美國人，為了提供他們住處，杜邦承包商在漢福德營區，另外隔出一個豎起柵欄的區域，蓋了幾棟「有色人種」營房，並支付黑人勞工較低薪資，藉此節省經費[6]。

一九四四年初，馬提亞斯在日記裡寫道：「戰時人力委員會（War Manpower Commission）對我們施壓，說目前只有墨西哥勞工，要我們雇聘他們。[7]」馬提亞斯這次再度抗拒到底，同樣搬出不用黑裔美國人那套經費不足的說法：「我們需要替這批（墨西哥人）蓋第三個隔離營區設施，畢竟正如同白人也不肯和墨西哥人分享生活空間，墨西哥人也不會肯跟黑人同住一個屋簷下。[8]」

經過幾番猶豫不決，馬提亞斯和葛羅夫斯同意雇用墨西哥裔的辦事員，這些員工屬於「較高水準的墨西哥人，表現已證實令人滿意[9]。」後面那句話洩露曼哈頓計畫領導人以預算問題欲蓋彌彰的擔憂。對曼哈頓計畫的負責官員來說，墨西哥裔美國和非裔美國員工危險性高而不忠誠，葛羅夫斯指示馬提亞斯應避免任何歧視狀況，卻又連忙耳提面命，要馬提亞斯「謹慎查證公民身分和忠誠度，方可決定雇用」[10]。軍事情報人員想出一個空窗程序，讓原本兩天的規定天數再增四天。第一組共九十二名的墨西哥裔美國人接受身分查證後，只剩不到一半的人通過安檢篩選[11]。

儘管馬提亞斯先前操心不已，實際上墨西哥裔美國員工沒花到多少錢，為了不必再蓋第三個隔離區域，馬提亞斯以迅雷不及掩耳之姿裝修兩棟位在帕斯科（Pasco）的建物。這群拉丁籍員工要自費搭一段長達六十英里（約九十六公里）的公車，千里迢迢到漢福德營區上班，路程共耗兩小時[12]。對謹慎管理預算的葛羅夫斯和馬提亞斯來說，雇請低薪少數族群就算省不到經費，也不會少塊肉，但他們卻很少這麼做，走進漢福德營區大門的十二萬五千名員工中，只有二百個是墨西哥裔美國人[13]。

曼哈頓計畫官員將種族隔離政策引進華盛頓州東部，馬提亞斯和葛羅夫斯辯稱，這是因為來自南方的白人勞工有嚴重的種族歧視，無法和非白人的民族共同生活[14]。但其實他們的員工僅有三分之一來自南方，其他多數都是北方各州的人民，而北方歧視黑人的情況還不常見[15]。詹姆斯．帕克於一九四四年一月從愛達荷州抵達漢福德營區時，看見浴室貼著「白人」與「有色人種」的標誌、專供非裔美國人的隔離營房、工廠餐廳、戲院時[16]，感到震驚不已。

沒有預算考量問題，員工也沒有種族歧視，事實上，種族隔離與歧視是跟著赫赫有名的杜邦公司、軍隊政策、當地政治壓力翩然降臨。杜邦和當時多半美國公司一樣，並未慣例聘用少數族群員工。三〇年代，杜邦公司曾支持反羅斯福新政的宣傳，把種族平等說成一種威脅，藉此當作恐嚇策略，警告選民切勿投票給民主黨[18]，因此杜邦被獲得種嚴重族歧視的名聲。杜邦和遵從美國軍隊種族隔離策略的美國陸軍工程兵部隊組成合作隊伍後，計畫召集人不惜一切在國內進行搜尋，只對白種男女招兵買馬，加入建設工作，也是再自然不過的事[18]。可以說種族歧視既是一種決定，也不是一種決定，而是先天預設、根深蒂固、深信到底、不加質疑的做法。尋找並雇聘白人勞工，請他們加入高薪的漢福德工作，對當時的美國來說是很天經地義的事[19]，唯一的問題是，這對完成正事一點好處也沒有。

例如，為了避免雇用少數族群勞工，馬提亞斯蓋了一間監獄勞動營，取名為哥倫比亞營區（Columbia Camp），後來證實這種網羅非技術白人勞工的做法其實很貴。一九四三年夏季及秋季，國會議員哈爾．荷姆斯（Hal Holmes）現身馬提亞斯的辦公室，荷姆斯說，曼哈頓計畫沒收的土地有兩百噸腐爛梨子，如果馬提亞斯准許讓果農摘水果，此舉對遭到政府強行徵收土地、補償金微薄的當地居民，亦不無小補。家族農場在收成作物時，傳統做法是請印第安和墨西哥裔美國移工幫忙。然而漢福德經理卻擔心，若是讓這些勞工進入柵欄內的建設區域，可能對安檢造成威脅[20]。

然而，腐敗作物滋生一個問題。當地人希望戰後果園能物歸原主，馬提亞斯很樂意維持這個假象，無奈他沒有儲備勞工，可以演出這齣農耕的假戲碼。倘若無人澆水和修剪，果園就可能枯萎，最後變回「一文不值的荒漠」，並且引發「公共關係問題」[21]。

與此同時，監獄工業公司（Prison Industries Inc.）的代表希望和馬提亞斯簽約，蓋一間罪犯勞動營。馬提亞斯發現他可以利用罪犯，演出管理果園的戲碼，同時維繫戰後歸還土地的神話。他諮詢葛羅夫斯的意見，葛羅夫斯對罪犯在高機密工廠附近作業表示疑慮，馬提亞斯安撫他，囚犯都是值得信賴的類型：良知異議者，白人和平主義者，主要是政治犯，不是罪大惡極的罪犯。葛羅夫斯謹慎地首肯了，就在一九四三年秋天，馬提亞斯搬出國庫當擋箭牌，拒絕在漢福德營區雇請德州拉丁居民，不幫他們建造隔離設施時，葛羅斯夫則在商討將免費領地、營房、電力、設備，交付監獄工業公司，蓋一間麥克尼爾島（McNeil Island）白人囚犯專用的勞動營[22]。

勞動營的協議拍板定案後，監獄工業公司負責管理及監督罪犯，並且得以保留所有收成農產品，當作監督管理費用。以美金來計算，意思是聯邦政府每年支付三十一萬三千美元給私人承包商，請他們管理勞動營，然後再由監獄工業公司賣出水果，每年另外賺入十五萬美元。這筆交易等於對私人企業慷慨解囊，讓他們販賣數月前仍歸屬原地主個人財產的水果，並從中獲利[23]。

二〇〇八年，我參觀先前是監獄勞動營的哥倫比亞營區，帶我的是營區指揮官的兒子，鮑伯．泰勒（Bob Taylor）。一九四四年，赫伯．泰勒（Herbert Taylor）自麥克尼爾島抵達營區，負責監督勞動營建設[24]。鮑伯．泰勒帶我去看一九四四年到四七年間，位在亞基馬河（Yakima River）峽谷邊的勞動營場地。我們推開雜草野薊，循著監獄營房的混凝土地基，走過臨時蓋成的街道，當時的獄卒和警衛都住在這條街上的組合屋，接著我們漫步來到囚犯下工後，會去游泳放鬆的河川定點。我問泰勒，明明座落在亞基馬河畔，為何取名為哥倫比亞營區。泰勒說監獄工業公司員工初來乍到，搞不清楚狀況，誤把它當成哥倫比亞河，就這麼命名了，語畢我們哈哈大笑，很難想像有人能把寬闊湍急的哥倫比亞河，和小小多石的亞基馬河混淆。

監獄工業公司員工明顯對當地一無所知，農夫對當地天氣、水源、土壤、地形瞭若指掌，泰勒的父親卻一概不知，他一輩子都在華盛頓州沿岸擔任獄卒，而身為獄卒的赫伯．泰勒，這下卻和本為警衛而非農夫的管理員，以及人生經歷大不相同的罪犯，攜手管理起大型企業化農業。從他的書信可見，泰勒管理的勞動營很人性化，但從財務紀錄判斷，勞動營卻是失敗透頂，一九四七年原子能委員會（Atomic Energy Commission）審核，批該企業是「非常不符合經濟效益的農耕作業」[25]。

囚犯勞工生活的哥倫比亞營區。美國能源部提供。

然而，勞動營的存在，卻有一項目的：幫助失去土地與作物的當地農夫平復情緒。罪犯撤走眼前可見的腐敗作物，囚犯則在一九四五年進行建築拆除作業，夷平建築工居住的漢福德營區，由於鄰近工廠排出放射性物質的煙囪，反應爐開始運作後幾個月，營區就遭到關閉。一九四七年，推土機進駐，也剷除了這間勞動營。四年來，赫伯・泰勒每天工作十六個鐘頭努力興建的營區，而今也已不復再。

一九四五年，鈽工廠被宣傳形容成「漢福德奇蹟」，接踵而來的幾年，工廠留給人民的記憶，就是非常美國的成就象徵，符合民主資本主義「什麼都可能成真」的格調。馬提亞斯在一九四六年寫道，漢福德員工「是美國足智多謀的證據，也是民主能以驚艷的指標力，迅速飛躍的明證」[26]。但話鋒一指向勞工，漢福德既不飛速也無效率可言，便宜就更甭說了。

不雇用非白人勞工的結果，就是該祕密計畫的預算像是吹氣球，愈漲愈大，而為了說服白人專業人士搬到沙漠地帶，杜邦官員說他們需要提供公司薪資，而不是政府薪資，超出一般薪資三成[27]。他們以超時工作的高薪，引誘計時員工加入，也對為了招兵買馬，不惜穿越整塊美國大陸的招聘團隊，豪邁灑錢[28]。招聘和鼓勵獎金的費用累積至七百二十萬美元[29]，為了讓各位瞭解這是多大一筆數目，我可以在此告訴你，曼哈頓計畫支持協助十幾家醫院與實驗室的醫療健康部門，所撥出的年預算總額不到一百萬美元[30]。

聯邦基金也運用在社區建設計畫，讓勞工不愁吃穿、享受娛樂，心甘情願留下來工作。美食也是馬提亞斯用來吸引漢福德建設工人的手法，葛羅夫斯曾寫信徵求幾噸紅肉與家禽，送至漢福德營區。營區廚房提供一大堆高熱量飲食，娛樂則是另一種讓員工死心踏地留下的做法。一九四三年十二月，工廠建設進度嚴重落後時，馬提亞斯和杜邦經理投注不少時間，規劃營區的「耶誕聯歡活動」。馬提亞斯親自監督聖誕裝飾，訂購一百磅冷凍雞肉，還擔心要怎麼讓高如小山的冷凍肉品保鮮[31]。一九四三年，漢福德足足歡慶兩週的聖誕節，娛樂活動不間斷，巡迴嘉年華會亦閃耀登場。雙頰紅潤的聖誕老人在警衛室後方、警告員工噤聲的告示牌上眨眼。喇叭高聲放送聖誕歌曲，真人尺寸的耶穌誕生圖在瓦楞半桶活動屋裡散發光芒[32]。清空的工廠餐廳裡，白人員工翩翩起舞，在全新的禮堂，則可看見黑臉藝人帶來的劇團演出。白人員工可參與體育活動，白人小孩每天都有表演可觀賞[33]。工廠高官對這場節日慶祝活動十分滿意，一九四四年，操作員把鈾塊裝進漢福德第一座反應爐時，他們又規劃同年再次讓活動登場，這次還專門為「有色人種」舉辦一場較為收斂的活動[34]。

一九四五年一月，海軍飛行員飛越漢福德與里奇蘭及帕斯科兩座城市之間，那折出銳角的哥倫比亞河彎，而這片他們正俯視著的領土，在短短二十三個月，從矮樹叢、開放牧場、農地，搖身一變，成為嶄新的監控囚禁領地，漢福德廠區的柵欄區分隔離出計畫案的內部，一一隔出製造與集散待命區域，這些柵欄依傍著那些圈出漢福德營區界線的屏障，營區裡裝設更多柵欄，區隔出男女性別、黑白膚色、拖車停車場的家庭及營房裡的單身員工，南邊則是圈出哥倫比亞營區範圍的鐵絲網，裡面關著囚犯勞工。飛行員再往東南方而去，跨過哥倫比亞河，橫越帕斯科市，那裡沒有屏障，只有強大的種族偏見勢力，將城鎮區分成東西兩側，分別為白人與少數族群。

差別對待點燃了漢福德勞工短缺的問題，延後工廠建設的進度[35]。杜邦公布消息，第一台反應爐並不會一如承諾，在一九四四年六月開始運作，而是延至該年晚秋。對此葛羅夫斯怒不可遏，杜邦主管努力解釋他們的人力問題，但葛羅夫斯仍然發出最後通牒，說絕不接受最終產品的延期[36]。他逼「窘迫」且抱怨不斷的杜邦高官，對安全與廢料儲存，做出一連串捷徑決定，導致後面幾年的放射性同位素釋放，在這片景觀、逐漸崛起的公共衛生觀念、特別是這塊重整地域的居民身體，深深烙印下痕跡。

4 捍衛瓦納潘族

漢福德鈽工廠興建的最後一章節，要講的就是三十三名瓦納潘（Wanapam）印地安人與部落酋長強尼·布克（Johnnie Buck）的故事。一九四三年，強尼·布克一如其他幾百名請願者，出現在馬提亞斯的門前。這一部分會稍微探究，馬提亞斯和他的當代同胞為了打造出可以預見的未來，趕走華盛頓東部領土的人類棲息，對此他們有何看法。犧牲土地同時，也犧牲了落地生根於這塊土地的人群，一九四四年，馬提亞斯徒勞無功，無法避免這場不幸結局。

馬提亞斯在他的人生盡頭，把私人文件捐給杜邦公司的海格利博物館（Hagley Museum）。文件主要是有關鈽工廠的書信，以及戰後他宣導國際原子控制及和平使用核武時的演講稿。其中一封是用學校筆記本撕下來的頁紙，親手遞送的親筆書信，收件人為馬提亞斯，寄件人則是強尼·布克。布克的英文絲毫不給人喘息空間：

> 親愛的先生，我們為什麼不能進入漢福德我們想要你週日來因為我們將聚在一起舉辦印第安盛宴所以我們希望你週日過來那之後你就見不到我們了因為我們可能搬到夏天的住處所以我們想要穿越漢

馬提亞斯和強尼．布克，攝於一九四四年。海格利博物圖書館提供。

福德和拉皮德角在那裡捕魚我們
想要知道原因我們會多待幾週所
以希望你週日過來讓你看看我們
住的房子要關了

——強尼．布克[1]

不可思議的事情發生了，大忙人馬提亞斯居然接受布克的邀約，參加瓦納潘的瓦薩（Waasat）宗教盛宴，餐席總共端出五種神聖食物（水、鮭魚、莓果、根莖類、野味）。宴席上，馬提亞斯席地而坐，聆聽印地安人旋律優美的禱告，觀賞他們的傳統舞蹈[2]。一張照片捕捉下布克和馬提亞斯握手的畫面。身著綠色軍裝、善解人意的中校面向布克，族長先生則一身鹿皮與珠飾裝扮，臉部沒對著馬提亞斯，而是望入相機後方。

一九四三年秋天，瓦納潘人遭到百般阻撓，不得前往懷特布拉夫，進行他們一年一度的捕魚之旅。一百年來，瓦納潘人都刻意避開聯邦印第安保留區，牧場和農夫橫行占據他們的領土時，他們都會繞道而行，但當占地遼闊的漢福德核廢料貯存廠（Hanford Reservation）紮紮實實、四平八穩座落在瓦納潘傳統漁獵據點的正中央，他們發現很難繞過廣大的戒備柵欄地區周遭，繼續遷徙[3]。為了獲准穿越聯邦核廢料貯存廠，前往他們的秋季捕魚地，布克特地去見了馬提亞斯。

我很好奇，布克和馬提亞斯是怎麼透過布克的翻譯查理．摩狄（Charlie Moody）溝通[4]。這兩個男人雞同鴨講，不論是文法或哲理都很難溝通。就這點判斷，布克幾乎沒有陳情成功的勝算，馬提亞斯已經拒絕持有契約、投票納稅的農夫，不准許他們進入安檢區，取得他們遭徵收的土地和作物。以這樣的發展來看，他當然也會拒絕部落，尤其是從未簽署聯邦協議的瓦納潘人，更無法為他們的領土提出書面陳情[5]。但萬萬沒想到，馬提亞斯的回應展現出對文化的纖細敏銳，這樣的他也繞出平日小心翼翼的官僚作風。

一開始馬提亞斯請布克估測鮭魚漁獲損失的價格，提議賠償部落損失的魚，將等量漁獲送給他們，再者今年讓他們捕，隔年就不能繼續捕魚，屆時政府會收買他們的捕魚「特權」。但酋長不要錢，他告訴馬提亞斯，瓦納潘人享有捕魚權，他們想在同一個地點捕魚，自古以來瓦納潘人從沒換過地點，都是在懷特布拉夫，偏偏這裡正巧是祕密工廠的據點。馬提亞斯在日記裡寫道：「他（布克）唯一在乎的，就是是否能捕魚。[6]」

在馬提亞斯居住的世界裡，幾乎樣樣都能議價，大量買賣交易，然而布克婉拒提議，不願將自己能在哥倫比亞河捉到的鮭魚，換取別處的鮭魚或金錢，讓他拿這筆錢去買魚和其他營養食物，這點讓馬提亞斯想不透。馬提亞斯每天配給供應、居中調節、談條件，卻很少遇到這種意義神聖、毫無討論空間的情況。很明顯，這戳到他的弱點。面對布克的外交頑固，馬提亞斯最後答應讓瓦納潘人進入祕密聯邦儲備核廢料處理廠捕魚。他還徵求軍隊卡車，每天送瓦納潘人進去捕魚，天黑再送漁獲出來。這樣一來，馬提亞斯就不用怕印地安人在無人監督的情況下，在核廢料處理廠大搖大擺，瓦納潘人也能捕到他們所要的魚。馬提亞斯對這個解決方法心滿意足。

每個進入祕密核廢料處理廠的人都勢必經過身家調查，即便是國會議員也沒有例外。少數種族更需要嚴格調查，但馬提亞斯卻准許瓦納潘人在完全沒有安檢流程的情況下，進入聯邦核廢料處理廠。馬提亞斯全權交付酋長及他的兩名助手，在他們的陪同下，其他部落成員亦可在不用安檢清查程序的情況下進出[7]。這可是嚴重的安檢違規，布克是怎麼說服馬提亞斯，賦予他這前所未有的進出權？

為了找尋答案，我去拜見強尼．布克的姪孫兼瓦納潘的精神領袖，雷克斯．布克（Rex Buck）[8]。布克和其他瓦納潘人居住的小型社區，就位在普里斯特急流大壩（Priest Rapids Dam）和巧克力色高聳斷崖之間的小塊腹地。小村莊裡共有十幾間兩戶連棟的流動房屋，以及浪板搭建的長屋，村莊籠罩在水壩的陰影底下，與瓦納潘淹沒的神聖小島遙遙相對，一九六一年水壩完工後，這座小島便隨之淹沒。

布克為了我延後早餐，和我見面時他並未露出笑意，接著便向我介紹他的妻子安琪拉，以及他二十來歲的女兒莉拉。安琪拉面露疑色，將我從頭到尾打量一番，我想我能夠理解。布克是瓦納潘族的對外主要發言人，經常接見我這種連番問題轟炸後，便帶著想要的故事揚長而去的訪客，我只不過是一卡車前來盤問他們的人之一。

我們隨性坐下吃早餐，沒有多餘的客套禮俗。餐桌上有鮭魚、越橘、三碗蒼白水煮根莖類，架上有幾盒早餐麥片，但布克解釋，今天吃的是他們特別的週日早餐，「這是補品。」布克一一舉起每只碗，用「印第安話」吟誦出每道菜名。他吟誦同時，大家也取走一塊，除了越橘，布克唸完所有菜，我們開動。布克說話，而我提問。

布克於五〇年代出生，是第一代接受學校與英語教育的瓦納潘人，他解釋父親只會一點英語，「他以前會讀我的《迪克與珍（Dick and Jane）》叢書練英文，但沒有學會多少，」布克說。

我主動伸手去挖那碗越橘，安琪拉的身子輕微瑟縮，然後把碗交給她丈夫。布克歌唱喊出越橘後，其他人才開始動手。越橘是每年最後收穫的果實，因此也是每餐最後吃的一道菜，布克圓滑地向我解釋。

布克稍微解釋瓦納潘的瓦薩信仰，以及該信仰與哥倫比亞河和亞基馬河間，這一塊土地的關係。他說，大地有生命，會說話，會傾聽。採集食物很接近祈禱，而部落族人的領土，則是他們祈禱的神聖所在。例如，女人安靜摘採我們早餐吃的根莖類，如此一來，她們就能聽大地說話。布克說，如果部族沒有遵守禮俗，不使用固定方式採集食物，大地就不會聽他們說話，進而拋棄他們，再也不賜予他們食物，瓦納潘人也會跟著滅亡。

布克又解釋，他們每年都必須遵守規矩，造訪祖先和他們過去生活的所在地，這是部族勢必實踐的任務，也是為何他的伯祖必須進入懷特布拉夫捕魚及掃墓。強尼．布克要表達的意義，非關營養飲食、市場價值、商品交換，他想傳達的是瓦納潘族神聖的宇宙觀精髓。換句話說，布克其實和馬提亞斯沒兩樣，只不過是憂慮自己國族的存亡。

為了聯邦核廢料處理廠，馬提亞斯驅逐土地所有人，將獨立商和農夫轉型成沒有土地的雇用勞工，但他卻尊重強尼．布克對精神保存及文化自主的要求，馬提亞斯寫道，自路易斯與克拉克遠征（Lewis and Clark）的時代起，瓦納潘族就在哥倫比亞河彎處紮營，他們從未簽署過任何協定，也沒有收過政府資金[9]。馬提亞斯似乎十分敬佩瓦納潘人的自給自足，他們每年夏天遷徙至山區，尋找根莖類和莓果，春秋兩季則來到河畔獵捕鮭魚。「一般來說，這群印地安人獨立自主，堅持保存他們的獨立及哥倫比亞河的捕魚權，我不認為有必要質疑他們的忠誠。」馬提亞斯深信不疑，他不需要另外提出的證據，只拿布克的人格當作擔保[10]。也或許馬提亞斯認定印地安人天性純樸，太深入在地文化，不會參與複雜科學與科技的國際諜報。

又或者印地安人觸動了馬提亞斯，讓他相信他們才是真正原始的美國人，隨著鈽廠讓華盛頓州東部變身美國工業經濟與聯邦官僚的主流，印地安人也迅速消逝。對他而言，或許身穿傳統儀式服裝、透過翻譯溝通的布克，就是他小時候期待在西部平原看見的畫面，而不是他每天都能看見的瓦楞半桶活動屋、合板搭建的營房、砂石車、工地粉塵。或許馬提亞斯讓印地安人不需通過嚴格的安檢通關，是出於他對西部拓荒所抱持的懷舊情感，而這樣的美國西部，則正在他的辦公室窗外，被推土機一點一滴剷平。

一九四五年八月，漢福德生產的鈽所製成的炸彈降落長崎之後，瓦納潘人的核廢料處理廠通行權就遭到撤銷。六〇年代，部族再次獲准進入，雷克斯．布克描述族落族人是怎麼在官員陪同下，進入核廢料處理廠：前面一輛載有士兵和機關槍的吉普車，後面還有一輛載滿士兵和機關槍的吉普車，印地安人坐在這兩輛車包夾的卡車上，他們總算回到部族聖地，卻沒在那舉行儀式。「那種感覺很不自在，」布克還記得：「我叔叔用印第安語說：『咱們眼觀四面，耳聽八方，繼續前進吧。』」

戰後馬提亞斯沒忘記瓦納潘人，他曾寫信詢問他們的下落，想知道他們是否奪回土地和捕魚權[11]。他的信沒有收到回音。即使希望幫上忙，這名漢福德的白人領導卻無能為力，幫不了印地安酋長和小部族的忙。站在把核能引進華盛頓州東部、令人謙卑的嶄新力量跟前，這兩位領袖顯得渺小。

5 鍤打造的城市

陸軍工程兵部隊剷平原為牧場小鎮的里奇蘭後，陸軍軍官和杜邦高層便著手在里奇蘭安置居民。里奇蘭是工廠操作員的住宅區，馬提亞斯寫道：「基於安檢因素，我們必須監控他們行動」[1]。自從見識過漢福德營區單身移工酗酒咆哮後，杜邦高層下定決心，在全新的作業員村，住戶必須是這座嶄新原子城市裡的核心家庭成員。至於應該要為這座新興城市賦予何種樣貌，讓杜邦和陸軍員工爭執不休，最後他們總算心有不甘地妥協，計畫打造一個全新社區，將單身移工和少數族群驅離至郊區，勞工階級則淪為文化邊緣人。他們建立的新管理體制將安全與白人中產階級家庭畫上等號，讓這些人住在聯邦政府大方補助、全新高檔的私人住宅區。嶄新的里奇蘭輪廓一成形，就被當作「模範」社區大力推廣，接著幾年，多虧類似的聯邦補助和企業監控的結盟合作，不少重新區劃使用的白人專屬社區，在全美各地如雨後春筍冒出。事實上這個模型實在太成功，成功到戰後幾十年間，諸如經歷大改造的里奇蘭郊區迅速竄升，讓里奇蘭相形之下顯得平凡無奇，實在很難想像在一九四四年，該社區曾是多了不起的創舉。

葛羅夫斯將軍腦海中盤算的城鎮頗具陸軍基地格調，柵欄警衛包圍、緊湊嚴謹分區、街道標上數字，營房風格的宿舍和公寓，周遭環繞著幾間實用的雜貨商店[2]，這就是陸軍工程師已開始在洛斯阿拉莫斯（Los

Alamos）和橡樹嶺（Oak Ridge）[3]蓋的備用要塞小鎮。但杜邦主管一口回絕葛羅夫斯的計畫，他們不願在里奇蘭附近搭建柵欄，因為他們的員工不會願意住在柵欄裡。他們向葛羅夫斯保證，他們有管理企業城的經驗，很清楚要怎麼保密並控管員工[4]。杜邦主管不採用堡壘設計，而是展現十足企業城風格，將里奇蘭命名為「村莊」[5]，並聘用建築師艾爾賓・皮爾森（G. Albin Pehrson）規劃城市。這片寬廣土地上，和緩彎曲的街道沿著寬敞空地上的獨棟別墅蜿蜒，市中心商業區商店林立，專門供應各式服務[6]。但葛羅夫斯大幅修改皮爾森的計畫案，厚玻璃窗、第二間雜貨店、景觀美化的學校，一個都不留[7]。實際上，葛羅夫斯甚至不想以「飯店」稱呼飯店，他覺得這名字奢華意味太濃，於是重新更名為「短居民宿」[8]。

杜邦主管不打算屈服於葛羅夫斯的命令，他們想蓋的是比陸軍基地壯觀、比典型企業城奢華的居住地，更指出替世界第一間鈽工廠找職員，「不能拿初階員工當賭注」，新工廠的營運操作需要的是受過專業訓練的「高水準」員工[9]。他們認為，說服杜邦高階員工和「優等人才」住在里奇蘭，不會是簡單的任務，杜邦的副總裁愛德華・揚西（Edward Yancey）說，「除非他們有普通小型城市的基本設施，否則員工不會心甘情願住在這裡。[10]」這裡指的「普通」是住宅、學校、商店等基礎建設，中產階級工作人士在美國東部享有的生活條件。杜邦經理想要替他們自己及萬中選一的白人員工，爭取完善舒適的服務設備，想來也很合理，而他們希望政府出資協助，更是再合理不過的事。

可是葛羅夫斯將軍是錙銖必較的管理者，謹慎死守預算。從意識形態來說，這並不是問題癥結，杜邦主管和葛羅夫斯一樣，對大型「霸權」政府滿腹不屑，厭惡政府規劃、社會福利，還有大多羅斯福新政計畫。

艾琳・杜邦（Irenee du Pont）是深具分量的美國自由聯盟（American Liberty League）政府部門成員，該部門則將公司資金用於反對羅斯福新政預算，打擊經濟大蕭條[11]。自由聯盟惶恐聲稱，羅斯福政府會破壞資本主義和美國民主，總統則很快就會變成共產黨獨裁者[12]。與其認命讓不理性選民率領的政府干預，杜邦老闆支持自由市場私人管理，由思想清晰的企業菁英當領袖[13]。

然而這種自由放任的意識形態，事實上與杜邦的歷史相互衝突。該公司在一次世界大戰中，曾任美國政府的軍事承包商，更因此晉身財力雄厚的強大集團，杜邦的年利潤以八倍迅速飆漲，因此被冠上「死神公司」的稱號。杜邦向陸海軍提供炸藥、合成橡膠、殺蟲劑、尼龍等，在剛爆發戰爭的時期獲利豐碩。對杜邦而言，戰爭是一門非常有賺頭的事業。拉莫特・杜邦（Lammot du Pont）在一九四二年九月，對全國製造商協會（National Association of Manufacturers，簡稱NAM）說：「跟政府做生意，其實和其他買家做生意沒兩樣。政府想買，就得按照你的定價買。[14]」

美國政府的花費愈高，杜邦賺的愈多。雖然羅斯福新政的社會福利與杜邦企業理念硬碰硬，但推廣商業的政府開銷為應得人士爭取利益，並保存下不能說的階級分裂，這就是杜邦期盼的將來，於是規劃里奇蘭市時，杜邦主管強力推動這個遠景。

杜邦建築師最早提交的是三至四房的房屋設計，因為「里奇蘭的職員非等閒之輩」。馬提亞斯強烈反對這種奢侈享受，寫道「這不過是戰爭局勢裡的臨時村莊……這麼做違反了戰爭經濟原則，對戰爭所做的努力有害。[15]」但杜邦副總裁揚西堅不退讓，他預測會有百分之二十五的工廠員工是主管和技術人員，「他們就像委任雇聘的官員，」他這麼向馬提亞斯解釋。揚西說明，身分階級高的人會要求住大房子。電報就這麼樣你來我往，馬提亞斯和葛羅夫斯下令杜邦提交小型房屋的設計，杜邦經理則是斷然拒絕[16]。看來杜邦主管勝券在握，眼見兩方鴻溝愈擴愈大，最後他們請葛羅夫斯及馬提亞斯前往威爾明頓（Wilmington）碰面，光是單趟就花上馬提亞斯好幾天時間[17]。

他們在想什麼？愛德華．揚西是杜邦副總裁，專門負責龐大的炸藥部門，葛羅夫斯則是整件曼哈頓計畫的幕後首腦，馬提亞斯負責建造世界第一座鈽工廠。美國正在參戰的這個當下，這幾名領袖卻在為究竟該在里奇蘭蓋兩房或三房住宅區房屋，這種雞毛蒜皮的小事爭執不下，多幾間房間真有這麼值得大吵？

葛羅夫斯擔心，不知戰後如何向國會交代這筆曼哈頓計畫的經費流向。在當時，三房住宅是美國菁英分子獨享的奢侈品，而杜邦卻提議要在定量供給制的戰爭時期，大興土木蓋格局統一的豪奢小鎮，這種鋪張奢侈的概念令人髮指[18]。但杜邦主管堅持不退讓，部分因素是他們覺得愛管閒事的聯邦官員不該插手杜邦委任承包的工作，此外他們強而有力的論點也講到，工廠的成功與安全與否，全仰賴住宅設計和都市規劃[19]。專案建築師皮爾森表明，他們需要維繫調職員工的士氣，而「若要他們士氣高，」皮爾森說：「就不能委屈技術性和資深員工，讓他們生活在不合宜住宅。[20]」

至於其他計畫事項，杜邦主管亦堅守立場。他們不顧美國陸軍工程兵部隊的指令，並未在里奇蘭豎立圍籬柵欄。不同於洛斯阿拉莫斯和橡樹嶺，居民回家時不需戴上安檢徽章或穿過警衛室。葛羅夫斯希望房屋低廉地群聚一區，徒步就能走到市鎮設施，皮爾森卻拉開房屋之間的間距，因此提高了下水道和電線等經費，城市居民也因此更仰賴汽車和公車服務[21]。

杜邦依照員工類型，將同階級員工的房屋蓋在一區，這種住宅計畫讓葛羅夫斯相當詫異，里奇蘭居民會根據公司作業流程圖的階級，在社區裡分區生活，在一個流行主張人人皆平等的社會，這種誇張的階級空間編排越了界[22]。但杜邦不顧葛羅夫斯反對，在最搶手的河畔地段，把人人冀望的好房子配給高級要員。

揚西只做出了一個重大讓步，他同意三分之一房屋不是採用低成本組合屋，就是聯式房屋，但他同時堅持這類房屋多半要有兩至三房。組合屋空間狹小透風，使用合板傢俱、冰冷到結凍的水管、還有需壓好才能抵禦沙漠強風的屋頂[23]。價位相同，公寓或排屋卻能蓋得更符合經濟效益、寬敞而堅固。

事實上在這為期一年的爭執中，葛羅夫斯並沒有錯：「村莊」只是暫時的，再說建築用品與勞工短缺，實在沒理由耗費遼闊空間，打造昂貴的大型住宅區（這只是用來遮掩美國核武實為長遠計畫的虛假託詞）。然而盛傳我行我素、性格傲慢的「畜生」葛羅夫斯，還是讓步了[24]。杜邦主管堅守立場，打造出當時美國景觀裡獨特罕見的社區，雖為戰時的企業城，卻由聯邦政府出資，狀似私人高檔的戰後郊區住宅。

很明顯，對杜邦高層來說，獨立住宅具有超越實用性的文化意義，即使當時正處戰爭時期，即使他們經手的是曼哈頓計畫，而杜邦經理的妥協則指出這件事實。雖然廉價的藍領組合屋低劣，至少是矗立在屬於自己的空地，樣子亦不像勞工階級屋舍。獨立、郊區風格的組合屋，訴說著令人景仰尊敬的中產階級特色及靜謐氣息，即使中產階級人士並不會住那裡[25]。杜邦經理沒供出實情，隱瞞百分之七十五的工廠員工其實都是藍領階級[26]，但若大多員工都是藍領，杜邦經理為何如此頑冥不靈，硬要爭取中產階級住宅？

杜邦經理推廣里奇蘭的盛大計畫，同時也參與國家等級的大型意識型態戰爭，這是為了他們形容的「美國之道」的存活而戰。宣傳者說，透過杜邦支持的NAM，而不是羅斯福新政的社會計畫運作的美國商業，將會帶來特有的美國「富足」，帶來美國獨有的自由：消費自由。NAM宣廣在自由放任經濟裡，富足將會流向每位美國人，在共享無階級分界的消費品過剩時，普通員工和中產階級專業人士將不分你我[27]。

在里奇蘭，為了實現無階級社會的遠景，他們利用平價的混凝土與石牆，量產出中產階級「樣貌」的勞動階級住宅。杜邦主管堅持蓋中產階級住宅時，也說唯有在中產階級的富足下團結同心的社群，才能穩定安全地製作出鈽。但想要管理經營偌大的鈽工廠，進駐里奇蘭的

里奇蘭的新建案。美國能源部提供。

員工都必須是勞工階級，因此將勞工階級一概稱作「中產階級」，以利拉攏新血加入[28]。這個方案奏效了，雖然直到七〇年代，里奇蘭都是勞動階級為主的城市，但在大家記憶裡，卻是滿坑滿谷工程師與科學家的中產階級城鎮，同質性高的單一階級社會[29]。讓勞動階級消失，將里奇蘭重新定義為「無階級」城市，不但讓勞工噤聲，更壓下工會的聲音，順便指導員工認可自己的經營者，而這為的不僅是國家安全利益，也為了他們自身的財務安全[30]。

杜邦和美國陸軍工程兵部隊拍板定案，通過里奇蘭的設計後，城市發展飛速，不到十八個月便完工。杜邦熟練地運用生產線般的建築技巧，迅速建蓋里奇蘭，工人指派的都是簡易特定的工作，從一個定點到另一個，建造一堆格局統一的房屋。組合屋的建造速度甚至更快，只需分區組合搭建，再動用起重機，吊起貨車車斗上的牆壁和屋頂，擱置地基，螺絲旋上牆壁，組合屋頂[31]。短短幾個月內，原本平坦的土地搖身變成住宅區，在當時可謂革新建築開發案，更在戰後形塑日漸崛起的郊區景觀。美國郊區住宅建設公司萊維頓（Levittown）的創辦人比爾．萊維特（Bill Levitt），曾在類似里奇蘭的戰時建案擔任軍隊建築工，學會量產建設社區[32]。而說到生產線式的住宅開發建案，里奇蘭是定位潮流的先鋒。

杜邦主管擴增房屋的規模時，也依此提高居民水準。偌大獨棟房屋的價格遽增，飆高的經費讓葛羅夫斯直冒冷汗，他再次重申降低成本的必要，於是乎住宅「僅提供給基於安全因素，需要住在里奇蘭的人」。為了避免成本飆升，葛羅夫斯下令低階員工不許入住里奇蘭[33]。

可是低階員工要住哪裡？由於建築工人大批湧入，該地區住宅僧多粥少，價格高昂。美國陸軍部隊和杜邦主管決定，不符合入住里奇蘭標準的非技術性工廠員工，必須住在鄰近的農村城鎮，平日通勤上下班，雖然現有住屋或聯邦資助的房子不太高級，揚西指出，但這些房子很符合「服務性質員工及低階職員」，因為他們「對居住的要求標準不會太高」[34]。葛羅夫斯和揚西更直接點名，從事哪些工作的低階工廠操作員進不了里奇蘭[35]，包括「勞工、清潔工、其他手工操作的員工」。

戰爭期間，建築工湧入負載過重的鄰近小城帕斯科，人口呈現三倍成長，對公共安全造成威脅。此消息一出不久，他們又再度重申里奇蘭的獨占排外。一九四三年十二月，馬提亞斯在日記裡寫道：「帕斯科人口密度過高，員工控管不良，顯現潛在危險。」帕斯科有個「貧民區」，是該區域少數能讓非白人種族租借棚屋、停靠拖車、搭帳篷的地點，此外帕斯科有條平價飯館、酒吧、妓院林立的街道。馬提亞斯報告，所謂「危險」是指「零負責感的員工明目張膽、罔顧當地法律」的情況，馬提亞斯申請計畫，增設州立騎警駐守帕斯科，他擔心：「要是情況現在就嚴重，在不久的將來，等這份計畫案開始解散不適任員工，情況無疑會加劇。」因此採取行動刻不容緩，馬提亞斯繼續道：「我們必須採取措施，確定這些人離開帕斯科和該區，避免不適任者聚集，也提防帕斯科地帶發生社會與執法等設施超載的狀況。[36]」

帕斯科的勞工階級躁動難控，與鈽工廠又咫尺之遙，對國家安全造成相當大的威脅，華盛頓州長亞瑟·藍格里（Arthur B. Langlie）特地拜見馬提亞斯，對該問題表達擔憂。最後他和馬提亞斯達成共識，解雇不需要的勞工，「尤其是黑人[37]」。一九四四年，工程速度減緩，督導先是開除了工地的非裔美國人[38]。一九四四年，馬提亞斯亦在帕斯科增設州立騎警，協助疏散「無業遊民」和失業流浪漢。

帕斯科就是說明威脅的好例子，而里奇蘭則不該步上它的後塵。里奇蘭的「守衛」任務，就是隔離來自漢福德營區及帕斯科，經常叫囂喧鬧、住在棚屋的勞動階級和少數族群勞工。興建體面的獨棟別墅、備有數間臥房的住宅，用意是確保最後到工廠作業的，都是正直愛家的白種男主人，而不是不定時炸彈般的勞動階級單身漢。杜邦官員把焦點放在安全議題，打贏這場關於住宅的辯論賽，他們的論點很成功，世界第一座鈽工廠的操作員，必須是在獨有原子城市裡安居樂業的核心家庭成員。

戰後，記者湧入里奇蘭，雖不能進入柵門後方的工廠，光是在里奇蘭自由漫遊，也夠讓他們心滿意足。《舊金山紀事報（San Francisco Chronicle）》形容這座「自給自足、光輝閃耀的新型態村莊」簡直「宛若天堂」[39]；《美國商業週刊（Business Week）》則為里奇蘭冠上「烏托邦」的稱號；《基督科學箴言報（The Christian Science Monitor）》歡呼，里奇蘭是「模範城市……在未來幾年，都市規劃人員務必好好研究參考的對象。[40]」。但里奇蘭是令人費解的美國社會產物，狀似私人住家、私人營業商店、中央規劃的民間機構，實際上卻由公司管理，進行種族隔離，接受聯邦補助庇護，飽經嚴密監控[41]。這個模型對戰後美國造成深遠迴響，凡是繁華地段，皆可見到這類受領高補助金的全白人郊區，如雨後春筍冒出[42]。杜邦主管的成功，源自他們沒有把重點放在打造社區，而是打造出對公司忠誠、具有價值的員工及消費者，培養出行為安全穩定、乖乖接受監視的對象。

杜邦主管在這片景觀裡提供財務安定及軍事安全，藉此繪製出（無形的）階級與種族區域，並在不動用其他曼哈頓計畫設施必備的警衛駐紮、識別證、圍籬柵欄的情況下，將目標各個擊破，也沒把里奇蘭的形象營造成只收高階白人男性員工的封閉核廢料處理廠。雖然遭到柵欄隔離、層層監控，橡樹嶺和洛斯阿拉莫斯人民仍將核能機密洩露給蘇聯探員，但截至目前，蘇聯檔案資料庫尚無證據浮出，指出里奇蘭人民有做出違規告密的情事。里奇蘭沒有遭到監禁的人民，只有圈起監禁的空間，這般成就著實值得鼓掌叫好。

6 正式上工，帶著鈽離去的女人

這間鈽工廠也跟洛斯阿拉莫斯大不相同，不再是實驗室，而是間炸彈工廠，而且規模龐大。然而，漢福德廠的普通勞工幾乎都不是固定職員，杜邦招聘人員雇用的新員工分成兩種階級：藍領操作員，以及指揮他們的白領督導與經理。對於放射性危害的認識，兩方的知識分配並不均等，最密切接觸放射線處置的員工，通常都是最缺乏訓練、最不清楚狀況的員工[1]。無知與焦慮的情況隨著階級愈往上爬愈嚴重，並將員工以位階和性別分門別類。在公司的位階愈高，就愈不用受怕。

杜邦雇聘操作員時，會用杜邦家族承襲的新教價值觀判斷是否合用[2]。例如該公司絕不考慮雇用黑人和墨西哥裔美國人，但在建設期間卻不得不破例。有些部門不鼓勵雇用非基督徒，在這個篩選流程，杜邦高官和美國陸軍工程兵部隊使用的名詞是「高級人士」，特別強調亞利安人的分量。新興里奇蘭的第一份（機密）調查透露，居民全是白種人，絕大多數為新教徒，約百分之十五為天主教徒，十名員工是猶太人[3]。

杜邦的招聘人員將員工分成兩類：豁免與非豁免。豁免型員工領的是月薪，通常從其他杜邦工廠調職過來，教育水準較高，多從事監管與技術性工作，絕大多數已是「杜邦人」[4]。第二類則是大多數員工歸屬的類別，屬於非豁免型，輪班工作以每週或每小時計算及支付薪資，這些員工的最高學歷往往只有高中，而杜邦經理想在當地雇請這類型員工。

我在里奇蘭時，去拜見一九四四年曾在工廠做事、所謂「老一輩」的職員。我和喬・喬丹約在他舒適宜人的牧場平房見面，六〇年代的傢俱美妙摩登。喬丹自喬治亞理工學院的化學系畢業後，杜邦便在一九四一年網羅他加入。一九四三年，他轉調至芝加哥，一手完整策劃曼哈頓計畫的主管，朝他的桌上輕拋出用來發動核反應爐的鈾燃料塊，他的職責就是在那裡向新主管報告進度。喬丹的新工作，就是把在反應爐經過輻照的燃料塊，拿去浸泡幾輪化學浴，濃縮成好幾克的鈽，萃取出來的鈽可以製成威力強大的炸彈。

數個月來，喬丹都在加州大學的實驗室（Met Lab）受訓，一九四四年十月，喬丹抵達漢福德，參觀尚在施工的自動化遠端操控工廠。身為漢福德T廠的化學家，喬丹的職責就是分析各個工廠生產線步驟的輻照溶劑樣本。喬丹監督一群實驗室技術人員，他們則負責實際操作，收集放射性溶劑，手工處理測量，再讓溶劑進入下一個生產流程。

我在二〇〇八年遇見當時已九十高齡的喬丹，他的長壽違抗了漢福德放射性遺毒的常理。喬丹略微佝僂，但腳步敏捷，一頭銀白光澤的蒼髮，笑容從未自臉上消退。喬丹讓變老這回事變得微不足道[5]。

雖貴為大學畢業、受領月薪的職員，喬丹屬於少數族群。大多T廠員工從事的都是打卡輪班制的藍領工作，杜邦尋覓的是值得信賴、能夠準確聽從執行任務的機械操作員。在充滿特定風險的實驗室裡，他們需要「專注力超乎常人」的員工[6]。開始大規模招聘時，出現性別差別待遇的雇用情況，杜邦招聘人員雇請男性負責工廠的三座反應爐，也正是最重要而危險性高的工作場所。起初，杜邦官員沒想過雇用女性工廠作業員，唯恐對適孕年齡的女性造成遺傳傷害。然而曼哈頓計畫官員堅持，由於可能的勞工短缺，「若有必要，應該由女性員工替補上陣」[7]。化學加工廠作業是提煉輻照過的鈾，濃縮成幾滴鈽，因此普遍認為這份工作應該比反應爐安全不複雜[8]。事後這個假設證明了根本大錯特錯，化學加工廠對員工可能造成的危害，其實不比反應爐低。

杜邦沒有多加解釋，為何化學加工作業都是女性掌管。成本可能是一大考量，雇用女性較省錢，因為女性薪資比男性低，也不符合里奇蘭的房屋補助資格[10]。喬丹曾監督許多女性實驗室助理，他說杜邦雇用女性是因為她們是好員工，工作盡責，吩咐的指令都能絲毫不差地執行，他印象中最優秀的技術人員，是一名女性快餐廚子，她很擅長按照同一份食譜做菜，能夠反覆端出一模一樣的餐點。

里奇蘭的新建案。美國能源部提供。

杜邦招聘人員正在尋覓高中畢業、介於二十一至四十歲的白人女性，條件包括「身體健康，好相處，聰明機警」[11]。一九四四年，女性應徵者問了招聘人員諸多焦慮不安的問題，尤其是在神祕工廠裡從業的危險性。當地人猜測，杜邦正在製作化學武器，謠言傳出有人在工廠過世，遺體被偽裝成需要遷走的印地安人墳地，運出里奇蘭[12]。杜邦主管認為，基於「道德」義務，不該對員工隱瞞工廠產品的危險性，他們堅稱低技術性員工其實都猜到了，要是他們完全坦承，作業會變得更安全，員工也更理解操作內容[13]，但葛羅夫斯強烈反對告知員工作業的危險性[14]。

受聘後，女性會先接受健康檢查和身家調查。與男性作業員不同，女員工不會被送往芝加哥或橡樹嶺受訓，而是倉促完成為期六週的見習，學習不牽涉科學或理論的基本技能和流程[15]。

瑪姬．諾德曼．德古耶（Marge Nordman DeGooyer）是杜邦的新聘員工之一。德古耶在南達科他州（South Dakota）經營不善的農場長大，在那裡，農場收入不足以供應主人維生，於是家人得另覓工作，哪裡有工作就往哪裡去。德古耶學會開飛機，曾經駕駛灑藥飛機，後來擔任計程車司機。一九四四年，她跟隨父親腳步，循著工作消息來到里奇蘭。杜邦雇用德古耶當秘書，但有位招聘人員注意到她頗具數學天資，便告訴她，如果她願意從事技術性領域的工作，就能習得世界各地的大學都無法傳授的專業技能，德古耶欣然接下這項挑戰[16]。

經過漫長的巴士之旅，通過工廠入口閘門後三十英里，德古耶抵達化學加工廠，這座的外觀是一體成型的巨大混凝土「峽谷」，舉頭不見一扇窗。頭一天上班，輪班經理問德古耶，她比較希望做菜還是縫紉。這

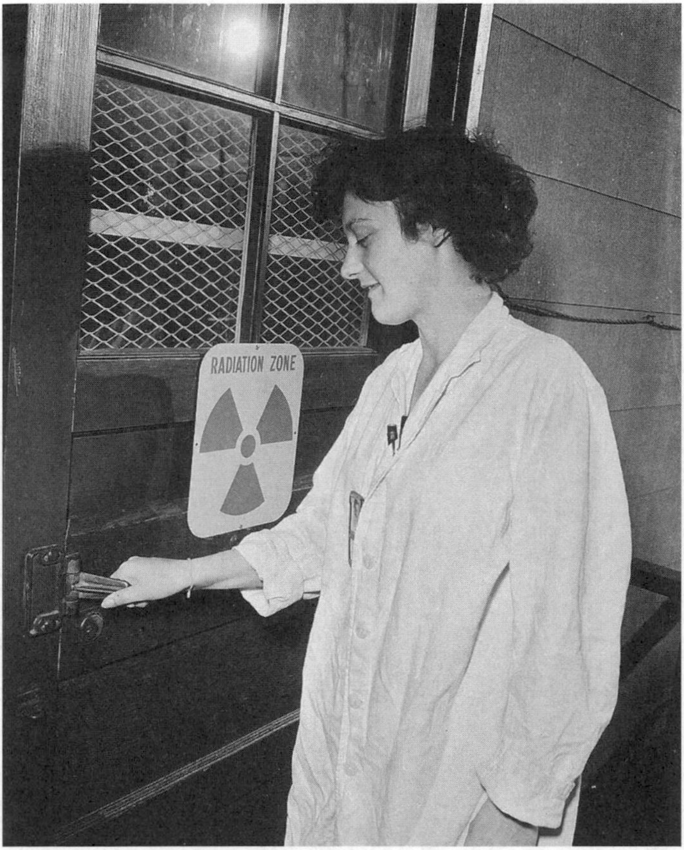

正在執行工作的女性，攝於漢福德，一九五三年。美國能源部提供。

問題讓德古耶滿腦袋問號，她回對方，兩樣她都不想做，但硬要她挑的話，她會選做菜[17]。於是她被送往分析化學實驗室，從事液體化學劑的工作，女性實驗室助理要以吸量管將「熱騰騰」的綠色溶劑，精準地將小容量移至燒杯裡。

德古耶只接受工作指令，卻從不知原因。她的主管解釋，她工作接觸的化學藥劑具有危險性，卻從未提及放射線，此外他也不希望女性戴手套工作，因為這樣會拖累工作節奏與精準度[18]。

但德古耶卻多少從主管的行為猜到這份工作的危險性，她形容「擁有大學學歷」的化學家，會走到門前遞交新配方，「他們不會進入我們的實驗室，」德古耶還記得：「只會站在門外，穿過門遞一紙張進來，然後飛也似地跑走。[19]」

其實不能怪這些大學學歷的化學家這麼怕死，畢竟他們知道真正的危險，而安全法則規定他們，不得向實驗室技術人員告知詳情。像是喬．喬丹這種從事放射性溶劑分析的化學家，對其中危險的了解超出德古耶。他們也很清楚，由於杜邦面臨不少雇聘問題，遲遲請不到興建工廠的員工，因此鈽的製作嚴重拖延。為了趕上進度，趁戰爭結束前製作出炸彈，一九四五年夏天，葛羅夫斯下令杜邦經理，縮短輻照燃料塊的冷卻時間，以加速製作流程。意思是不能按照原定計畫，等放射性成分衰變至安全劑量所需要的二至三個月結束，員工必須在短短幾週內就從地底的冷卻槽，取出高放射性燃料塊。這種「綠油油」的燃料，會大量噴射釋放具有劇毒的放射性同位素，程度之巨，地球從未體驗過[20]。加快生產，好補足失去的時間，這個決定意指年輕的實驗室技術人員，都暴露在高劑量的放射性物質中。

德古耶和其他實驗室技術人員都是徒手測量及傾倒這些高放射性溶劑，灑出來的情況也並非罕見。德古耶每晚下班後，都會在計量器前測量手腳，要是雙手不乾淨，她就會重返實驗室，一遍又一遍重新刷洗。放射性溶劑的頑固特性能抵抗肥皂和刷洗，德古耶有個綽號「放射性腳瑪姬」，起因是有次放射科監測人員注意到德古耶的衣櫃讓放射量測定器瘋狂轉動，當他們發現德古耶的工作鞋沾附大量放射性物質後，便沒收這雙鞋，埋在放射性廢料掩埋場。

德古耶和我說話時，疼痛明顯正在發作，她一隻手不斷撫摸脖子右側某處，鼻子上則貼著一塊OK繃。「我渾身上下都有癌病灶。」她說，手往身體各處揮去。「我的大腿、雙手、臉部都有，連乳房都切除了。」德古耶的丈夫也在工廠做事，在這幾年來外洩最嚴重也發生過其他「事件」的地點F反應爐，擔任藍領操作員。年紀輕輕的德古耶丈夫，已經出現心臟瓣膜問題，他開了刀，走過不見盡頭的漫長療養期，後來從梯子摔落，跌斷一條腿，此後原因不明地再也沒痊癒。他很年輕就退休，因此由德古耶扛下家計，她對數字很有一手，實驗室人人都曉得，她很擅長處理數學問題。科學家找她諮詢，主管們都希望她到自己的辦公室工作，德古耶一路往上拚，最後爬上高位，管理起工廠的質譜儀，這項成就讓她相當自豪[21]。

在我們揮別前，德古耶和我分享最後一則故事。一九四五年廣島事件的新聞爆發後，一組攝影師前來參觀工廠，希望看一眼鈽。德古耶的老闆問她，有沒有興趣擔任模特兒。德古耶受寵若驚，連忙跑去洗手間，換下工作套裝、補妝。攝影師請她站在手套箱前，她的手穿過箱子，握著一只裝有鈽溶劑的小玻璃杯。然後，德古耶惶恐地聽見她的上級請記者離開現場，站在安全的一側，老闆說他們不確定相機的閃光燈是否會觸發溶劑的連鎖反應，誘發大量致命的藍色中子。攝影師設定好快門時間後連忙撤離，徒留德古耶一人站在那裡，手裡握著試管，心臟狂跳不已等待閃光燈亮燈。幾年後，德古耶最扼腕的還是她的英勇行徑沒被寫進報紙文章，攝影師最終使用的照片裁掉她的身體，只留下她戴著手套、握著鈽的手，這真是貼切的寓言故事，說明有太多段曼哈頓計畫歷史，都將前線工人冒著生命危險的故事，從記憶裡裁剪摒棄。

7 工作危害

為曼哈頓計畫醫療紀錄辯解的人說，四〇年代的研究員對於放射線會對人體造成的效果一無所知，又說經理是在不知情的情況下，送瑪姬・德古耶等員工走上危險道路，當時戰爭情勢緊迫，他們已經盡可能小心謹慎[1]。我記住這番說詞，開始探究曼哈頓計畫醫療研究員當時對放射線有哪些認識，以及他們是何時得知的。答案顯示，經理和研究員在研究初期的那幾年，多已得知他們製造的核分裂產物的嚴重危害，然而這項發現卻未讓他們變更工廠設計、工廠營運方式，以及最關鍵的放射性廢料傾倒。

我在美國檔案管理局（National Archives）亞特蘭大分部，碰巧發現一份有關年輕杜邦化學工程師唐・強森（Don Johnson）耐人尋味的醫療檔案，檔案示範說明了放射性污染紀錄憑空消失的特質，而污染紀錄的消失無蹤，是怎麼引發眾人對核工業安全抱持兩極化觀點。一九四四年秋天，強森開始出現病狀，噁心想吐、胃痛、牙齦出血、雙腿痠痛、時常感到疲累、夜間盜汗、輕微發燒，里奇蘭的醫師還記錄他還有臉色蒼白的現象。接下來一週，里奇蘭醫學中心的醫師診斷出他患有嚴重的白血病。一年前開始參與曼哈頓計畫時，醫療紀錄空白的強森，卻在短短幾個月內過世，享年三十七歲。

杜邦高官說明，強森在芝加哥冶金研究實驗室和橡樹嶺時，暴露於放射性物質，這已是在來到里奇蘭前的事，但他們也說了，他的接觸劑量低於當時的可耐受度。三〇年代的研究員將「最高耐受劑量」設為每日〇點一倫琴。他們當時就知道，暴露源自外在的伽瑪射線（波長極短的電磁波），以及暴露接觸可能來自消化或吸入的物質β及α粒子（原子核釋放），這兩種游離輻射皆可能破壞細胞、形成癌症和基因遺傳問題[2]。強森的個案在杜邦內部引起不小恐慌，他的妻子透過第三者得知強森接觸神祕毒物，因而提告求償。杜邦律師不打算承認責任疏失，卻也建議葛羅夫斯將軍，聯邦政府不該引起騷動，於是付錢了事[3]。負責建造大型鈽工廠的杜邦高層羅傑・威廉斯（Roger Williams）和克勞福・格林瓦特，已對員工安全憂心忡忡，這下強森一死，更加深他們的恐慌。

對於工作場所的危害或病倒的員工，其實杜邦經理並不陌生。三〇年代初，杜邦化學染料工廠員工集體爆發膀胱癌，杜邦高官請來專攻毒物的德國科學家威爾罕姆・惠普（Wilhelm Hueper），釐清員工得到癌症的源頭。惠普分離出一種新型態的化學藥劑，也就是用於染料產品的萘胺，他說這個成分讓實驗室的白老鼠獲得膀胱癌。然而，杜邦非但沒有換掉產品使用的化學成分，杜邦官員還將惠普從研究計畫除名，他拒絕置之不理該議題時，杜邦開除了他。他們害怕惠普四處張揚自己的新發現，於是指派另一名凱特靈實驗室（Kettering Lab）的駐公司科學家羅伯特・科荷（Robert Kehoe），執行研究，讓惠普的發現失去效力。接下來二十年，杜邦員工繼續使用萘胺，而十個接觸該物質的員工，就有九個患有膀胱癌[4]。接著二十年，杜邦官員不斷騷擾在美國國家癌症研究所（National Cancer Institute，簡稱NCI）擔任環境癌症專案主任的惠普，並且審查他的研究[5]，有了惠普的經驗當前車之鑑，有關工作場所毒物造成的長遠後果及責任歸屬等威脅，杜邦官員已經比曼哈頓計畫主任更熟能生巧[6]。

一九四三年，威廉斯和格林瓦特向美國陸軍工程兵部隊官員提出一籮筐問題，不外乎是他們設計的反應爐與加工廠具有哪些潛在危害[7]，在在透露出他們害怕自己將世界第一工業規模的人造放射性同位素，釋放入地球生物圈的焦慮。主管詢問：「雇用停經女性或老年人有哪些優點？」○點一雷得的放射性物質（當時的每日可耐受劑量）是否較不會對員工子女造成遺傳基因變化？人類的自然突變率有多少？——也就是出現畸形的數值？孩童自然出現缺陷的百分比有多高？流產率呢？[8]」

一九四二年，格羅夫斯為曼哈頓計畫設立醫學部門，監督健康，保證消息不曝光。葛羅夫斯和醫學主任史丹佛．華倫（Stafford Warren）擔心職員大量接觸污染，恐將「形成生理傷害」，進而可能破壞他們的隱密性及製造[9]。確保鈽的順利製作既是醫學部門的主要任務，也是致命缺陷。醫學主任海默．弗烈德（Hymer Friedell）說：「該醫學組織提供的服務只是附屬功能，主要用意是維持操作員的健康，能夠保持在一定水準，不影響工廠作業即可。[10]」換句話說，醫學部門只要保持員工健康到他們可以製作就好，而不是解決放射性同位素會對人體健康造成多少影響的龐大問題。逐漸膨脹的醫療研究部門曼哈頓工程區（Manhattan Engineering District）官僚體制，簡直就像貪得無厭的繼姊，最高紀錄是運用七十二名全體醫學人員進行研究，監督照顧幾萬名員工，把關周遭空氣、河川、湖泊、農業牲畜與農產品等環境健康[11]。已經山窮水盡的史丹佛．華倫，指示科學家只把資源用在能有效帶來結果、保護公司責任歸屬的研究上[12]。但華倫很少迅速獲得解答，對於杜邦主管焦慮詢問安全劑量和基因後果，他的回應通常大同小異：研究員還在努力找尋答案，我們之後再通知你們[13]。

杜邦高官對這種無知的情境很不滿。到了四〇年代，科學家已在過去幾十年間得知放射性物質會造成不孕、腫瘤、白內障、癌症、基因突變、一般的提前老化及早死徵狀。一〇及二〇年代的研究院表示，X光會對動物造成癌症病變[14]。美國報紙曾在二〇年代刊出頭條故事，將含有鐳的亮光漆塗在手錶錶面的幾百名紐澤西年輕女性員工，出現奇怪症狀，短短六年就加速老化，頭髮稀疏灰白，彎腰駝背，要靠枴杖行走，動作太突然還會骨頭碎裂，她們的牙齦腫脹流血、掉牙，疲倦到無法在公園散步、外出約會、從事其他年輕女性會做的事，只能在家臥床[15]。

鐳的案例爆發讓杜邦主管憂心，特別是一九四三年九月，羅布里．伊凡斯醫師（Robley Evans）發表了幾張照片，照片顯示一名長期接觸鐳的女性員工，大半邊臉被壘球大小的腫瘤吞沒[16]。伊凡斯報告說明，有些鐳員工經過屍體化驗，得知體內僅含一點五微克（〇點〇〇〇〇〇一五克）的鐳，和鈽工廠即將產出的幾噸放射性廢料一比，簡直小巫見大巫。一個月後，杜邦主管將鐳使用手冊寄到葛羅夫斯的辦公室，再次要求解答，他們想要知道鈾及放射性副產品究竟會造成哪些效果[17]。

自然環境裡散發的鈾相當微弱，生物必須長時間近距離接觸，才可能造成傷害，但要是鈾在反應爐裡大肆進行放射能衝擊，最終就會釋出巨大能量、中子、新型態的放射性元素，而這種能量可能影響任何接觸到的原子結構。戰後，原子能委員會科學家強調，「天然」環境放射性物質是來自太陽光和土壤礦物質等物[18]，但曼哈頓計畫的反應爐和粒子迴旋加速器所製造出的新種放射性同位素，例如碘-131、鍶-89、銫-137、鈽-239，一點也不天然。全新的鈽工廠保證會過量製造出這些物質，以及許許多多有害的人造同位素。一九四三年，當這些核分裂產物進入動物組織，大力震撼著維繫生命的分子、細胞、基因時[19]，科學家只能擔心接下來會發生的事。

杜邦的克勞福．格林瓦特不滿陸軍部隊的承諾，於是自行展開研究計畫，探究哥倫比亞盆地的環境全景，這在曼哈頓計畫裡相當罕見。設計將放射性廢料排入河流的污水排放管前[20]，格林瓦特先找來一位魚類專家，觀察哥倫比亞河的水文學和棲息地。他還請一名氣象學者，研究吹拂過工廠煙囪的強風[21]。杜邦主管要求設置自己的醫療健檢人員，並且徵求更多優秀醫師及研究員[22]。美國陸軍官員認為這種安全措施「開銷過於龐大而繁瑣」，但還是負擔這筆費用[23]。與此同時，史丹佛．華倫與數間大學研究員簽訂合約，研究各種放射性同位素對動物及人體的短期效應。

加州大學克羅克實驗室（Crocker Lab）的約瑟夫．漢米爾頓博士（Joseph Hamilton）獲得研究工作，鑽研W場地（漢福德）的核分裂產物會如何對動植物及人體裡代謝，進入土壤後會發生什麼事。漢米爾頓迫不及待接下這份工作，能站在尖峰前線，研究放射性對生物造成哪些效應令他興奮不已[24]。一直以來，漢米爾頓都熱情推廣放射性同位素，說它們是一種全新的診斷工具，能夠治療各式各樣的人類疾病。三〇年代，他曾在眾目睽睽之下吞放射性碘，示範幾分鐘後他的甲狀腺是怎麼讓蓋式計算器劇烈跳動[25]。一九三六年，他和同事羅伯特．史東（Robert Stone）對自告奮勇的白血症病患進行放射性鈉的測試。一九三九年，史東治療搭乘高級禮車、喝著香檳抵達實驗室的多金癌症病患，讓他們浸泡在粒子迴旋加速器的中子浴裡，近一半的人在未來六個月內死亡，輻射的副作用讓他們死狀難看。一九四一年，漢米爾頓對六名自願的骨癌病患注射放射性鈀，結果同樣令人失望[26]。史東和漢米爾頓這兩名高聲望的領先研究員及放射生物學推手，便在一九四二年受邀，加入高優先的曼哈頓計畫醫學部門。

漢米爾頓的工作是研究放射性同位素的代謝，但有名陸軍將軍致電詢問，放射性副產品是否可能用來毒害敵軍時，他的研究進展出現奇異變卦。雖然漢米爾頓的研究室急缺資金、員工、時間更是不夠用，他還是在一九四三年，接下這莫名空降、所費不貲的工作，研究放射線的「戰略」用途。在將軍的建議之下，他探究漢福德放射性廢料可以怎麼用於「攻勢」。漢米爾頓將放射性溶液注射老鼠體內，將溶液製成煙霧和食物丸子，讓老鼠吸入及消化，試圖找出最能夠明確快速讓老鼠翹辮子的方式[27]。

曼哈頓計畫的安檢依照「簡要僅知原則」區分知識，而漢米爾頓的報告在醫學部門也跳過杜邦，隨著指令下達的路線送上去[28]。這層安檢牆在曼哈頓計畫內部，營造出一種詭異的對等關係，例如在一九四三年夏天，杜邦高層和葛羅夫斯焦躁不安地通信，討論員工每日接觸漢福德放射性同位素的健康效應；漢米爾頓則與人在芝加哥的史東探討，有什麼最好的方法，可利用漢福德的核廢料「讓大家（敵軍人馬）在二十四小時內噁心嘔吐癱瘓[29]」。杜邦高層很擔心漢福德工廠周遭的盆地地形內，不停循環打轉的氣流會造成逆溫，讓放射性粉塵停滯困在當地城鎮；同時漢米爾頓則正和一位氣象學家決定，該怎樣才能利用同樣的逆溫效應，將放射性粉塵困在敵軍城市的氣流中。杜邦高層對漢福德廢料的高度放射性焦慮不止；漢米爾頓卻在估測，一百磅同樣居里數的同樣廢料，可以散播至地面，滲透入井水，或者轉化為氣體，作為「進攻手段」[30]。廢料強大到漢米爾頓的助理滔滔不絕，「（放射性）鍶煙霧比最致命的戰爭毒氣，致命百萬倍。」[31]和許多同胞一樣，說到戰爭，漢米爾頓求勝心切，但他的研究計畫卻不經意地顛覆了杜邦的公共衛生疑慮，漢米爾頓不是尋找更安全的做法，而是研究要怎麼製造更強大的放射性災害。漢米爾頓並未決定找出延續生命的方法，而是研究要怎麼促發死亡。他的下屬建議特別蓋一間加工廠，將放射性廢料製成武器，一想到這就是放射線氾濫的漢福德即將造成的維蘇威火山，該提議如今讀起來就格外殘酷諷刺[32]。

然而在當時，漢米爾頓的研究結果從軍事觀點為出發，確實是很振奮人心。漢米爾頓指出，傳統炸彈一旦落地，便完成它的破壞使命，不會帶來長久的毀滅性。反觀放射性炸彈，卻能在觸發後許久，延長摧毀破壞的時間。漢米爾頓說：「體內遭到（放射線）感染的人，會在接觸感染後若干個月，持續遭受內部輻照影響，」此外，「長壽命的核裂變產物，會大量在肺部延長感染。」他發現，漢福德釋放的放射性副產品，像是鍶、釕、放射性碘，隨時都可能經消化道吸收，進入骨髓。[33]」換言之，一旦經敵人吸收，放射線就會像是一顆深埋體內的定時炸彈。漢米爾頓樂觀地報告，只要將極少量的放射性物質安置於適當的環境情境，即可癱瘓甚至殲滅整個社區[34]。

遭逆溫層困住或旋轉氣流傳播的放射性粉塵或煙霧、河川與地下水釋出的核裂變產物、灑在作物上的放射性粒子，對安全憂慮不已的杜邦高層而言，以上都是糾纏著他們的恐怖夢魘。一九四四年，工廠啟動迫在眉睫，杜邦高官開始擔心討論著，他們將製造的產品所具備的「超級劇毒」[35]。「分量微小的熱物質」居然能引起「幅員遼闊的污染」，讓橡樹嶺杜邦試驗性反應爐的科學家大嘆不可思議[36]。一九四三年尾及一九四四年初，杜邦高層加入曼哈頓計畫場地的工作人員，詢問更多關於安全與衛生的迫切問題[37]。

幸好杜邦工程師無法取得漢米爾頓濫用放射性廢料、令人寒毛直豎的月報。但對於要怎麼安全展開世界第一座鈽工廠，如何廢棄幾百萬加侖放射性氣體及液體，他們也沒有從醫學部門獲得確切答案。即使感受到其緊迫性，亦已進行兩年的深入醫學研究，但漢米爾頓或他在羅徹斯特、橡樹嶺、芝加哥實驗室的同事，都沒人有實際解答[38]。沒有答案是有理由的：曼哈頓計畫研究員無法發表研究著作，不能在會議上討論，甚至不得向曼哈頓計畫不同領域的科學家尋求協助[39]。而在此同時，與漢福德廢料問題有著最直接關係的漢米爾頓計畫，則揮霍一年時間，研究放射性副產品的軍事用途。

一九四三年十二月，史東緩緩將漢米爾頓拉回當初的約定：「我們沒有獲得授權，不能偵查研究進攻用的放射性武器，但我們有責任盡可能知道，工廠附近正常作業或意外導致的粉塵，可能會出現哪些作用。[40]」對獲得專業成就別具洞察力的漢米爾頓，很快就調整好自己，才三週就寄給史東一份全新提案，研究放射性粉塵和煙霧，跟他之前的研究團體相去不遠，但這次採用的研究框架是工廠「意外或正常作業」[41]。

漢米爾頓執行長達一年的研究，計算如何引發慢性放射線死亡，很清楚曼哈頓計畫工廠的正產品與副產品，將如何害人不淺，甚至早在工廠以工業級分量，製作出這些東西前就知曉。漢米爾頓的信件也顯示出，軍事醫學軍官（例如史丹佛．華倫和他忠心耿耿的副手海默．弗烈德）及邪惡研究博士（例如史東和漢米爾頓）之間，並不存在明確的意識形態分歧，兩方都迫不及待用最直接的方式為戰爭貢獻。

漢米爾頓對放射性武器的初次嘗試，也透露出曼哈頓計畫的醫學研究案在大屠殺戰爭裡的本質：冷漠評估死亡與毀滅，縱情想像眾多敵人「在二十四小時內，噁心嘔吐癱瘓」，卻欠缺想像力，無法考量曼哈頓計畫工廠周遭的美國人也會有同樣遭遇。也許軍事武力的初現光彩，也演繹示範了曼哈頓計畫醫學史將如何進展。

8 食物鏈

一九四三年，曼哈頓計畫的醫學放射線學家預測，與鐳不同，鈽稱不上危險物質，因為鈽釋放的伽瑪射線不高，而這種放射性能量能飛簷走壁，刺穿牆壁、衣物、肌膚，深入體內。鈽是 α 粒子輻射體，α 粒子不會穿越超過一根頭髮的距離，光一張紙就能阻擋它前進。最後研究員臆測鈽的危險性，應該低於鐳五十倍[1]。

一九四四年二月，漢米爾頓收到第一批液狀鈽的樣本，總共十一毫克，足夠展開測試，瞭解這種新型態的同位素會對人體產生何種效應。漢米爾頓的團隊先從小老鼠開始，接著換成大老鼠、兔子、狗、猴子，研究員將鈽塗上動物皮膚，然後在血液與肌肉組織裡注射滴入鈽的溶液。初步結果紀錄顯示，鈽的前景愈來愈不看好。漢米爾頓發現鈽一旦進入體內，就會停留在骨骼之中，鑿入生成血液細胞的脆弱骨髓。漢米爾頓希望找到方式，在體內沖淡鈽，卻毫無斬獲[2]。研究員發現，鈽具有生物累積的可怕天賦，會集中在器官裡，千方百計融入身體活躍所必須依存的生化過程。舉例說明，甲狀腺會貪得無厭地吸光放射性碘，鈽和鍶-89 則會仿效鈣，迅速移至骨骼，鍶-89 也會快速並且輕而易舉地從胎盤轉移至胎兒，從母乳傳入新生兒體內[3]。

橡樹嶺醫學主任約翰．威爾斯（John Wirth）對於放射性同位素究竟如何進入生物過程，感到震懾，他錯愕地看著「它（放射線）穿梭自如，彷彿有自己的生命，試圖在各處落地生根」[4]。

漢米爾頓實驗室裡的動物變得有氣無力，毛髮灰白，肝臟衰退，長出淋巴瘤、骨肉瘤、癌症前期細胞[5]。哥倫比亞大學研究員讓小老鼠接觸快速中子後[6]，老鼠出現體重減輕、落髮、白血球減少的現象，並且得到貧血、不孕、白內障，肺部發炎，細菌侵入導致肺部混濁，奇怪的是，老鼠出現的症狀都不大相同，沒有兩隻完全一樣。經過三十四週，多數老鼠已經死亡，進行屍體解剖後醫師仍無法判定死因，既不是腫瘤，也不是癌症，更不是器官衰竭，只能把死因歸類為「一般機能失常[7]」。研究員覺得這些症狀隨機模糊的特性很惱人，原本冀望能逮到決定性的洩密徵兆，得知怎樣能表示身體接觸的鐳超標，但他們發現不同放射性同位素，在不同體內會以特定方式展現，出現的症狀難與一般身體得到傳統疾病的症狀區分，例如肺炎、貧血、肺結核。換句話說，放射線的死很容易和傳統疾病的死混淆，或者可以說放射線疾病很容易被錯當一般疾病及輕微的身體不適。

研究員實驗時使用的劑量很高，類似員工在意外或爆炸時可能暴露的劑量。以日計算，大多員工和旁觀者可能接觸的劑量相對低很多，但這類接觸可能維持數月甚至數年。長期低劑量接觸的實驗需要時間，也需要可測量到體內出現少許放射性同位素的技能，一九四四年至四五年間，曼哈頓計畫的研究員尚未精通這項技能[8]，僅有幾份研究在探討新品種放射性同位素的長遠效果。羅徹斯特大學的研究員，針對大小老鼠、猴子、狗長期遭受輻照的效應，進行為期兩年的研究，而動物接觸的X光劑量與曼哈頓計畫員工的可耐受劑量相當，不過最後大多實驗卻失敗了，因為甲狀腺和肺結核疾病紛紛找上老鼠和猴子，隨著牠們死亡，實驗結果也跟著泡湯[9]。研究員只有尋找腫瘤、癌症或碎裂骨頭等，這些二〇、三〇年代接觸鐳和X光的員工所出現的症狀，卻沒有留意免疫失調的症狀，免疫失調會觸發一般疾病，如果當初他們有這麼做，那老鼠和猴子發生的流行病，就會被當成實驗結果，而不是實驗失敗的徵兆[10]。

有一組遺傳學者對七萬三千九百零一隻果蠅（果蠅屬），進行輻照，先從二十五雷得開始（當時設定的員工每年可耐受劑量），最高以四千雷得作收。自二〇年代起，遺傳學者就很清楚放射線會帶來基因突變。一九二五年，遺傳學家穆勒（H. J. Muller）的研究贏得諾貝爾獎，他的獲獎研究說明X光會對果蠅染色體造成傷害。後續研究調查確定，接受輻射時，所有物種都會引發突變[11]。在曼哈頓計畫研究，研究員發現即使是最低劑量，都能直接影響後代的突變率，他們繼續對老鼠進行實驗，發現老鼠接受的劑量愈高，突變率也跟著提高[12]。遺傳學家為研究下此結論，同時質疑曼哈頓計畫員工的每日耐受極限：「我們不得不納悶，人類每日接觸的〇點一雷得劑量，是否真的是可接受範圍。」研究員懷疑任何輻射劑量都不安全，因為在後代體內隨機觸發突變的染色體破壞，可說是五花八門，從眼睛顏色等外表差異，乃至令人憂心而曖昧模糊的「活力減退或壽命減短」[13]。

多半曼哈頓計畫研究員的當下焦點，都是把目標設為勝戰和降低美國死傷，他們一一列舉核武工廠可能造成的傷亡，再對照更龐大的沙場士兵風險，由此判定核子危機根本微不足道。但在醫學部門邊緣工作的一小組遺傳學家，卻持不同論點，他們沈思大規模長期運用原子能量，會「對社會及人類」造成哪些效應[14]。他們寫的報告被丟進一大疊標記「醫學結論」的檔案，說明他們對放射性同位素的惶恐不安，放射性同位素能迅速進駐體內，滯留不走，影響生物系統，要是以工業規模傳播，放射性同位素將不再是人類生命裡的外在物質，而是成為人類進化路上，一條漫長的迂迴繞道（或者死胡同）[15]。

當然這些可怕的醫學發現後果是可以避免的，前提是人類要降低放射性同位素接觸。為了達成這個目標，曼哈頓計畫研究員開始找出鈽和其他核裂變產物可能進入體內的路徑。科學家發現這些放射性粒子會跑到戶外、進入草原、河川、氣流，之所以將漢福德工廠設在開闊無邊、杳無人煙的哥倫比亞平原，就是希望將當地領土當作碩大水槽，任工程師傾倒成千上萬、最後甚至是幾十億加侖的放射性有毒廢料。科學家心想，在幅員遼闊的土地，放射性同位素會飄入空氣、土壤、河水，稀釋至對任何地方的居民都無害的程度。強風會吹走聳立煙囪的放射性廢氣，湍急充沛的哥倫比亞河會加速帶走液體廢料，排入太平洋。工廠周遭數英里寬的緩衝區及工廠底下的沙石沈積物，能輕而易舉吸收放射性廢料，讓它們消失不見。這個碩大水槽是十九世紀對工業廢料傾倒所持的觀念，只不過套用在二十世紀的垃圾罷了，當時覺得這是很聰明的方法，因為放射性垃圾肉眼看不見，也感受不到，目光掃視蔓延連綿的哥倫比亞盆地，就能清楚感受到這個水槽的概念。

杜邦工程師並未輕率破壞哥倫比亞盆地，格林瓦特很快就發現，漢福德位在盆地的最低點。格林瓦特向氣象學家討教後，發現很不巧，當地氣流不會平均分散漢福德的流出物。飄過盆地頂端的溫暖空氣常形成一片天花板，困住底下的冷空氣，冷空氣接著會猶如液體般，在地面旋轉流動，再穿過哥倫比亞河飄向南方，挺進帕斯科和里奇蘭，讓這兩個地方成了「高劑量放射線」的瓶頸聚集地[16]。格林瓦特得知要是情況樂觀，穩定氣流確實能讓煙囪廢氣停留高處，飄散至好幾英里外，但這些排放物往往飄向東南方該地區人口最稠密的地方，例如里奇蘭、帕斯科、肯納威克（Kennewick），接著飄向六十英里外的沃拉沃拉（Walla Walla）。其餘時候，下降氣流會導致排放物沈積，幾乎無法稀釋，就這麼停滯在煙囪周遭幾英呎處[17]。法蘭克・馬提亞斯在一九四四年得知這教人心神不寧的情況，但當時的他無能為力，不能改變工廠設計或地點。馬提亞斯反而在日記裡寫下樂觀可悲的信心，他相信等到工廠一完工，正式營運時，工程師將會延緩製作，等待好天氣降臨再開工。馬提亞斯和格林瓦特建了一座高塔，用來預測適合開工的氣候條件[18]。然而工廠卻不分天候好壞，緊鑼密鼓作業。

漢米爾頓的團隊裡有兩名土壤專家，奧華斯垂特（R. Overstreet）及賈克伯森（L. Jacobson）[19]，他們對漢福德核廢料處理廠下方的土壤進行檢測，發現漢福德地區的土壤展現出保留核裂變產物的超強能力，奧華斯垂特和賈克伯森挖了些土壤，放進直立式燒杯，然後倒入漢福德的放射性廢料，結果注意到百分之八十至九十的廢料沒有往下浸透，而是停留在表土的幾英寸[20]。這結果不免令人困惑，因為就和格林瓦特的氣象學研究一樣，完全和原先的水槽構想相反。倘若放射性同位素和漢福德的土壤結合，倘若大多放射線都停留在表土，又倘若強風氣流只會滯留在哥倫比亞盆地，循環打轉、飄往人口密集之地，那麼放射性同位素就不會稀釋散去，而是集中在人類、花草動物最容易接觸到它們的地方。

漢米爾頓思忖著這個問題，從花團錦簇的加州柏克萊，去信人在漫天塵土、空氣乾燥的帕斯科同事：「我覺得有個問題非常重要，報告裡卻未加以強調，那就是大劑量的核裂變產物若與表土接觸，可能產生不樂見的情況，在這種情況下，除非污染土壤經過恰當掩埋或傾倒棄置，否則該物質將可能借助風力，傳送至遙遠的地方。」[21]

漢米爾頓寫這封信的同時，杜邦工程師也不得閒，開始忙著將核裂變產物倒入表土。杜邦工程師設計出一種廢料棄置系統，將最危險的廢料透過管道倒入地下貯存槽，同時再以井水調和低劑量廢料，倒入地面窪地，變成開放式放射性泥土沼澤和渠道，易於在乾燥空氣中揮發，粒子再隨著漢福德屢見不鮮的沙塵暴，送至空中[22]。杜邦醫學團隊從沼澤取得讀數，發現放射線指數過高（每小時六點五豪雷姆）。史東在一九四五年二月親臨造訪里奇蘭，試圖終止這種處理法，無奈為時已晚，工人持續朝開放式渠溝傾倒低劑量廢料，這一倒就是數十載[23]。

杜邦工程師也挖了「逆向排放井」，朝深入多孔地層的洞，傾倒中劑量的廢料。這項計畫也讓奧華斯垂特和賈克伯森很擔心，安排與杜邦工程師商討造井事宜。杜邦工程師很樂意接受協助，迫不及待提供資訊及土壤樣本，奧華斯垂特和賈克伯森發現地下蓄水層附近地面傾注廢料會出現的問題，預見土壤會吸收並保存放射性同位素，直到土壤腐壞為止[24]。這兩位科學家進行實驗，在污染表土種植豌豆和大麥，發現植物會迫不及待吸光放射性同位素，奧華斯垂特和賈克伯森意外發現，植物根莖裡的核裂變產物濃度高於周遭土壤含量，即使含量微乎其微，仍足以摧毀植物。「土壤污染，」這兩位科學家警告：「即使劑量極低，仍可能在可食用農作物產生危險的放射線含量。」[25]

這則消息不祥地打扁了漢福德廢料管理假設的擴散理論，但工廠經理打死不改設計或慣例，賈克伯森和奧華斯垂特在柏克萊，研究逆向排放井的問題，史東則參觀漢福德，得知他們已蓋好井，他去信給漢米爾頓：「除非不同井的水源測試顯示污染，否則他們目前完全沒有修改此項目（逆向排放井設計）的意願。」[26]幾個月後，奧華斯垂特和賈克伯森的預測實現，發生飲用水的放射性污染事件。但即便事情已經發生，工程師依然不改變逆向排放井，漢福德健康器材部門（Health Instrument Division）的部長赫伯・帕克（Herbert Parker）只承諾會更密切監督水井。接下來幾年，工廠操作員持續往深洞裡傾倒放射性廢料，土壤研究早忘得一乾而淨。十年後，帕克形容漢福德場地「是適合棄置大量液體廢料的好場地」，彷彿賈克伯森和奧華斯垂特從未登門造訪[27]。

人類想像的象徵有時遠比錯綜複雜的實際情況來得意義重大。遠方的人想到哥倫比亞盆地，不會想到打嗝噴出高科技污染物質的工廠，而是想到鮭魚，這群意志堅定崇高的魚類，不顧滂礴哥倫比亞瀑布衝擊，一路游至西部中央的不毛腹地產卵[28]。若說鮭魚是否會發生什麼事，全要看漢福德工程作業人員、杜邦、美國陸軍工程兵部隊怎麼做[29]。工廠設計要求大型幫浦，將水量浩大的河水注入反應爐，進行冷卻：每分鐘會有三萬加侖的水流經反應爐心。等到河水變成污水，溫度高，也充滿放射線，就會冷卻數小時，接著重新注回哥倫比亞河。格林瓦特深知漢福德工廠是哥倫比亞唯一的上游污染源，於是在一九四三年請了一名魚類學者來漢福德，研究放射性廢水對工廠周遭產卵的鮭魚，會造成哪些效應[30]。幾個月後，勞倫・唐納森（Lauren Donaldson）在他的華盛頓大學實驗室展開計畫，對鮭魚卵、幼苗、成魚照放射線。

我在一份隨機找到的美國檔案管理局檔案，發現一系列的三乘五亮面小圖快照，記錄哥倫比亞河鮭魚接受X光的過程。到達一百雷得時，一個月大剛孵化、靠卵黃囊維生的小鮭魚，狀態正常[31]。接觸劑量兩百五十雷得時，小魚開始出現奇怪的發展，科學家記錄這是「組織破壞的證據」，照片顯示出卵黃囊膨脹，魚卻發育不良[32]。開到一千雷得時，魚的身體劇烈縮小，腹部出現狀似腫瘤的東西。猶如細枝的身體支撐著腫脹的卵黃囊，卵黃囊裡飄浮著閃亮的黑色物體。小魚嘴巴張開，游來游去，接觸劑量要是超過五百雷得，魚很快就會死去[33]。

但五百雷得的劑量相當高，遠遠超過在工廠排水管下游游水的鮭魚，直接接觸暴露的劑量[34]。頭幾個結果雖然不忍卒睹，對魚類研究員卻是好消息，說明珍貴的鮭魚需要接觸高劑量的伽瑪射線才會出現損害[35]。史丹佛・華倫佩服景仰唐納森在西雅圖設計的複雜實驗，找出對魚類有害的伽瑪射線劑量，芝加哥研究員採用的是優雅有失、卻直接了當的實驗方法：他們將金魚倒入漢福德廢料稀釋調成的各式溶液中，然後觀察金魚透過魚鰓吸入污水，食用水裡的微小海藻和浮游生物。芝加哥研究員發現，金魚體內吸收的放射性元素濃度，高出牠們周遭環境的水十至四十倍。這個消息讓人惴惴不安，因為一旦進入體內，放射性粒子對脆弱內臟及細胞的傷害，可能會高於體外造成的損害[36]。

唐納森使用哥倫比亞河鱒魚及鮭魚，如法炮製這個實驗，在較高處的哥倫比亞河岸，三個反應爐都各別備有大型盆池，反應爐排放廢水會在盆池裡先行冷卻，再排入河水。唐納森在盆池外設置魚槽，注入混合乾淨河水與稀釋程度不同的廢水[37]。若直接丟入反應爐廢水，魚會立刻死掉，但在稀釋的水裡，一開始魚還好端端的，能夠迅速繁衍生殖，多到魚缸裝不下為止。唐納森的助理理查・福斯特（Richard Foster）犧牲部分鮭魚進行解剖，結果顯示，魚的行為無異於豌豆、大麥、藻類、骨髓、甲狀腺：都飢渴地吸入大量放射性同

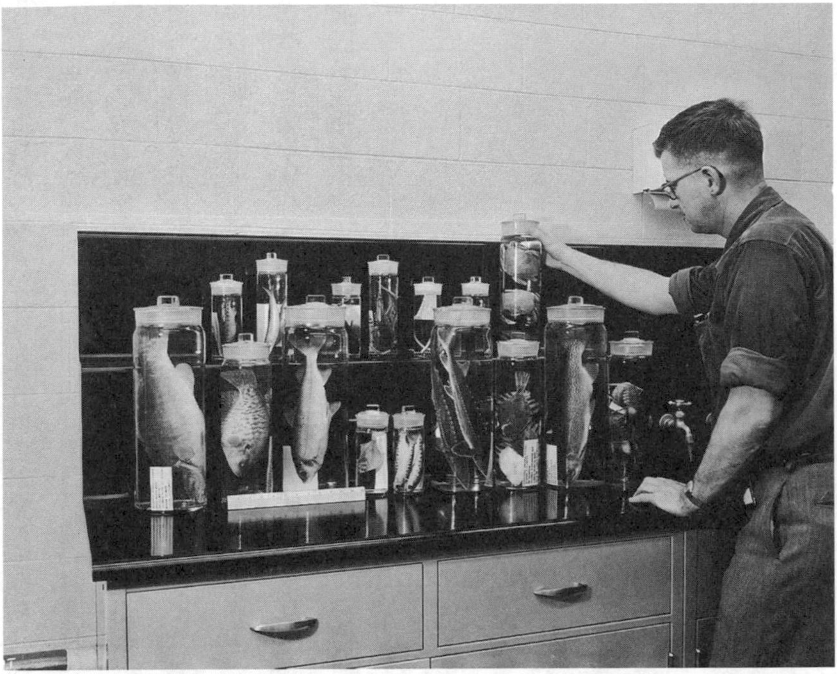

漢福德魚類實驗室。美國能源部提供。

位素，因此最終魚體內的放射線濃度超過牠們生活水域的六十倍[38]。

一九四五年夏天，福斯特報告，測試槽裡的魚出現體外寄生蟲和細菌感染，接著福斯特分別又在七月二十七日及八月三十一日這兩天，報告魚群在以三等分河水稀釋的排放廢水裡集體「屠殺」死亡[39]。由於當時工廠想趕在戰爭結束前製造出鈽，因此反應爐每日排入河的劑量約九百居里。然而這是機密，所以福斯特對生產製造加快及後來河川放射線激增的事一無所知，他很困惑排放廢水裡究竟具有哪些物質，為何會對魚類如此致命，很明顯，他都沒找到這個問題的答案。那時研究老鼠和猴子的專員已和治療橡樹嶺肺結核爆發的醫生進行討論，要是福斯特當時有找他們，這群科學家聚在一起，或許就會察覺免疫弱點的模式。然而只有幾個曼哈頓計畫的高層官員手上握有各個地點的醫學報告，而偏偏他們又傾向以樂觀態度看待報告結果。

於是正如奧華斯垂特和賈克伯森的土壤報告，福斯特的魚類研究也被拿去歸檔，深埋在令人頭痛的果蠅遺傳學報告、氣象調查、老鼠與狗的鈽代謝研究堆裡。這些報告都噗通一聲，墜入曼哈頓計畫廣大的文字逆向深井裡，資訊只進不出[40]。如果有人在內憂外患的戰爭時代，利用時間與耐力閱讀這些報告，就可能注意到，這些跨越醫學研究領域的研究員所執行的研究，雖互不相干，卻有一個共同結論，那就是：放射性同位素喜歡巴著生物體不放，從食物鏈底部鑽上頂端，而食物鏈最頂端的生物最不走運。

9 蒼蠅、老鼠、人類

一九四五年初，經過前幾年的研究，曼哈頓計畫領導人多少清楚情況，知道接觸五花八門的放射性同位素可能帶來的傷害參數，也曉得這些同位素如何進駐身體。他們知道最大的隱憂，就是半衰性長的放射性同位素一旦進入土壤和生物體，就很難察覺及根除。研究員發現，等到同位素進入身體，放射線就會破壞細胞，導致癌症，免疫系統、消化系統、循環系統會出現重重問題，加速老化及死亡，而這些症狀的發生既隨機又難以預測，他們明白這類研究必須暗中進行，因為承包商和職員早已對「未知的產品劑量對人體的影響」憂心忡忡，要是發現這些研究，唯恐驚慌失措[1]。

一九四四年夏天，杜邦的羅傑·威廉斯驚懼恐慌地寫了封信，署名給雷斯里·葛羅夫斯將軍。威廉斯在信中說明，過去幾個月他們得出一個驚人發現，那就是「最嚴重的健康危害就是產品本身」。威廉斯寫道：「現在我們預估五微克（〇點〇〇〇〇〇五克）的產品（鈽），若是透過口鼻、皮膚吸收進入體內，將會形成致命劑量。產品毒效會持續堆積，進入身體的產品會永久吸收且發揮效果，好比鐳。[2]」在這一段落的邊緣，某位曼哈頓計畫醫學長官（可能是海默·弗烈德）橫批：「大錯特錯。」

究竟多少劑量才「致命」是備受爭議的議題，威廉斯信中的猜測是根據曼哈頓計畫實驗室的初步研究結果得來，至少是聽了謠傳的漢米爾頓的老鼠和狗研究，以及唐納森在實驗室進行的魚類實驗結果[3]。威廉斯做了總結，要是鈽和其他放射性同位素在身體的敏感部位累積，例如骨髓、甲狀腺、肝臟、腎臟、肺部、胰臟，即便劑量極少，都可能破壞細胞，引發癌症組織滋長或基因突變。然而曼哈頓計畫的醫學長官看待實驗結果的角度與眾不同，研究員持續在魚類、老鼠、狗的體內，注入愈來愈高劑量的放射性同位素，並且注意到唯獨接觸極高劑量，實驗室動物才會不支倒地。科學家觀察，注入中等劑量後「材料樣本」會出現細胞變化和某種衰弱，若只是低劑量則察覺不到變化，只會在組織、器官和骨骼發現放射線的蹤跡。綜上推斷，他們判定「可耐受劑量」實際存在，要是低於標準值，這等劑量對人類和動物皆屬安全。這是美國陸軍工程兵部隊官員為了不改變路線，繼續憑藉核武邁向贏得戰爭的道路，所得出的唯一結論。如果連他們的結論都和遺傳學家堅持的如出一轍，咬定任何劑量都不安全，那這整場核武工業豈不淪為一場鬧劇[5]。

雖然實驗室結果前途慘淡，新核子區的經驗還不至於那麼糟。雖然他們進行留意，卻沒發現員工生病，至少沒有像得到流行病一樣相繼病倒，死胎或畸形胎兒的數目也並未激增[6]。動物和鳥也沒有從場地消失[7]，即使高溫河水「狀似混濁」，魚兒仍繼續在哥倫比亞河優游自得游著水[8]，每次檢查魚數量都會減少，這倒是不爭的事實，但原因卻「難下定論」[9]。橡樹嶺爆發肺結核，還有員工患有一直好不了的皮膚病，華倫輾轉得知這「絕對和橡樹嶺工廠作業有關」[10]，幾名鈾礦開採礦工也神祕死亡[11]。一九四五年夏天，兩位士兵因腎臟病變，從漢福德緊急送往沃拉沃拉的醫院[12]。一窩蜂員工的實驗室報告，在醫學部門辦公室間來回遞送，醫學部人員討論是否應該將這些員工分配到較安全的工作崗位，抑或終止他們的工作合約，「以保障政府與承包商的利益，避免支付可能躲不掉的賠償金。[13]」但這些案例都只是經過高度消毒銷密的檔案註腳，在大型計畫的龐大陰謀裡，不過是微不足道的微小事件。

為了確定，曼哈頓計畫的醫師對十八名不知情的人實驗，往他們的體內注入鈽，並在其他五名毫無戒心的病患體內注入鈈，一開始實驗是在橡樹嶺和羅徹斯特進行，後來更在漢米爾頓的指示下於舊金山執行，原本健康「正常」的研究對象並沒有死[14]，只有紅白血球劇烈減少，測試顯示他們的體內堆積了鈽，比大小老鼠的身體反應明顯，但人類活了下來，也算是好消息[15]。研究員測量尿液與糞便的放射線，卻未記錄研究對象血液含有五十微克的鈽-239，或食物裡加入十八點五微居里的鈈，再通過消化道後，他們會有何感覺。症狀和治療不是重點，研究員希望從研究這些實驗對象的尿液和糞便，得知該如何測量消化的劑量。這是道攸關「法醫學」的研究課題，可以猜測出接觸劑量，因而得出職場傷害的連帶責任[16]。後來有家庭成員通報，他們出現劇烈疼痛、虛弱、情緒憂鬱、輕微不適、病痛症狀，為研究對象的人生蒙上陰霾，但人類仍能持續活下去（「幾乎無異於正常人」），漢米爾頓如此誇耀他的「實驗素材」，也就是房屋油漆工艾爾伯．史蒂文斯（Albert Stevens）），簡直是一場醫學的大勝利[17]。

曼哈頓計畫領導人看到研究結果後，是否在工作場所做出改變？他們只是繼續作業，彷彿研究從來不存在。一九四四年秋天，羅伯特．史東建議杜邦醫師完全不考慮讓停經前女性到工廠作業[18]。然而美國陸軍官員卻規定杜邦雇用女性員工，因為他們害怕雇請其他種族及少數族群[19]。於是一九四四年，杜邦招聘人員分派年輕女性至化學加工廠，從事最危險的工作。

一九四四年秋天，反應爐開始運作，杜邦高層擔心要是發生爆炸，輻射會傳送至人口稠密的漢福德營區[20]，於是他們徵求葛羅夫斯將軍許可，告知員工自己的工作會接觸到輻射，並且實施疏散演習[21]。然而葛羅夫斯更擔心安檢措施，也怕沒有多少員工願意留下，他說如果以小時計費的員工得知潛在危險，恐會辭職。為了辯贏，葛羅夫斯端出深具可信度的推託之詞：他避開杜邦當地與個人的擔憂，將問題的規模牽扯到國家事務（「這全是為了美國好」）。提升至國家安危的說詞，在曼哈頓計畫裡司空見慣，核廠危害等級被說成一般的化工業危害，比喻成「為了配合曼哈頓特區的整體緊急事件」[22]。葛羅夫斯最有名的說法就是扯到戰後規模，提及超過二十萬日本人民在廣島及長崎的死，是怎麼「拯救（美國人的）性命」。

曼哈頓計畫的員工必須定期接受「醫療監督」，唯獨疾病與輻射無關時，醫師方可通知員工他們的健康出現異狀。為了不走漏風聲，醫療報告只在可靠的工廠醫師間流竄，杜邦經理在里奇蘭建立服務完善、低成本的醫療診所[23]。這種羅斯福新政風格的醫療計畫，大剌剌地與杜邦的保守哲學作風背道而馳，但在這裡，杜邦經理卻說，他們建議實行漢福德員工及家屬的醫療補助計畫，是為了保有對工廠醫療人員的掌控，掩飾消弭職業疾病與一般疾病間的差異。這項服務計畫可謂一魚兩吃，既可「避免尷尬狀況」，也可解除病患的「不適當警報」。一位杜邦經理以曼哈頓計畫官僚主義不言明的默契，做出以下結論：「我們大可理解這個計畫的重要價值。[24]」

然而被蒙在鼓裡的員工，「繼續」擔心自己接受尿液檢查、血液測試的原因，憂心望著安全監測人員帶著滴答作響的器材，穿越彷彿無菌的水泥大廳[25]，員工猜測事有蹊蹺，鬼鬼祟祟、神祕兮兮，強迫性的清潔

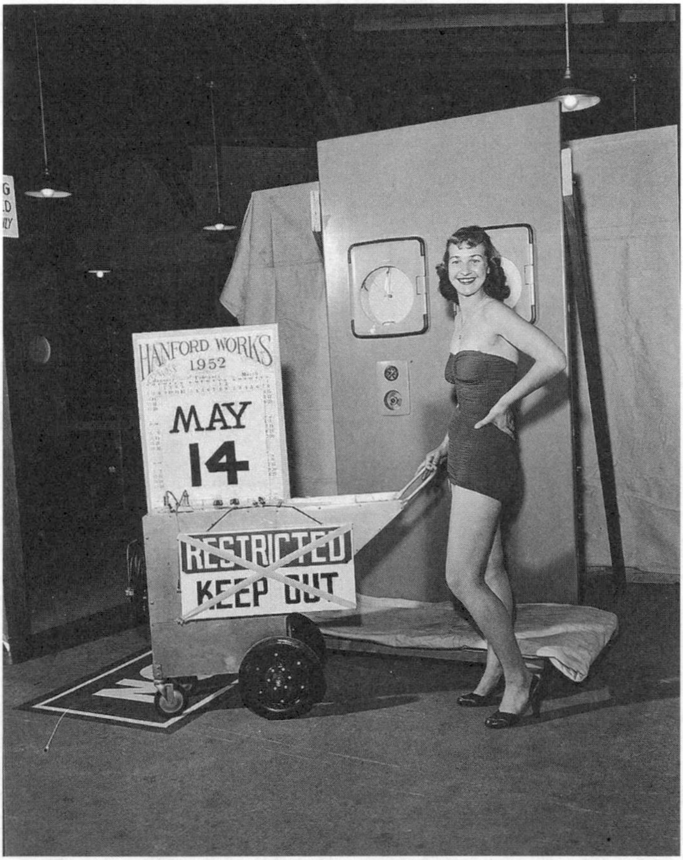

一九五二年，漢福德安全博覽會。美國能源部提供。

制度、柵欄圍籬、警報器、警衛，這一切的一切都讓他們更覺可疑。於是一旦葛羅夫斯下令，員工必須不知情地從業，就得成功說服員工，相信自己是安全的，如此公共關係也逐漸壓過公共衛生的問題。

與其工作場地的危害教育，一九四四年馬提亞斯反倒展開了年度盛事「安全博覽會」，重新將危險工廠包裝成安全燈塔。安全博覽會結合娛樂與展覽，推廣工作場所的安全性。為了鼓勵員工參與，博覽會裡設有演唱會、舞團巡演、門票抽獎、選拔安全皇后的選美比賽，葛羅夫斯強調，活動的主要目的是「提振士氣」，好讓員工心甘情願留下來工作[26]。

一九四四年秋天，杜邦工程師啟用第一座B反應爐，由於比預計晚了六個月，葛羅夫斯快馬加鞭。這時局勢很明確，德國輸定了，曼哈頓計畫的情報員亦報告德國物理學家不會製作出原子彈[27]。儘管如此，葛羅夫斯仍馬不停蹄，想趕在戰爭結束前製作出一顆炸彈，這樣他就不會荒廢二十億資金，繳出一張白卷。葛羅夫斯加緊步伐，要求杜邦工程師趁加工廠完工前，盡快將已耗乏的鈾燃料製成鈽。杜邦工程師設計出安全加工廠，運用自動化設備、地下室、碩大水泥牆，隔離員工與危險灼熱的放射性溶液。若想早日展開加工流程，那他們就得在「勉強拼湊的實驗室」作業，杜邦的羅傑·威廉斯指出，這意思就是讓員工在「高風險」作業接觸放射線危害[28]。

杜邦想要抵抗葛羅夫斯的迫切要求，卻遭逢一大難題。一九四三年，克勞福·葛林瓦特答應葛羅夫斯，會在一九四四年底交出完整的工廠。然而正如我先前所言，雇聘員工的歧視作風拖垮了建設過程，到了一九四三年夏天，格林瓦特心知肚明準時完工已然無望，因為他已經錯過第一座反應爐的竣工目標，杜邦經理不斷嘗試延後竣工日期，怎料葛羅夫斯堅決反對：「我無論如何都無法接受這種失敗。」對杜邦高層而言，竣工延後讓他們「顏面盡失」，因此葛羅夫斯要求他們抄近路、犧牲安全時，他們並無討價還價的空間[29]。結果，一九四四年秋天，杜邦高層答應要在加工廠完工前製造出鈽，並且雇用年輕女性，在輪班制的實驗室工作，徒增後來出現的工作傷害[30]。

但葛羅夫斯依舊怏怏不樂，一九四五年二月，加工廠終於完工並且開始營運，卻每天只能製造出兩百五十克的鈽。迫不及待製出炸彈的他，下令杜邦經理加快製鈽腳步，短短五週後就從冷卻池裡撈出輻照過的鈾燃料棒，而不是預定所需的三個月，等待短壽的放射性同位素完成衰變。這個決定代表工廠洩出的致命放射性同位素，數量將超過正常值四倍，全部倒入地面、哥倫比亞河、氣團，飄過東南部的哥倫比亞河上方，越過農田，最後抵達沃拉沃拉和斯波坎（Spokane）。最麻煩的短壽放射性同位素是碘-131，之所以說它麻煩，是因為這種碘會選擇性地囤積在甲狀腺[31]。一九四五年上半，冷卻時間縮短之故，工廠煙囪釋放的碘-131冉冉升上天空，一月份時每月排放幾百居里，到了六月攀升至每月七萬五千居里[32]。

赫伯．帕克負責監控漢福德的輻射情況，他說從煙囪順風飄出的碘煙霧全附著在物體表面，但帕克不是容易驚慌失措的那種人；他補充，高度釋放並不屬於「重大危害」，結論就是：「考量到士氣，限制在某種大氣情況排放煙霧會比較好。[33]」毫不意外，沒人理會帕克的中庸建言，整個夏天的碘-131排放量持續升高，戰後甚至升騰至更高程度，高到令人費解，畢竟經理們唯一需要做的事，就是把輻照過的燃料電池多擱置在冷卻箱一個月，想想應該不成問題，畢竟當時日本已經投降。

一旦經過釋放，放射性碘的煙霧就會在完全未稀釋的情況下飄至遠方，十二月時，帕克的監測人員記錄，他們在里奇蘭及鄰近的肯納威克灌木和樹木發現超標，高達本已寬鬆的耐受劑量六倍[34]。他們發現沃拉沃拉地表的放射性碘感染，已經等同加工廠旁的土壤[35]。

令人霧裡看花的制度重新出現，彷彿輻射的生物效應實驗與工廠運作是兩碼子事。若曼哈頓計畫的經理本來就有意漠視結果，當初何必大費周章進行研究？他們的想法其實有機可循。一九六〇年，馬提亞斯寫信給葛羅夫斯，講到魚類計畫的起源，馬提亞斯錯將格林瓦特的魚類計畫歸功於葛羅夫斯，說這是「聰明絕頂的戰略高招」。馬提亞斯繼續道：「我深深相信，到了一九四五年八月後，要是我們還不能向漁夫提出結論，解釋我們確實意識到鮭魚問題的嚴重，並且提不出有力證據說明後果其實沒那麼嚴重，我們的下場就會很慘。[36]」

一九四五年夏天也發生類似情況，赫伯．帕克不情願地對漢福德員工展開定期的尿液檢查，因為在其他曼哈頓計畫的場地，諸如此類的檢測在結果是陽性的員工間「引發空前恐慌」。儘管如此，漢福德員工還是很擔心他們體內含有鈽，帕克思忖，進行檢驗對「工廠士氣」有好無壞，但要是結果呈現陽性，就會面臨更嚴重的士氣問題。於是帕克設計出一個計畫，讓員工在漫長週末假期後接受檢驗，巧妙設下圈套，躲過一劫[37]。趁員工離開工廠數天再進行檢測，讓他們在自家馬桶穩當排出大量放射性物質，可說是一戰略高招[38]。進行尿液檢查後，員工都覺得安心不少，尤其結果若呈現陰性，對於士氣也大有幫助。正如先前的環境研究，醫學研究亦具有肯定證明的公共關係作用，面對緊張難安、在原子世代險峻前線打拚的員工特別有用。

而其他時候，曼哈頓計畫官員採用醫學研究，全是出於責任歸屬。就拿杜邦工程師唐納．強森為例，他與放射性物質為伍僅僅十八個月，就獲得嚴重的白血症病倒。任職期間，強森的尿液和血液經過監測，醫學部門的醫師可以拍胸脯保證，強森承受的劑量並未超過當時的最高耐受標準值。強森的第一份解剖報告顯示出大量放射性污染，但第二份檢驗報告卻呈現陰性結果，醫學部部長史丹佛．華倫對第二份報告心滿意足，他在罕見的紀錄中透露，迫不及待下令不想再見到第一份麻煩的解剖報告，要求從檔案中銷毀。沒了這份報告，強森的白血症是否不脫輻射，這下也死無對證[39]。

強森的妻子後來試圖提告求償，卻毫不知情丈夫的案件絕對不會，也永遠不會接受審理。一九四三年六月，杜邦和美國陸軍與華盛頓州勞動部（Washington State Department of Labor）官員達成祕密協定，許諾修改可能對工廠機密造成威脅的員工檔案資訊，他們也答應不會讓員工的法律訴訟案鬧上民事法庭，只會在聯邦政府代表和承包商出席的特別法庭，進行審訊[40]。在特別法庭上，多虧曼哈頓計畫的醫學研究部門，聯邦和公司律師提交出的是大量謹慎篩選的報告，並且經由知名大學的王牌醫師編輯，構成一份無懈可擊的辯詞[41]。

到了一九四五年春天，經指派生產鈽的馬提亞斯、格林瓦特和其他官員及公司經理，完成了這項豐功偉業。在兩年內，他們建蓋數間工廠及世界第一製鈽工業反應爐，共夷平三座小鎮，並在空無一物的平地上，蓋好兩座新城市和一間勞動營，而大城市漢福德營區也在一九四五年中遭到夷平。他們打造出里奇蘭，這個全新白人核心家庭社區，並由聯邦金庫補助，企業律師管理，經濟計畫完善，嚴謹監控出入。他們還打造出醫學及環境監控計畫，完成令人膽戰心驚卻重重機密的研究，另一方面，講到公共領域，公共衛生和公共關係計畫的大成功，亦撫慰了心急如焚的員工。

在短短兩年半內，曼哈頓計畫領袖瘋狂創造出新穎科技、嶄新社區、劇烈改變戰後美國社會的創新居住模式，然而葛羅夫斯將軍和他的下屬卻沒學到一件事，那就是他們不曉得這些年來他們努力隱瞞的諸多祕密，其實早已在一九四五年飄離美國上空，美國的蘇聯盟友是曼哈頓計畫反間諜活動的主要目標，而此時此刻，蘇聯對美國原子彈和他們專門打造製作炸彈的城市，已經掌握到不少情報。

第二部　蘇聯勞動階級原子和美國回應

10 冷凍的期刊

一九九二年某天，有位老人抱著厚厚一疊標著「最高機密」的文件，踏進主編辦公室，此時此刻科學期刊《自然與技術科學大哉問（Questions of National and Technical Sciences）》莫斯科辦公室才真正明瞭振奮為何物。老人自我介紹是前任間諜，也是國家安全委員會（Committee for State Security，簡稱 KGB）光榮退役的軍官，甚至連名帶姓報上：安那多里・伊亞茲科夫（Anatolii Iatskov），他說二次世界大戰期間，他曾擔任蘇聯諜報網的駐美助理，負責搜羅原子祕密，並將機密送往蘇聯[1]。伊亞茲科夫的造訪，在九〇年代的俄羅斯社會掀起蘇聯原子彈來源的熱議，熱騰騰登上元素週期表的鈽，透過加密訊息，從美國傳至蘇維埃社會主義共和國聯盟（簡稱 USSR），該說法在俄羅斯社會投下一顆震撼彈。

本部分收錄的章節將探討美國形象如何激發蘇聯的鈽托邦，發想成形。就和他們的美國同胞一樣，蘇聯領袖也打造出鈽社區，員工全經過精挑細選，財務人身安全皆受到保護，而較不重要的員工、囚犯、士兵社群則圍繞著鈽托邦，服務這群重要員工及工廠排放散播的放射性污染物。核安狀態最重要的監視、服從、遵守，在史達林主義的政體下似乎應該萬事俱備，但真相並非如此，出於貧窮和解體之故，蘇聯總共耗費超過十載，才蓋出他們第一個鈽托邦，俄羅斯亦為此付出慘痛代價。

伊亞茲科夫出現在《自然與技術科學大哉問》辦公室，在後蘇聯時期早期，這可說是出乎意料的發展。經過幾十年的沈寂，有名 KGB 探員放棄他的化名，走出孤立冷落。伊亞茲科夫詢問編輯博里斯・科斯洛夫（Boris Kozlov）是否有意發表某些原子間諜文件，挖到大頭條的科斯洛夫當然不可能錯失良機，但他有所不知，自己其實正誤入叢林，陷進間諜和科學家爭奪蘇聯第一顆原子彈幕後功臣的口水戰。

八〇年代後期及九〇年代初，蘇聯國家和共產黨的罪惡公諸於世，KGB 的形象大受損傷。後蘇聯媒體將 KGB 及其前身內務人民委員會（National Commissariat for Internal Affairs，簡稱 NKVD）刻畫成行盡腐敗骯髒之能事、貪慕權勢的共產黨政權。因此伊亞茲科夫想辦法反擊，他所交出的資料情報說明了 NKVD 在軍備競賽中扮演的關鍵角色，他們搜集重要的原子情報，為的就是保衛國家。原子諜報歷史在西方廣為人知，在 USSR 卻是禁忌話題。就連製作原子彈的高級蘇聯科學家都有所不知，他們的老闆正在竊取西方技術情報[2]。於是，蘇聯原子諜報的故事肯定在俄羅斯具有爆破性，如果按照蘇聯人的常理來看，意思就是蘇聯若不以「核武盾牌」保衛自己，美國人就會丟炸彈炸蘇聯，蘇聯間諜則挺身拯救國家，不毀滅於核子武力。

期刊員工忙於奔走，準備將文件送印，他們致電俄羅斯幾家主要報社，警告他們這顆媒體震撼彈。接著電話便不絕於耳響起，知名物理學家尤里・卡里頓（Yuri Khariton）問，期刊為何要登出可能毀掉國家機密的文件，俄羅斯科學院（Russian Academy of Sciences）的「第一部門」（國安部）人員則痛斥科斯洛夫，意圖發行違反反核武擴散條約的敏感資訊。

威脅聲浪不斷湧進，科斯洛夫再次向伊亞茲科夫確認，確定這些文件可以刊登。這名白髮蒼蒼的 KGB

探員在醫院病床上向他確認，檔案保管員已經合法銷密這些文件[3]。儘管再三保證，俄羅斯科學院（而不是KGB）依舊下令科斯洛夫撤回特刊發行，這在媒體自由猶如脫韁野馬的後蘇聯時期，可說是前所未見。兩年過去了，遭到百般阻撓的特刊仍冷凍在俄羅斯倉庫裡，而在那段期間，退休物理學家與退役 KGB 探員則在媒體上爭搶功勞，吵著誰才是蘇聯第一顆原子彈的發明人。

三〇與四〇年代，間諜在蘇聯工業發展扮演的角色關鍵，這點毋庸置疑。一九三三年，美國與蘇聯兩國達成外交承認，駐美蘇聯外交官還建立「駐美單位」，在當地維繫一組情報探員。蘇聯間諜常被冠上外交官、記者、貿易代表等頭銜[4]，在美國國會及國務部搜尋線人，並將目標鎖定杜邦、通用電氣公司（General Electric）、西屋（Westinghouse）等公司，盜取科技資料[5]。

蘇聯領袖對情報求知若渴，是因為他們非常清楚蘇聯進度大幅落後，史達林憂心另一場戰爭恐將引爆，便在一九二八年啟動工業化，為社會主義經濟提供一個國安立足點。史達林卻沒料到他的時機不巧，正逢經濟大恐慌的濫觴，蘇聯商人沒有餘力投資機械和原料，對蘇聯共產黨員疑神疑鬼的歐美政治和商業領袖，便開始向蘇聯進口商品高築貿易壁壘，僅提供高利率還款期短的融資計畫。一九三三年起的經濟大恐慌時期，各國經濟體淪落保護貿易主義及經濟自主，更是徹底取消借貸及貿易機會[6]。由於外國強制封鎖孤立，蘇聯領袖只好無所不用其極，盡可能吸取西方科技新知，也因此學到不少美國的監聽科技。

蘇聯探員學得很快，其中一位探員「巨子」在機密電報裡形容，他在美國陸軍服務，製作小型竊聽設備，小到可以藏在手提包裡。「成果非常耀眼，」他在一九三七年一月記載的駐紮報告裡寫道：「我們希望將這項裝置用在這裡的工作，下一次會隨信寄給您完整的藍圖與細節，如果對這種手提包有興趣，我們可以在母國安排製造產品。[7]」蘇聯確實製作出屬於自己的微型竊聽器[8]，諷刺的是，雖然竊聽設置日後成為代表蘇聯老大哥的形象，這個總在監視竊聽他人的國家，竊聽設備實際上卻是美國出口的舶來品。

蘇聯對埃德加．胡佛（J. Edgar Hoover）在美國聯邦調查局（FBI）的情報作業非常好奇。一九三七年，紐約探員一臉欽佩地描述胡佛的技巧，說明他是如何結合情報與政治控制：「胡佛幾乎握有所有主要政治人物的檔案：國會議員、參議員、商人，他搜刮每個人的把柄，用來勒索對方。在最近幾次關於FBI經費的聽證會上，胡佛還勒索企圖反對（FBI全額資助）的國會議員……連一夜情等性醜聞都不錯放。[9]」同年，一九三七年，在一場蘇聯政治與文化菁英的肅清行動裡，NKVD探員對政治家、工業和文化領袖、音樂家、學者、作家實施大型調查。這類肅清行動中，NKVD探員接受指令，按照胡佛的方式進行，收好掌握到把柄的檔案卡片目錄，必要時刻派上用場。簡單來說，直到四〇年代，蘇聯領袖都有從美國找靈感的歷史紀錄，不限於科技，連政治及公安控管也是。

一九四一年，蘇聯與美國的全新結盟讓幾千名蘇聯人民踏入美國，合作一份戰時貿易協議「租借法案」。剛開始與納粹德國開戰時，蘇聯的形象正面成長，許多美國人都吸收加入與美國共產黨關係密切的左翼政治，與此同時，簡稱「中心」的莫斯科情報總部，亦開始向紐約及華盛頓探員緊急徵求軍事硬體情報。由於不久前才執行肅清行動，人手不足之下，蘇聯探員不得不求助美國共產黨員的服務，請他們寄送管理情報[10]。

那年冬天，英國人開始討論核子彈的可行性，USSR的年輕情報主任帕威．菲廷（Pavel Fitin）去信他駐綮倫敦和紐約的探員，要求他們留意核子研究的最新進展，更說這項發展勢在必行[11]。九月時，本名葛斯基（A. V. Gorskii）的倫敦站負責人「瓦迪姆」通報，英國在四月份舉辦的重大會議中，英國科學家異口同聲，核子彈發展可行。後來「瓦迪姆」更轉寄一大疊唐納．麥可林恩（Donald McLean）和克勞斯．弗赫斯（Klaus Fuchs）的驗證報告[12]。

把資料轉交給老闆前，也就是NKVD首領拉夫連季．貝利亞（Lavrentii Beria），菲廷必須先證實他的情報無誤。NKVD具有集中營和蘇聯勞改營的廣大網絡，其中一些是名為「sharashki」的特殊營，關的是已定罪的工程師和科學家，讓他們在監獄實驗室和工作室作業。菲廷將素材交給瓦倫廷．克拉夫臣科（Valentin Kravchenko），克拉夫臣科遂將素材轉交幾位監獄裡的物理學家[13]。遭到監禁的科學家驗證報告，這些素材字字屬實，克拉夫臣科在情報資料戳印上核准章，再寄給貝利亞，建議國防部組成一個頂尖科學家的特別委員會，調查製作蘇聯炸彈的可能性[14]。

貝利亞和他的上級約瑟夫．史達林（Joseph Stalin）都是出了名的鐵齒，貝利亞收到克拉夫臣科的英國核彈報告時，對克拉夫臣科咆哮：「要是這份情報有誤，我絕對讓你吃牢飯！[15]」貝利亞懷疑英國探員安置假情報，誘拐蘇聯領導人投入幾百萬盧布，製作想像出來的「超級炸彈」。依舊半信半疑的貝利亞將資料轉交給NKVD的科學家兼科技專員，也就是年輕工程師李奧尼．柯瓦斯尼科夫（Leonid Kvasnikov），他在一九四二年三月，幫貝利亞擬好要交給史達林的信件草稿，推薦指派委員會，協調有關鈾的研究，讓蘇聯科學家熟悉情報資訊[16]。

然而貝利亞沒有轉交這份意外情報，也沒有核准柯瓦斯尼科夫的信件，並無知會史達林海外的核彈計畫，更別說是組成專門委員會，調查此事。也許事出有因，而理由攸關私人恩怨，據傳一九四〇年，貝利亞和柯瓦斯尼科夫在波蘭發生一件小插曲後，此後就不再相信柯瓦斯尼科夫[17]。很明顯，貝利亞這一步棋走錯了，他反而只向紐約和倫敦探員要求更多情報，交叉比對，進行系統化整理[18]。

同時，蘇聯軍事參謀總部情報總局（GRU）憑藉己力獲悉炸彈計畫[19]。GRU探員通知國防部，國防部則將核子情報文件寄交負責鈾計畫的主席，維塔利．柯羅平（Vitalii Khlopin）驗證。柯羅平回覆，他不認為戰爭結束前核彈可能完成，於是軍事領袖便把此事擱置一旁[20]，幾乎整整一年，蘇聯政府和軍事領袖都坐視不理本世紀最破天荒的大宗情報收穫[21]。

憑良心講，一九四一年秋天蘇聯領袖已是自顧不暇，十月份，紅軍和蘇聯社會正在逃難，原因是曬成小麥肌的德軍正徒步穿越烏克蘭，窮追猛打。蘇聯政治商業領袖兵荒馬亂地指揮工廠、公司行號、教育機構、科學實驗室、勞動營，自蘇聯的歐洲地區撤離，往東部移動。可望組成蘇聯炸彈委員會的一組俄羅斯科學家也忙不過來，他們接受指派研究傳統武器。簡言之，貝利亞長達一年的猶豫不決說明了，若想製作原子彈，光有知識還是不夠。核武發展仰賴運籌帷幄的空間，此外還需要大批勞力與素材庫存，以及達到某種標準的保全，而這一切在「衛國戰爭（Great Fatherland War）」時期的蘇聯，都十分吃緊匱乏。

貝利亞和蘇聯軍事領袖低估了新武器的重要性，於是帕威．菲廷獨自行動，在一九四二年八月要求國防部組織委員會，將NKVD的情報資料用來製作蘇聯炸彈[22]。委員會組成後，國防部官員才知會史達林這個已獲知一年的情報。史達林立即召來頂尖物理學家到辦公室，詢問他們，德國是否可能製造出威力驚人的炸彈[23]。聽完他們的意見後，史達林下令，蘇聯也必須擁有自己的炸彈，史達林並未將這項計畫交給疏忽向他通報西方情報的貝利亞，反而交給對科學與製造一竅不通的外交部長莫羅托夫（Molotov）[24]。史達林更另外選出一名年輕物理學家，伊果．庫查托夫（Igor Kurchatov），請他擔任科學總長。

十一月，莫羅托夫分配一間房間、一張書桌、一個全副武裝的警衛、一份幾百頁的竊取文件給庫查托夫[25]。國防部還給庫查托夫一間本為狗舍的小實驗室、幾名科學家、四克鐳、屈指可數的三萬盧布，展開蘇聯版的曼哈頓計畫。庫查托夫能找來一海票科學家前往莫斯科的實驗室展開計畫，問題是他沒有宿舍空間，就連營房都沒有，不能為他的同僚提供居住環境[26]。

一九四三年七月，駐守倫敦的克勞斯．弗赫斯將一份新資料交給庫查托夫，這份情報包括驚人的革新發現，可省下大筆時間與心力。文件描述美國科學家已經想出方法，在反應爐裡進行高能量粒子衝擊，研發出一種新元素，庫查托夫寫道：「這是世上找不到的元素，」在元素週期表上，號碼是九十四。庫查托夫說：「這個方向的前景分外看好……可以想見，這方法能全盤解決問題，不必再另外分離出鈾同位素。[27]」庫查托夫寫道，用鈽製造炸彈的所需時間較短，需要的鈾也較少。但是庫查托夫還是很擔心鈾的供應，當時蘇聯有一個鈾的供應來源，那就是中亞，然而當地的礦場已經荒廢許久，重啟採礦的指令又遲遲不見進展。[28]

跟許多優秀科學家一樣，庫查托夫使用自日新月異的美國核子計畫偷來的證據，從該國挖掘更多資源。他寫道，德國入侵導致蘇聯的核子物理學被迫停擺，「海外發展卻恰恰相反」。庫查托夫繼續寫道，「他們非但沒有停下腳步，甚至指派一堆科學家，解決鈾的問題」[29]，以致「蘇聯科學遠遠落後英格蘭和美國」[30]。他細數著蘇聯的進展有多麼落後：員工（「他們有七百名科學家，我們只有三十位」）、設備（「他們有十台強而有力的粒子迴旋加速器，我們只有一台可運作的粒子迴旋加速器，而且還位在（遭到圍攻無法進入的）列寧格勒（Leningrad）」、資金（「美國人為該計畫撥款四十萬美元」，庫查托夫只有三萬盧布）、鈾（「美國可以獲得好幾千噸的鈾」，而俄羅斯國防部只保證會在一九四四年交出十二噸鈾給庫查托夫）。他指出生產鈽的石墨式反應爐需要一百噸鈾，而照這樣的進度來看，庫查托夫掐指一算，他的實驗室需要耗費十至十五年，才生得出一顆炸彈[31]。

蘇聯領袖前去向美國人求情，等於給他們一個分享核武發展的機會。一九四三年二月，蘇聯採購團（Soviet Purchasing Commission）透過租借計畫，向美方要求一百噸鈾。美國人只送來七百磅，俄羅斯科學院要求交換科學資訊，卻遭到美國婉拒[32]。蘇聯領袖開始擔心盟友突出優異的勞工部門，自己卻在對抗四分之三軸心國的武裝勢力中遭遇軍火猛擊，導致蘇聯城市與工廠摧毀，紅軍重挫。同時，英美兩國亦延後展開第二戰線，在這段期間，美國人並未參戰，安然躲在家中，窩起來儲備武器庫存、開設武器製造工廠、網羅科學專家等，種種因素都讓他們在戰後成為強國。

在這個小心翼翼發動的過程中，史達林在一九四三年六月寄了封憤怒郵件給邱吉爾，抱怨這名英國領袖一直不守信用，不開啟第二前線。史達林在信中寫道，這場延遲在在威脅蘇聯「對盟友的信心，沈重壓力已經壓垮他們的信心」[33]。一年後，蘇聯情報員寄了份政治報告到莫斯科，思索戰後的全球秩序會是什麼模樣。

情報員寫道，戰前的德國、法國、英國想盡辦法孤立USSR，掌控歐洲，如今德國已不在此列，英法兩國亦勢單力薄。這名情報員說，USSR將以歐洲強權勢力的身分崛起，更指出由於英美不會對強悍的蘇聯忍氣吞聲，於是美國會「在世界延伸他們的統治觸角，美國政策更會與USSR針鋒相對。[34]」情報員在美蘇聯盟的高峰期寫下這段文字，當時蘇聯和美國的商人及軍事領袖，在諸多層面都合作無間，政治領袖也公開談論戰後合作及和平關係，然而在情報圈裡，不信任的氛圍卻抵抗著這波政治浪潮。

神氣活現的俄羅斯籍美國人博里斯·帕許（Boris Pash），也是一九一七年革命後參加俄羅斯內戰的前白軍士兵，在歐洲戰區四處奔走，蘇聯探員在一九四五年得知此事後，便開始更警惕提防美國盟友。帕許是中毒已深的反共產黨員，在葛羅夫斯將軍的阿爾索斯特別行動（Alsos Mission）中擔任指揮，負責搜刮德國核子計畫的情報。帕許在戰敗的德國到處走訪，對不少他拘留的納粹科學家仰慕不已，他創立一項計畫——「迴紋針行動」，將一千兩百名德國科學家祕密送入美國，其中不少都頂著人權罪的指控。帕許拘留德國科學家，侵占蘇聯地區的鈾庫藏時，遭到蘇聯情報員追蹤[35]。蘇聯探員獲得阿爾索斯行動的證據和英美原子祕密的證據，並把這些當作美國人密謀對付他們的鐵證。

蘇聯和美國正處聯手獲勝的熱頭上，然而美國炸彈的情報，卻在戰後將兩國領袖推向敵對的局面。一九四五年七月，美國新科總統哈瑞·杜魯門（Harry Truman）向史達林透露原子彈的消息，杜魯門希望在這名蘇聯領導人的臉上，瞥見驚慌或全新敬畏的神色。但史達林只是默默頷首，微笑，恭賀美國總統。史達林鎮定的反應讓杜魯門惱羞成怒，他覺得史達林並不瞭解原子能量有多強大。但杜魯門毫無頭緒，拜祕密間諜所賜，史達林早在一九四二年就獲知美國的炸彈計畫，也就是杜魯門上任前的兩年半就掌握情報。美國、英國、蘇聯外交官在波茨坦（Potsdam）高舉香檳杯，慶祝友誼永存時，史達林實際上正在打量他的對手，心知肚明他有一組地質學家，正徒步穿山越嶺，經過烏拉山南方蚊蟎為患的森林，尋找第一座蘇聯鈽工廠的理想場地。

然而，即使擁有再多情報，都無法讓庫查托夫加快腳步，在戰爭年代製作出炸彈。手邊僅有微乎其微的鈾、一隻手數得出的科學家、有限拮据的資金，蘇聯炸彈不過是場遙不可及的美夢。唯有一個通曉全球商業、擁有充裕勞工與材料、遠離內戰紛擾的國家，才想得到製作核武，好比美國。禁錮在封閉自立經濟、缺乏強勢貨幣、被軸心國勢力圍堵的蘇聯，並無資源可言。

在這情況下，蘇聯領袖想在戰後成為原子強國，就需要有洞見。對蘇聯領袖而言，孤立代表他們必須向他人求援，意謂盟友不願與他們分享祕密；孤立也象徵一種倒退，正如史達林指出，倒退的意思等於慘敗，即使戰爭勝利，他們依舊是輸家。而在當時，諜報便是史達林主義社會跳脫與世隔絕的一條重要管道。

11 蘇聯勞改營與炸彈

長崎轟炸後的一週，史達林從烏拉山東部的車里雅賓斯克市（Cheliabinsk），召來他的軍火長官博里斯．凡尼科夫（Boris Vannikov）。這位凡尼科夫和史達林有著一段錯綜複雜的過去。一九四一年六月，NKVD官員向當時還是國防部長的凡尼科夫發出拘捕令，並且將他送進莫斯科中部令人聞風喪膽的盧比安卡監獄（Lubianka Prison）。在那裡，警衛摘掉凡尼科夫的將軍橫槓，抽下他的皮帶，扯落他的褲襠鈕扣，默不出聲領著他走進監牢，凡尼科夫提著褲頭，拖著腳步，沿著地道來到地下室牢房。

他們指控將軍犯下的罪，實際上口說無憑，這名出生猶太工人家庭、長年累月的共產主義者，左看右看都不可能為納粹政府進行間諜任務，凡尼科夫打死不認帳，硬是忍受了長達三週的深夜訊問盤查。

諷刺的是，拯救凡尼科夫一命、沒讓他於一九三九至四一年間，與其他幾千名紅軍軍官遭捕肅清的，正是德國人。軸心國在一九四一年六月二十二日攻擊蘇聯，由於原先幾百名將軍被當作間諜、破壞者、叛徒而逮補，遂改推派毫無經驗、怯懦不敢做決策的年輕人上陣，紅軍當場攻其不防被拿下。這些事對凡尼科夫有好無壞，戰爭突然上演時，凡尼科夫發現自己洗清罪嫌，重新恢復金黃色的軍階橫槓，被踢出監獄鐵欄杆，步上通往克里姆林宮的街道，然後就在這裡被請進史達林的辦公室。史達林向凡尼科夫打了聲招呼，一副沒事兒樣，彷彿壓根沒注意到他渾身散發著監禁的臭味與瘀傷，隨性指派他接下俄羅斯戰爭軍火的職責[1]。

在盧比安卡關到跛腳而病懨懨的凡尼科夫，一秒鐘也沒浪費，炸彈降落同時，他下令要工廠主任打包好機械器材，塞進正在守候的東方列車。凡尼科夫匆忙撤營來到車里雅賓斯克，在革命廣場（Revolution Square）部署人力，並在那裡蓋了間兵工廠，配備軍事投資和強制勞工。

一九四五年八月，史達林告訴凡尼科夫，拉夫連季．貝利亞想在「他自己的機構」裡，部署蘇聯的原子計畫[2]。史達林說這個構想不無優點，貝利亞的 NKVD 擁有俄羅斯最大規模的建設及設計公司，而 NKVD 將軍則會是蘇聯最強大的工業將領，下令全國工廠、發電站、卡車貨運公司、貯木場、礦場、農業綜合企業、鐵路線，加上幾百萬名從事體力活的無薪勞工和高教育程度的專家，在勞動營排排站，準備從事任何工作。這種垂直整合意謂 NKVD 司令官能取得供應品和勞工，並運送至正確位置，神不知鬼不覺地快速進行設計、建造、製作，至少這是貝利亞的說法[3]。

凡尼科夫在自傳裡回憶，當時史達林質疑自己是否交予貝利亞過多職權，詢問凡尼科夫對此有何看法。凡尼科夫避重就輕，對這名獨裁者表達保留態度。凡尼科夫推測，製造一顆原子彈應該艱鉅複雜，需要大規模作業，不管是哪個組織都應該無法勝任管理，即便規模大如 NKVD。原子彈需要國家等級的理解與知識，凡尼科夫告訴史達林，他懷疑自由從業的科學家和工程師，真能和囚犯合作無間。史達林問：「那你的建議是什麼？」凡尼科夫告訴史達林，要是能得知美國人製作原子彈的方法，應該助益良多，於是凡尼科夫提出特殊平民委員會的倡議，專門監督這個計畫[4]。

史達林呼叫貝利亞前來，貝利亞幾分鐘內就帶著副手，NKVD 將軍阿弗拉密・札維尼亞金（Avramii Zaveniagin）抵達。史達林採用凡尼科夫的建議，告訴貝利亞他們需要在 NKVD 外組成一個平民委員會，並要貝利亞負責管理這個新任委員會。「名字你想一下，」史達林告訴貝利亞：「委員會需要受國家控管，而且必須是最高機密。」接著史達林問貝利亞，他想指派誰擔任特殊委員會副會長（後來貝利亞取名為「特殊委員會」），貝利亞建議兩名副手：札維尼亞金和瓦希利・車尼學夫（Vasilii Chernyshev）。

「不可能，」凡尼科夫記得史達林說：「這兩人要處理的 NKVD 事務已經夠多了。」於是史達林轉向凡尼科夫，指派他當特殊委員會副會長[5]。幾天過後，貝利亞辦公室發布一份草擬計畫[6]。特殊委員會要做的是監督每日鈾礦、核廠、研究機構發展的第一主要部門（First Main Department），跟美國的曼哈頓計畫很類似。NKVD 建設部作風很接近曼哈頓計畫的美國陸軍工程兵部隊，專門負責監督核子設備的建設。第一主要部門雇請當地 NKVD 建設公司，請他們擔任主要承包商。

蘇聯領導人在草擬計畫時，肯定研究過曼哈頓計畫的美國官方政府歷史，亦即蘇聯探員在一九四五年春天暗中取得的《史邁斯報告（Smyth Report）》。蘇聯計畫的其他特點，在在反映出美國組織的影子。蘇聯領導人創辦、由凡尼科夫負責率領科學技術理事會（Scientific-Technical Council），和萬尼瓦爾・布希（Vannevar Bush）率領的美國科學研究發展處（American Office of Scientific and Research Development，簡稱 OSRD）雷同。貝利亞的身分則很類似雷斯里・葛羅夫斯將軍，也是該計畫的幕後藏鏡人，負責協調所有分部，端出炸彈。蘇聯的曼哈頓計畫架構成形後，史達林給予貝利亞兩年期限，足足比美國少了一年。

儘管史達林想方設法減少貝利亞對炸彈計畫的掌控，蘇聯炸彈左看右看，都是NKVD的親骨肉。特殊委員會的每月會議上，這群人繞著桌子而坐：還沒完全自盧比安卡復原的凡尼科夫、在北極圈指揮蘇聯勞改營而凍僵的札維尼亞金、令人又懼怕又恨得牙癢癢的NKVD頭頭貝利亞，貝利亞最終則遭控背叛蘇聯，死於行刑隊的跟前[8]。除了他們，席間還坐著攀上保安服務高階的同僚，這群人建立刑罰及驅逐制度，適應了勞改營的情況。戰爭尾聲，在逮捕、處死、恐怖的大規模活動中，因肅清反蘇聯抗爭的解放區域而獲得獎章[9]。他們都聽命於史達林，史達林本身亦是定罪的恐怖分子、前科罪犯，曾蹲過沙皇監獄。這些勞改營的人、來自勞改營的人，已經習慣為達目標，不計一切，他們可以眼睜睜看著他人痛苦掙扎，眼睛也完全不眨一下，辦得到鐵石心腸，腳步堅定，輕鬆自在爬過鷹架或萬人塚的起伏地勢。這些就是在科學家團隊協助下，打造出蘇聯核武盾牌的人。

安排蘇聯勞改營當作原子計畫的核心重點，這個選擇很古怪，一般人都說奴役與科技進展不能兼容，強制勞工會拖累機械化、科技、革新[10]。史達林尋求建議時，凡尼科夫曾暗示這個問題，他說要科學家和工程師與囚犯合作很難，他可能也有補充說明，要他們與幾乎未受過教育的典獄長合作也很不容易。再者，蘇聯勞改營囚犯會被當作勞工使喚，但許多人都是因為叛國和變節等罪遭捕，因此不應該把原子祕密託付他們。一九四五年尾的經濟光景黯淡悲涼，而這正是NKVD看似絕佳選擇的唯一理由。

事實上，蘇聯領導人不該在戰後的斷垣殘壁裡建蓋核武工廠，軸心國已經徹底擊垮蘇聯經濟。兩千七百萬名蘇聯人民死於戰爭，還有兩千五百萬人無家可歸，軸心國用炸彈摧毀三萬間企業公司及兩萬五千座村莊，但蘇聯卻不像戰敗的德國，在沒有外力協助之下，獨自修補重建自己的國土家園。在戰爭衝突結束前，杜魯門終止了租借計畫，不再將他們迫切需要的機器設備和食物存糧運至蘇聯。蘇聯外交官在一九四六年向美國國務院提出要求，冀望向美方借款，進行戰後重建，卻音訊全無。與此同時，一九四五年，NKVD 是俄羅斯最大型公司，根據蘇聯勞改營本身的數據資料，蘇聯勞改營的製造效率比蘇聯自由企業高、成本也較低[11]。最重要的是，蘇聯勞改營裡有勞工。一九四五年，工業經理只覬覦員工，而蘇聯勞改營擁有該國百分之二十三的非農業勞工[12]。勞改營不僅有幾百萬名從事體力活的勞工，還有一國家寶庫的智慧資本，特殊的白領監獄裡監禁著物理學家、化學家、工程師、設計師。對史達林和貝利亞而言，派蘇聯勞改營興建核反應爐、化學加工廠、實驗室，是再合理不過的決定。

不過這已是一九四五年的事。一年後，指標顯示勞改營效率大幅降低，起因是組織衰退、監獄暴動驚人激增。到了一九四七年，NKVD 典獄長明顯再也鎮不住蘇聯勞改營[13]。搭著核子便車前進蘇聯勞改營，最後卻只徒留重重問題、代價不斐、後患無窮的下場。

12 青銅器時代原子

決定由誰製作蘇聯炸彈後，凡尼科夫和貝利亞接著得決定地點。在美國，將鈽工廠設在偏遠地帶，意謂著將會冒出招募、管理、留住工地員工等問題，最終的耽擱則會讓建設倉促完成、品質犧牲，負責建設工程的老闆必須節省經費開銷，包括宿舍、薪資、安全，甚至連保全及保密都一併犧牲。

沒有道路之故，第一座工廠的偵查隊伍徒步，在烏拉山南方山腳下封鎖的蘇聯勞改營地區進行搜查，該區環繞著兩座工業城車里雅賓斯克與斯維爾德洛夫斯克（Sverdlovsk）之間的德國戰俘營。好比馬提亞斯被美國西部吸引，偵查隊也對烏拉山的稀疏人口、奔流河川、政府領地深感興趣，此外烏拉山的樹林茂密，可以遮蔽視線，深入陸地中心，令敵軍飛機無法接近。

這個地區環境優美，偵查隊也認同，在閃逝而過的積雲下湖色美好，波光粼粼，黃澄芥末與青綠四葉草原野依偎著松木及柏樹林，低矮山巒彷如遠方一顆紫色瘀青。偵查隊跨越十九世紀磨坊廢墟旁的基斯爾塔許湖（Lake Kyzyltash），二十世紀的村民依然過著比祖先原始的生活，用草編網和獨木舟捕魚[1]。偵查隊回報莫斯科，場地找到了[2]。

這就是蘇聯原子青銅器時代的起源。

凡尼科夫將建造鈽工廠的重責大任交託 NKVD 將軍雅科夫・拉波普特（Yakov Rapoport）。拉波普特先前曾在三〇年代史達林的小計畫案波羅的白海運河（Baltic-White Sea Canal）[3]累積經驗值，運河傷亡嚴重，後果慘烈失敗，卻打了場成功的媒體宣導，成了蘇聯勞改營刑罰制度重新整合地理、人類、社會、為社會主義服務貢獻的象徵[4]。在車里雅賓斯克，拉波普特掌管龐大的車里雅賓斯克冶金建設信託（Cheliabinsk Metallurgical Construction Trust），在那裡呼風喚雨，四萬名多半為囚犯的員工任其差遣。其中一半員工是遭到流放的德國人，戰時在流動勞動軍隊的勞動軍（Labor Army）拘留[5]。拉波普特還有幾千名流放者，自三〇年代起，蘇聯政府就將幾萬囚犯及流亡者送至烏拉山，進行繁重的工業及資源開採工作[6]。

一九四五年十一月，拉波普特發布一則曖昧不明的緊急命令，說要創辦新的建設部門「十一號」，「位於T交合點，兩條森林小徑交會的偏遠交叉口」。一九四五年，浩瀚的烏拉山南部尚未鋪路，而在被選為工廠的地區，一條道路也不見。道路缺乏充分解釋了當地的人口稀疏，在史達林主義的俄羅斯，居住於供應線遭到切斷的地區，意指需要勤奮不懈地過活，偶爾還要忍受沒得吃，永遠生活在飢寒交迫的恐懼。在古老的蘇聯道路地圖，空曠無邊的領土不見道路與居落的影子，經常是監牢風光。在俄羅斯歷史與文學中，邊境往往不是被描述成獨立自由的所在，而是手鐐腳銬或鐵絲網纏繞、法律限制重重的地帶，是罪犯、前科犯、驅逐出境者、逃犯的地盤[8]。

一月，拉普波特將軍將首批的一百名勞動囚犯送至T場[9]，天黑後許久，建設工人總算抵達深雪堆積的基許提姆（Kyshtym），步出火車，穿過森林，邁向基斯爾塔許湖畔南岸，他們停在遙遠的漢薛克（Handshake）

集體農莊，沼澤湖畔的喧囂馬棚圍繞著四間小木屋，幾位年長村民和孩子睡眼惺忪走了出來，他們是村裡唯一留下的人：戰爭期間，符合勞動年紀的成人全被徵召到工廠從業，或至軍隊服務[10]。

偵查隊選擇偏遠無路的地區，影響了馬亞科鈽工廠興建的兩大決定性因素。第一，在拉波普特能著手蓋工廠之前，他得先使用原始工具，蓋出完整的基礎建設，方可提供工地資源；第二，由於人口稀疏，拉普特必須仰賴徵召勞工，意思是他要在惡劣居住環境底下，雇用技術能力不足、填不飽肚子的員工。簡言之，拉波普特註定只能憑藉二等器材、暴力沸騰的蘇聯勞改營，蓋出蘇聯第一座工業反應爐。

維拉迪米爾·畢里亞夫斯基（Vladimir Beliavskii）還記得，他是在一九四五年某個秋日，首次聽見附近有新建案的事。畢里亞夫斯基是拉普波特大型蘇聯勞改營建設信託的工程師，即使從事管理職，他的薪水依然不見起色。獲取糧食和生活用品並不簡單，他還是嬰兒的兒子還睡在紙箱裡，畢里亞夫斯基偷偷申請另一份工作，是高優先工作案，可望得到更優渥的配給。他爭取到這份工作後，立刻被派遣至破敗小城基許提姆的總部[11]。

在戰後的蘇聯，建設工作的支薪少得可憐，常常需要在戶外工作，由於這類工作沒人肯接，主要的工地移工不是囚犯，就是流亡者[12]，畢里亞夫斯基也不是頭一遭和囚犯共事，他之前曾監督蘇聯勞改營囚犯的完整管理流程，包括流亡者、驅逐者、遭到拘禁的國家少數族群、勞工訓練營的青少年、戰俘營，以上都是後史達林主義俄羅斯的勞工階級制度人員，像畢里亞夫斯基這種自由雇聘的受訓員工，則屬於上層人士。

第一份工作就是蓋通往場地的道路，率領鋪路團隊的是遭拘禁的德國人奧圖·葛斯特（Otto Gorst），葛斯特監督一批被納粹戰俘營驅逐出境的紅軍士兵[13]。史達林認為任何委身淪落囚犯的士兵（包括他自己的兒子），都應一視同仁，當作叛徒對待。NKVD 安全員過濾歸國的戰俘，對他們進行盤問。遭到遣返的士兵多半未通過忠誠測試，因此被判蘇聯勞改營十年的勞役刑期[14]。葛斯特回憶：「這些所謂的『遣返回國者』多為四十五歲的成年男子，甚至更年長，我還記得他們的服裝，輕飄飄的海軍雙排釦大衣，子彈嚴重擦傷的碳黑外套，磨損靴子和髒兮兮護足，每一件衣物都破爛到變成絲線。[15]」

為了把建材拖進貧瘠地勢，建設隊分發到三部沈重的退役坦克，但坦克並不好使，陷入深埋大雪下方的沼澤，動彈不得，士兵也不擅長操控坦克，坦克有時會側滑開進溝渠。若是破壞一架昂貴機械，士兵就會被丟入禁閉室[16]，團隊最後棄置坦克後，改用腳步穩健的馬和推車，鋪好通往歐洲第一間鈽工廠的粗糙木板路[17]。

將補給品拖進新蓋好的道路也是一大挑戰，拉普波特必須在場地配給所有必要材料，主要皆由建設公司自行生產[18]。信託擁有鋼鐵公司、礦區、石場、原木砍伐公司，可以供應原物料，再以當場組裝的機械製成手推車、鐵鎚、長柄大錘。為了讓員工不餓肚子，企業收管兩座當地集體農莊，讓流放者在那裡工作。水泥和磚頭是稀有原料，對俄羅斯戰後重建非常必要，不易取得，結果拉波普特開了間木料磨坊，囚犯在那裡蓋屋舍（營房和活動式木屋）、鷹架、擔架、桶子、排水管、柱竿、人行道、傢俱、實驗室設備。一九四六年夏天尚未電氣化，於是當時使用木頭和木炭產熱、蠟燭和松木碎片充當光源。

幾乎所有東西都是現場製作，因此需要大批勞力。蘇聯勞改營是可以提供幾千人力，無奈拉普波特沒有收留他們的地方。一九四六年，為了因應參與勞動的囚犯人數暴增，囚犯和士兵倉促地蓋了五個軍事駐防地，十一間勞動改造營，收留一萬名徵召士兵、一萬六千名德國扣押者、八千九百名蘇聯勞改營囚犯[19]。拉普波特的上級，瑟蓋．克魯格洛夫（Sergei Kruglov）聽聞他們蓋了新營區後怒不可遏，他想知道，為何他們為了短期屋舍花那麼多經費？建設不會超過兩年不是？克魯格洛夫下令，住宅建設的重點是替將來的工廠操作員建蓋兩處小居落，而他心裡想的操作員是士兵，否則團隊和補給品就應該挪用於工業建設，而不是住宅。

克魯格洛夫的吝嗇讓拉普波特深陷挫敗的惡性循環，屋舍不牢，食物存糧不足，拉普波特必須將士兵和囚犯安置於帳棚和泥土防空洞，因此很難讓他們保持健康，達成生產目標。話說回來，拉普波特負責的是俄羅斯第一優先專案的場地，卻蓋不了營房、買不起外套，無法讓員工吃飽穿暖，蘇聯猖獗氾濫的貧窮教人束手無策。

士兵駐防地和囚犯營區角色經常互換，拉普波特讓囚犯入住士兵營地，請士兵住進囚犯的營房，彷彿這兩者毫無差別[20]。士兵和囚犯的情況都很悲慘，沒有熱食，吃的是裝在水桶的腐壞馬鈴薯，生活在營房、泥土防空洞、或圓頂帳篷，幾乎沒有床單棉被可用[21]，暖氣系統惡劣的營房裡，到了冬天牆面會覆蓋一層冰霜，其他時候則是黴菌。就拉普波特看來，囚犯和士兵應一視同仁：「畢竟都是調動來的勞工」[22]。

拉波普特需要健康的人在場地作業，而健康體魄偏偏在建設信託裡占了少數，不到一半的人有可以勞動的體魄[23]。一九四六年七月，幾千名瘦巴巴的員工出發，為第一座蘇聯工業反應爐挖掘地基。蘇聯工程師決定將地基深埋地底，看來無異於其他史達林時期的政府建築，無論是蘇聯的文化宮殿或共產黨總部都是這麼蓋的[24]。地基成了人類與環境大戰的舞台，起先預估六個月，計畫卻因囚犯和士兵鑿入一百七十五呎深處，延長至十八個月，從來沒人鑿過這麼巨大深邃的地基。

一九四六年八月是個陰雨綿綿的月份，士兵和囚犯在綿綿不絕的冷雨中，不斷挖掘，地下水流經坑洞底部，幾乎在沒有機械等外力借助的情況下挖鑿，頭兩年既沒有推土機或挖掘機，更別說是重型挖土機，只有六台美國斯圖貝克（Studebaker）貨車、幾台退役坦克、痠痛冰冷的肌肉。工人徒手劈著床岩石塊，年久失修的輸送帶壞掉後，工作人員只好推著裝有溼答答泥濘的手推車上坡，形影削瘦的工作人員僅能實現百分之十四至三十七的每日目標[25]，在這種狀況下，最身強體壯的男人能維持數個月，接著皮膚長膿包、持續咳嗽、得肺結核，陸續病倒[26]。一名蘇聯勞改營官員記載：「員工都撐不住了。[27]」

督導得知進度落後，氣沖沖地來回奔波，原定於一九四七年一月的期限，這下子不斷延後。一九四七年三月，拉普波特下達指令，不論他們的健康狀態如何，特殊員工都必須完成每日生產最低限額。如果員工沒有達成目標，連少得可憐的營區糧食都休想獲得，對這些輪班十至十二個小時、沒有休假日的人，等同死路一條。新規定出爐後，囚犯和流放者試圖逃跑[28]，但通常還是會被捉回來，或發現時已氣絕身亡、渾身僵硬，被帶回營區展示給其他人看，嚇唬一番。

一九四六年十月，拉普波特聽見飢荒的流言，擔心緊接而來的冬天，他想到一個新奇卻殘酷的點子，拉普波特寬鬆囚犯接受家人寄送的包裹限制，他的助理接著下令蘇聯勞改營頭頭，開始教囚犯識字寫信，向家人索討食物和衣物。拉普波特也要求快捷巴士服務及溫暖接待室，迎接親送日用品給牢中親友的家庭成員[29]。

這個計畫很殘酷，一般而言，每個蘇聯家庭每年只能買得起一隻皮鞋，每個人則是一雙襪子和四分之一件內衣褲，而一九四六至四七年饑荒發生時，約一百五十萬蘇聯人民死於飢餓相關的疾病[30]。

他們並未規定要進行包裹信件檢查，也不會搜查違禁品。要求邀請家庭成員來到祕密營地，其實對安全措施不是很理想的做法，但在當時的工地，沒人想這麼多。四〇年代末的美國權威專家，描述史達林主義下的俄羅斯是高度重視祕密的「極權主義制度」，國民出於恐懼，向來沒有二話，乖乖遵守，保密到家。但美國時事評論家卻忽略一件事實：制度和安全措施是奢侈品，這兩陣風不費吹灰之力抵達漢福德，卻花了好幾年時間，才吹到史達林主義的烏拉山。

13 保密到家

照理說，蘇聯勞改營應該要有雙層蛇腹式鐵絲網，上面裝設帶刺鐵絲，警衛塔和泛光燈分散佇立。根據規定，沒有通行證的人一概不准進出，俄羅斯歷史學家的說法是，蘇聯原子設施自然而然占用了蘇聯勞改營的主要特色[1]。他們描述，封閉式核城即是蘇聯勞改營的最高成就，是史達林主義警察國家紀律嚴謹、高壓嚴懲的堡壘。除了蘇聯勞改營的首領，還有誰會蓋出這種藩籬圍繞、封鎖自由國民數年的特殊城市？

但以蘇聯勞改營形象打造、成熟封閉的核子城市，有兩大方程式問題。第一，包括拉普波特將軍在內的蘇聯首領和建設經理，頭兩年都在戰後的廢墟裡，埋首組織大型核子基礎建設，安全防禦和保密的問題忘得一乾二淨。第二，雖說蘇聯勞改營的形象，普遍被描述為極權主義制度與嚴格控管的地盤，囚犯則乖巧順從警衛和典獄長的威勢，但這個形象其實多屬神話。要是你熟悉一九四七年的蘇聯勞改營，就不會把他們當作安全、防禦、秩序或效率的模範。

拉普波特命令在嚴厲規格下建蓋鈽工廠，保障安全防禦。貝利亞要求拉普波特只雇用最值得信賴的囚犯，不得有德國人、戰俘、累犯、慣犯、政治囚犯，或者曾在戰爭時期住過德國占領地的人[2]。蘇聯領袖格外擔憂「不忠民族」，也就是有背叛嫌疑的種族，尤其是在長久血腥內戰時，對抗崛起蘇聯勢力[3]的烏克蘭人和波羅的海東南部的人。

然而，拉普波特發現，這些安全防禦措施是不可能落實的，他有一半建築工人都是德國人，而且通常還是手藝最巧的[4]。結果拉普波特置之不理貝利亞的官方指令，將德國人升等為「特種居民」階級，高居蘇聯勞改營的刑罰位階服務[5]。拉普波特只想要用身體健康、「準備就緒」的囚犯，但最健康的囚犯都是慣犯，會搶虛弱囚犯的糧食，逼他們幫自己做事。而遵守安全防禦規定的下場，就是第一批抵達的囚犯，有一半都是不適任的無用勞工[6]。因此，拉波普特只好違反安全防禦指令，接受慣犯[7]。根據蘇聯勞改營規定，危險罪犯必須無時不刻受到監管，但拉普波特的警衛人手不足，缺乏護衛隊，因此最需要監督的囚犯，反而整天都坐在營區不工作[8]，這個問題拉波普特也解決了，他發布命令，重新將最安全的囚犯分類為最不需要監督，這樣才能在不需警衛陪同下，派他們出外工作[9]。

拉普波特面臨的勞工危機源自蘇聯勞改營的長期問題，最後導致拉普波特的任務巨大到難以駕馭。他接受指派，利用蘇聯勞改營的勞工塑造龐然大物般的工業景觀，而就在當時，蘇聯勞改營也正面臨管理失策。戰後那幾年，勞改營的囚犯和流放者人數膨脹暴增，來到五百二十五萬人，由於長期短缺監獄職員，於是管理自家幫派的監獄督軍便接管營區的日常行政職務。監獄督軍握有實權，可說是危險人物，不同敵對幫派間經常爆發暴力衝突，而當典獄長試著鎮壓難管教的「流氓」人物時，囚犯就會找他們警衛的碴，製造小衝突、暴動抗爭，要好幾個月才得以平息。

伊凡・布特利摩維奇（Ivan Butrimovich）是率領反應爐地基建設的平民工頭，他記得有位管制基地挖坑的監獄督軍（蘇聯勞改營的說法是 pakhan，准將的意思）。他穿的不是一般監獄發的墊肩外套和褲裝，而是銘黃色軍靴和打上小飾釘的西裝。早晨時刻，他會在碩大坑洞底部鋪上一張大毛毯，在那裡坐上一整天，他的獄友則在他周遭忙進忙出。「准將」有一名陪他打牌的助理，還有一個負責接受指令的助理。「准將」自己並不工作，但要是他聽說哪個團隊鬆懈，就會立刻行動，召來一位隊員，拿條棍子替他暖暖背脊，有時光是講出幾個字，就能讓整個團隊動起來[10]。

布特利摩維奇回憶，「准將」從不和平民督導說話，然而要是督導逗得「准將」心情好，供應他食物、衣服、伏特加，讓他分發給幫派成員，那麼督導就不會有紀律問題，囚犯也會維持良好的工作節奏。

布特利摩維奇經常一口氣在地基坑洞待上兩、三天，將冬季保暖的外套披在小棚上，呼呼大睡。有天夜裡布特利摩維奇散步時，一位囚犯捉住他的胳膊，把他拖到岩架，抱怨布特利摩維奇紀錄不實。欲加快建設步調的拉普波特下達一則指令，要是工人完成每日最低工作額度，徒刑就能獲得減緩[11]，這個獎勵制度需要督導記錄他們的工作，但這過程既複雜又主觀，囚犯時常為了紀錄的事和工頭起口角。

布特利摩維奇回憶道，這名囚犯是個「健壯魁梧的大隻佬」，他開始質問布特利摩維奇，一邊推他到岩架突出邊緣。「你知道這裡發生過多少意外嗎？不知道？好，我告訴你——太多了。答應我你會更正紀錄，這種意外就不會發生在你身上。」

布特利摩維奇腦筋動得快，牢牢揪住這名囚犯的墊肩夾克，誓言會將他一起拖下去。這名獄友聞言後便放他走，說：「算你行，沒想到你不是懦夫嘛，」然後步回營火[12]。布特利摩維奇呆立在絕壁邊緣，驚覺自已有多幸運，他知道囚犯會毫不猶豫，擺脫自己厭惡的督導，他聽過有位工頭被封印在混凝土地基的牆壁裡，一年後才被發現。[13]

亞歷山大·索亨尼森*（Alexander Solzhenitsyn）寫活了飢腸轆轆、腳步匆忙的伊凡·丹尼索維奇（Ivan Denisovich），辛勞一天後，開心獲得額外麵包的形象[14]。布特利摩維奇的故事正好相反，充分說明了蘇聯勞改營和囚犯逐漸失序與難以控制的局面。一九四六年三月，鈽工廠場地的勞動營進行檢查，意外發現人口失蹤、柵欄破壞，既無泛光燈，也沒有運作所需的電力。早晚點名只是表面的例行公事，也就是說並未真正落實。囚犯數字每一天都在浮動，紀錄人已經無法掌握囚犯和流亡者的人數，囚犯消失流竄城鎮，幾天後才跑回來。一九四七年三月，有兩位囚犯行搶幼稚園食品儲藏室，被逮個正著，還和對方幹了一架。在勞改營裡，囚犯會打架、行竊、喝酒、販賣違禁品，若是搜查六百五十名囚犯的勞改營，會搜出一百零一件武器。檢察長報告，營區裡沒有二十四小時監督的人員，這些人都在城裡過夜，囚犯可以來去自如、無拘無束地逃出這高優先、高機密場地裡的勞改營[15]。

一九四七年初，工地開設了女子營，以因應饑荒時大批偷竊遭捕的女性罪犯[16]。蘇聯勞改營的規矩禁止男女囚犯間過從甚密，但無人理會規定，男女囚犯在你情我願下發生關係、男囚侵犯女囚的事件層出不窮，事態愈發嚴重，拉普波特必須在營房外設置警衛站崗，保護平民女性[17]。一九四七年，一千三百個嬰兒在監獄誕生，兩名駐營醫生得迅速整理出一間臨時產房和育嬰室[18]。

囚犯難以控制、性情暴戾，工地團隊的士又何嘗不是。士兵的裝扮、起居、吃飯，樣樣與囚犯沒有兩樣，

* 蘇聯作家，著有中篇小說《伊凡·丹尼索維奇的一天》，是蘇聯文學史上第一部描寫勞改營生活的著作。

在開放空間裡，就著水桶吃無味的流質食物，飢寒交迫的士兵們開始搜刮覓食。「他們把我們餵得『好飽』，」一名士兵在家書裡寫道：「湯汁『濃稠』到夜裡我要走六公里的路，有時甚至更久，才找到馬鈴薯，否則就等著餓死。我不能買（或可以說沒錢買），因此只好用不花錢的方式取得食物，只要沒人看見就好。[19]」檢察長通報，大批士兵和軍官棄營離開駐防地，掠奪鄰近村莊。到了收割季節，軍官還指揮士兵竊取作物和飼料。逮到他們的農夫會反擊，或試圖反擊，直到軍官殺了幾名農夫才罷手[20]。

士兵也會彼此行竊，並在營房裡大打出手。「面對這樣的肢體衝突，指揮官無能為力，」有位士兵在家書中描述：「甚至只是袖手旁觀。[21]」跟囚犯一樣，士兵喝酒、性侵、鬧事、離開駐防地狂歡。第一個鈽居落並非秩序守法的警察國家，反倒在在反映出蘇聯勞改營的混亂、危機重重、幾近無人看管、零效率，甚至流竄到蘇聯勞改營地區的邊界以外。

平民員工的安檢籌劃也沒好到哪去。一九四六年春天，計畫擴展時，貝利亞對拉普波特下達命令，要他設置「特殊政權區域」，加強該場地維安，配置一名警衛、探照燈、通行證的障礙關卡[22]。然而這個命令就像先前禁用危險囚犯的禁令，被當作耳邊風。維拉迪米爾．畢里亞夫斯基還記得，施工進行到一年半，場地仍完全沒有正規的安檢規範措施。

他回想當初：「不管是誰想要進入，都能暢行無礙。[23]」有台火車每日會從車里雅賓斯克發車，停靠在距離工地幾英哩遠的車站，他們來者不拒，只要應徵者身強體壯，不需先經過身家調查，就能當場爭取到工作。基許提姆附近的鎮民大剌剌地談論森林深處的「祕密原子工廠」。有名剛抵達基許提姆的員工記得，他問一位老婦人人事室怎麼走，她回答：「如果你是要去他們在造原子動力船的伊爾蒂亞許湖（Lake Irtiash），越過眼前這座山，你就會看見載工人前往地下工廠的貨車。[24]」

受雇員工的居住安排亦雜亂無章，毫無規劃。工程師和管理人每天通勤六英哩的路，從基許提姆而來，在那裡租房間、閣樓、地下室[25]。而受雇員工多半靠自己借來和搜刮的物品，搭建起居空間，流放者寫信請家人前來，並搜找木材碎屑和鐵片，自行蓋小屋和防空洞[26]。有錢一點的人會買牛、雞、山羊，自己耕作。平民和軍官會非法安排囚犯到自家當僕人，幫忙照料花園和牲畜、煮飯打掃[27]。

第一個蘇聯鈽居落完全不像里奇蘭，完全沒有盛大規劃，也沒有隔離機制，並未將不可靠的囚犯士兵與受過訓練、受託國家機密的正直雇員分隔開來[28]，徵召員工四處閒晃，在周遭鄉村維生，同時散播森林裡正在擴建「祕密」設施的機密。以現代說法來看，鈽工廠場地根本是安全防禦的大災難[29]。簡言之，蘇聯勞改營的破敗、高傳染性的失序、不順從、暴力、偷竊、無效率，替蘇聯核武計畫烙下污名。某層面來說，蘇聯勞改營在蘇聯鈽專案留下深刻印記，注定了不幸未來，四眼田雞、尖酸苛薄的蘇聯勞改營將軍雅科夫．拉波普特，也注定不幸。他是號悲劇人物，日復一日坐在辦公桌前，振筆如飛寫下愈堆愈高的命令，攔截來自莫斯科的不祥電話，我想他應該很努力想先發制人，不讓人捉到足以覆滅他的小辮子，與此同時，卻違反安檢規範，錯過一個又一個限期。

部署蘇聯勞改營製作炸彈，對蘇聯領袖而言，就是以最小投資換得核武。也就是說跟其他蘇聯工業化計畫雷同，工業的優先權高過消費，工廠高於城市，炸彈高於奶油。似平民又似監獄的居地，誕生自毀滅破裂的蘇聯勞改營，幾乎不見未來鈽托蹤跡，那井然有序、高度控制、密切監視的隔離核子城市的展開，其實源自另一個難以想像的地區：自由世界的領袖。

14 貝利亞的探訪

五〇年代，物理學家伊果．庫查托夫（Igor Kurchatov）追憶蘇聯炸彈的緣起，發表個人意見：「我們孤立無援，雖然英美兩國科技先進，卻完全不幫我們。[1]」身為蘇聯核子計畫科學長的庫查托夫，讀了近萬頁從英美竊取的資料[2]，他的科學委員會定期和在西方進行原子諜報的探員會面，庫查托夫在製造原子彈的過程中獲得多方協助，但他卻始終對同盟國遺棄蘇聯一事耿耿於懷，背叛的感受亦導致變質的外交關係[3]。

一九四六年二月，邱吉爾公開提出「鐵幕」演說後，俄羅斯人民開始慌張地採購囤糧[4]。一九四七年三月，杜魯門總統更清晰描繪出浮現的冷戰輪廓，聲明美國會保衛「自由人民」，不會臣服於全球「極權主義政體」。聽在蘇聯領導人耳中，杜魯門政策簡直形同宣戰，尤其是FBI探員積極追捕美國實驗室與大學裡的蘇聯間諜。

儘管局勢緊張，史達林和其他高階蘇聯領導人仍期待美國能為在東方前線犧牲貢獻的蘇聯，提供善意協助，政治局新成員安德瑞．茲達諾夫（Andrei Zhdanov）幻想著USSR能在戰後成為美國的過剩市場，他預想這場貿易將可支撐蘇聯與美國的關係[5]。一九四七年六月，喬治．馬歇爾將軍（George Marshall）宣布計畫，將鼎力協助重建後來劃分出的西歐，保障經濟安全，不受共產主義玷污[5]，茲達諾夫的美夢隨著該計畫落空。馬歇爾計畫字字鏗鏘，開門見山地說，蘇聯並不包括在美國慷慨的協助計畫之中。一九四七年夏天，蘇聯領袖總算明瞭，世界被分割為兩大陣營，而他們明白，其中一方勢必殲滅[6]。

馬歇爾計畫揭曉後，蘇聯官方宣傳開始祭出各項警告，史達林下命瞄準英美兩國，展開「反世界主義」活動，權威專家在蘇聯報紙上譴責蘇聯知識分子「猶如奴隸般諂媚奉承，向西方科學與文化屈膝低頭[7]」。七月後，史達林聽聞兩名蘇聯研究員將神奇的癌症治療配方，拱手送給美國科學家，仇外情結的聖戰開始集中火力。史達林下令拘捕這兩名科學家，在莫斯科一間人滿為患的禮堂，檢察官利用一場備受關注的審判，向蘇聯知識分子示範與西方接觸的毒害。

與此同時，負責祕密原子第一主要部門的拉夫連季．貝利亞，不時向史達林通報美國核武計畫的進展，他說蘇聯探員已經取得美國空軍襲擊五十座蘇聯城市的計畫[8]。人在倫敦的克勞斯．弗赫斯估測，在一九四九年美國生產出足以殲滅USSR的炸彈前，蘇聯還有時間。蘇聯領袖沒完沒了地擔心武器需求，抵禦看來勢在必行的美國襲擊，史達林更時常唆使貝利亞，加快一號計畫。

然而蘇聯的原子彈進度卻受拖延數月的烏拉山鈽工廠建設所累[10]，心煩意亂的貝利亞，於一九四七年一月派出高層代表瑟蓋．克魯格洛夫巡視場地，發現拉普波特的營區指揮官，每月產能不及目標一半[11]，拉普波特的職責範圍不僅有鈽工廠場地，還有該省分其他蘇聯勞改營建案，壓力逼得他喘不過氣[12]。某次點名時，克魯格洛夫刻意折磨這名下屬，逼問拉普波特，囚犯可有乾淨內衣褲穿，拉普波特一個箭步衝上隊伍，焦慮地解開囚犯的夾克鈕扣，事後他們都嘲笑當時老大的手抖得有多厲害[13]。

拉普波特有太多恐懼的理由，他應該要在十一月七日前，交出一座能夠完善運作的鈽工廠，而距離這個期限，他還有十一個月，然而卻有五項主要設施的局部工程尚未完成。有些甚至還沒開始設計，我沒有拉普波特辦公室的照片，但在我腦海裡可以看見他書桌上方的牆面，掛著一只功能實際的大時鐘，時鐘就是辦公室和偌大工地的大魔王，支配著拉普波特的工作與睡眠，以及他與日俱增的焦慮，冷漠的時間一分一秒過去，順時鐘地帶著拉普波特步入死亡。拉普波特不可能擊敗時鐘，他必須率先建造工業帝國，才能打造出鈽工廠，而且是在偏僻森林，運用手上的強制勞工。

七月初，貝利亞愈來愈不耐，他登上特殊裝甲列車，前往祕密場地八五九號，接著個頭矮小、髮線倒退的部長抵達充斥木屋、滿地泥濘的基許提姆城。士兵從列車卸下他的戰爭戰利品，一台做了水泥灰塗裝防彈處理的凱迪拉克轎車，再駛上前往工地的最後幾英里路。沈重的凱迪拉克打滑，在布滿青苔的木頭路上傾斜，幾英里後便陷入泥濘之中。貝利亞震怒之下，換乘一台較輕盈的蘇聯國產車，一路上貝利亞看見被爛泥濺了一身的疲憊旅客推著車，吃力穿越泥沼[14]。

道路之故，員工很難將必需品和沈重機械送至場地，貝利亞看見士兵和囚犯運用手動工具、人力車、尖鋤、一大批馬，焦急地發現俄羅斯第一座工業反應爐，至今依舊只是森林裡滲漏著水的坑洞，其他計畫中的建物，則仍停留在製圖版階段。實驗室和工作室則是粗糙劈砍翻新的營房和穀倉。受過專業訓練的化學家和技師本來是到新工廠從業，卻被委任卑賤任務，靜待工廠完工。簡言之，計畫執行兩年後尚無進展[15]。史達林電話裡傳來沈重呼吸聲，讓貝利亞知道他們沒時間用這些埃及法老王等級的工具和科技，慢慢雕塑第一座蘇聯鈽工廠。

貝利亞也檢查員工宿舍，也就是「營區建設」，他當然沒錯過美國雜誌裡，井然有序的漢福德營區的空中攝影圖，軍綠色粒片板拼湊成綿延好幾英里的幾何對稱圖形[16]，相較之下，營區建設則有如自然災難的慘狀。居住地像是龍捲風旋渦過境，散亂一地，垃圾和排泄物沿著營房、帳篷、流動廁所、軍隊餐廳間的濕滑木板走道流淌。哀嚎的牛被短拴繩繫綁在陣陣惡臭、漫天飛蠅的圈欄，山羊和雞在腳邊啄食，猶如朦朧面紗的飢餓小蚊蚋漂浮半空中，形影削瘦、面色蠟白的囚犯躺在營火旁，發出沖天臭氣，他們食用的稀粥發出酸味，穿戴整齊漂亮的部長經過，背後跟著一群焦慮的將軍，囚犯們凝視著他的眼神也飄散一股酸味。

貝利亞巡視場地時，原本醞釀的惱怒已經爆發成青筋浮起的沈默震怒，連知名物理學家伊果．庫查托夫都嚇到手抖[17]。貝利亞性情多疑，他曾見識科學家帶著滿肚子祕密離開曼哈頓計畫，要是連美國科學家都這麼詭計多端，他憑什麼相信自己國家的科學家？貝利亞握有情報，知道美國人裝備並訓練前蘇聯人民，再派他們回蘇聯當間諜，暗中從事破壞行動[18]。要是這些人成功潛入祕密鈽工廠場地怎麼辦？

貝利亞震驚發現員工可以自由進出毫無圍欄的建物，三教九流都可在不需許可證的情況下，於場地附近大搖大擺[19]。拉普波特因為「任意挪用」農夫土地，遭到地方區域律師控告，走上法庭[20]，鄰近的基許提姆鎮民都知道有間「祕密」原子工廠，亦可以來去自如，前往交易送貨。最可怕的是，貝利亞發現多數員工都是身分危險的囚犯和外籍放逐者，淨是些蘇聯國家的公認敵人，不少都犯下通敵叛國、破壞妨害、間諜密報的罪而遭到判刑。這些叛徒就像毒蛇，四處爬鑽，隨心所欲勾結員工及鎮民，貝利亞氣炸了，他不容許這一切繼續下去。

貝利亞本來期待什麼？抵達烏拉山前，他腦海中想像的安全防禦制度是什麼模樣？他總不會以為蘇聯勞改營是安全與秩序的楷模吧，身為NKVD的前任長官，貝利亞明白該怎麼和囚犯打交道，清楚這群人多浮躁危險，知道囚犯經常隨身攜帶武器、深具威脅、藐視違抗，什麼事都做得出來[21]。無政府狀態的戰後蘇聯勞改營不是第一座鈽堡壘的楷模，也永遠不是。

說到建蓋規模龐大的核子設施，貝利亞手上有更成功的安全防禦及勞工管理典範，身為NKVD戰時外國情報部長的貝利亞，也是可取得曼哈頓計畫情報報告的蘇聯領袖之一，更對曼哈頓計畫表現出濃厚興趣[22]。蘇聯領導人一有機會，就會竭盡所能仿效曼哈頓計畫，好比貝利亞和瓦尼科夫命令蘇聯科學家放棄自己（有些甚至是更傑出）的設計，分毫不差地複製美國炸彈和反應爐藍圖[23]。

戰爭期間貝利亞反覆詢問，洛斯阿拉莫斯和橡樹嶺這兩座監控閉鎖的核城，是如何籌劃安全防禦，NKVD在這兩地都有部署線人[24]，他不但想突破美國安檢制度、搜到資訊，也希望從組織構想獲得靈感。泰德·霍爾（Ted Hall）、大衛·格林葛拉斯（David Greenglass）、克勞斯·弗赫斯在回信裡描述洛斯阿拉莫斯是如何與外界脫節。一九四四年，霍爾寫道：「Y中心（洛斯阿拉莫斯）設有鐵絲網、警衛、前哨基地，與外界失聯，員工住在圍欄內，郵件也需經過嚴格審查，直到近期他們才獲准前往距離該中心七十五英里的地點，但仍需要先徵求軍事官員的特殊許可。[25]」蘇聯探員透過哈利·高德（Harry Gold）報告員工的身家背景調查，聖塔菲（Santa Fe）移民署人員會在實驗室附近的緩衝區巡邏，於公車站檢查乘客身分[26]。

一九四七年，離開烏拉山的歸途上，貝利亞要求蘇聯鈽工廠也需要美式規格的安檢，好比洛斯阿拉莫斯，他想要再蓋另一座城鎮，精挑細選、忠心耿耿的工廠操作員自成一區，遠離不守規矩、不值得信賴的工地工人，他想要整個領地、製作區域及私有住宅居地都加裝雙層圍欄，並且密集設立瞭望台和警衛室。至於核子設施中心周遭，他要求設置更大範圍而安全的緩衝區，美國人稱之為「管制區」，貝利亞則命名為「管理區」。一如美國人，他只想要雇用經過嚴格篩選的鈽工廠員工，要先進行身家背景徹查。貝利亞還要求他們攜帶身分證，無論是封鎖區域內外，行為都需要管制[27]。至於其他身分較不關鍵的勞動階級工人，貝利亞則將他們安置在個別劃分的一區，換句話說，貝利亞怎麼看都是按照美國路線走[28]。

鬼鬼祟祟出了名的 NKVD 領袖貝利亞，居然會把美國開放社會當成安檢模範的借鏡，實在有違常理。儘管蘇聯領導人謾罵知識分子仿效西方，自己還不是長期研究美國工業發展、管理、都市建築。事實上，仿效和知識抄襲是蘇聯工業化的爐缸。例如工業化運動的濫觴，蘇聯工程師便借用企業城印第安納州的城鎮蓋瑞（Gary, Indiana），當作烏拉山鋼鐵小鎮馬克尼土哥斯克（Magnitogorsk）的模型，蘇聯領袖重度仰賴福特、通用電氣公司、杜邦等美國製造業者的工廠規劃、使用機械，還找來外國經理經營管理[29]。

因為安檢制度需要相當程度的寬裕和富足，美國在這塊領域，毫不費勁地超越戰後綁手綁腳的蘇聯。拉普波特負擔不起安檢科技，像是電子探照燈、警示系統、長達數英里的柵欄、安插線人、審查郵件、身家背景安檢調查、以及負責管理這一切的人員，而這些對四〇年代中的美國陸軍工程兵部隊及公司承包商來說，只是小菜一碟。繁榮富庶讓美國核安制度優雅升騰。

貝利亞擔心史達林訓斥他，將鈽工廠建設案的延誤怪在他頭上，於是長途跋涉、親自走訪烏拉山，急著

高台警崗，里奇蘭，一九四四年。美國能源部提供。

想找到另一個代罪羔羊，這就是優秀的蘇聯大老確保自己留守高位的手段：把責任怪在他人頭上[30]。貝利亞將矛頭指向他的老舊識拉普波特將軍，這因此成為拉普波特在一九四七年夏天迅速卸職的主因。

拉普波特離職後風雲變色，貝利亞從烏拉山歸隊不到幾週，第一主要部門就發布一連串指令，切斷鈽工廠與外界的聯繫。貝利亞設置了安檢部，並指派另一名終身職的NKVD將軍伊望・卡臣科（Ivan Tkachnko）接下管理職責，日後直接向他回報[31]。就一名將軍來看，卡臣科年輕有為（不足四十歲），皮膚黝黑健美，警覺性高，嚴肅陰狠，戰爭期間，卡臣科將車臣人（Cachens）和印古什人（Ingush）從高加索山驅逐至哈薩克（Kazakhstan）。戰後他在維安機關任職，肅清拉脫維亞人，毫不留情地執行大規模逮捕及處決，NKVD領導人在拉脫維亞時注意到卡臣科的工作熱忱，於是找他來莫斯科替第一主要部門做事[32]。

一抵達烏拉山，卡臣科刻不容緩，馬上蓋了一個三十二英里（約五十一公里）寬的大型管理區，涵括九十九個大大小小的村莊，更下令凡是沒有通行證和護照，無人得以進入管理區，然後清空住在場地三英里（近五公里）內的村民。他關閉城鎮與一般交通路線的道路往來，禁止頭頂的空中交通，此外卡臣科亦制定新規定，限制所有員工都要經過身家調查，並且隨身攜帶發下的通行證。

為了確保管理區的隱密性，卡臣科下令要在周圍豎起雙層柵欄。接著，在一九四七年十月某天，卡臣科在毫無預警的情況下關閉該區域。員工早晨出門上班，還盼著輪班結束後回到家人身邊，卻從此沒再回家，這是自傳作者的印象，至少當晚或隔天夜晚，後面那幾夜，甚至接下來五年至十年如此[33]。圍籬搭起後，職員和家人只能在獲准情況下進出該區。

卡臣科開了間專門審查郵件的辦公室，他招攬線人，制定定點安檢查哨制度[34]，接著對新安檢區的居民進行隔離，下令為囚犯和士兵另蓋幾個高牆環繞的貧民區，禁止平民未獲官方許可和囚犯及士兵交談[35]。卡臣科依照不同人群的自由等級分區，打造出新景觀，平民住在四周環繞著單層柵欄的兩個居地，士兵各自住在他們築起高牆的駐防地，囚犯則生活在鐵絲網纏繞的營區。

貝利亞從莫斯科下達指令，要剷除囚犯勞工幹部中的政治不良分子。貝利亞尤其想將遣返士兵和德國人逐出祕密場地[36]。但卡臣科不能這麼做，工地亟需這批身為流亡者、遣返士兵、囚犯的勞工，因此他勒令指派囚犯在住宅建設和機械房從事不敏感的工作，卡臣科也在工業建設區加蓋柵欄，區隔限制員工對祕密專案的瞭解。卡臣科大舉採用雷斯里．葛羅夫斯將軍的制度，發想出安檢區，規劃成幾個圍牆高聳的營區和樓群，依照階級和法律範疇區分員工，也按照功能和安檢等級分類工作。

讀著全新的安檢指令時，可嗅出字裡行間迴盪著不可逆轉的意味。該區域的保全必須做到滴水不漏，指令中祭出違規逮捕的威脅，期許員工應該絕對服從。卡臣科的全新安檢制度走的若非史達林主義的路線，至少也可說是隱密、不可滲透的極權主義。那奏效了嗎？蘇聯領導人是否找到足夠的柵欄和警衛、足以印製通行證的紙張、有充分供給探照燈的電力？車里雅賓斯克的共產黨檔案室，保存了六十二名共產黨員在十號基地木屋裡的早期會議文字紀錄，而十號基地正是為了工廠作業員新蓋的隔離居地。第二份文字紀錄很罕見，讓人一窺柵欄豎起後不久的生活，當時工廠仍在興建，已經開始製作第一批幾克重的鈽。在一九四八年一月某個寒冷的夜裡，卡臣科將軍針對工廠安全及警戒進行訓誡，而這段文字則記錄著後續討論。以下是幾段摘錄：

查普莉吉娜（*Chaplygina*）同志說，迎接剛抵達的職員流程安排不周，新員工不是在基許提姆，就是在檢查站空等許久，導致員工情緒不滿，與他人進行不必要的交流。她希望檢查站有人視察，因為新人抵達，四處張望尋找警衛的情況屢見不鮮。

伯西科夫（*Bochkov*）同志說，現在提出「警戒」問題的時機正好，但有一點必須補充，那就是我們的工作室非常混亂，很難正常作業。例如中央會計部門就位在（高機密鈽加工實驗室的）樓上，川流不息的人潮擠在那裡，等領薪水，而排隊人龍會擾亂工作。

康德拉特瓦（*Kondrat'eva*）同志說，我們需要小心歸檔文件紀錄，以及貨車列車的庫存，我們切莫忘記，進行火車卸貨的裝卸工都是無人監管的囚犯，有的甚至是德國人，他們可能會聽見有關貨物的情報。

波茲達瓦（*Pozhidaeva*）同志：我個人認為國家機密問題提出的時間點恰到好處，尤其因為有不少很久以前抵達工廠的共產黨員，頻頻犯錯，但某些失誤確實不能說是他們的錯，例如我們部門的辦公桌不能鎖、沒有保險箱，辦公室大門也沒有鎖，此外我們需要限制親人短期探訪的來訪次數，否則在這種工作條件下，很難保密[37]。

讀著卡臣科和貝利亞這類權威級領導人的法令，很容易和現實的指令混淆。光是這麼驚鴻一瞥黨派會議，就透露出封閉管理區、隔離從事非敏感工作的囚犯及流亡者、辦公室和實驗室上鎖、快速有效處理員工的遠景，在一九四八年初，還只是一場美夢。當時員工家庭成員來來去去，職員在祕密實驗室外排隊等領薪水，員工偷打電話給親朋好友，洩露機密。與此同時，雖然重複下達撤離命令，原本的村民仍繼續住在管理區裡。嫌疑囚犯的人數非但沒有下降，一九四七年夏天，甚至來了批總數一萬六千人的新嫌犯，協助工作進度。一如既往，被歸類為禁止接近機密的囚犯，繼續在敏感的工業場地工作[38]。

我們自然而然以為在史達林主義的噤聲政治文化下，人們會順應文化，保守祕密，但在一九四八年，黨派成員仍在怨聲載道，特別管理區的居民需內化他們的恐懼和警戒心。對老闆而言，權宜之計及配合製造時程的重要性，遠遠超過安檢規範，而好好落實安檢的話則會拖累工作效率，讓情況變得複雜。蘇聯勞改營雜亂無章的印象實在難以逆轉，需要好幾年的無盡威脅、逮捕、反覆上演的清算、漫長會議、許許多多有關保持警戒的教訓，才讓他們牢牢記住。然而，威脅的能耐卻很有限，說到底，要真正贏得鈽工廠員工的死心踏地，住宅、消費品和社區計畫的重金投資才是關鍵，然而這種投資還要等上十年，對卡臣科來說，這就是場對抗地心引力的漫長延長賽。

15 責任回報

卡臣科在一九四七年搭建的管理區，占用了原本是當地村莊、森林、農地的領地，並在那架設全新的空間管理體制，規定人們應該在哪裡生活、做什麼、未來有哪些機會和展望。宰制烏拉山南部居民一九四七年後的生活的，不是區區一名領導人或將軍，而是整個幽禁空間的規定。

娜塔莉亞．曼蘇羅娃一口氣向我道出她的人生故事，傾吐她是怎麼在奧爾斯克的圍城長大。她敘述父母在一九四七年的機緣巧合下抵達管理區，此後決定了她的命運，還訴說成年後糾纏著她人生的悲劇和失望。戰後不久，曼蘇羅娃的母親在斯維爾德洛夫斯克（今天的葉卡捷琳堡，Yekaterinburg）附近的變電所擔任技術人員。一九四七年某日，她拿到一張隔日出發的火車票，要去哪裡、為何而去，卻渾然不知，只是聽話地登上前往南方的那班列車。

曼蘇羅娃的父親是名司機，也住在斯維爾德洛夫斯克附近。有天道路堵塞，導致他遲到，總算回到貨車站時，老闆氣到冒煙：「你死去哪了？他們都在等你！」曼蘇羅娃的父親只經告知必須盡快收拾行囊，一個小時後就要至新工作處報到，招聘人員給了他一張目的地標著謎樣暗號的火車票後，他馬上衝回家整理行李。

沒人能夠拒絕去招聘人員口中的「郵局郵筒」，這也是軍事重地的暗號。要是猶豫不決，招聘人員便會威脅沒收他們的護照（沒有護照的蘇聯人民會淪為流浪漢，還可能遭到流放或逮捕）、配糧卡或勞動手冊（要有勞動手冊才能領薪）[1]。

曼蘇羅娃的父母形同四〇年代浪漫愛情喜劇片的男女主角，一位年輕貨車司機，一名女性技術人員，在前往基許提姆的火車上相遇，他們被分發到湖畔療養院，其他人已經在那裡等候他們。那段日子糧食匱乏，療養院的要員卻能慷慨預支新員工薪水，供應豐盛的免費餐點。有這些好處可拿，沒人有意見。

曼蘇羅娃的父母參與了鈽工廠的主要招募潮，招聘人員在一九四七年初，四處走訪鄰近城鎮，網羅受過專業訓練、至少有五年工作經驗的勞工，包括司機、機械操作員、電工、水電工、垃圾清潔工、清潔人員、木匠、實驗室員工、技術人員，只要有幾年教育訓練，無不良紀錄，誰都可以加入[2]。

新進職員需要填寫一份冗長調查表，詳細描述自己和近親的狀況，他們必須一字不漏交代自己或親人是否曾遭判刑或起訴，是否曾經背離共產黨基準，抑或加入托洛茨基*（Trotskyite）組織。保安人員亞歷山大．沙朗斯基（Alexander Saranskii）負責人事部，「我個人負責的是確認每位新進職員的檔案乾淨無誤。」沙朗斯基回想當時：「唯獨經過漫長的背景調查，才能發放安檢通行證，所以我們會審查個人檔案，派出特別探員進行調查，必須確認沒人有犯罪紀錄，或曾在侵略領地生活。即使是遠房堂哥住過德國，都一概拒絕受理。」沙朗斯基陶醉地回憶他的工作：「我的工作真的很有意思，檢視每個人的檔案，知道就連他們本人都不曉得的事。[3]」

對這些傳記的陳述者來說，抵達管理區的那天就是他們人生的轉捩點。有位工廠資深員工還記得，他搭

＊　馬克思主義的流派之一，長期堅守社會革命。

火車抵達時，看見「無盡蔓延的鐵絲網」柵欄。一名同行乘客身子傾向他，竊竊私語：「他們就是在這裡製造原子彈。」[4]其他人則記得在火車站會面，接著被送上貨車後方，貨車窗子蒙著，讓乘客分辨不出方向地點。抵達目的地、看見柵欄和警衛塔時，他們很確定自己是遭到逮捕，被送到蘇聯勞改營[5]。身為醫生的安潔莉娜·谷斯科娃（Angelia Gus'kova）描述她母親在找不到女兒下落時，深信她遭到逮捕，於是開始寫信請求當地區域律師，希望他們釋放女兒[6]。尼可萊·拉波諾夫（Nikolai Rabotnov）則分享他父母在進入封閉城市時害怕遭到搜身，於是燒光私人信件和日記，後來他母親懊悔自己燒掉了那些信[7]。

大多人都強調進入該地區後的不得動彈。新技術員工不得在未獲卡臣科將軍的許可下離開管理區，對許多職員來講，這意謂他們哪都去不了，不能參加親人在他處舉辦的婚禮或喪禮，不能外出度假，不能請病假，即使已經化為屍骨，員工還是得留在管理區，埋葬在新居地的墓園。曼蘇羅娃描述她父母抵達後結婚生子，直到離婚，這十年來都沒踏出管理區一步。整整五年來，他們不能和外界的親人通信，只能在剛抵達時簡短向他們報聲平安：他們找到工作了，等會兒再聯絡。而這一等，真的讓他們等到天荒地老[8]。

員工所分享那些年抵達管理區的故事，放大了這些事件的關鍵性，彷彿記憶裡圍城大門的匡啷聲響猶在耳畔。儘管如此，仍有充分證據指出，職員曾出於個人和工作因素離開這座城市，或者違規進行交易、探訪親人。即便如此，傳記陳述者記得自己在那裡待了近十載，過著無期徒刑般的囚禁生活[9]，正是這種受困的感受及事實，在回憶裡留下深刻烙印。

除了柵欄，祕密居地的生活頭幾年都讓人想起監獄，居住情況彷如牢獄。在招聘時，職員聽到的承諾是優良住宅及優沃薪資，但這些承諾遲遲沒有兌現[10]。勞工抵達後住進營房，睡在木板上，八十幾個人擠同一間房，老闆還得央求搭帳篷，才能讓員工不流落街頭[11]。有些老闆特別粗心大意，沒及時保留木頭，為十月初雪做好準備，又或者將營房牆壁蓋得單薄，風可穿牆而入[12]。營房和帳篷缺乏基礎設施：浴室、廚房、洗衣房，員工餐廳又以高價提供劣質伙食，因此年輕人只好在營房裡的木頭暖爐上自行烹煮，在房裡洗衣，把洗好的衣物晾在床上、走廊、入口通道[13]，換句話說，自由員工的情況並沒有比鄰近營區與駐防地的囚犯及士兵好。

深感壓力的老闆便投注心力及資源，努力達成生產目標。由於新安全制度拖延建設時程，管理人承受莫大壓力。一九四七年秋天，逐漸失去耐心的貝利亞派出更多將軍，背後尾隨位階更高的部長及高級科學家一同前往森林營區。一九四七年秋天，貝利亞派出原子計畫的主執行長博里斯．凡尼科夫，雖然凡尼科夫剛從心臟病發康復，貝利亞還是堅持他去，並命令他留在場地，直到工廠竣工，接觸輻射而生病的伊果．庫查托夫也跟著去了[14]。凡尼科夫和庫查托夫入住反應爐基地旁的冰冷列車車廂，貝利亞的得力助手時常前往視察。

貝利亞亦另派一名新將軍，米凱爾．查雷夫斯基（Mikhail Tsarevskii），指揮建設過程，查雷夫斯基不像前一任的拉普波特受過良好教育，沒有工程師的訓練，也不喜歡坐在辦公室讀公文報告，查雷夫斯基喜歡親自到場地勘查，他的第一步行動，就是將建設總部從基許提姆遷至反應爐基地旁的白樺樹叢，請士兵在那裡蓋幾棟綠色組合屋建物，當辦公室和公寓使用[15]，而查雷夫斯基就在那裡盯哨反應爐場地，正式開工。

查雷夫斯基眼見猶如高預算電影場景的遼闊基地，幾千名身穿墊肩夾克的員工徐徐行進、聲嘶力竭，在深坑裡費盡力氣時，不禁心灰意冷，看見工程師壓根不打算裝置輸送帶或其他省力設備時，他覺得不可思議，蘇聯勞改營的老闆聳聳肩：「要機器做什麼？」他們問：「需要更多囚犯，喊一聲就有了。」查雷夫斯基採取的第一步行動，就是叫人放一把火，燒光囚犯用來拖曳濕水泥的木置擔架，沒了這個擔架，工程師只得想辦法生出輸送帶，雖然需要幾天時間，卻讓員工騰出時間從事其他工作，增加勞動生產力[16]。

雖然這樣的改變有幫助，工作節奏卻並未大幅提升。一名將軍的能耐有限，建設工作在沒有推土機或挖掘機的情況下持續進行[17]，仰賴囚犯勞力的水泥工廠也趕不上進度，囚犯和士兵步行至工作場地，如果場地太遠，他們時常遲到或抵達時已精疲力竭[18]，新蓋的大門和警衛更會延遲不同區域間的貨品運輸和勞力行動。

十一月，大雪飄落，氣溫驟降，貝利亞回到基許提姆，在那裡負責檢查並且施壓，揪出密謀或破壞行動的主謀，並找出挫敗連連的原委[19]。他的出現對於必須滿足他每日需求的下屬是種折磨，他拒絕和庫查托夫和凡尼科夫住在列車車廂，因此需要來回通勤，踏上冰冷木板道路，前往特地為他準備供應的基許提姆飯店。貝利亞冷靜研究情勢，結論是需要替換掉擔任工廠老闆數月的史拉夫斯基（Slavskii），改由博里斯·穆斯魯柯夫（Boris Muzrukov）接任，穆斯魯柯夫是一間烏拉山大型機械工廠的廠長，曾在戰爭期間製作行動敏捷、威力強大的T-34坦克。穆斯魯柯夫除了具有成功經營工廠的經驗，也與史達林有私交，因此貝利亞才找上他，算是給神經緊張的貝利亞多一層保護。

四十好幾的穆斯魯柯夫健康欠安，戰後因肺結核生病，一九四七年，他的身體依舊虛弱，只剩一個肺。

貝利亞下令穆斯魯柯夫和查雷夫斯基，一人負責白天，一人負責晚上，監督反應爐A場及鈽加工廠B場的建設[20]。他讓這兩人親自監督新的進度限期，同時推動行政引擎，最後總算將費盡人力、悲劇慘澹的泥濘蟻冢，變身歐洲第一座鈽工廠。如此一來，貝利亞將工廠命運和他率領的領導團隊命運緊緊相繫。他一字一句仔細交代，要是工廠蓋不成，他們也別想全身而退。害怕遭捕的大老闆急匆匆，向他們備受煩擾的下屬警告這個下場，並讓工頭負責不同專案：鋸木廠、工具工廠、水處理廠、反應爐、加工廠，清楚讓他們知道，要是錯過期限或捅婁子出亂子，他們就會遭到依法起訴。

個人責任制度依照語言制定，每個建案也根據負責老闆的名字命名。「丹米亞諾維奇公司」是放射性化合物工廠，「亞利希夫公司」則是冶金廠，「畢里亞夫斯基公司」則是水泥工廠。這就是這些公司之後在電話簿裡公開的稱號，每個老闆都分發到一群勞工，包括受過訓練的平民、保全人員、一至兩個流亡者和囚犯營區。員工和囚犯任由老闆支配差遣，可以獎勵，可以懲罰[21]。公司老闆會獲得住宅、伙食、衣服、補給品、每日與每月製造目標的時程表等經費，老闆想怎麼分配用品，利用額度，決定權全在他們手裡，只要能趕上製造期限，怎樣都好[22]。

老闆將自身職責分配給廠房及實驗室監工，監工則將責任交付輪班督導，每個小老闆往下分散責任，監督下屬達到生產目標，這是條令人焦慮不安的指令鏈。若輪班員工無法完成當日工作，工頭就會逼員工當晚留下，完成才能走人。老闆使勁鞭打員工，職員則驅策自己至筋疲力盡。老闆告訴他們長時間工作很合理，畢竟他們可是站在最前線，保家衛國，不讓決心摧毀世界的嗜血資本主義者得逞。這場戰役沒有個人生活或體力極限的餘地[23]。

卡臣科和凡尼科夫以個人責任制度宰制員工，面對這兩人大家都戰戰兢兢。一九四一年驚險逃過蘇聯勞改營的凡尼科夫，很有客製化恐懼的本事，視察實驗室時，他會客氣詢問員工是否有小孩，要是回答是肯定式，凡尼科夫就會頷首微笑，說道：「要是你做不完指派工作，就休想再見到你的孩子。[24]」有次，凡尼科夫向捅出設計大婁子的工程師亞布拉姆森（Abramson）找碴，據傳凡尼科夫遞給他通緝令時還有說有笑：「你今後要改名了，再也不叫亞布拉姆森，而是亞布拉姆求生不得。[25]」我想像亞布拉姆森被凡尼科夫的兩名跟班左右架起，押上囚車的畫面，除了凡尼科夫本人，應該沒人覺得好笑。這個故事廣為流傳，提醒眾人出錯會有哪些下場。

與此同時，卡臣科則宛若希臘暴君呼風喚雨，執著於戒備、間諜和一塵不染的背景。他的任務是剷除間諜和破壞人士，這份工作需要對付間諜和破壞人士的傳聞。例如，若要將安全防禦推上全新高度，他堅持不可讓員工參加傳統節慶遊行，他推斷，若真參加遊行，間諜可能會藉此機會估算參與計畫案的員工人數，但這是他們必須嚴格保守的祕密。沒人敢與他爭辯，因為沒人想和貝利亞的個人代表起衝突[26]。

一九四八年，卡臣科接獲清除安檢區裡「世界主義者」的指令，也就是擁戴西方世界的人。指令下達至全蘇聯的安全防禦頭目，但要在鈽工廠實踐這項法令卻難上加難。為了精確抄襲美國原子炸彈，蘇聯科學家必須在他們的指令間取得平衡，例如主物理學家伊果．庫查托夫確實按照曼哈頓計畫竊取來的藍圖走，不時要求查看竊取物料的許可，但同時亦不得對西方卑躬屈膝[27]。欲解決這個難題，做法就是將苗頭指向少數種族族群，特別是猶太人。

舉例說明，認真負責的貯木場廠長摩許・普德（Moishe Pud），莫名繼承了紐約伯伯的幾千美元，普德沒多久就放棄這筆財產，捐贈蘇聯政府，但光是這樣對卡臣科還是不夠，他革職普德，讓他不能再進場地工作[28]。接下來幾年，只因為在海外有親戚，或因他們身為「污染環境的[28]」種族，猶太人從安檢區相繼消失，其他人也遭到肅清。畢里亞夫斯基還記得他和名叫伊瓦諾夫（Ivanov）的同事坐在工廠餐廳，有名金髮女子走了進來，朝他們瞥了一眼，伊諾瓦夫注意到那女人後，轉頭對畢里亞夫斯基宣布他即刻離職。翌日伊瓦諾夫還真消失了，原來他本姓是舒爾茲（Shultz），為德國裔，因此不適合高機密工作，金髮女子明顯已向卡臣科告發舒爾茲的真實身分[30]。

工廠經理也很少雇用韃靼人和巴什基爾人，這兩個回教少數族群是工廠鄰鎮村莊的主要人口，原因是他們無法通過嚴格的安檢要求。後來這兩個族群的受雇員工指控工廠主管，在分派住房和工作時歧視他們[31]。一般而言，卡臣科和他的職員會以國籍分析個人忠誠度和可信度，值得信賴的人種主要為俄羅斯人，烏克蘭人則偶爾可信之[32]。

他們持續以教育形式落實安檢措施，用這種公共戲院的模式指示職員，威脅他們遵守規矩，無私貢獻。勞工聽過「亞布拉姆求生不得」的故事，也聽聞同事上了囚車就消失的事，並且在彼此之間流傳，當地沒有城市報紙或廣播電台，謠言就像媒體渲染，他們教導眾人，從管理區跳至蘇聯勞改營區，只有一牆之隔。員工忍氣吞聲，承受重重限制，與恐懼共生，部分因為他們被封鎖在內部出不去，另外要是他們工作辛勤，獲得的糧食也較優良。這是邁向鈽托邦的第一步。卡臣科制定紅利制度，從事體力活的勞工（囚犯和士兵）若能完成當日工作額度，就能獲得五十克伏特加。管理區柵欄豎起後不久，查雷夫斯基便為科學家和督導蓋了間特別的咖啡館，提供糖果、水果、葡萄酒、肉類，完全不需配糧證，任你吃到飽[33]。一般員工不缺麵包，幾乎也不缺少見的高熱量食品，例如香腸、魚子醬、巧克力。事實上在管理區內，巧克力和魚子醬比蔬菜和牛奶更易取得。員工時常偷溜出封閉區，拿寶貴的巧克力換取牛奶和胡蘿蔔，後來當地人都開始叫管理區的人「巧克力人」[34]。額外配糧的消息外傳後，當地人莫不盡其所能爭取進入場地工作，這下原本禁錮居民的「特殊管理區」居然成了避風港，可說是該地區難能可貴的存在，就算是囚禁在鐵絲網內的生活，至少日子不虞匱乏。

而在圍城之外，在名字走實用路線的鄰近工業居地「石棉」和「勞動」，工人輪班結束後，會等著購買品質低劣的通心麵，然後消失，彎著腰走進防空洞。在一九四八年的車里雅賓斯克，每日黎明前，都會有兩百至三百人排隊領麵包，隊伍會排到隔天凌晨三點。七年後情況幾乎未變，氣色不好的孩子走上幾英里去小學，上第二、三堂課[35]。飢貧、疾病、犯罪侵擾著豐衣足食的十號基地周邊的城鎮。

多虧圍城，唯獨出了該區日子才變得難熬。一九四八年春天，卡臣科下令在工廠周遭蓋十五英里寬的緩衝區，要求剔除新緩衝區的「不良分子，例如：前科犯、流亡者、曾在他國侵略地生活者[36]」，由於烏拉山是驅逐流放的富農、德國人和遣返人民的主要聚集地，而在這人口稀疏的緩衝區，竟有百分之三的人堂堂登上驅逐名單[37]。驅逐出境後，卡臣科想確認不會有外人步入該區、四處捕風捉影，便下令緩衝區居民必須向警察通報家庭訪客，要是窩藏未經授權的客人，等同犯下國家機密罪。

為了防止人潮湧入正式工廠區域，卡臣科發布另一項指令，要求關閉該區的文化機構：也就是基許提姆和鄰近城鎮的採礦學校、師資培訓機構、護理學院、好幾家孤兒院、養老院、度假村、療養院。此外，卡臣科亦嚴禁村莊及市政府舉辦運動或文化活動[38]。

人民之所以景仰史達林和蘇聯政府，通常是因為國家促進鄉間進步，開設教育機構、醫院、圖書館、戲院，雖然史達林主義造成民不聊生的局面，許多史達林的追隨者還是認為最終結果具有啟發性，也帶來新機會。如今卡臣科下令關閉緩衝區的教育及文化機構，分明與史達林主義的進步觀念背道而馳，當地一位黨派領導人鼓起勇氣，寫了封抗議信函：「要是不能培訓教師，小學該如何經營？孤兒院的孩子該如何是好？採礦學校訓練基許提姆的工廠員工，現在由誰來教他們？護理學院培育管理區的護理人員……肺結核療養院有一百六十名病患，敢問現在他們該何去何從？[39]」

剝奪基許提姆努力拚搏出來的文化及教育機構，以蘇聯說法，等於是剝奪「城市」特性，這會兒只剩下一座發臭泥濘的大型村莊。卡臣科親自走訪基許提姆，回應這封信，嚴厲痛斥該城市的黨派委員，居然違抗指令，坐視不顧合唱團進入城裡，在大白天的城市廣場表演[40]。卡臣科教訓黨員、怒目而視，等於強調管理區和緊鄰的緩衝區，是怎麼變成優選人民和遺棄者之間的分界線，在擴張軍事工業綜合體裡，分隔出崛起的受惠者及負擔大筆帳單的人。在三〇年代初，蘇聯領袖進行分區，不平等分配制度強制規定，唯獨擁有護照和登記證的人能住在生活優渥的城市：莫斯科、列寧格勒、幾個共和首都[41]。而沒有護照的集體農夫，則在飢貧交迫之下，用他們流血流汗種植的小麥和甜菜，為蘇聯工業化和都市化提供資金。這是計畫的一部分，為了讓農夫安分守己，辛勤耕作，專事生產，他們被剝奪護照和合法搬遷至優渥城市的機會，不得接受教育，賺取高薪。一九四八年，這個既存的隱形貧富界線讓卡臣科占盡便宜。後來幾十年間，工廠周圍的城鎮村莊為管理區供應員工、糧食、機械，支持漸漸富裕社區的工廠操作員及典獄長官，而緩衝區的人則持續過著貧苦生活。

不平等交換醞釀出的委屈仇恨，蔓延至二十一世紀。二〇〇七年，奧爾斯克當地報紙編輯艾蓮娜・維亞特基納（Elena Viatkina），邀我拜會幾名圍城的重要文化人物，地點是基許提姆的一間度假村，而這間度假村起初在四〇年代是新進雇員的宿舍。二〇〇七年，度假村仍屬於奧爾斯克，工廠員工時常前來度假。度假村具有十棟長形低矮的包浩斯風格建築，依傍著一座雜草叢生的小湖。穿著醫院罩衫的員工懶洋洋地抽菸曬太陽，度假客手勾著手散步，老夫妻隨著手風琴的叮噹琴聲，在舞蹈亭裡翩然跳起探戈。湖畔有幾間板金搭蓋的小更衣間、網球場、小型海灘。網球場不見網子，兩名努力擠進緊身泳褲的中年人還是照打不誤，動作緩慢地迎接球，球也慢慢飛向他們。蘇聯解體已逾二十載，而我在那個夏日，卻有股又回到USSR年代的感覺，那純真美好、愉悅長存的蘇聯式慵懶年代。

我的車里雅賓斯克朋友為了這場安排在度假村的會面，花了一個月的時間，勤打電話、動用關係才牽線成功。我本來滿心期待，心想舉足輕重的文化大人物將和我分享這座我無法探訪的圍城，帶給我全新啟發。我一抵達，維亞特基納便領我進入已備好茶水的會議室，在我面前擱了一塊白花花的奶油蛋糕，說：「零卡路里，」鼓勵似的朝我點點頭。重要文化人物既沒有點頭，臉上也不帶笑意，他們給我看了幾份大理石紀念碑和重大公寓建物的滑亮小冊子，冊子上的建物並不驚為天人，和其他蘇聯時期的城市如同一個模子印出來的。他們冷冷訴說奧爾斯克的戲院和音樂活動，還告訴我，他們的城市有多適合孩子成長：「妳永遠不必鎖門。」「大家都認真工作。」「那裡很安全。」「老一輩都活得很長壽。」這些我聽到耳朵長繭的話。

我們吃完蛋糕，會面結束。重要人物集體起身離開，這時我才驚覺自己被他們搪塞了，這是我最接近圍城的時刻，就這場和小官員的會面，但我卻什麼重要的東西都沒學到。

就在這時，有位老先生推著推車走進來，是一名手拿鑰匙和抹布的清潔工，看起來像是布什基爾人。我問他對奧爾斯克有何看法，他聳聳肩，意思是「不怎樣」。其中一位重要文化人物快活地糾正他，說奧爾斯克和基許提姆的關係向來很好，事實上「非常親近」[42]。

面對我的處境，維亞特基納顯然感到遺憾，於是她邀我去度假村的湖泊游泳，還向我再三保證湖水「很乾淨」，意思是沒有輻射。不過一想到她的「零卡路里」蛋糕，我還是頭部探出褐色的冰涼湖水，用蛙式游了一圈。後來維亞特基納送我去公車站，只剩下我們獨處時，她才敞開胸懷分享個人故事，她特別強調自己並非來自圍城，而是車里雅賓斯克，因為丈夫在奧爾斯克長大，所以她目前住在那裡。

與大多居民一樣，維亞特基納也描述她第一次進入這座封閉城市的景況。一九八七年，懷孕八個月的她住在車里雅賓斯克，而丈夫則在奧爾斯克探望父母時，出了場嚴重的交通意外。歷經重重難關，透過各種管道，維亞特基納才獲得進入圍城的通行證，前去探望人正住院的丈夫，但首先她得釐清該怎麼抵達奧爾斯克。

有人指示她去車里雅賓斯克的火車站，找尋倉庫後方郵政街（Postal Street）上的公車站。夜幕降臨，維亞特基納找到這條街，卻沒看見公車站，於是隨口詢問行經路人開往奧爾斯克的公車站牌在哪裡，聽到她提及這祕密城市的路人全躲得遠遠的，轉身背對這個淚眼漣漣、大腹便便的女人，他們違反了俄羅斯重要的社交禮儀，不肯對身陷困境的陌生人伸出援手。維亞特基納拖著疲憊身軀，在黑暗中漫步，直到發現一棟毫無指標的建物，建物前停了一輛並未標示目的地的公車，引擎怠速運轉著，這下維亞特基納學聰明了，她問，請問這輛公車是否開往「那座城市」，司機點頭，於是維亞特基納便上車坐好。舉目望去，淨是打扮入時、衣食無缺、冷靜讀著書報的乘客，下一秒，維亞特基納痛哭失聲。

16 災害帝國

一九四八年六月，伊果・庫查托夫坐在蘇聯第一座反應爐的控制室，這座反應爐還有個甜美的暱稱「安娜西卡（Annashka）」。終於在進度落後一年後，六月十日這天，庫查托夫總算推動手把，抬起反應爐表面的控制棒[1]，看見飆升的瓦數指標時，眾人高聲歡呼。對科學家而言，示數盤照亮了蘇聯通往「核武盾牌」的道路；對世界來說，他們得知這件消息時，這就象徵昂貴冒險的美蘇軍備競賽的第一盞燈；對後代而言，安娜西卡的渦輪嗡嗚，釋放出放射性同位素的噴泉，而這樣的核科技產物，則讓蘇聯搭上流行性貧窮的便車。

六月十九日，反應爐完成裝備，於是庫查托夫下令全力運作[2]，後來他承認此舉太倉促。當晚，庫查托夫致電貝利亞，通報安娜西卡現已全面啟動運作，但這通電話來得太早，安娜西卡還沒撐過二十四小時，操作員就注意到反應爐湧出水，放射線超過許可標準三十倍。顯然好幾條渠道的冷卻水高度降至太低，導致鈾燃料塊過熱破裂，噴發放射性蒸氣。庫查托夫擔心爆炸，於是降下石墨式反應爐的控制棒，接著致電貝利亞，告訴他這則壞消息。貝利亞簡要僵硬地直問，要多久才能重新啟動。

接下來三週科學家絞盡腦汁，想找出修復破裂燃料塊的方法，放射性鈾到處釋出有害的伽瑪射線，科學家則日以繼夜工作[3]。貝利亞不擔心員工健康安危，一般而言，原子計畫的領袖面對輻射危險的態度多為漫不經心，札維尼亞金將軍坐在反應爐室的一張凳子上，還穿著外出便服，吃著從口袋掏出的一顆柑橘，工廠廠長博里斯．穆斯魯柯夫站在他身旁，雖警覺到危機，卻不敢輕易離開將軍身側。後來穆斯魯柯夫住家的放射量測定讀數顯示已超過許可標準十倍[4]。讓自己暴露於放射性污染是工廠未言明的默契[4]，一九四八年六月，卡臣科寫出他對庫查托夫擔心的譴責：「不切實際的 I. V. 庫查托夫偶爾罔顧安全規則，自行走進輻射指數超過可接受標準的場地。E. P. 史拉夫斯基同志甚至比他輕率[5]。」卡臣科繼續道，庫查托夫甚至曾在警報顯示輻射超過允許標準一百五十倍時走進反應爐室，連他的貼身保鑣都攔不住他。

七月中，雖然燃料塊破裂的問題尚未解決，庫查托夫再度讓反應爐全力運作[6]。十天後，更多反應爐的燃料塊破裂爆炸，引發另一場危機，他們發出數通送往莫斯科的電報。然而這一次，庫查托夫仍讓耗弱的反應爐持續運作，並持續洩漏放射性同位素。他們稱破碎並發出輻射的燃料電池為「山羊」[7]，用這個家庭用語消化這個「緊急事態」，將危機馴化為每日工作秩序。庫查托夫繼續操作高危險污染的反應爐，直到一九四九年一月，蘇聯科學家估測他們已擁有足以製造出一顆炸彈的鈽，這時庫查托夫才關閉安娜西卡。工程師估算他們需要一年時間拆除壞掉的反應爐，進行維修。貝利亞只給他們兩個月時間。

工作人員必須決定如何取出反應爐裡破損的燃料電池，要是反應爐運作正常，他們早就將輻射塊丟進反應爐下方的水池，讓燃料塊進行冷卻，但蘇聯所有的儲備鈾都裝在安娜西卡裡，要是操作員將所有燃料塊丟入水池，好的和壞的燃料塊會一併損失，之後便沒有製作第二、三顆炸彈的燃料。與其浪費珍貴的鈾，貝利亞和凡尼科夫反而命令員工徒手從反應爐取出燃料塊，分類出破裂和可重新裝回反應爐的完好燃料塊[8]。

很難想像鼓起勇氣衝進反應爐中心室，徒手從反應爐表面取下輻射燃料，會有什麼樣的下場。大家輪番上陣：囚犯、驅逐者、士兵、操作員、督導、科學家，就連庫查托夫都戴上毒氣面罩，親上火線，步出反應爐後，人人都灌下一杯可沖淡輻射的伏特加，同時抵抗著噁心想吐的感覺[9]。

一九四九年的前三十四天，庫查托夫和他的工作人員卸除及重新裝入三萬九千塊輻射鈾燃料塊，幾百人噁心想吐、流鼻血，以及隨之而來的劇烈疼痛和膝蓋發軟的虛弱。當時一年的官方可耐受劑量是三十雷姆，清理安娜西卡時，員工卻承受了一百至四百雷姆的劑量[10]，四百雷姆已足以產生早期的「輻射老化」，導致慢性疲勞、關節疼痛、骨骼脆裂，最後演變成癌症和心臟及肝臟疾病。

分類完畢後，第一批輻照鈾放進地下水冷卻，工廠工程師都知道最好利用一百二十天冷卻燃料塊，減少一千倍放射性碘和其他短命的有害同位素，然而工廠負責人卻等不了那麼久，於是冷卻期縮短至三十天，迫使員工趕緊加工「綠色」或高度放射性的燃料[11]。他們蓋了五百英呎高（約一百五十公尺）的煙囪，將放射性氣體高高排入大氣層，寄望能在廣闊領域上空，安全無虞地驅散污染物。風勢循著箭形軌道將污染物沿著原野、草地、湖泊、沼澤、河川，飄送至東邊[12]。

經過冷卻，輻照燃料塊便可送去加工，於是送往B區，準備在硝酸裡溶解，將最終的有毒調合物提煉成鈽。但新的加工廠「二十五號工廠」尚未就緒完工，還不能開始加工程序。工程師仍在規劃工廠設計，準備配置。當初的實驗室技術人員法伊娜．庫斯內索瓦（Faina Kuznetsova）還記得，安檢官員當初是如何對她的督導施壓，要他盡快完工。他們沒收他的通行證，將他扣留在工廠，警衛則在一旁虎視眈眈，直到完工為止。

庫斯內索瓦說：「他哪有可能一個人完成？所以當然我們全留下來幫忙。」工作人員整整在工廠留了十二天，沒日沒夜趕著交差[13]。

四〇年代末，蘇聯的生物物理學家相信化學加工的員工很安全，因為鈽和它長壽的副產品不會釋放伽瑪射線，而是相對之下無害的α和β輻射，不會穿透皮膚。反之，他們知道反應爐很危險，釋放出的伽瑪射線能穿透皮膚，直接對人體重要器官進行輻照。伽瑪射線和健康存在著直接明瞭的關係：接觸強烈的伽瑪射線劑量後，人會立即感到不適，蘇聯研究員獲知，更大劑量會導致實驗室大小老鼠和狗猝死[14]。蘇聯研究員花了好幾年才明白吸收放射性物質的有害效果，而在那之前他們多半雇用剛從高中畢業的年輕女性，在化學加工廠作業[15]。

對於在傳統化學工廠做事的女性來說，她們認定的危險多與火、煙、有害氣味有關，因此化學加工廠相較之下顯得安全，也沒有工廠員工常見的生命危害，不會有截斷手指的車床、壓碎骨頭的起重機、搖搖晃晃的刀刃。再者年輕女性也是優秀員工，她們通常單身，在戰時的勞動氛圍中長大，光是上班遲到二十分鐘就罪大惡極，她們守紀律，動作準確，負責任[16]。更重要的是，她們可以工作。

一九四八年十二月，全新特製的工廠「二十五號工廠」已經準備就緒，可以進行鈽加工。蘇聯設計師想盡辦法逃過上空偵察，掩飾工廠，於是他們不是抄襲漢福德船艦規模的T廠設計，而是興建高窄結構的工廠，縮小占地範圍，讓人較難從高空察覺。結果加工室往上層層疊加，裝有放射性溶液的輸送管朝下沖刷，放射性氣體則穿過牆面和天花板噴出通風口，這款設計的特色意謂著，若某地區發生洩漏或外洩，放射性物質就會一路滴落至底下的工作站，大幅擴散污染。

洩漏的情況還真不少，打從工廠首次運作那天，一票科學家、保全人員、軍人全擠入進行最終步驟的反應爐室，查看第一批從浩瀚靜止表面冒出的鈽溶液。時間到了，溶液卻尚未滲濾，他們繼續等待，科學家緊張地討論著技術流程。輪班督導佐亞．茲佛科瓦（Zoya Zverkova）反覆檢查儀器，她身後各個將軍面帶厲色，當時人人都心知肚明，若是失敗，通常不是意外或錯估導致，而是敵人和破壞者蓄意所為。

最後總算有人發現黃色黏漿從天花板的排水管滴到人身上。他們開始調查，發現鈽溶液沸騰成泡沫，被吸入工廠的通風系統。為了找尋鈽，員工爬上屋頂，刮下珍貴的殘留物。科學家進行變更，重複整個流程，最後心滿意足看著沈澱物滴入濾器。然而檢查合成物時，他們卻發現溶液裡不含鈽[17]。最後，鈽經過第三次浴池洗禮，前兩次的失敗意指鈽流的到處都是：進入室內、排氣口、設備、器皿、控制室、甚至滴到將軍的高筒橡膠鞋[18]。

貫穿這間工廠內部的，是一座大型水泥「峽谷」，放射性溶液經由遠端遙控輸送帶，從一間房送入另一間。興建工廠時，峽谷以「石塊」，也就是厚重的安全門封印，開始運作後石板門理應永遠關著，然而蘇聯工程師不知該如何生產可抗熱及腐蝕性放射性溶液物質的金屬，他們以黃金、銀、白金電鍍燒杯、杯子、設備，期望能抵擋放射性毒物。但遇到放射性溶液遇到高熱、毒性化學物質及α粒子時，貴金屬會連同橡膠塞及密封圈腐蝕[19]，開始運作後一個月，一根裝有鈽溶液的水管破裂，流進門前的警衛室，很快洩漏液體便於工廠各處湧現[20]。

許多洩漏都發生在封閉峽谷內，由於洩漏液體含有寶貴的鈽，老闆下令工作人員入內，吸起回收溶液。進入高放射性峽谷其實有違最基本的安全法規，但員工還是搬移石塊，走進峽谷，等到石塊全挪開後，就再也沒搬回原處。

「每個人都曾數度走進峽谷，」法伊娜．庫斯內索瓦回憶：「現在看來詭異，但當時居然沒人計畫清理洩漏的溶液，也沒有安全集中洩出溶液的方法，我們只有毛巾、水桶，有時頂多再戴個手套。我們用拖把抹除洩出溶液，擠入大玻璃瓶中，這種化合物很昂貴，上級要我們一滴都別浪費。洩出物並不多，約落在五十至一百公升，但早期加工時損失的洩漏物質約有兩至三噸溶液，要用毛巾集中這些溶液，根本不可能，真的是場大災難[21]。」

德弗延金（I. Dvoryankin）形容進入峽谷的情景：「我們在沒有保護措施的情況下工作，只戴了毒氣面罩，接著一個個爬入峽谷，鼻血開始湧出，我們攀著繩索被同事往上拉，接觸極高劑量的輻射，但多虧有我們，工廠才不至於停工。[22]」

為何會發生這麼多洩漏？庫斯內索瓦認為，問題出在時間緊湊、嚴格保密及恐懼的管理體制。安檢官密切監視年輕員工，記錄追蹤價格不菲的鍍金工具和最終產品，年輕又青澀的技術人員要是被捉到違反規定或出錯，就會被送進該區的勞動營，從事兩至五年的苦差事[23]。「我們受聘到馬亞科工作時，」庫斯內索瓦說：「根本沒聽說輻射的警告，甚至不曉得輻射為何物，這就是我們會去處理放射性溶液的主因。我們當時怕的只有 KGB（NKVD 的接班人），一切都在貝利亞和他隨從的控制下完成，一旦犯錯他們就會判你的罪，於是恐懼驅使大家做出導致意外發生的步驟。此外我們工作的設備和化學物質高昂，他們也嚴加控管機械、金銀實驗室器皿。」庫斯內索瓦苦澀地記得：「比起員工，他們更在乎設備和最終產品。[24]」

貝利亞留意大衛．格林葛拉斯這類一般員工，是如何在洛斯阿拉莫斯複製技術文件，交給他的蘇聯作業員，他不想要蘇聯勞工同樣帶著計畫和方程式遠走高飛，後來遂下令不能有員工使用的指導圖表或手冊，不能有能夠複製和偷竊的東西。接受操作特訓時，勞工必須背下該部門複雜繁瑣的配管路線、電路圖、機械，也得憑記憶進行每日的工作流程。「大家長期處於高壓狀態，」庫斯內索瓦說：「深怕忘記什麼重要的工作沒做，他們確實時常忘東忘西，尤其還是第一期的時候[25]。」

意外頻傳的理由不只如此，蘇聯宣傳人員曾在建物側邊張貼標語：「有幹部，大不同。」這個標語直指興建第一座蘇聯鈽工廠時，雇用囚犯勞工、文盲警衛、擁有烹飪學歷的化學家、用長柄大錘維修昂貴機械的工程師等衍生的固有問題[26]。根據馬亞科鈽工廠的官方歷史記載，四十年運作中曾發生三十次意外[27]。實際上，意外彷如一隻忠犬，自工廠開張起，就忠心耿耿尾隨著蘇聯的鈽製造。

將鈽與鈾分開的過程結束後，鈽溶液被送到V區，由員工將液態鈽鑄成金屬錠，最後變成人人垂涎、壘球大小的武器等級鈽，再製成內核。一九四九年二月，第一批鈽濃縮液準備邁入最後加工，製成金屬，但特別設計的化學冶金廠仍在建造，工廠經理沒有延期的打算，於是指揮工地建築工人將附近村莊的幾間老舊海軍倉庫，改建成一間湊合著用的冶金工廠[28]。

四號和九號廠房模樣無異於其他化學實驗室，一樣配有木頭茶几、玻璃櫃、燒杯、不鏽鋼水槽，在工作室作業的員工多半為女性，就直接在機櫃上抑或純粹在茶几上徒手加工放射性溶液。由於缺乏凳子，實驗室技術員都坐在存放放射性廢料的木製箱休息，從大缸裡把溶液倒進燒杯，再從燒杯倒入試管，然後在白金杯裡攪拌凝結的黏稠物質，並在高櫃檯上研磨放射性粉末，拿著溶液步上走廊，前往燃燒器和焗爐進行鈣化、烘烤、乾燥。再來她們又提著裝有放射性廢料的桶子，走上同一條走廊，行經廁所、員工餐廳、辦公室。

這些員工早在孩提時代就熟知工作，就像在任何一間工廠或農場裡揮汗如雨。將剛剛出爐的輻照溶液玻璃燒瓶，從二十五號工廠送達四號工作室的工作，僅由一位年輕男性負責，他則將裝有鈽的燒瓶裝入桶子，潑濺出溶液。廢料團隊拖著裝有放射性溶液的水桶，來到距離工廠不遠的森林處理，當一般垃圾般處理，燒盡凝結膠塊。他們佇立在火焰前，耙鬆木炭，再將灰燼灑入淺坑[29]。藍領員工並不知曉他們在處理的是放射性溶液，只知道該元素的編碼數字，而年輕女性只需聽從最基本的指令：攪拌、加熱、傾倒。淺藍色製作手冊深鎖在地下儲藏室，唯獨督導在特殊許可的情況下才能取得[30]。但許多員工都聽到流言蜚語，已經猜到自己製作的是原子彈[31]。

實驗室技術人員開始對自己經手的產品焦躁不安，老闆們則努力解除員工恐懼，九號工作室的組長庫斯瑪·車尼薛夫（Kuz'ma Chernyshov）告訴職員，他們實在不用操心，為了安撫他們，甚至舉起一只燒瓶，問：「要不要舔一口？」他太常開這個玩笑，以致後來大家都叫他「舔一口」。還有一位老闆逼員工加快節奏，告訴他們：「山姆大叔（Uncle Sam，美國的別稱）沒那個美國時間等你們，還不快點！」即便他們都很清楚危害，年輕員工還是有可能出於愛國義務，照做不誤，老闆告訴他們的勞工，俄羅斯尚未停戰：「還有人在前線犧牲喪命，」他們說：「而這裡也是前線。[32]」

在督導率領下，蘇聯勞工在進行鈽製作生產線的每個步驟流程時，身體內外皆暴露在放射性及其他有毒污染物質之中。許多精密設置和最高科技，都是在小額資金補助下，由倜促疲勞、趕鴨子上架的員工製成，最後紛紛失常損壞，或從一開始就不堪用。運送放射性溶液至化學加工廠的自動推車不順暢，工人得鑽到沾染放射性物質的軌道下方維修。充滿放射性流出物的配管，會在狹窄蜿蜒的出水口堵塞，工作人員經常需要打開出水口，用鐵棍推動疏通致命的溶液[33]。基於設計疏失，職員必須將頭部塞進手套箱，直接吸入有毒物質，最後省去手套箱，在開放空間讓鈽蒸發[35]。勞工爬入排氣口，尋找鈽粉塵；濾器遭到堵塞，必須用手清理。橡膠塞子瓦解，堵住水管，水電工不得不割開水管清理，再焊接復原。他們漫不經心丟棄放射性廢料，或將放射性污染設備留在有人工作的室內。在某些室內，放射線每秒高達一百微倫琴，意思是在沒有其他意外的情況下，工作人員接觸了超過當時已相當寬裕的可耐受限額十倍[35]。第一年半，百分之八十五員工接觸超過可耐受劑量，嚴重到一九四九年五月，工廠醫師伊葛羅瓦（A. P. Egorova）去信貝利亞，抱怨「由於『那個』物質的負責人低估，致使員工接觸到輻射。[36]」

處理這些意料之外的障礙同時，受過短期訓練的年輕員工努力追上製造期限，燒杯墜落地面，在石板地上碎成一片，水桶不小心踢翻，一隻手不慎滑進溶液裡，活門沒關好，或兩個桶子放置太近，導致引起危險爆炸[37]。工作人員提到這些機密外洩時，還要用隱晦語言表示，例如「漏出（utechki）」、「碎屑（possypi）」、「散布（vybrosy）」、「溫床（otchagi）」、「落地（khlopki）」，這類事件許多都無人監督、測量、報告，為的就是讓開著黑色汽車的保全和無情調查止步，這種未經記錄的事件，便是工廠作業危機現實的日常寫照，但隨著這些事件在世界第二座鈽工廠發生，事件也逐日演變成隱性危險的地貌。

年輕員工穿著工作服相約用餐，沒有洗手，只顧談笑風生，大多員工都著工作服回家，把放射性污染物一併帶回家。二十五號工廠的勞工住在甫崛起的鈽城，二十號工廠的操作員則住在屬於自己的生活區塊塔第許（Tatysh），距離主要居地僅僅九英里（約四十七公里）。他們只需步行十分鐘，即可抵達工廠，舉頭就能看見工廠煙囪噴出的醜陋黃煙。

拉瑞莎．沙西納（Larisa Sokhina）印象中的塔第許豐饒美麗。「村莊周圍有幾座湖泊，還有一座森林，裡面滿是蘑菇和莓果，齊茲塔許（Kyzyltash）工業湖裡的魚最是豐富，雖然不能捕太久的魚，漁夫還是很喜歡去那座湖。[38]」相較於許多煙霧瀰漫的烏拉山工業城，為了安全防禦而在城市周圍建蓋的十五英里緩衝區，搖身一變成為出乎意料的自然保護區。「大家的印象是我們過著憂鬱愁苦又恐懼的日子，」沙西納說：「真的大錯特錯。工廠員工多半是年輕人，活力充沛、爽朗開懷、充滿生命力。」走過悲慘的戰爭年代後，年輕勞工喜歡打排球、籃球，安排滑雪比賽、登山健行、野炊，甚至組成一支管樂隊，舉辦派對和舞會，週六夜晚狂歡到忘情境界。與親人分別後，年輕人用最直接的方式自組核心家庭：舉行莊重的小婚禮成家，青春正盛的新娘身懷六甲，仍繼續工作，頂在實驗室桌面上的肚皮逐日鼓脹。

鄰村就位於「綠色」高放射性燃料加工處理廠旁，以及毫無安全設備、湊合搭建的實驗室邊緣，員工穿著沾染輻射的衣物步行回家，沿途散播感染物質，在變成放射性水庫的齊茲塔許湖進行商業捕魚，村裡的

剛在教堂舉辦祕密婚禮的鈽工廠員工，攝於一九四八年。*OGAChO* 提供。

柏樹葉片閃著伽瑪射線微光，以上景觀就是倉促無知、不為人身安全留餘地的使命感一手釀成的大災難。工廠負責人為了省錢，削減輻射監督的預算，幾乎沒人理解自己身邊潛藏的危機[39]。在靜謐的俄羅斯森林地，瑞雪覆蓋的小村莊裡，年輕員工一無所知，他們正朝著命運的終點步步前進。

17 追求美國長久戰爭經濟的「少數優等人才」

一九四六年，里奇蘭《村民報》編輯保羅・尼遜（Paul Nissen）描寫里奇蘭是「緊繃憂慮的社區」。緊繃不只是因為他們才剛發現自己和世界最浮躁危險物質的製造廠為鄰，抑或可能遭遇敵人攻擊或工廠爆炸，他們的恐懼其實很生活化：是為了自己的工作和城市的存活焦慮害怕。尼遜寫道，戰爭一結束，里奇蘭就「失去存在意義，（人們）憂慮不知挫敗何時會以哪種形式降臨，讓該區變成鬼城。[1]」

這座新興原子城的前程確實堪慮，勝利慶祝結束後，漢福德員工數量減去一半，工人也拆除組合屋街區，許多當地公司倒閉[2]。而工廠工程師則擔憂第一反應爐的健康，膨脹的石墨塊堵塞鈾燃料室，導致核反應堆引發「石墨蠕變」的狀況。強效化學物質和放射性同位素共謀，腐蝕水管，撬開罐裝鈾，美國原子能委員會官員憂心忡忡，反應爐可能「隨時」崩壞，逼得他們得關閉工廠[3]。

在美國國家想像裡，鬼城與美國西部的聯繫，是因許多西部城鎮在景氣暢旺時匆忙建造，但隨著採礦和農務投機失利，城鎮也猶如死魚翻肚陣亡。尼遜強調綠色草地和發出窸窣聲響的灑水器，這沙漠中的迷人近郊，是為了將里奇蘭的未來與鈽畫上等號，因為鈽的製作打造出相當特殊的經濟關係，而里奇蘭純粹是為了這個產品存在。政府壟斷了鈽的生產和消費[4]，華盛頓哥倫比亞特區政府官員是在關上門，不向公眾說明原委，與市場動力完全不相干的情況下，規劃出攸關鈽的決策。政治學家羅尼・卡里斯雷（Rodney Carlisle）則說，這一整個過程都很類似蘇聯的指令式經濟[5]。一九四六年，尼遜十分清楚，要是聯邦沒有投入資金協助鈽生產，維繫抽水、負擔房租、持續讓六千九百萬美元的工資流動給付，里奇蘭的地方經濟便會隨著風滾草消逝[6]。

尼遜不是唯一憂慮的人。勞夫・密里克（Ralph Myrick）在四〇年代出生於里奇蘭，家族來自德州的貧瘠煤礦小鎮嘉梅柯（Gamerco），不討喜的鎮名承襲自公司名稱，這座小鎮和鎮內所有物品屬於公司資產，包括狹長小屋、礦井、公司商店、礦渣堆，甚至隆隆駛過的貨車。密里克的父母看見孩子和城鎮另一頭的墨西哥孩子打架，帶

里奇蘭組合屋，美國能源部提供。

傷回家時擔心不已，於是當父母得知東華盛頓州有份政府專案需要人手時，簡直迫不及待逃離這座小鎮，把收拾好的家當繫綁在老福特轎車車頂，猶如《怒火之花*》的畫面，飛也似地駛向北方。

密里克的父親在鈽工廠的電器開關部門尋得出路，薪資優渥，工作穩定，在來到這裡之前，他經常擔心遭到公司革職，繳不出水電費，但在里奇蘭，他初嚐存得到錢的甜美滋味。密里克的父親在里奇蘭獲得一棟兩房組合夾板屋，每月只需繳三十五塊美元，包水包電，連保養費用和傢俱都全包。密里克的母親第一次走進新家時，感動到淚流滿面，她這輩子從未住過如此嶄新潔淨的家，有家電配管設施，小鎮迷人可愛，學校優秀，同學也都是來自好家庭的孩子。

密里克還記得父親時常提心吊膽：工廠是否會在戰後關閉，鈽需求是否將飽和，他或自己的孩子是否會捅婁子，被踢出工廠。人盡皆知，遭到工廠革職的勞工，必須在一個月內搬出里奇蘭[7]。密里克的父親從沒念完高中，他知道憑自己的技術和學歷，去到別處是絕對找不到能讓家人溫飽的工作。

密里克其實大可不必操心，因為位居高階的人正在打美國長久戰爭的宣傳，將讓里奇蘭及類似社群蓬勃延續整個世紀。一九四四年，通用電氣魅力十足的執行長查爾斯・威爾森（Charles E. Wilson），在華爾道夫酒店（Waldorf-Astoria）飾以濕壁畫的宴客廳裡，對高層軍事領袖演說[8]，威爾森說：「破壞威力會大幅強化，」暗示核武的發展，更補充道，這一天將毫無預警地迅速降臨。威爾森呼籲展開戰後武器研發計畫，該計畫是「長遠的永續計畫，並非因應緊急狀況而生。[9]」

威爾森受領優渥的通用電氣薪水，同時也擔任戰時生產局（War Production Board）局長，他既從公司主管的觀點為出發，也以政府官員的角色發聲，在演講中訓斥軍人，「一如將軍、海軍上將、立法委員、國家元首，工業領袖也是國家領導人。」威爾森話鋒轉向參議院的軍火工業特別調查委員會（Nye Committee），而該組織曾負責調查一戰期間，杜邦等武器製造商獲得的龐大利潤，他警告：「工業不得受政治獵巫行動的妨礙，或被推向不理性的孤立主義邊緣、貼上『商人已死』的標籤。」威爾森說，為了鼓勵工業發展，商人需要「國會定期持續撥款支持」的財務保障[10]。

威爾森是群眾魅力無敵的領袖，有能讓追隨者繞著旗桿遊行，高唱「基督教士兵邁向前」的能耐[11]。在瓷器器皿的叮噹聲響及服務生的低聲細語間，威爾森想像著戰後的美國有了企業的大型科學撐腰，練出肌肉的世界級野心未來。海軍准將湯普金斯（W. F. Tompkins）被威爾森的遠景灌了迷湯，特地要來好幾份他的演講稿，其中一份寄給科學研究發展處長萬尼瓦爾．布希（Vannevar Bush），湯普金斯在寄給布希的信中寫道，他們應該舉辦一場市政府等級的會議，討論該怎麼組成一個協調會。布希回信，提到聯邦政府早已有美國國家科學院（National Academy of Sciences）、美國國家航空諮詢委員會（National Advisory Committee for Aeronautics）、OSRD和其他將科學與工業融合軍事的政府機構。但湯普金斯依舊堅持開設一個協調會，並將第二份威爾森的演講稿寄給布希，布希最後同意開會，後來參與會議的人決定聽從威爾森的建議，組成委員會，並取名為威爾森委員會，湯普金斯准將提議，讓威爾森當主席[12]。

一九四四年八月，威爾森委員會動作敏捷，提出新的國安研究委員會（Resarch Board for National Security），監督聯邦補助的大型實驗室，好讓企業承包商進行武器研究，同時保有公共補助研究專利及商業應用的利潤[13]。而這個專利保留條款則可望讓美國企業從政府合約圖利。

然而威爾森擔心，祕密武器工作對教育背景良好的職員來說，「幾乎不具吸引力」[14]，於是威爾森決定，他們必須積極栽培擁有「豐富發酵潛能」的「優等人才」。金錢、身分、永續性都是發酵所需的養分：「由於工作不比一般科學或技術性職缺吸引人，薪資等級必須高到足以補償員工。」報告中提出的「極度誘人」薪資等級樣本，是大學學歷薪資的兩倍，這種高薪只會分配給「高水準和前景看好的年輕人」，至於「次等員工」的薪水「較無那麼大的吸引力」[15]。威爾森委員會的報告死咬著不放的，是如何吸引「優等人才」加入留才等鼓勵方案，並將他們與「次等員工」區分，重點模糊到真正的遠大目標——國防——迷失了方向。「優等人才」的演說也遮掩了威爾森的永續聯邦補助計畫，將長久支持企業研究經費的福利特質。

替軍事工業聯合體繪製未來藍圖，威爾森這一天的工作還真不賴，他主持完威爾森委員會，離開政府服務處，又馬上回到通用電氣[16]。一九四六年，通用電氣接手問題重重的漢福德鉓工廠經營權，可望為未來的民間核武工業打造專利。通用電氣主管監督工廠的大規模擴展，接下來幾年，通用電氣的投資組合扶搖直上[17]。在一九五〇年，威爾森在杜魯門總統的要求下回到政府服務，擔任國防動員署（Office of Defense Mobilization）主席，威爾森率領協商，將更多軍事工業研發合約，交予私人企業，大幅擴增美國的軍事預算。

威爾森不僅是替自己和股東的財富謀福利，他的話語在華爾道夫酒店的鍍銀餐具間聲聲迴盪，發展出一個鍍金閃亮的未來。他映照出一場革命，思考商業與科學在國防上扮演的角色，深刻改變了美國歷史[18]。威爾森的遠景幫助里奇蘭從短暫的臨時計畫，搖身一變，成為永久的工商業中心，在科技、企業管理、政府資助的十字路口，欣欣向榮。接下來十年，里奇蘭公司主管慷慨獎勵受薪職員，蓋了短期「村莊」，堅固紮實到能讓里奇蘭居民永久居住，這可是創建人當初萬萬沒想到的發展局面。

里奇蘭並未變成一座空城，蘇聯也功不可沒。一九四七年，新成立的原子能委員會（簡稱AEC）頓時發現他們沒有核武儲備，在此同時，蘇聯則在東德、波蘭、捷克斯洛伐克鞏固政治勢力，AEC心知肚明，這些地方蘊藏著鈾，於是驚慌失措的AEC領袖決定要在五年內帶動雙倍鈽產量[19]。五年是關鍵期，因為這是美國估算蘇聯最短能產出一顆炸彈的時間。AEC主席大衛·利連撒爾（David Lilienthal）告誡基於「戰爭緊急狀態」的需求，便撥出八千五百萬美元給通用電氣，在里奇蘭建造三台代理的反應爐、一間全新加工廠、一千棟嶄新的長型平房[20]。這股後來崛起的建設潮，便是里奇蘭經濟的救星。

計畫人員估測，他們需要一萬五千至兩萬四千名建築工人，但這些人不能住在里奇蘭，為了提供短期工人一個屋簷，通用電氣的企劃人員在里奇蘭外的沙地，蓋了短期建設營，取名北里奇蘭（North Richland）。他們將已經荒廢的漢福德營區和監獄勞動營哥倫比亞營移到該地，設立種族隔離的組合屋、營房、拖車停車場、當作輪班上課學校的狹小瓦楞半桶活動屋[21]，住在北里奇蘭的都是單身男子、建築移工家庭、種族少數族群。北里奇蘭也是小酒館、喧鬧犯罪聚集的勝地，與里奇蘭的核心家庭謹慎隔離，而里奇蘭則備有通用電氣管理的警力：里奇蘭巡警[22]。

AEC官員深信，委託計畫應該要交給精挑細選的人員來管理，也就是有權有勢的「優等人才」，他們應該「擔起全責，全權掌管」。從理論推測，若不進行「完全地方分權，就等著看混沌、雜亂和零成績的情況發生」[23]。於是 AEC 官員賦予通用電氣主管全權處理和獨立性，讓他們管理擴展專案計畫，紐約的通用電氣主管也相信地方分權，因此亦給予漢福德經理相當寬鬆的職權和自主。

後來證實，這個做法大錯特錯。通用電氣工程師對「核子學」領域一竅不通，更從未監督過如此浩大複雜的建案[24]。有人欲協助通用電氣主管進行設計時，他們婉拒了，可是自己設計草圖，開始建設計畫的速度又顯遲緩。幾個月內，漢福德的通用電氣經理進度已經落後，AEC 官員開始公開表示不放心通用電氣的能力，不確定他們是否可靠[25]。

一九四九年一月，前景更加黯淡無光，通用電氣的會計師寄了份簡明扼要的票據給 AEC 官員，宣布全新的 234-5 加工廠的花費增加三倍，從原先的六百七十萬美元，飆升至騰貴的兩千五百萬美元，里奇蘭某間中學的預估花費本已寬裕，約為一百七十萬美元，這會兒甚至三級跳，變成三百三十萬美元[26]，沒有一間美國公立學校需要動用到這等經費[27]。AEC 官員目瞪口呆地要求看記帳本，才驚覺通用電氣會計部另外撥款一千七百萬美元，名目是「經常性開支」、「意外事件」和「專案工程費」[28]。

結帳虛報、經費超支、管理不周，這些對企業來說都是好事。通用電氣和聯邦政府簽訂一份成本加成合約，意思是公司根據合約協議約定的比例，自完整經費開銷中抽成，因此最終帳款愈高，公司的收益也愈高[29]。AEC 秘書羅伊．史納普（Roy Snapp）審查通用電氣建案後，報告該公司從八千五百萬美元的建案，抽了四千一百萬美元當作「經常性開支和分配額」，近五成經費都成了該公司不需投資、輕鬆入袋的無風險收益。同時由於 AEC 落實完全地方分權政策，里奇蘭的 AEC 官員只能任由帳單數字攀升，無力掌控通用電氣經理[30]。

媒體捕捉到風聲後，美國國會遂對 AEC 資金管理不當一事展開盤查，並對 AEC 制定最高經費限額。在這場蓄勢待發的暴風中，蘇聯再次成為通用電氣的救星，蘇聯正在哈薩克草原進入最終準備，蘇聯第一顆原子彈測試在即。一九四九年九月，美國媒體報導這場測試，眾人隨即原諒了通用電氣的虛擲無度。參議員拜恩．麥克馬洪（Brien McMahon）聲稱，這筆龐大的國安預算，美國確實不得不付：「預算超支這件小事，我一點也不覺困擾，」他說：「我認為國安大有理由超支。[31]」十月份美國分析家預測，蘇聯一個月內能在烏拉山的祕密鈽工廠，製作出兩枚炸彈，於是杜魯門總統要求 AEC 把原子彈製造數目提升至兩倍[32]，參議院則撤回先前對 AEC 實施的經費限制，AEC 另又補貼通用電氣兩千五百萬美元經費，在漢福德和里奇蘭大規模建設，將這筆經費用來償還預算超支都綽綽有餘。

重視商業發展的地方報紙《三城先驅報（Tri-City Herald）》歡欣鼓舞，算著能為該區灌溉肥沃土壤的新進工作和薪資[33]。頭條高聲宣傳里奇蘭的學校預算破了紀錄，高達國民每人平均收入的兩倍，另亦算出全新房屋、全新薪資、新公司企業的數字[34]。查爾斯．威爾森讓企業財富搭上長期國防抗戰的便車，當地商業領袖和政治家這下明白，鈽在向來微不足道的華盛頓州小角落成了區域成長引擎的潛在動力[35]。國會議員哈爾．荷姆斯和亨利．傑克森（Henry Jackson）、參議員華倫．馬格努生（Warren Magnuson）皆迫不及待利用漢福德當藉口，讓聯邦經費源源不絕滾進華盛頓州。他們並不是唯一這麼做的人，整個美國西部的戰後都市化熱潮亦是由國安預算推動[36]。至於核武事務，西部則成為歷史學家派翠西亞．萊姆瑞克（Patricia Limerick）所說的「地心引力中心」[37]。

幾乎沒有哪個地區能像東華盛頓州支手贏得比賽。一九五〇年，身為國庫保守派的共和黨員哈爾·荷姆斯，誇耀華盛頓州的第四國會選區獲得的聯邦補助，是全國最高[38]。經費不僅用於製作鈽，更拿來維繫支持產鈽社群的整體公共建設。地方推動人士長久以來遊說的區域願望清單項目，這下子不費吹灰之力便能取得許可，和共產黨節節高升的衝突一比，實在不算什麼。五〇年代，聯邦政府接二連三興建水壩（名目是洪水管制及為軍備工廠提供電力）、「國防」高速公路和橋樑（為了緊急疏散）、區域陸軍和海軍基地（防禦工廠不遭受攻擊等情事）、實施大規模的灌溉計畫和農業津貼（為了戰爭時期，國家的自給自足做好準備）[39]。公家機關瘋狂灑錢時，所有地方政治家、商人、求職者莫不想分到一杯羹，而他們唯一要做的，就是視而不見那五百七十英里、柵欄高豎、警戒森嚴的核廢料處理廠，忘卻低劣的現代二流電影論調，遺忘那在沙漠蟄伏的哥吉拉。

為核心家庭帶來富庶繁榮的核武，根本不需要誰站出來大力推銷。五〇年代初期，間諜流言四起，蘇聯武力侵略全球的消息漫天飛舞，幾乎沒有美國人質疑原子彈的必要性[40]，格外脆弱的目標里奇蘭更是擁戴原子彈[41]。人們不再擔心受怕地接觸原子武器，而是張開雙臂迎接炸彈進入社區。里奇蘭居民在原子巷（Atomic Lane）間平穩駕車，吃著核裂變洋芋片（Fission Chips），在上城購物中心（Uptown Shopping Center）的颼颼中子標誌底下悠閒漫步，里奇蘭青少年甚至索性讓原子彈爆炸的蘑菇雲化身哥倫比亞高中（Columbia High Bombers）的吉祥物，加油打氣時，它們會圍著三呎高、綠金相間的火箭手舞足蹈，城市領導人在公民慶祝大會上，引爆模擬的「小男孩[42]」，等到雲煙消退，大人回到自己的工作崗位，繼續平和地製作大規模毀滅武器。

當反共產主義高峰期的美國西部中心和通用電氣公司的內部走廊，皆籠罩在政治保守的氛圍之下，政府補助金的概念和左右日常生活條件的法規，就變得很難推銷。當地報紙社論高聲疾呼，抨擊共產主義風格的大型政府、高額稅金、社會福利制度、政府監控。而在該城的咖啡廳、社區會議、社論裡，私有財產和自由貿易的解放特性猶如反覆朗誦的經文響徹雲霄。通用經理參加義務性的年度訓練營，亦接收到「更優良商業氣息」及「工作權」法律等訊息，不忘讚頌美國民主的美好，亦即自由貿易制度以及不受強制性稅金及政

原子先驅節，*XM* 火箭飛船花車。美國能源部提供。

府政策干預的自由[43]。

為了消弭小型政府的政治保守派和東華盛頓州一夕獲得美國人均最高聯邦補助金的矛盾，通用經理使出冷戰的刺眼炫光，企圖遮掩矇混過去。眼看不祥的全球共產主義的初光乍現，傲慢的俄羅斯率領韓國、中國、匈牙利、波蘭，踏上征服世界的任務，美國人也開始將炸彈製作說成愛國犧牲貢獻的代價。為了讓里奇蘭中產階級過上舒適生活，市郊住宅區化名「重點國防區域」，心安理得地爭取到津貼[44]。《三城先驅報》美化鈽的製造，把漢福德操作員比喻成勇猛大膽的印第安戰士先人[45]。前鋒的意象亦遮掩了該地區對聯邦補助和企業照管愈來愈強烈的依賴。

依賴是需要付出代價的，即使是蓬勃發展的那幾年，里奇蘭居民難免擔心聯邦的慷慨贊助不翼而飛，他們的美麗城市則將步上其他西部鬼城的後塵。通用電氣的第一批建設熱潮結束後，另一波解散潮在即，撤營後員工加入麥克納里大壩（McNary Dam）的建案，抑或盼望受雇參與土地管理局（Bureau of Land Management）的排灌系統建設。一九五二年，AEC委託通用再蓋兩座反應爐及另一間加工廠普瑞克斯（PUREX）時，幾千名求職者再度蜂擁而上，十八個月後再遭解雇。其後的二十世紀，里奇蘭和鄰近社區吃足大規模政府立案結束後的景氣循環之苦，接著陷入開支縮減、民眾焦心不已的時期[46]。

這就是引發水泡的起點。要是沒了大規模政府專案，憑藉哥倫比亞盆地的稀疏生態及經濟地勢，想要維持膨脹的地域性勞力不容易。除了民族主義和「愛國意識」，對失業、經濟衰退、解散、經濟不景氣的恐懼心理，亦推動著華盛頓州東部的商業領袖、政治代表、選民，一股腦兒地積極擁戴炸彈及所有看似能支撐國防的基礎建設：道路、橋樑、水壩、學校、機場、大堤、排灌系統[47]。也許這就是為何里奇蘭居民在外人眼底不可思議，能夠義無反顧、自我放逐般冷感讚揚炸彈的原因。居民希望政府刺激推動的社區存活下來，於是心甘情願拿潛在的放射性污染危機，交換聯邦政府大力資助、繁榮成長的明確局面，雖然愈來愈離不開政府補助，同時亦忍不住嘲弄這種政治理念。

18 史達林的火箭引擎：鈽國人民獎賞

二〇〇七年，莫斯科舉辦的蘇聯原子彈六十週年小型紀念展上，牆面投影播出一九四九年蘇聯罕見的核試畫面，在這段銷密影片中，炸彈不像美國第一顆原子彈「三位一體（Trinity）」，爆破出惡名昭彰的結實煙柱，一柱擎天飛越放射性氣團開花。蘇聯炸彈只炸飛幾撮指頭般纖細彎曲的哈薩克土壤，像是一顆朝天空綻放的拳頭，往天堂四射出土壤，超越了時光的藩籬。

第一場蘇聯核試祕密進行，無奈核爆難藏。哈薩克農夫步出自家小屋，觀賞爆破場景，享受燦爛煙火、奇異的熱氣強風。歐洲科學家注意到地震現象，在蘇聯邊陲巡繞的美國空軍飛行員，亦在飛機過濾器裡發現可疑的放射性碎屑，懷疑可能是核爆所為[1]。然而在奧爾斯克，既沒人宣布第一次核試，也無人恭喜鈽工廠員工。一般而言，莫斯科宣傳人員把這種對蘑菇雲的崇拜留給美國人，他們鼓吹的是「和平原子」。五〇年代初，蘇聯物理學家開始設計世界第一座「民間」反應爐，這是庫查托夫的小小計畫。記者強調，資本主義的創造性暴力和社會主義的和平科技，兩者天壤之別[2]。蘇聯國民相信，他們的炸彈不是毀滅性武器，而是對付資本主義侵略的「核子盾牌」。奧爾斯克的居民則把製造核武的大規模行動，視為個人犧牲之舉，他們就站在前線，捍衛地球，不受核子天啟的恐懼威脅。

第一次核試後，蘇聯幾座封閉核城的狀態並未改變，依然與世隔絕，無人知曉，奧爾斯克仍是擁有五萬幽靈人口的鬼城，但速成的原子彈製作計畫有個重點特徵，那就是該計畫允諾的獎勵。蘇聯文化有個非常公開的特色，人民不遮掩他們對國家的公然貢獻，政府也會公開獎勵他們的辛勞。人們會驕傲地配戴獎章，走到哪都贏得他人尊重，公車上有人讓位，排隊也會自動被請到隊伍最前面，全因為翻領上的那枚勛帶。然而奧爾斯克卻有個問題，政府該怎麼獎賞這群幽靈英雄？

貝利亞準備了一份勳章和獎金的授獎名單，上頭都是該計畫的重要科學家。但困在蘇聯圍城的他們，要拿獎金買什麼？不能別在胸前的機密勳章又有何用？科學家無法發表他們的發現，工程師也不能為發明申請專利，有位科學家向貝利亞示意，汽車和鄉間豪宅或許比獎金受用[3]，貝利亞接受建議，特別在封閉區域蓋了豪宅，當獎賞贈與科學家，並額外補上其他津貼[4]。科學家的孩子可以上任何一所蘇聯大學，免費在蘇聯境內搭乘公共交通工具。但這些對在該區不得動彈的人來說，都只是空洞的禮物。

許多居民覺得獎賞應該是自由才是，等到製造炸彈的任務結束，年輕雇員心想也許是功成身退的時候了，經過多年監禁，他們理所當然可以離開搖搖欲墜的森林前哨，到都市生活，享受便利服務和各式各樣的機會[5]，積極向上的俄羅斯人夢想著取得莫斯科的登記證，爬上權力、文化、啟蒙教化光鮮亮麗的寶座。[6]

蘇聯社會地位的上向流動屬於一種空間發展，這是因為權利、自由、機會都依照出生和居住地點而定。成功人士從村莊升級至居地、居地再到都市，都市後晉級省分首都，最終目的地就是莫斯科。一九四九年的奧爾斯克，是個名為十號基地的虛構居地，是躋身權貴階級的死胡同，許多人都想離開[7]。然而情況很明顯，居民不可能全體搬遷，目前正如火如荼興建兩座新反應爐，莫斯科的領導人要求製作更多鈽，在國防上斥資幾十億盧布，等於全國收入的四分之一[8]。既然鈽居地不拆遷，居民也休想走人。

肯定有其他獎勵居民、滿足他們的方法。一九四六年，史達林首度建議庫查托夫，可用炸彈交換寬裕生活。「我們的國家是吃盡苦頭沒錯，」據聞史達林這麼告訴庫查托夫：「但當然我們還是有可能向幾千名民眾擔保，他們可以過著舒適的生活，另外幾千人則能過得比舒適更好，擁有自己的豪宅和房車。[9]」

這個讓少數菁英享受美好生活的承諾，聽來難免像是反革命宣言。一九一七年的革命，布爾什維克黨員顛覆了既有制度，為的就是顛覆俄羅斯菁英享有的特權和津貼，打造出沒有階級意識的社會。史達林讓少數優等人才享受貼金福利，過著有車有房的富庶生活，擺明是與革命目標背道而馳，史達林這方面讓人印象深刻，因為他將激進的平等主義革命，變成合理的英才教育。文學評論家維拉．杜恩漢姆（Vera Dunham）稱這種轉變是「龍頭政策（Big Deal）」，政府與中產階級暗地裡勾結，允諾賦予他們平靜富有的私人生活，藉由個人消費、文化活動、教育機會、向上流動階級，換取他們的忠誠及服從[10]。

史達林想要獎賞高階科學家和身分重要的經理，為了繼續製造鈽，他腦海裡規劃出一個規模不大的駐防地，共可容納兩千名士兵[11]。然而對此計畫，庫查托夫卻大幅修改，要求蓋一座特殊城市，專門當作產鈽員工的獎勵。一九四八年，他在十號基地的演講內容如下：

> 為了給他們（我們海外的敵人）好看，我們將會蓋出（一座城鎮），屆時你我的城鎮樣樣不缺，舉

凡幼稚園、精品店、戲院都有，如果想要，甚至可以組支交響樂團！三十年後的今天，你們在本地出生的孩子，將會接手我們一手打造的江山，我們的所有成就與他們相比將相形見絀，他們的豐功偉業和我們一比，也是青出於藍。若到時鈾炸彈沒在人們頭頂爆破，你我便能過著快樂的生活[12]！

庫查托夫的演說是將封閉居地轉型成為鈽托邦的建國宣言，他推出的正是核武版的龍頭政策：勞工階級的操作員能過著中產階級的新貴都市生活，交換條件是他們勢必冒著產鈽風險。據維拉．杜恩漢姆觀察，在三〇年代的龍頭政策，蘇聯勞工階級並沒有被算在內，他們只能撿別人剩餘、沒有出路的工作，他們的孩子也省去教育，直接到農地、工廠工作，或去當類似契約雇傭的學徒。四〇年代末，庫查托夫為龍頭政策重新驚艷洗牌，宣稱新城市的利益人人皆可爭取，勞工階級亦可過著中產階級的生活。

但為何要收買勞工階級？受過專業訓練的經理和專家稀有，幾乎無人可以取代，反觀一般職員是消耗品，在不少關鍵國防產業，例如火箭技術、航空學、軍備，唯獨管理階級能獲得獎賞[13]，既然如此，為何要讓平凡的工廠操作員撈到好處？

一九四八年，USSR的總檢察長薩弗拉諾夫（G. Safranov）宣布，蘇聯已逼近無階級社會，大多蘇聯人民可以自行判斷官方說詞的真實性，但與蘇聯社會隔絕脫節的奧爾斯克居民，卻不識官場虛偽，或至少他們假裝不曉得。一九四九年，經濟規劃師宣布，俄羅斯的戰後供應問題結束，奧爾斯克的一位黨派成員抱怨：「現在俄羅斯邁入消費產品豐富的世界，但我們城裡不盡如意的貿易和供應情況，實在難以忍受。」接著彷彿下棋般，他下了另一步棋：「貿易問題包括政治性，在基地員工間營造出病態的政治氛圍。」[14] 總要有人說出口吧，大聲說出鈽工廠操作員的不滿和激動。猶如一根在半空中被逮個正著的棍棒，這名講者輕輕拋出安檢敏感、動盪不安的工廠裡，勞工不得安寧的威脅。

這個威脅並非空穴來風。在蘇聯社會，低薪過勞的員工根本不屑服從[15]。蘇聯主管焦慮地監督下屬，陰沈臉龐從工廠大門後方冒出，男人吐口水、咕噥抱怨，他們身旁的女人則氣得冒煙，吵吵嚷嚷，這些人幾乎從小就為社會不眠不休、勞心勞力，他們的肌肉和他們的神經一樣緊繃。戰後那幾年是格外神經敏感的時期，勞工注意到祭出罰單、刺激每日生產目標、加快生產線的經理，被算在財富重新分配裡，再想想自己是怎麼為戰爭犧牲奉獻，如今卻依舊挨餓，就滿腹苦水。有些人忿忿不平寫了抱怨信給領導人，怨嘆當地菁英是怎麼霸占房車和公寓，他們的妻子只需派司機採買生活用品，從來不用自己排隊。他們描述自己領著填不飽肚子的薪水，繳納令人喘不過氣的稅金，他們的孩子「九歲就被踢出學校，開始工作」。有些人把恨意發洩在「英美的財狼虎豹」，其他人痛批猶太人（「收受美國好處的傢伙」），多半的人則怨恨身邊的「老闆」[16]。

默默沸騰的恨意毫無預警地一觸即發。一九四八年春天，在鄰近的車里雅賓斯克，幾千名員工不去輪班，而是排隊等領麵包，他們擔心幾千名農夫流入都市，試圖買回他們辛苦耕作卻吃不到的穀糧。鄉下人和都市人拳腳相向，在自助餐廳裡爆發口角，刺痛的三月微風裡，謠言漫天飛舞，有人說糧食短缺是因為俄羅斯穀物都被送去匈牙利、羅馬尼亞、芬蘭。其他人則說，這是「老闆只在乎自己」的事件重演[17]，在圍城外面，一群飢腸轆轆的農民操著鐵鏟、刀子、長矛等傢伙，攻擊一間集體農場，殺了幾名黨派領袖，偷走幾袋糧食後揚長而去[18]。「土匪主義」，意指違抗國家的犯罪，在戰後那幾年迅速攀升，非要增派警力維安才鎮壓下來，包括隨機搜查四千五百萬戶家庭等行動[19]，官方說法雖說勞動階級是勞工國家的寶藏，但在生活辛苦的都市貧民區和情緒緊繃的鄉村，工人都被當作唯恐隨時爆發的敵人。

想像一下，在高放射性廢料的反應爐廠房或放射性化學工廠裡，勞工階級情緒發作，想像一下光是幾個憤恨難平的員工可能做出什麼事，在工廠服務的軍人根本不用想像，他們第一手親眼目睹遠離自己原屬大型社區的單身男女，是怎麼天雷勾動地火，他們日日夜夜在工廠裡不受控的蘇聯勞改營和士兵駐防地，看見這些事件上演。面對因戰爭而心狠手辣的退伍軍人和罪犯，製造大規模毀滅性武器時可能帶來的威脅，答案只有一個，那就是將這批人換成更安全無虞又穩定的核心家庭。

一九四八年，庫查托夫許諾的精品店和戲院聽起來像是幻想，但不到一年，這個堅毅不倒的殖民地，還真的炫耀著他們的爵士交響樂團、合唱團、劇院、電影院、全新的磚牆公寓，因為在蘇聯的視覺文化裡，這種公寓建物具有「都會」象徵。城裡有一間販賣皮草和靴子的商店，然而你還是得穿上雨鞋，踩過泥濘，才能走到精品店（位於先前的營房區）。電影院裡一排排座椅往後傾斜，最後一排觀眾必須站著，才能看見螢幕。新劇院粉墨登場的劇作「形同嚼蠟，刻板俗套，缺乏藝術性」[20]。全新公寓建物漏水，牆面歪斜，剝落的拼花地板下爬滿黴菌，有幾棟新公寓實在蓋得太粗糙草率，根本是不宜進入的危樓[21]。

工廠製造出首批炸彈內核後不久，居民之間耳語不斷，討論著居住條件的惡劣。「居家和住宅建設的問題，」一名黨員抱怨：「已經達到危機等級。[22]」居民怨聲四起，居地拓展地亂七八糟，沒有因應人口逐漸

工廠員工家庭，攝於一九五九年聖誕節。*OGAChO* 提供。

成長的主要計畫，棚屋和松木製組合屋林立、歪七扭八的小巷弄，蓋得簡直像是司機喝醉酒的行駛路線。城鎮邊陲的沼澤上空冒出成群蚊蚋和成堆排泄物。下水道、電線、輸水管道只限供應幾棟建築，想要拿繁榮換鈽，城市的領導人還得多下點工夫。

城市領導人別有用意地選了首次核試後幾個月，要求更多建設資金。一九四九年十二月，貝利亞的第一主要部門簽署政府補助金，讓陰鬱如同牢獄的十號基地改頭換面，變成他們規劃的一流「社會主義城市」[23]。蘇聯將軍不想效法稱呼里奇蘭「村莊」的杜邦主管，也這樣稱呼奧爾斯克，在蘇聯「村莊」完全不具浪漫想像，只讓人聯想到泥巴、無知、貧困。蘇聯領導人想要蓋的是嶄新耀眼的現代城市，路面鋪得平坦，有電氣設施，文明開化、潔淨、便利。但要在鳥不生蛋的地點，打造出社會主義城市，需要時間。

奧爾斯克的第一家電影院。*OGAChO* 提供。

與此同時，「巧克力人」倒是愈來愈有話說。幼兒園和幼稚園數量不足，無法應對迅速暴增的嬰兒人口，小學欠缺老師和教科書，四分之一學生考不好基本學科，例如數學和俄羅斯語文[24]。由於沒有中學，教育程度只到國一就停擺[25]。整座城市缺乏公園或遊樂場，幾乎無娛樂可言，牙醫、裁縫師、麵包師傅、製鞋匠、屠夫的數量也不足。長期勞工短缺的奧爾斯克，服務業和清潔工作的勞力只達所需一半，新開張的醫院裡，手術過後護士和醫生必須親自整理並清潔病床[26]。六名維修人員東奔西跑，疲於奔命地維護所有城市公共建物，而實際上需要四十個人手。公共空間、庭院、走道滿是垃圾、玻璃碎屑、腐壞食物，建設的殘骸瓦礫、成堆泥土、毫無遮蓋的渠道、隨意棄置的建物材料，全部四散一地，在月黑風高的夜晚成為危險陷阱。

兒童照顧的人手短缺，全職家長必須讓孩子獨自顧家，換作蘇聯時期的其他俄羅斯地區，三代同堂的大家庭會幫忙照顧孩子，無奈一般而言祖父母不得進入十號基地，因此孩子放學後都和青少年廝混，思考怎麼惡作劇、喝啤酒，到處惹事生非。有時工時過長的家長還要等過了幾天，才發現自己的孩子不見或住院[27]。有個小男孩尤里·柯爾斯（Yuri Khors）就是無人看管的典型孩童代表，他在獨自漫步時不小心跌入溝渠，導致肩膀脫臼，一根手指被晃動的沈重大門截斷[29]。有個奧爾斯克的女人隨口告訴我，五〇年代初，有台貨車輾過她四歲大的兒子，不治身亡，我問她事情是怎麼發生的。

「他在街上玩，駕駛沒看見他。」

「自己一人？」我用來自二十世紀末合情合理的態度問道。

「哦，對啊，他那時已經四歲，妳也知道四歲已經算長大了（uzh bol'shoi）。」

奧爾斯克和其他封閉核城是頭幾個特別讓核心家庭居住的蘇聯社區，問題是蘇聯的核心家庭在還不該登場時步上舞台。俄羅斯的大家庭能照顧好自己，核心家庭卻無可救藥地需要人協助，新興城市缺乏可以取代大家庭的服務、設備、購物便利性。該城的住宅和補給品危機，與人們對國家的期望交織融合，冀盼著國家能夠站出來，像自己親人般協助孤立無援的核心家庭，奧爾斯克居民形容，這是「蘇聯人民日趨上升的需求」[30]。核心家庭的需求既是實際層面，也是情感面。索求更多物資和服務的同時，人民也想辦法不再孤身閉鎖在該地區，依賴政府，孤單無依。

為了獲得更優良的服務，家長和教育人士把孩子當作問題焦點，推上火線。他們擔心無人看管的孩子未來會變成惡棍罪犯，更令人惴惴不安的是，他們是俄羅斯第一代勞工階級的孩子，不急著工作的他們童年瞬間延長十年。他們說因為孩子無所事事，所以可能捲入麻煩，有位老師說，無人管教的孩子會「犯下不值得蘇聯社會資源的罪」[31]。家長和教育人士要求課後活動、運動、舞蹈、音樂教育、托兒所、遊樂場、運動場、泳池、增設優秀學校，他們說這麼做是在栽培優良國民，未來才能幫忙製造「產品」。政府有求必應，對孩童關懷的全新社會，以勝利華麗之姿、理所當然的焦慮登場。

這些有求必應並非小創舉，因為奧爾斯克必須自給自足。聯邦資金源源不絕湧入，在該城建造麵包工廠、加熱設備、製酪場、肉品加工廠、百貨公司、咖啡廳、餐廳，不單為老闆而開，而是所有人都能享用。居民自告奮勇參與城市美化計畫，種植亦可掩人耳目、讓偵查的美國軍機看不見的幼樹。針樹葉頂棚下體育場矗立，工地的工人用鐵鎚敲敲打打、建築幾棟嶄新公寓、學校、幼兒園、診所。城市第一架推土機的隆隆聲四起，群眾衝去觀望城市鋪上第一塊人行道石板，建設進展的浩大盡收眼底與耳裡[32]。石匠在湖畔鋪設大理石築堤，是貨真價實的湖區人行道，城市居民可在夜晚外出散步。工程師抽光沼澤的水，建造都市公園，該城還擁有自己的管弦樂團和輕歌劇團，一流演員和音樂家自莫斯科和列寧格勒遠道而來（卡臣科抱怨，可是劇院院長仍是「鄉下人」）[33]，優秀大學的畢業生亦受邀到當地學校教書。

對少數優等人才來說，這遠比勳章和獎金重要，迅速的建設計畫讓居民生活更完善，接踵而來的幾十載，在莫斯科、列寧格勒、車里雅賓斯克受訓的科學家和工程師，更別說長久夢想著遠離泥濘塵土、脫逃鄉村生活的勞工階級居民，都以匹配得上他們對蘇聯社會重要性的方式，留在這裡過活。對於這些哀嘆著自己被放逐烏拉山、賭上個人健康、同意簽下未來無期限契約的人，庫查托夫打造出的城市文化與繁榮，意義深遠。

核武案不單是廉價賄賂，以住宅空間和香腸換取人民從事高風險工作，庫查托夫的城市取代了外界社會，而國家計畫案的居民勤奮工作，就是為了捍衛社會主義的建成。雖然耗時十年，庫查托夫的遠景實現了，鈽城居民終於達成社會主義的目標，儘管是祕密打造、地圖上不見蹤影，而且只有一座城市也罷。

19 美國腹地的老大哥

里奇蘭看來是保住了，然而看在外人眼裡，它的平穩安定卻成了美國景觀裡一顆難以移除的大腫瘤。一九四九年，《芝加哥論壇報（Chicago Tribune）》的席摩爾．柯曼（Seymour Korman）親自走訪里奇蘭，調查三百萬美元的國中建案，並寫了篇苛刻文章，批評里奇蘭是「警察國家」，居民唯恐擔心被人聽見，只敢在他飯店房間裡接受訪談[1]。《時報雜誌》也一搭一唱，描述里奇蘭市長是怎麼抱怨通用電氣公司的「慈善獨裁[2]」，社會學家訪問團則形容里奇蘭是「突變」社區[3]。

評論家並非胡言亂語，通用經理和 AEC 規劃師確實擺出教人難忘的老大哥姿態，掌控居民的生活，讓人渾身不對勁地想起蘇聯敵人的麥卡錫式*形象。透過 AEC 行動的美國政府，除了墓園外，所有里奇蘭的土地都收歸政府所有。政府擁有房屋和店鋪、街道、醫院、學校、公園、電話和電力系統、警察和消防設施。通用電氣的律師則代表 AEC，權力無上限地管理里奇蘭[4]，例如，通用的社區關係經理可以任意指派或沒收房屋。在里奇蘭，要是在招聘公司和房屋仲介所有人脈，就能輕鬆找到工作、租到房子，擁有這些人脈好處多多。里奇蘭的租金等於高額獎賞，居民只需繳比市價低廉許多的租金，就能租到備有傢俱、家電、維修服務、水電全包的現代房屋[5]，居民若需要歸位盤子器皿、鋪地毯、看顧小孩，只需給村民服務處一通電話，便有

* 麥卡錫（Joseph Raymon McCarthy）為共和黨人，一九四六年獲選為參議員，任職期間大肆渲染共產黨入侵政府的消息，並且成立「非美調查委員會（HUAC）」，煽動文藝與政治界人士彼此互揭底細，不少知名人物都遭受迫害。麥卡錫主義（McCarthyism）盛行的那幾年是美國政治的黑暗期，此後麥卡錫主義亦成了「政治迫害」的代名詞。

人到府服務。

里奇蘭沒有自由企業，由公司建築師繪製出該城的主要經濟計畫，既不需要公眾投入，此外也被列為機密。一如他們的杜邦經理前輩，通用電氣的會計師計算用品與服務的人均需求，然後依照所需類型挑選公司企業，並為了財務及政治安全，對他們進行審查[6]。一旦決定交易，業主必須呈交每月紀錄給通用會計師，並支付某百分比的利潤[7]。商人很怕聽到有關工作合約的抱怨，深怕遭到撤換[8]。

里奇蘭沒有自由媒體。《村民報（Villager）》由杜邦創辦，後轉由通用電氣接管，而前陸軍審查員保羅·尼遜則在杜邦時代擔任負責人。尼遜後來提到，他很清楚「高層」想看哪種新聞，於是否決新聞故事的編撰，更承諾不會「四處狂奔，瘋狂呼喊著『媒體自由』」[9]。通用電氣提供尼遜免費的辦公空間、材料、印刷、供給用品，但交換條件是《村民報》必須維持它乖巧柔順的第四權角色*[10]。

無論是否訂閱，每位里奇蘭居民都會收到一份免費報紙，計畫案官員對通用電氣有義務職責，便向商業承包商施壓，要他們購買廣告空間。「他們沒有選擇，」尼遜寫道，關於反抗的下場，「他們已有耳聞[11]。」正如一位商人所述：「我沒有刊登廣告的需求，但我不想成為別人眼中那個不願配合的人。」等到賺進大量廣告收益後，尼遜便立刻調降廣告費率[12]。這筆費用夠讓尼遜負擔開銷後，報紙利潤便用來資助社區組織「村民有限公司（Villagers, Inc.）」，支付里奇蘭居民的體育與娛樂消遣活動的費用。

這安排很美妙，補助金雄厚的村民有限公司看似基層義工組織，這也是企業領袖的堅持，實際上成員根本不必操煩麵包義賣活動，社區活動經費都由有錢商人代為處理，換得他們能在尼遜所說的「美國最富有角落」進行產業壟斷。很明顯，商人並不在意負擔那幾份帳單，有個人還對尼遜開玩笑：「我生意大到揹錢走去銀行時，腰桿都打不直呢。[13]」尼遜承認，身為編輯的他不太需要做事，里奇蘭的企業經理已經處理好報紙廣告的帳目和帳冊，而大多報紙「新聞」是由企業公共關係的採訪記者執筆。

社區組織還有其他妙用。通用電氣指派職員參加村民有限公司的董事會，好監督社區。里奇蘭有位線人自信滿滿告訴我，娛樂活動組長和他的工作人員，會向里奇蘭企業經營的警力通報他們聽到的謠言、可疑行動、煽動性言論。我詢問安妮特．希爾芙德（Annette Hereford）此事，她自開始工作以來，幾乎一直都在里奇蘭娛樂活動組效力，但她憤而否認這項指控，否決有關她家鄉的歐威爾式說法[14]，但我從安全防禦檔案得知，企業警察嚴密監控里奇蘭的各個工會[15]，這並不意外。長久以來美國公司就運用私人警察，雇請線人，監控工廠和企業城[16]。里奇蘭巡警警官都是通用電氣的員工[17]，他們不斷警告居民，散布國家機密將遭受嚴懲，企業公告欄則再三鼓勵職員積極參與社區團體，告誡市民不得加入「政治」組織，尤其是公民自由和國際事務的組織，這是因為初衷良善的團體，其實可能是共產黨前線。FBI巡迴探員要管理場地維安，維安部門則耗費近四分之一的預算監視職員和居民，這份預算的支出明細列為「技術監管」（竊聽設置）和「實體監控」（跟蹤）[18]。探員定時到訪家庭，詢問居民對鄰居的瞭解，是否發現任何可疑行為，此舉讓民眾相當緊繃，謠言滿天飛，而要是哪家老婆問了太多侵略性問題，FBI當晚就會撤離這家人。

里奇蘭訪問記者、國會議員、社會學家看得一頭霧水。沒有民主機構、自由媒體、自由市場、私人財產，里奇蘭哪一點算得上美國？「這是社會主義嗎？」一位社會學家問：「還是法西斯主義？[19]」里奇蘭具有激似蘇聯極權主義的特質，引發嚴重焦慮，而且不僅是國安方面。許多人擔心聯邦政府的龍頭政策擴展，害怕法西斯主義和極權主義。備受歡迎的專欄作家魏斯布魯克·皮格勒（Westbrook Pegler）警告美國人，領導階級分部的擴張，在在威脅著美國可能誕生法西斯國[20]。經濟學家弗德列·海雅克（Friedrich Hayek）的理論是，國家計畫會讓社會走下坡，踏上奴隸之路。海雅克進一步說明，國家計畫就是德國納粹走偏的開始[21]。美國保守分子不斷打著對社會主義的控訴，逼退或要求撤回政府補助計畫。里奇蘭是社會主義城鎮的指控，已對該城獲得豐沃補助構成嚴峻威脅。城市領導人的回應是，他們會努力重整市民和民主的定義，好合理化國家對優秀社區的慷慨補助。

一九四九年，通用經理禁不起評論家的砲火連連，設立了顧問委員會和學校董事會，當作象徵性的代表機構。第一場會議中，該委員會通過一項大膽決議，聲明里奇蘭居民身為美國人民，可享有法人化、自治、自由市場的權利，此時通用經理一刻都沒浪費，馬上壓下民主派系鬥爭，找來委員會成員討論。後來的委員會議上皆可看見通用律師的身影，對公司監管而言沒有微不足道的小事，即便是遛狗和停車條例，都得先取得通用主管認可，才能制定法律[22]。

由於多半委員會員都是通用職員，幾乎沒人覺得有能力對付通用經理，公司經理推翻理事會，革職學校督察，開除不聽話的學校董事會員[23]。一名會員稱顧問委員會是「傀儡團體」，結果是地方選舉黯淡無光，候選人往往在無人反對的情況下出來競選，公開會議也無人參加，被問到為何對政治無感時，居民表示：「為何要投票給他們？反正他們什麼也不會做。[24]」

美國人為何忍氣吞聲，讓民權和民主自由受限重重？保羅・尼遜這麼解釋：「他們提出的問題很簡單：『你喜歡自己的工作嗎？』『你難道不想在雅緻房子和美麗小城多住一陣子？』『你真的想在公開場合做出必須向通用或 AEC 解釋的事？』」[25]

為了澆熄補助金野火般的負面公眾意見，AEC 和通用經理在一九四九年提議提高租金。他們聲稱租金漲價是為里奇蘭居民做好準備，讓他們慢慢進入私有化和法人化，但當時他們其實並不打算放棄對這座聯邦城市的掌控[26]。租金漲價只是為了公開放映，演出一場財務緊縮的秀，這可以說是很好的公共劇場，尤其是當地人的想法中，根本就不相信公共補助住宅。相鄰的帕斯科和肯納威克市民更是大聲反對，稱低租金公共宅是「徹底走上社會主義的墮落道路」[27]。AEC 官員試圖在里奇蘭通過租金漲價的議案，讓居民肩擔住宅和社區服務的實際費用，就連 AEC 官員也坦承，這筆補助金實在太「大手筆」[28]。

被媒體解讀為公民權遭剝奪、猶如驚弓之鳥的里奇蘭居民，證明了他們在面對財務安全威脅時，絕不若外人所形容。宣布租金漲價後，他們組織請願、去信編輯、遊說議員、現身會議場合，向「高官」提出火爆質問，噓聲連連。他們表示，倘若租金漲價的法案當真通過，他們大可像北里奇蘭的建築工人，拍拍屁股，不幹走人。工會員工拋出「焦躁」和「職員情緒不安」等字眼，頻頻暗示鈽工廠恐怕罷工或「工作上提不起幹勁，無法好好表現」，讓經理相當緊張。他們央求聚集群眾切莫衝動，最後 AEC 官員讓步，「無期限」延後房租漲價[30]。幾千名里奇蘭居民合力抗議之下，數年來租金漲價法案撤回暫緩，或調降租金[31]。

里奇蘭租金漲價的爭論與抗議引起鄰近小鎮的關注，漢福德員工的薪水高出平均水準百分之十五，享有租金補助，不須支付地方稅，怎麼看都不公平。有位自稱「公平納稅農夫」的人去信《三城先驅報》，說：「他們（里奇蘭居民）收入高，這點人盡皆知，他們可能以為自己幫通用電氣效力，是在造福人群，若真是如此，那我們替他們栽種蔬果、繳他們應納的稅金，應該是我們造福他們才對吧。[32]」

里奇蘭居民沒有善盡公民義務的說法，引發眾人對該報的熱烈迴響，在砲火猛烈延燒的筆戰中，許多作者稱要是沒有里奇蘭，鄰近的帕斯科和肯納威克只是漫天黃塵的鬼鎮，「想必那位農夫也只能開四輪單座馬車，請馬擔任副駕駛吧」。里奇蘭作家義正詞嚴地說低房租是他們應得的，他們待在這座「蠢水城」生活所做的犧牲可多了。他們還寫道，之所以享有補助是因為他們打贏戰爭，目前則在醞釀下一場戰爭。所有作家都咬定，假如那名農夫有得選，不用說，他肯定也會搬到里奇蘭，但偏偏他不具備「核武絕密許可證的心理資質」，或套用另一名作家嘲諷的說法：「可能他老到無法加入。[33]」

這場唇槍舌戰在在彰顯階級、種族、職業的空間分配權力，區域分配將里奇蘭安排給長期職員，其他區域則是臨時工和低薪員工的住宅區，將該領地變身，變到這種差別理所當然，彷彿里奇蘭外界的人都是「蠢材」，里奇蘭的人則天資聰穎，正是這種優越感哽在里奇蘭芳鄰的喉嚨，難以消化。

確實，里奇蘭擁戴社區的自我形象，居民都是科學家與工程師，受過良好教育的都會人，具有國際觀，與里奇蘭周遭的藍領務農社區天差地遠。但事實上五〇年代時，大多漢福德員工都是勞動階級，最高教育程度僅有高中畢業，從事的是輪班工作[34]。儘管人口統計的現實狀況如此，不過里奇蘭居民、通用宣傳家，就連後代的歷史學家都有志一同，認定里奇蘭實際上屬於中產階級。

早期冷戰時期眾人對共產黨員工國家的謾罵，導致美國勞工階級背負政治安全頭號威脅的頭銜，一直以來都享有「勞動權」公司的通用，下意識地不信任工會，公司更和 FBI 探員合作，抹黑工會社會運動者，誹謗他們是狡詐多端、不忠誠的共產黨分子[35]。攻擊工會可能管用，一九五二年，第二次的成本超支醜聞再度對通用造成威脅，漢福德經理連忙將百萬美元的延遲，怪在「扯後腿」和「濫雇工人」的工會頭上，藉此驅散公司從政府立案合約中牟取暴利、虛報帳目的疑雲[36]。

讓勞工階級消失是另一種更有效對抗工人和勞工組織的方法。扭轉里奇蘭勞工階級的印象，讓居民躍升中產階級，制定房租，讓他們過著中產階級生活，並且通過法規，強制民眾服裝禮儀要符合整潔俐落的中產階級人士，這一切的一切皆讓里奇蘭的勞工階級煙消雲散，而這個假象甚至一路維持至今。

唯一的問題是，不少人的行為舉止還是接近普通勞工，因此通用主管嘗試改變行為，他們指導經理和督導成為當地組織的社區領袖，散布通用信息等。公司手冊指示輪班員工不得在工作場合「抬槓閒扯」，而是「傾聽，保持安靜」；提醒員工經常洗澡，留意頭皮屑和口臭；和他人打招呼時，不要咆哮「好久不見囉！[37]」而是得體地說：「您好嗎？」簡單來說，職員手冊並不打算遮掩他們對普通人的蔑視。

前任輪班職員拐彎抹角形容，這般的感情造就出貫穿全里奇蘭的群體界線。有個人記得他父母分明有機會搬到鄰區更寬闊的租屋，而管理階級都住在那裡，但他母親不願意：「她不想和那些人當鄰居。」前任工會管事描述通用管理階級時，忍俊不出嘆了口氣，大笑出來：「他們實在太高傲了。」一名退休電工想起受薪員工會去參加俱樂部的舞會，我問他是否參加過舞會，他噗哧一笑，說他去過那裡幾次——去修電力系統。

但這些不過是合群美國社區的龐大回憶裡，少之又少的幾條裂縫，大多人記得的都是社會和諧、忠於社群，「人人皆平等」[38]。

歷史學家傑克・梅茲加爾（Jack Metzgar）說，美國的國家記憶是中產階級工作人士一手捏造，形塑而成，這群中產階級人士侵占利用勞工階級，替他們發聲，將他們歸納為雜亂無章、無階級的美國社會[39]。而在里奇蘭，勞工開始認同中產階級老闆和他們對教育和社會流動的抱負，他們漸漸不再視里奇蘭外界的勞工為自己人，不再以某種階級爭取向上流動，不再抗拒或質問，也不再為職場安全或健康議題罷工。四〇年代末和五〇年代，勞工在 AEC 的場地罷工，讓通用主管頭痛不已，但里奇蘭的通用部門卻沒發生罷工事件，戰爭期間通用沒有間諜，接踵而來的幾十年間亦不見告密者。一九五二年，有位社會主義學家在里奇蘭進行民調，詫異發現這個「甘心接受支配的宇宙」[40]，居民認為他們的城市比周遭城市更安全、優秀、富庶繁榮，他們喜歡里奇蘭規劃完善的街道、井然有序的企業管理，也喜歡里奇蘭的同質性，其中一位居民回憶，一想到大家的父母「收入大同小異，人人住的房屋等級相當，吃的食物水準相當，打扮衣著也很雷同」[41]，就覺得令人舒心。居民多半不希望改變他們的無階級社會，唯一的期望是擁有更多購物空間。

里奇蘭居民是流動性高、擁有房車的社群。在里奇蘭炙熱烈陽或強風底下，汽車擴大了遼闊草地、寬廣街道之間的長距交通，居民想要到哪裡都能開車，但停車和交通卻是一大問題。在一九四八年，里奇蘭商會（Richland Chamber of Commerce）遊說通用，爭取到擁有充裕停車空間的新購物中心，這是其中一個美國戰後頭幾個公路商業區。全新的上城購物中心取代老舊市區，成了市民聚集的場所。購物中心搶走市區商人的生意，心灰意冷之下，市區商家遂要求通用經理鋸掉里奇蘭戰前所建的市鎮廣場樹蔭，改建市區商店停車場，理由是「沒人肯步行到商店[43]」，聞言後通用經理震驚不已，一開始很反對，但後來實在禁不住市民組織請願，於是在短短幾個月內，在城裡原本象徵民主的開闊綠地鋪上水泥磚石[44]。

市區和上城購物中心的全新停車場還有其他用途，方正紙板形狀的大型水泥塊購物商場，可當作防空洞使用，周遭寬闊的瀝青地則是防火道，免得野火蔓延的煉獄發生。四周環繞的五道幹線則當緊急逃生路線，五〇年代，民防考量就這麼不知不覺滲透美國建築[45]。

里奇蘭周圍有好幾英里的開闊空間和溪流，但居民心裡想的是公園、游泳池、遊樂場，在組織完善、專人監管的環境裡玩樂，跟許多當代美國城鎮一樣，里奇蘭居民也擔心不良少年的問題，尤其是花大把時間飆車、酗酒、群魔亂舞的不良少年[46]。他們深信父母輪中班，祖父母進不了城幫忙照顧孩子，就是里奇蘭嚴重的不良少年問題起因。為了彌補缺乏陪伴的情況，家長要求並爭取到以孩童為主要考量的社區，開設「優質」學校、科學和自然科學社團、舞蹈課，課後娛樂活動[47]。為了打擊問題孩童的難題，里奇蘭的城市領導人審查市內的漫畫店，制定宵禁，里奇蘭的巡邏員出巡週日課程，通報行為不檢點的孩子，讓孩子和牧師進行諮詢，而問題真正嚴重的青少年則被送出里奇蘭，前往管教不良少年的照顧之家[48]。

然而評論家依舊抱怨聯邦聯手企業，對里奇蘭的掌控不「正常」[49]，五〇年代，全美人民普遍擁有房屋住家，薪水優渥的通用職員滿意低租金共宅，令人反感，甚至起疑。對許多美國人來說，民主和擁有房屋兩者是一體的。萊維頓的創辦人威廉·萊維特說：「擁有自己房屋的人不可能是共產黨員，他要做的事太多了。[50]」五〇年代初國會向 AEC 官員施壓，要他們法人化里奇蘭，把房子賣給居住當地的員工，讓里奇蘭變成「正常」社區，但 AEC 官員卻反對，倘若居民都擁有自己的住家，AEC 和通用經理就無法控制誰能住在里奇蘭，也很難監控員工。如果職員帶放射性污染物質回家，通用經理可以強行占用清理租屋處，另外安置這家人，而這一切只需要一天時間[51]。AEC 經理不願法人化，僅宣布未來幾年，會在里奇蘭循序漸進實施「轉讓」或私有化計畫[52]。

面對個人財務安全的威脅，居民再次陷入猶豫。一九五二和一九五五年的民調中，民眾投票否決「私有化」、「轉讓」、「自治」的差數是三比一[53]，理由是租屋較便宜，而且要是買了房子，工廠倒閉，他們怕如此一來不僅丟了工作，連房地產投資市場也跟著泡湯。基本上，他們把票投給便利性，尤其是國有經濟型態及企業管理，而不是私人財產、自由市場、地方民主。否決法人化的同時，居民等於放棄自治、自由言論、自由集會、自由媒體的權利。之所以沒人說出口，是因為這麼做會違反安全規則，但住在里奇蘭亦等於放棄了身體自主權，要在早晨將尿液篩檢樣本放在門前台階，每年還得例行接受強制健檢。

里奇蘭人抗拒自治的行為令人費解，怎會有人製作鈽，捍衛美國民主和資本主義，卻反對在自己居住的社區看見這些事情？有個人這麼解釋：「正因為我們是美國人，所以才會大聲提出對租金漲價的不滿。[54]」

這句宣言乍聽實在讓人一頭霧水，要求聯邦補助金的私人獨立住宅，這算哪門子美國人？在里奇蘭為了租金補助抗議的背景中，瘋狂製造大量核武的局勢繼續搏動著，令人日漸體悟到雜誌圖片裡核彈火球的陰慘亮光籠罩的美國城市，已不再安全[55]。里奇蘭的紅軍獵人艾爾．康威爾（Al Canwell）警告大眾，共產分子也可能躲在里奇蘭裡，因此要保持警戒[56]。和這個戲劇性場面一比，為了房租和購物中心爭吵的里奇蘭戰爭，顯得芝麻綠豆，但不加以理會卻錯過了重點。

美國和蘇聯的意識形態比賽日漸加劇，美國的論戰人士緊咬不放，蘇聯貧困與短缺即是共產主義缺陷的鐵證，美國人平均高水準消費的資料更證實了這個說法。追蹤這場口水戰時，美國員工慢慢發現對人民而言，生活水準提升是極為重要的權利，這則訊息與長久以來的保守論點相互吻合，那就是自由貿易和消費自由即是民主基石。而里奇蘭便是這種意識形態的縮影，也就是歷史學家麗莎白·柯漢（Lizabeth Cohen）所說的「消費者共和國」，消費者人民取代了社會運動消費者，而人民聽到的全是市民責任和民主自由就是為了消費購物做準備。在里奇蘭，居民將人身安全兌換成財務安全，將公民權換成消費者權利，言論自由換成追求繁榮富足的自由，這個光景看來也很合理[57]。

在這方面，里奇蘭居民不是例外。全美白人透過美國軍人權利法案和聯邦住房管理局貸款取得聯邦補助，愈來愈多隔離郊區收受聯邦協助自肥，在這些地景裡加強拓路、興建學校、基礎建設愈蓋愈多，內都市卻日漸蕭條。消費成了美國自由的定義，而里奇蘭和鄰近貧困的城鎮則聯手演繹這種不平等、空間區隔、戰後美國階級。在里奇蘭，為了房租的事站起來很重要，因為唯有在擔任消費者的角色時，里奇蘭居民才能或多或少贏回他們早已遺失的聲音和力量。而遭到公民權剝奪、日夜監視、有口不能言的里奇蘭居民，也只剩停車場、遛狗、購物等議題，可以暢所欲言。儘管這些爭議看似微不足道，對他們來說卻十分重要，因為這些都是美國民主行動的分身，而里奇蘭人民就是為了這樣的美國民主，不惜在前線犧牲自己的生命。

20 鄰居

米切爾（C. J. Mitchell）在一九四七年聽到有好工作的傳言後，遂離開德州東部，來到三城區。米切爾前腳才剛離開種族隔離的南方，竟發現歧視黑人的法律尾隨他一路向北。米切爾的第一份工作是到北里奇蘭為建築工人蓋營房，身為黑人的米切爾只能在帕斯科貧民區落腳，也就是位在鐵路幹道和第二街之間的簡陋棚屋和拖車，滿是泥巴地庭院和成堆市內勞工沒帶走的垃圾。居地沒有庇蔭或草地，到了夜裡颳起大風，陣陣拍響大門，社區只有幾間廁所和水龍頭，分別供應八十人左右。叔叔以每月一百美元租到拖車，而這租金超過里奇蘭兩房宅邸的三倍。米切爾在拖車外搭起楔型小帳蓬，卻在里奇蘭的工地勞動，建蓋他不得入住的簇新長方形平房[1]。

漢福德工廠為鄰近地區的族群帶來截然不同的命運。里奇蘭獲得聯邦協助，附近的社區卻經常遭到冷落遺忘。美國西部的聯邦配額鑿刻出一種地形，在那裡，種族、階級都深深烙印在景觀裡，雖看不見，卻強而有力，後勁悠長。

一九四七年，野心勃勃的出版商格蘭・李（Glenn Lee）在帕斯科創辦《三城先驅報》時，宣傳的意象是三個團結的社區，但該報的名號從未真正實現。農耕小鎮肯納威克、鐵路小鎮帕斯科、原子城里奇蘭，對彼此是又怨又懼，甚至彼此仇視。三城區高中運動的敵對情況劇烈，情勢緊繃到通用社區關係部決定在里奇蘭舉辦「您好芳鄰日」，試著拉攏鄰近城鎮居民的感情，彼此熱絡起來[2]。

然而短短一天的音樂和遊戲活動，並無法修補主要的摩擦來源，那就是里奇蘭把鄰區當作短期勞工的垃圾傾卸場，隨著每一波漢福德的重大建設潮，勞工宛如棄投漂流物，流進他們的地區。移工喝酒鬧事、打架吐口水、滿口髒話，渾身又髒又臭，犯罪之後便拍拍屁股走人，至少在當地人眼中就是這麼一回事。這些看法裡，種族是很重要的元素，通用建設轉包商阿特金森．瓊斯（Atkinson Jones）雇用的勞工，約七成都是非裔美國人[3]。

為了不讓黑人員工到肯納威克落腳，城市領導人制定宵禁，入夜後嚴禁非裔美國人在外遊蕩。瓦德．魯普（Ward Rupp）警長非常認真看待宵禁，有次他在肯納威克逮到一名日落後閒晃的黑人男子，於是警長將他綁在一根條柱上，通知帕斯科警察帶他走[4]。里奇蘭的城市領導人不用採取這麼南方腹地式的保守手段，他們的解決之道有教養許多，也較無牽扯私人情緒，他們解釋，里奇蘭對所有種族都敞開大門，而有色人種之所以不住里奇蘭，是因為他們不是通用和 AEC 的高層員工，因此沒有資格住在里奇蘭的房屋，他們說這攸關教育和位階，與種族歧視無關[5]。

由於肯納威克和里奇蘭為限制區域，因此該三城區的兩千名黑人全住在帕斯科。一九四八年，最高法院拍板定案種族住房條款後，美國公民自由聯盟（American Civil Liberties Union，簡稱 ACLU）派了兩名調查員進入帕斯科。調查員記錄下城市東邊、範圍五英畝黑人社區「雜草叢生、灰塵彌漫」的生活條件，描述戶外廁所臭氣沖天，水龍頭結滿冰霜，更記錄下城市領導人的疏漏，他們之所以沒裝置供水管和污水管，是因為期望黑人社區自己湊齊並負擔那五千美元。調查員留意到當地的高租金，並且拍下淒涼的馬戲團拖車和簡陋棚屋照片[6]。

黑人居民告訴檢查人員，他們很想蓋屬於自己的房子，但由於他們只能住在帕斯科東邊，屬於財務不穩的區域，並不符合條件，所以爭取不到聯邦住房管理局貸款。黑人可以住北里奇蘭，租用拖車停放空間的租金為每週四美元，而想要住在那裡，必須先有拖車，而想要有拖車，則需要經費……惡性循環。帕斯科有間專給黑人小孩就讀的學校，還有新開放供全體民眾使用的公立室內泳池，卻沒有幫非裔美國人看病的牙醫。來自西雅圖的非裔美國牙醫在帕斯科找不到辦公室空間，大多帕斯科的餐廳、酒吧、飯店、民宿都張貼著「僅限白人」的招牌，沒有下榻的飯店，

佇立在水龍頭旁的男孩。照片由詹姆斯．威利二世（James T. Wiley Jr.）提供。

帕斯科貧民窟的簡陋小屋，攝於一九四八年。照片由詹姆斯．威利二世提供。

路過該地的人只好半夜在街上閒晃，躺在門道，或者把車停靠路邊睡覺[7]。

分區之後，少數族群只好自己想辦法，需要短暫房間的人只好每晚花一美元，睡在浸禮會教堂的長椅上，或者睡在一位名為昆妮的女人的拖車裡。在某些簡陋小屋，女人們煮菜帶便當，暮色降臨後，光裸燈泡裝飾、充當小酒館的拖車裡，傳出香菸、音樂、酒瓶叮噹碰撞的聲音。

帕斯科東邊亂無紀律、毫無章法的情況，讓該地成為飲酒和罪惡的強力磁鐵。警察不太常造訪帕斯科東部，正因如此，這裡什麼都可能發生。週末時，員工會蜂湧進入小酒館、賭場、妓院林立的紅燈區，尋歡作樂後，罪惡也隨之降臨：酒後駕車、幹架、偷竊、家暴、語言暴力[8]。米切爾住在那裡時不過十六歲，他還記得大多時候都感到很害怕。城市領導人把帕斯科的惡名犯罪都怪在少數族群頭上，有些居民討論著希望逃離東帕斯科，自組小鎮；其他人則提到組織三K黨（Ku Klux Klan）分部。少數社區領導人想方設法，期望終結歧視黑人的法律，打掉貧民窟，興建安全乾淨的公共住宅[9]。但《三城先驅報》發行人格蘭・李的計畫與眾不同，他發起運動，以違反衛生原則為由，取締並關閉帕斯科的拖車停車場，踢走這群他取了各式稱號的人，例如「賭徒」、「皮條客」、「逃犯」。李和警長合作，在夜間圍捕黑人居民，將他們扣上遊蕩、非法同居、「盤查」、和其他莫須有的罪名[10]。看守所人滿為患，當地檢察官威廉・加夫尼（William Gaffney）拒絕起訴警長大規模突襲逮到的民眾，聲稱根本沒有證明他們有罪的證據。李對此展開報復，在他的社論專欄裡把怒氣宣洩在加夫尼身上。他指控加夫尼失職無能，最後把加夫尼逼出帕斯科[11]。

李或許有種族歧視，但最重要的是他還是名成功商人。眼見白人居民搬出帕斯科，黑人居民進駐，他想趕在這座城市被貼上荒蕪凋謝的標籤，導致房地產一落千丈前，竭盡自己所能穩住他在帕斯科的房地產投資。根據投資安全，祕密描繪出都會領地的「居住安全地圖」指出，某些地帶標為財務不穩。聯邦住房管理局（Federal Housing Authority）手冊指示，若不良分子「侵略」鄰區，例如少數種族族群，尤其是非裔美國人，這些地段的價值就會落至紅區，市價慘跌[12]。諸如李這般小心翼翼的經營者，當然會對抗這種恐致金錢損失的侵略。

這種空間的歸化，讓情況看來像是帕斯科的黑人及當地印地安人「髒亂」、「渾身發臭」、「缺乏野心」，而安於骯髒的生活現狀，不是因為貧困和衛生條件差，而是文化和遺傳學所致[13]。狡猾的空間配置也讓人難以指出並辯駁這種不平等，人民是可以對抗法律或扭轉規定，但約定成俗的邊界或地圖上找不到的財務安全區，又該怎麼對抗？

例如，聽見肯納威克的警長魯普對 ACLU 調查員祭出宣言：「我告訴你，這座小鎮有人敢賣房子給黑鬼，就應該把他逐出小鎮，對吧？[14]」時，帕斯科的非裔美國人該如何反擊？調查員詢問 AEC 的漢福德經理大衛・蕭（David Shaw），AEC 和通用為何沒雇聘長期非裔美國職員，他也臉不紅氣不喘回答：「我們之所以沒有長期雇聘的黑人男子，我想理由已經很明顯了吧？[15]」

即使是深具影響力和權威的發行人李，都無法對抗漢福德設於三城區的種族隔離區，里奇蘭被冠上「重要國防區」，帕斯科則獲得財務「萎靡」及「岌岌可危」之名，李最後將報社遷至肯納威克。

由於空間分配讓人不易察覺，三城區的美國白人都不覺得自己有種族歧視的傾向。進行民調時，大多白人都說他們不覺黑人遭受不平等待遇，但這群白人分明就常行經櫥窗掛有「禁止狗或黑人進入」招牌的商店。七成當地白人說，他們認同公平就業和住宅法律，同時卻有近一半民眾表示，他們不希望和黑人共事或當鄰居[16]。參與民調者為保障種族平等的法律高聲歡呼，同時卻支持讓平等變得更遙不可及的種族分區，這局勢真教人看不懂。一九六三年的聽證會上，華盛頓人權委員會（Washington State Board Against Discrimination）並未在肯納威克發現非法歧視現象，「但我們一再聽說，」主席肯・麥克當納（Ken MacDonald）說：「肯納威克的氣氛詭譎，黑人都曉得他們無法搬去那裡生活。[17]」儘管一九四四、一九四八、一九五四、一九六四、一九六五、一九六八年，美國法律一而再、再而三重申平等機會原則，美國白人仍持續相信，在貧民窟和監獄吃盡苦頭、受領賑濟的黑人，單純是道德缺陷、自作自受的下場。普遍觀點是，爭取公民權的耀眼英勇戰役遮蔽了一個事實，那就是犧牲「萎靡」都市貧民窟、建造主收白人的郊區，其實聯邦政府亦功不可沒。

帕斯科和里奇蘭在三城區繞著彼此打轉，但帕斯科是地，而遠離罪惡、貧窮、失業、種族問題的里奇蘭則是天。帕斯科的貧困危機與種族緊張局勢愈見惡化，可以選擇的居民都遠走高飛，沒得選的人只好留下來。幾十年來，帕斯科一直是少數族群的天地，向來比主要為中產階級白人的肯納威克和里奇蘭窮苦黯淡，情況更延續至二十一世紀[18]。

米切爾不必一輩子困在貧民窟當按日計酬的散工，其實有一部分是蘇聯的功勞。蘇聯宣傳家幫忙非裔美國人對抗美國公然種族歧視的制度，蘇聯媒體緊咬不放美國的黑人歧視法和三K黨，導致美國官員不得不正視公民權的問題。美國國務院直接回應蘇聯的挑釁，將非裔美國藝人派出國，展現美國種族容忍的氣度，但到海外宣傳非裔美國人說來尷尬，畢竟他們連在國內都會被擋在公共飯館門外。這種事就曾發生在歌手海瑟．史考特（Hazel Scott）身上，史考特想進帕斯科公車站的餐館吃飯時被拒於門外，丈夫是國會議員亞當．克萊頓．包爾（Adam Clayton Powell）的她，後來成功控告帕斯科業者，為漢福德及三城區引來國內媒體，充分進行了場負面宣傳[19]。格蘭．李對此反擊，指控保羅．羅伯森（Paul Robeson）和蘇聯聯手，企圖分裂美國，衰弱國力[20]。

儘管如此，蘇聯對美國指控種族歧視依舊刺痛。AEC 和通用經理必須針對政府補助專案，回應種族歧視和里奇蘭清一色白人的控訴。五〇年代初，西雅圖都市聯盟（Seattle Urban League）和美國全國有色人種協進會（NAACP）追蹤這起案件，並在工廠解除不能說的有色限制。AEC 和通用經理同意雇請一批 NAACP 找到的黑人員工，但社運人士批評一樣是「配額制」[21]。不過多虧這個妥協，一九五五年，米切爾在漢福德找到燃料預備操作員的工作，這份工作很好，總算讓米切爾和他的家人有機會在里奇蘭租到一幢三房住宅。

米切爾向我形容他們搬進新家那天的情況。他們的廂型車停在新家前門時，米切爾一抬起頭，便望見人行道上一名白人女性快步走向他，這畫面讓米切爾不禁僵住，這名來自東德州的年輕男子，背負著世世代代飽受汙辱與謾罵的印記，想到他的孩子將要看到這個醜陋場面，他的胃部就忍不住翻騰。不過米切爾卻注意到，迎面而來的這名女人手裡其實托著一盤餅乾，時至今日米切爾依舊很感激她的善意，這女人的名字是寶麗．卡德（Poly Cadd），雖然她已不在人世，但米切爾還是希望我別漏掉，在筆記本寫下她的名字。

21 伏特加社會

基於安全理由，奧爾斯克禁止公眾遊行，但遊行依舊每日在城裡上演。尼可萊・拉波諾夫（Nikolai Rabotnov）回憶，他小時候曾經駐足觀望：

上午工地區域人滿為患，在佩帶自動步槍的警衛陪同下，延綿不絕的囚犯人龍沿著展望史達林大道（Prospect Stalin）穿過城市，走到展望貝利亞大道（Prospect Beria）後，再轉進鐵絲網牢籠。有時他們會提前抵達，已排成好幾列隊伍，進駐鐵絲網後方，正臉面向街道，而這個時候我得經過他們面前，這點令我特別厭惡。現在想起那個畫面時我的內心充滿羞愧，但當時的我卻每天漠然觀望這一切[1]。

學童無感漠然面對手鐐腳銬加身的行進隊伍，道盡在五〇年代的奧爾斯克，囚犯只是日常景觀，他們的消瘦臉龐也平凡無奇。在奧爾斯克，獄友比報紙常見，比蔬菜更容易買到，比公車服務準點發車。抵達士兵踢著正步邁入奧爾斯克，架設鐵絲網圍起的監牢，稱之為「工地區」，宣布全新的公民建設計畫，可能是學校、公寓建物、戲院。接著囚犯會跟著他們開挖、建蓋、塗抹灰泥、粉刷，建案員工完成作業後士兵歸返，將拆掉的柵欄移至另一個場地。拉波諾夫回憶：「工地區是城市裡最耳熟能詳的名詞，在這座城市景觀中，鐵絲網柵欄就和房屋與樹木一樣稀鬆平常。[2]」

在奧爾斯克，罪犯、徵召士兵、前科罪犯共同打造出這座緊急的封鎖之城。但動用強制勞工需要付出代價，這個代價會糾纏鈽托邦十幾年光景。奧爾斯克的設計初衷，是杜絕經濟困境、犯罪、蘇聯鄉村生活的不定性，但囚犯卻帶來了蘇聯勞改營的野蠻暴力，以及下層階級的悲慘和憤慨。

這個安排讓人渾身不自在，自由和不自由的人民理應經由分區和管理進行區隔，而城市居民卻與服務他們的階級，危機四伏地肩並肩共存。在極端不平等區分之下，收入優渥的工廠操作員，生活離不開囚犯、士兵、前科罪犯。囚犯刑期結束時，安全軍官通常會要求前科罪犯留在該區工作，要他們留在這座正在發展的城市，從事公民服務工作，事實上，前科犯甚至成了這座社會主義城市的公眾門面。自由居民對他們非常不滿，說有前科紀錄的服務生、店員、清潔工的舉止粗魯，善於欺騙，還會竊取國家財物[3]。

卡臣科將軍、城市檢察官庫斯曼柯（Kuz'menko）、索羅維夫（Soloviev）警長把奧爾斯克的高犯罪率，全怪在囚犯和前科犯頭上。庫斯曼柯揭開犯罪數據，表示囚犯和前科犯犯下的罪行最是惡劣，舉凡偷竊、謀殺、性侵、侵犯人身，無惡不作。庫斯曼柯說，更可怕的是，犯罪分子會對城市青少年造成負面影響，這也是不滿二十五歲的藍領勞工犯罪率雙倍成長的主因[4]。

舉個例子，一名叫作斯科里亞畢娜（Skrianina）的女子和某前科犯交往，甚至結婚生子，之後便不再出席共產主義青年團（Young Communist League）會議，也不再盡自己應盡的義務[5]。卡臣科將軍指稱她與這名前科犯的關係屬於「親敵」，於是派出探員，監督職員，確保他們不和囚犯、前科犯、士兵過從甚密。女性員工的問題較為特殊，因為許多年輕蘇聯男性死於戰爭，導致人口統計出現缺角，單身女性只能與假釋出獄的男性和囚犯交往，但她們也會因此遭到開除[6]。

卡臣科承諾會派上他最熟悉的做法解決這個問題。「我們正展開行動，」在一九五一年的共產黨員聚會上，卡臣科說：「剷除奧爾斯克所有前科和犯罪分子，我們近期才剛送走兩梯次（前科犯和囚犯），年底會將所有德國人趕出這座城市。[7]」兩個月後，艾爾文．波爾（Ervin Polle）某天早晨起床時，發現從醫的父母正在打包行李，由於他們的身分是德國裔，這家人在一九五一年六月，被送去USSR最惡名昭著的蘇聯勞改營領地柯利馬（Kolyma）[8]。接下來三年，卡臣科的軍警將足足兩萬名流亡者、前科犯、罪犯，踢出奧爾斯克，送往遙遠東方，但卡臣科的安檢軍警並未完全剔除前任囚犯或德國裔人民[9]，畢竟在這座與世隔絕、人手不足的城市，他們受過的訓練和勞動相當寶貴[10]。

把奧爾斯克的高犯罪率怪在前科犯頭上，是何等輕鬆容易的事，但卡臣科大規模肅清後，犯罪率仍持高不下，警長索羅維夫旁敲側擊這件事美國人必有份：「你可能相信城裡員工已經遠離潛在的敵人挑釁影響，有些同志自我安慰，說我們執行『特殊政體』，每個進得來的人都經過精挑細選、全盤身家調查，所以我們不需再教化他們，但這番說法卻是嚴重的政治錯誤。美國帝國主義者試圖在蘇聯人民的意識裡灌輸中產階級意識形態，這件事誰不曉得。[11]」蘇聯提出以「宣廣活動」對抗居地的「短暫感受」，「要教化人民，奧爾

艾爾文・波爾和家人，攝於一九五〇年的奧爾斯克。艾爾文・波爾提供。

斯克不是異類，而是座美妙城市，一間絕妙工廠」。安檢主管卡臣科並不沈溺於這種說法，他打斷索羅維夫，宣布：「我們要傳達一則訊息，那就是城裡不容許有為非作歹的人與醉漢。」[12]

一九五〇年，奧爾斯克居民每年人均喝掉超過十三夸脫的伏特加及葡萄酒，超過國家平均值兩倍[13]。黨派官員計算，居民花在酒精的錢，是娛樂和文化活動的三倍[14]。一九五一年春天，幾乎三百起違規蹺班的案例都與飲酒有關[15]。員工在上班前、上班時、下班後都酒不離手，人民酒後駕車，青少年飲酒，孩童飲酒，家長帶孩子喝酒，市民在家裡、咖啡館、公園、街頭、公車、湖畔、市鎮廣場，都與酒形影不離，員工荒唐的飲酒作樂可以維持數天[16]，居民必須一再出席黨派會議，承認自己的酗酒情況，索柯羅夫同志就是其中一人。這名參與反間諜活動的官員，曾無數次帶著酒意，午夜時分衝進指揮官家裡、闖入女人公寓、在商店裡喧鬧，在孩子面前狂飆三字經，卻對這些事完全沒印象，對此索柯羅夫說：「我實在太醉了。[17]」

「飲酒是資本主義的紀念品，」其中一名官員說：「隨著剝削階級崛起的產物。[18]」儘管如此，酒精在奧爾斯克的意義不只是紀念品，甚至能算是薪級和健康計畫的一部分。一九四七年，卡臣科構思一個獎勵士兵、囚犯、員工的政策，凡是達到每日作業目標，即可獲贈伏特加[19]。工廠醫師相信三種東西可以幫助人體排出放射性同位素，而這三樣都是備受人民喜愛卻不易在史達林主義的俄羅斯取得的東西：巧克力、紅肉、伏特加。接觸放射性同位素後，員工就會以醫療為由獲得伏特加。妻子痛恨這項政策[20]，她們的丈夫酒氣沖天、滿臉通紅離開工廠，繼續前往離工廠最近的公車站，找尋附近的酒吧和報攤。黨派領袖將公眾飲酒案件製成表格，發現污染最嚴重的輻射化學和冶金工廠員工，就是酗酒最嚴重的一群人[21]。在多數蘇聯城市，伏特加難以取得，但在奧爾斯克，伏特加、啤酒，甚至進口葡萄酒和白蘭地唾手可得，下班後，還會有商人在商店窗口賣酒。

有個五〇年代曾在工廠中央實驗室擔任技術人員的女子，給我看一張罕見照片。照片中女同事們身穿白袍，戴著頭巾，圍坐在實驗室桌邊，佩特魯娃指向其中一名女子，告訴我她曾偷喝實驗室的外用酒精，並用一個相當具俄羅斯特色的動詞形容：「spit'sia」，意思是「喝到傾家蕩產」，她同事真的就是這樣，佩特魯娃告訴我，瞠目結舌地回想這段往事[22]。

在俄羅斯，飲酒向來都是勞動階級和鄉下人的消遣，城市菁英花了不少時間和金錢建設文化娛樂服務，像是交響樂、合唱團、戲劇、歌劇院，然而這些場所沒有滿席，有位黨派成員抱怨：「只有上流和中產階級人士會上劇院，一般員工不會來我們的劇院，他們根本沒興趣。」但文化權威說，讓年輕人聽從自我的心不是辦法。「有人說，必須讓年輕人自己展現進取心，開設自己的社團，就讓我告訴你，他們的進取心都用在哪裡。領薪日這天，他們不用人催，就會自己開始喝酒！[23]」

為了打擊醉酒文化，警方開始配備醉漢坦克，到了週末絕對座無虛席[24]。老闆扣發酒醉上工或喝醉蹺班的員工薪資，黨員則會因過度飲酒遭到譴責、吊銷黨證。經常飲酒過量、惹事生非的青少年，會被送出奧爾斯克，進入少年感化院，之後不得回來。儘管有了這些配套措施，依舊問題頻傳。奧爾斯克的會議上，幾十年來最持久的話題就是酗酒[25]。我訪問過十幾位頭幾年曾居住奧爾斯克的老太太，聽她們說，她們的婚姻之所以失敗，十之八九都是丈夫酗酒造成。在奧爾斯克這座富庶城市裡，精挑細選的工廠操作員，沒想到居然這麼努力培養伏特加社會。

喝酒的原因千百種，但居民說最主要原因是他們「可以喝」。想在其他蘇聯城鎮取得酒精何其不易，戰爭老兵、病痛纏身的工廠操作員，都把酒當藥喝，痲痹生病帶給他們的疼痛[26]。從奧爾斯克對增設體育和娛樂活動的討論，可以進一步推斷，伏特加幫這群距離老家遙遠、每週末只能待在圍城的人，紓解無聊寂寥。最後，面對催他們在危險情況下加快工作節奏的老闆，以及指示他們讀書、上劇院的黨派領袖，飲酒也是一種對老闆和黨派領袖的反抗。

蘇聯宣傳家描述蘇聯社會無階級分野，但共產黨員談及酗酒問題時，就已在探討階級。和工廠作業員、前科犯、士兵全同住在一個封閉地區的高教育水準菁英，對這群人的生活方式驚駭不已。有天夜晚，檢查人員抽查一間女子宿舍，他們的反感大剌剌攤在眼前：男人躺在女人床上，女人醉醺醺，地板簡直像鋪了一片腐壞馬鈴薯、嘔吐物、痰、煙蒂的地毯，茶几上堆滿酒瓶和骯髒碗碟[27]。他們說，工廠操作員應該更自愛，要「匹配得上社會主義的社會」[28]。

對蘇聯菁英來說，生活在圍城的難處，就是和低階市井小民關在一起，而這些都是剛脫離村莊和都市貧民窟的人。城市領袖大可終止酒精銷售，這在一座封閉城市裡並非難事，但他們仍舊決定不限制這項重要的消費者自由。黨員反而努力數年，為的就是提升藍領階級鄰居的素質。對黨派成員來說，無階級社會等於中產階級社會，於是刻意消滅勞動階級的習慣、表達措辭、價值觀。

在記憶中，這些分裂和驅逐皆已淡忘，過去居民描述的是一個正直優選市民構成、關係緊密的社區。幾年下來，鄰居都說已經不記得哪些人受雇，哪些人又是以罪犯身分來到這座城市。九〇年代後史達林主義的壓制曝光，這時曾與蘇聯勞改營罪犯當鄰居的回憶，才又重新湧上奧爾斯克老居民的心頭[29]。拉波諾夫在二〇〇〇年這麼描寫他在奧爾斯克的童年：「我們住在龐大集中營，怎能和樂享受舒適生活？而蘇聯勞改營的恐怖，又怎能不在我們人生裡，投射出一道陰影？[30]」

九〇年代，許多俄羅斯人重新追溯他們的過去，擅自挪用罪犯的形象，將自己描繪成受害者，而不是史達林主義罪惡的加害者。記憶中，諸多身穿墊肩夾克的罪犯曾對之前的居民暗示，他們其實也是圍城裡的囚犯。其中一名作家想起他們區域的罪犯也曾這麼嘲弄他：「我們是搶劫才被關進來的，你呢？[31]」

但即使他們比鄰而居，奧爾斯克的菁英不認為自己和罪犯有何關係。經過謹慎過濾的奧爾斯克居民可是精挑細選之人，與蘇聯勞改營毫無關聯，也不會有牽扯，因此沒理由對蘇聯勞改營囚犯抱持同理心[32]。蘇聯意識形態義正嚴詞表示，USSR 是全世界最自由民主的國家，這個觀點則強化了政治純淨的思維，尤其在這個居民沒得查證官方說法與真實差距的封閉區域。簡言之，進行隔離與淘汰的空間階層，讓蘇聯政體心生自信，拉波諾夫回憶，他年輕時真的深信不疑自己住在全世界最棒的國家：「我當真相信，在我們的鐵絲網迷宮裡，我所呼吸到的是自由的空氣！」

第三部　鉟災

22
風險社會管理

鈽托邦

赫伯．帕克博士是名實力堅強的男人，千里迢迢從故鄉英格蘭來到哥倫比亞盆地光輝照耀的山麓，四〇年代末他所面臨的是一項不可能的任務。身為保健物理處（Health Physics Division）處長，他的職責就是處置漢福德工廠對公共衛生及環境福利形成的風險。帕克知道該怎麼做：監督工廠和環境，維持安全的「可容許」輻射劑量，降低風險。他用的是前核武時代的風險處理模型，在那個年代危險可以測量，也能藉由公共企業責任制度進行控管。帕克卡在前核武時代的理性安全管理觀念，以及他與同僚漸漸發現那深不見底而不可知的放射性污染意外後果中間，很難取得和解的平衡點。介於這兩個時代中間的科學家，諸如全新崛起的保健物理領域專家帕克，便猶如在剛完成築壩蓄水的哥倫比亞河逆游而上的鮭魚，在傳統風險管理及核安漸漸失控、讓人百思不得其解的高牆間，瘋狂旋轉。

只有一件事能讓帕克在這不可能的任務裡保持冷靜，那就是他和其他受過高等教育的當代人一樣，深信抽象原理。他對科學和科技進步有信心，相信這兩者可為人類與放射性同位素共處的潛伏危機找到解決方法[1]。最後科技進步讓帕克失望了，帕克和同事愈是拚命想發明科技、保護生命，科技就愈讓人類及生存陷入岌岌可危的境地[2]。身為保健物理處長的帕克身負重任，無奈職權與力量不足；雖具有這份工作所需的人性及勇氣，卻兩者都不夠。一個人必須有敢於違反社會規範和機密規章的英雄特質，才能擊退步步逼近的危險。帕克雖提出抱怨，到頭來仍無法隻手制止正在萌芽的鈽災。

就讓我話說從頭，娓娓道來帕克的兩難。一九四五年，帕克非常擔心漢福德工廠湧出的放射性粒子，會經由氣體和廢水散播[3]。日本投降後，工廠煙囪每個月噴發出七千居里放射線，因為當時工廠仍以戰時的緊湊時程進行綠色燃料的加工，嚴重污染節節攀升，帕克描述，雨水所含放射線已超過可容許標準三倍[4]，對這數字相當在意的帕克試圖找出高濃度放射性碘對附近牲畜造成的效應，但由於AEC官員向當地居民保證工廠安全無虞，帕克擔心他身穿實驗室白袍、手持電子儀器的監聽員，恐會引起不受歡迎的關注。

帕克靈機一動，和他的工作人員打扮成牛仔，「鬼鬼祟祟」放牧鄰近牧場的羊群，然後偷偷測量放射性同位素[5]。測量結果令人頭皮發麻，動物的甲狀腺呈現超過可容許劑量一千倍，當時科學家早就知道高劑量的放射性碘可能對甲狀腺造成危害，導致甲狀腺疾病和癌症。帕克引用這些研究，字字鏗鏘表示乾排氣管的高濃度「對食物來源具有潛在危害[6]」。

提出食物供應的警告奏效了，帕克在一九四六年成功說服工程師雙倍延長放射性燃料的冷卻期，變成六十天。一九四七年甚至增加至九十天，接下來幾個月碘污染的劑量穩定降低[7]。然而接著工廠製造激增，這下即使延長冷卻期也沒效。一九四八年四台反應爐連線作業，兩間負責大量加工的工廠則為支持後盾。製作量加重，反應爐增加，放射線等級再度飆高，監測人員發現五十英里（八十公里）外的輻射最強點，高達可容許劑量兩倍半[8]。帕克要求通用經理將冷卻時間拖長至一百二十五天，讓短壽的放射性同位素有更多時間完成衰變[9]。帕克的通用老闆新官上任，對核產業了解不足，經營偌大工廠讓他焦頭爛額，頭幾年他們常聽從杜邦時代起就在工廠作業的員工建議，於是帕克爭取到他認定的安全冷卻期，可說是公共衛生的大獲全勝。

沒多久，帕克又面臨另一場危機。一九四八年，監測人員在T廠附近的地面發現「大型」（毫克大小）的粒子，唯恐是放射性粒子。他們沿著順風處搜查，發現更多粒子，平均每平方英尺就有一顆。實驗室科學家最後結論是，這些粒子來自加工廠內部的腐蝕通風管，放射性和化學毒素的超強腐蝕性物質侵蝕了金屬。員工已經撤換幾條大型腐蝕通風管，但數之不盡的碎片持續散布，監測人員一路追蹤到一百英哩遠的斯波坎[10]。帕克估測總共有八億塊碎屑，要是被員工吸入肺部，或被里奇蘭的高點汽車餐館（Hi-Spot Drive-in）提供的薯條吸收，就可能囤積器官，在體內停留數年，他很怕這會是導致癌症的迷你定時炸彈[11]，於是將問題上呈他的通用經理和國會代表，針對該問題提出複雜艱澀的簡報，講到一半，議員希肯盧波（Hickenlooper）打斷帕克，問：「你會希望讓你兒子在二〇〇區（化學加工廠區）工作嗎？」

「不，」帕克斷然厲聲回應。

從個人角度來檢視這個風險，馬上就讓希肯盧波和通用主管了解到危險的嚴重程度。一九四八年十月六日，他們頒布一項指令，除非粒子問題獲得紓解，否則不會再進行燃料溶解作業，他們寫道，這是為了員工安全著想，同時預防放射性粒子朝西北部擴散[12]。

要是故事就此畫下句點，真的是可喜可賀的結局，代表戰爭緊急狀態結束後，美國官員決定聽從科學家的警告，將緩和公共衛生危害而不是核武製造設為優先，這個結論也可說明帕克的保健物理處監測環境、維護安全標準的任務成功，即使需要放緩甚至暫時停止鈽生產，他們都在所不惜。

但偏偏故事並未就此邁向終點，一九四八年十月，AEC 稽查員注意到冷卻時間拖長至一百二十五天，責罵通用主管遲交洛斯阿拉莫斯需要的鈽[13]。通用工程師為了粒子問題關閉工廠後的兩天，AEC 的生物醫學諮詢委員會（Advisory Committee for Biology and Medicine）在里奇蘭的沙漠旅館（Desert Inn）舉行會議，帕克向他們報告資料數據。會議紀錄寫道，經過「徹底」討論後科學家裁定，並無值得採信的具體證據，說明粒子會帶來「無根據的危害」，科學家建議工廠重啟作業，員工則只在排氣管下加裝過濾器。諮詢委員會成員冷凍了帕克和他的監測計畫，提醒他漢福德實驗室的「主要功能是製造中心，生物與醫學研究應與當地問題有著直接關聯[14]。」

帕克似乎沒有為重啟作業會對公共衛生有害一事和他們爭辯。若真想爭論，他必須上訴至諮詢委員會頭頂，意思是「尋求政治途徑」，到政府機關運用他的專業知識，為這項政策力爭到底。但當時和現代一樣，大多科學家都認為「尋求政治途徑」會讓冷靜客觀的科學家失去可信度，而在反共產主義氛圍不寒而慄的四〇年代末，此舉十分冒險。帕克也聽說過李奧・史茲拉德（Leo Szilard）和哈洛德・烏雷（Harold Urey）等呼籲國際控制核武的科學家，最後是怎麼在 AEC 變成邊緣人，顯然帕克不想找這種架吵，在沙漠旅館遭到冷酷回絕後，帕克一樣按原定計畫，帶訪問委員回到他家共進晚餐[15]。

後來 AEC 官員批評帕克關閉工廠作業，危害國安。平白遭受無妄之災的帕克說明他的決定時，寫道他並不「敢向老天借膽」，污染員工和周遭人口[16]。顯然帕克不是唯一擔憂放射性廢料的人。一九四八年，科學家席尼・威廉斯（Sidney Williams）在例行審查時向 AEC 報告，「以目前污染廢料棄置的分量和方法來看，若持續數十年，將會演變成極度嚴重的問題。[17]」檢查漢福德廢料棄置的肯尼斯・史考特博士，批評倉促的戰爭期間發明出的措施臨時而不足，史考特憂慮隨著更多台反應爐連線作業，棄置更多滾燙的污染廢水，哥倫比亞河的健康及身價一千萬美元的鮭魚產業，將會面臨危機，「恐怕超過原本已不寬裕的安全邊緣」[18]。另一名科學家寫道，長期暴露於放射性廢料可能導致癌症併發、器官衰竭，或者「活力明顯減退」[19]。正當帕克擔心排放物時，美國全國輻射防護委員會（National Committte on Radiation Protection）降低人體放射性碘的容耐程度十個係數[20]。然而，其實就連這些數字都只能算是臆測結果，史考特在一九四九年寫道：「安全容耐度其實可以說是科學觀點，不是既定事實。」

工廠恢復緊鑼密鼓的生產節奏，帕克只好撤回他先前說過的話。雖然工廠的功能不能與戰爭時期同日而語，但鈽製作依舊比公共衛生重要[21]。再者，他發現 AEC 官員對於懷疑與不確定的態度是一派的從容自得，即使他們都知道，漢福德工廠釋出的危害劑量與種類史無前例，AEC 官員還是不肯投入資金，研究醫學效應。帕克的實驗室只能靠微薄預算撐下去，少於 AEC 發給里奇蘭學校的補助金[22]。結果導致漢福德科學家幾乎零進展，無法找出肺部和消化道的粒子堆積，而事實上這問題已經荼毒工廠數十載[23]。帕克只得默默承擔上級的科學和安全標準低迷。

也許正是這個原因，帕克懶得向訪問科學家提及另一件事。善於鑽地洞的鼹鼠破壞廢料貯藏池的泥土牆，導致一千六百萬加侖的放射性流出物灌進哥倫比亞河。不多久，同樣位在飽受殘害的三〇〇區域的飲用水井，就岌岌可危地緊鄰坍塌放射性貯藏池，也遭到污染，必須請貨車司機送乾淨水源。污染嚴重擴散到帕克實驗室員工在內的三〇〇區域員工，都必須全副武裝，穿戴安全裝備，才能執行日常工作[24]。

一九四九年，帕克同樣無法制止保健物理計畫最冒險的一項任務。核子危機猶如賭博，一旦擲出骰子就很容易上癮，搏出更高賭注。蘇聯進行第一顆原子彈測試後的三個月，驚慌失措的軍方和 AEC 領導人，讓漢福德科學家冒著風險，實踐了後來惡名遠揚的實驗「綠色追蹤（Green Run）」。漢福德保健物理學家聯手美國空軍，在十二月初執行測試。該實驗要求加工一噸僅冷卻二十天的「綠色」燃料，追蹤氣體在哥倫比亞盆地的擴散軌道[25]。這恰巧是帕克一年前竭力提出抗議的污染程序，雖然不清楚實驗目的，但一九八八年帕克部門的科學家告訴一名記者，他們試著找出加工冷卻不足的燃料，釋放放射性同位素的可測量劑量，而他們猜得一點也沒錯，那正是蘇聯在烏拉山加工的劑量。空軍官員若能發現一噸綠色燃料能釋放出多少短壽的放射性碘，便能藉由監測 USSR 邊境的空氣，估測出蘇聯正在製造的鈽有多少[26]。

綠色追蹤一點也不「綠意盎然」，只是一抹病態的縷縷輕煙，飄過瀝青灰天空底下的黃褐景觀。綠色追蹤打從一開始就頻頻出錯，科學家本來預期氣體含有四千居里放射線（來自放射性碘），但氣體從煙囪升空後，科學家測量出約一萬一千居里的劑量，這個驚人劑量已打破所有工廠紀錄，研究員本來等待安定乾燥的氣候，但其中一名科學家抱怨，當週正巧適逢「最惡劣的氣象條件」[27]。實驗展開沒多久，風開始吹拂，往地面吹送煙囪排出物，後來氣溫下降一半，雨水沖刷沈重的放射性碘濃度，降落斯波坎和沃拉沃拉，氣象學家本來預期能夠追蹤放射性煙霧，會沿著可期的路線流向行進，但風勢變化、旋轉、滯留，大幅改變原定的行進路線。監測員記錄下肯納威克植物所含的放射性碘-131劑量，已超出可容許極限一千倍[28]，但研究員不確定讀數是否正確，因為他們的儀器遭到污染物質堵塞，讀數可能錯誤，甚至完全沒有產生讀數。而主要的那塊毒氣雲則意外飄過里奇蘭南部上空，飄至科學家家人的生活區塊[29]。放射性潮汐在他們的屋舍上空迴旋打轉，研究員不知不覺地從風險實驗的執行者，變成該實驗的受害者。

實驗唯一的好消息是，科學家預測，要是氣候條件較好，他們就能追蹤煙囪排放至約莫一千英里（一千六百公里）距離的氣體，因此他們能大概追蹤到蘇聯的放射線尾巴。基本上，該測試開創出核武監視的全新道路，綠色追蹤是漢福德科學家的初試啼聲，彷彿鑿過隱喻性的土壤，抵達封閉的奧爾斯克城，這也是弔詭的諷刺之處。大多里奇蘭和奧爾斯克的居民並不清楚他們的工廠生產多少鈽，但世界另一端的敵方科學家，卻對他們的鈽產量瞭若指掌。

綠色追蹤結束後的那幾年，可容許劑量降低，而放射性廢料卻反倒激增。一九五一年，工廠溶解的輻照鈾紀錄史無前例，碘-131的放射線排放物攀升至每日一百八十一居里，安全目標則降至每日一居里。一九五五年，操作員要管理八座反應爐及三座加工廠。二次世界大戰期間，工廠每日排入哥倫比亞河的最高紀錄是四百居里，一九五一至五三年間，調節池每日往河裡傾倒七千居里。一九五九年，河川傾倒量高達每日兩萬居里的巔峰[30]。

廢料多半是省錢的產物，AEC官員發現傾倒放射性廢料，比運用昂貴科技貯藏廢料節省。五〇年代，廢料處理的年度預算是二十萬美元，而里奇蘭學校的年度經營預算高達一百五十萬美金[31]。用在幾百萬加侖廢水的預算少得可憐，結果就是節省地倒入貯藏箱、溝渠、貯水槽、水池、河川，而危險性超高的廢料，則是裝進暫時的地底容器。

與此同時，通用電氣在一九四八至五五年間，蓋了五座設計抄捷徑的新反應爐，基本上是沿用最早期的杜邦反應爐，連它們的危險特徵都一併複製。新反應爐沒有預防爆炸的圍阻體，只有任河水單向流入反應爐的單程系統，接著進入水槽，污染放射性同位素的廢水再流進哥倫比亞河[32]。設計師考慮蓋具有回收循環河水系統的反應爐，也曾考慮蓋更大型的貯水槽，增加放射性廢水的衰變時間，但這些計畫都遭到否決，理由是太過「繁複」，換句話說就是花錢[33]。

大量廢料沈積在工廠地表，但由於尚無發生重大災難，科學家自信滿滿相信污染危機可以掌控。例如四〇年代末，漢福德的放射生物學家卡爾．荷德（Karl Herde）就在工廠附近進行野雞研究。他在化學加工廠附近的七十英里範圍內（約一百一十二公里）射殺野雞，進行解剖，測量牠們甲狀腺含有的放射性碘劑量。荷德對自己的發現相當滿意：一九四七年，所有他捕捉到的鳥禽測出的放射性碘呈現陽性反應，但一年後，唯有幾隻測出微量放射性碘。荷德總結：「鳥禽身上發現極低劑量的放射線，說明我們目前對大氣污染的掌控十分有效。[34]」既然荷德的結論如此斬釘截鐵，那他研究的野雞想必多達數百隻吧。我的視線掃向荷德研究的數據庫。

荷德獵捕的公野雞，僅有十隻。

AEC審核人亦顯現荷德放射性廢料管理的誇大自信，「根據保健物理學組的傑出紀錄，（放射性廢料的）風險如今已經一目了然。[35]」這件事之後，漢福德經理多半已不再擔心放射性廢料，幾十年後，逐漸茁壯的環境運動對核安提出質疑，而審核人發現AEC並沒有廢料的全委託政策，也沒有專門監督廢料處理的辦公室。AEC官員多把放射性廢料管理事務丟給承包商，承包商又把皮球踢給他們的內部部門，深入內部後發現他們一問三不知，根本不清楚有多少放射性廢料、已經排放到何處，更不懂何謂安全貯存[36]。結論是四〇年代末和五〇年代初，他們為省錢採用的設計、管理、研究決策，其實一點都沒省到，反而害後代損失幾千億美元的清理費，更帶來未來的健康問題。

23 行進的傷者

安潔莉娜．谷斯科娃在一九四九年，以年輕醫師的身分開始接觸輻射醫學，當時她接受指派，從事低階工作，在馬亞科工廠的蘇聯勞改營醫療單位，治療囚犯和士兵。當時居地還沒有醫院，只有一間營房診間。一九五一年某日，十幾位頭暈嘔吐的囚犯進入診所，谷斯科娃依照食物中毒進行診治，結束後送他們回去工作。後來罪犯又回來，抱怨體重減輕、發燒、內出血，這次谷斯科娃診斷出嚴重的輻射中毒，他們先前顯然曾到二十五號放射性化合物工廠輻射附近，在嚴重污染的土壤開挖渠道。監測人員到場採樣，預測三個男人吸收了約六百雷姆的劑量，對多數人而言已等於致命劑量[1]。

谷斯科娃回憶，這幾名囚犯得到最優質的照顧：特別調配的飲食、維他命、潔淨床單、輸血、抗發炎藥。對蘇聯勞改營囚犯來說，這是相當不尋常的待遇，但谷斯科娃和同事對治療這群病患相當有興趣，畢竟這是他們第一次碰到嚴重輻射中毒的病人。劑量最高的三人之中，其中一人死亡，另兩人數月後出院。谷斯科娃驕傲地記得這項成就，要是她跟同事想出治療輻射中毒的方法，等於他們盡到自身職責，協助工廠繼續營運，對人類同胞和國家安全都意義重大。

谷斯科娃最先治療的是士兵和囚犯，這很合理，畢竟工廠督導都將最危險的任務，指派給命最不值錢又最搞不清狀況的員工[2]。每當手邊有危險工作時，他們都會以減緩刑期為條件，先要求囚犯自願參加。自願報名到漏水水管底下修繕鐵路，或清理洩漏物的，通常都是被判無期徒刑的人。在二十五號工廠，囚犯會為了獎金，自告奮勇加入「特殊機構團隊」，移除鈽沈澱物堵塞的過濾器。這群人往往撐不久，「我見過從事這份苦差事的人咳出血，」英娜・拉瑪霍娃（Inna Ramahova）回憶道：「每隔兩、三個月就會換一批人，原班人馬之後就從未再見過。[3]」焚燒掩埋放射性廢料的這群人，一副虛弱蒼白，接著就不見行蹤[4]。

從製造業的觀點出發，唯獨技術高超的職員病倒才會爆出健康危機。泰莎・葛洛莫娃（Taisa Gromova）在二十五號工廠作業，通常是第一個報到，也是最有熱忱和拚勁的員工。跟其他製作部門的職員一樣，受雇前她的健康紀錄良好[5]，一九五〇年，葛洛莫娃開始抱怨頭痛、骨頭劇烈疼痛，時常感到疲累。她體重減輕，步態緩慢，當朋友去跳舞游泳，泰莎只能坐在長椅上旁觀。一九五三年，葛洛莫娃氣喘吁吁，開始出現心臟病的症狀，工廠醫師診斷她患有肺結核，將她送往肺結核病房，但醫師沒發現肺結核，於是放她回家。不多久其他人也生病了，包括沙利吉納、席瑪內恩科、納吉那、莫德諾娃、柯羅科娃、葛利布科瓦、德羅諾瓦，全是二十五號工廠的化學工程師，都在青春正盛的二十初頭[6]。人們開始注意到二十五號工廠有氣無力的蒼白女孩，默不出聲坐在自助餐廳，咀嚼著黑麵包，這群年輕女孩像是瞬間老了好多歲。

工廠醫生為她們進行健康檢查時，百思不得其解，這群年輕員工從外部來源接觸的伽瑪射線劑量並不特別高，為何生病？

設在馬亞科工廠同一條路上的祕密實驗室，應該可以回答這個問題。一九四六年，札維尼亞金將軍創立一間生物物理學研究機構：B實驗室，員工全是從占領時期德國被帶進蘇聯的德國科學家。德國科學家對馬亞科工廠的放射性廢料進行實驗，注入土壤和實驗室動物體內，和噴霧器混合。放射性同位素對生物體可能造成的效應，讓實驗室主任尼可萊．提莫費夫－里索夫斯基（Nikolai Timofeev-Risovskii）特別感興趣，他希望利用放射性廢料，培養出更健壯的植物。其他科學家則試圖發明溶劑，清除生物體內的放射性同位素，[7]由於德國科學家身分是囚犯，於是不得進入鈽工廠，測試輻射等級。

一九四九年末，負責安檢的伊凡．卡臣科視察這間位於奧爾斯克二十英里外的實驗室，卡臣科抱怨，他發現德國科學家安頓在舒適房屋、器材齊全的實驗室，卻沒有拿出什麼成績。卡臣科寫信給貝利亞，指出問題出在實驗室員工全是囚犯，「他們因為參與反蘇聯運動而判刑，與外界失去聯繫，無法確實進行科學工作，對於最新發現一無所知，與科學領域的成果發展完全隔絕。[8]」

讀到蘇聯勞改營將軍批評鐵絲網內的科學發展時，給人一種奇異的感覺。卡臣科建議指派自由民間實驗室主任，主任可與外界聯繫溝通，交換科學主要進展的資訊，無奈為時已晚。A反應爐失控洩漏，放射性廢料排入攸關巨大漁業利益關係、收穫及加工好幾噸商業白鮭的基斯爾塔許湖，囚犯和士兵在高核裂變產物濃度的土壤辛勤苦幹，放射性化學工廠的女工則每日吸入放射性粉塵和煙霧，對於遭到禁錮的生物物理學家，這些資訊都是最高機密。

換句話說，雇請西方科學家的高科技實驗室平白損失大好契機。一九四六至五三年的蘇聯研究放射性同位素對生物造成的影響，但成果並不彰顯。同時，蘇聯情報員竊取到一萬頁的曼哈頓計畫文件，卻未鑽研攝入文件裡關於放射性同位素危害的醫學研究[9]。由於監督協定的重點放在外來源頭的劑量，於是谷斯科娃和同僚並未考量放射性同位素會緊黏著粉塵粒子，從食道滑入柔軟的肺部組織，或從擦傷的皮膚進入血液，堆積重要器官裡的微量傷害。

葛羅莫娃是第一個過世的二十五號工廠女員工，享年三十。一份解剖報告顯示，她血液裡的鈽含量高達「可接受劑量」的兩百三十倍，其他八名同事很快就在市內墓園與她會合[10]。畢里雅夫斯基記得採石場附近的墓園，他描寫：「即使是當時（還是初期），墓園還是很快就座無虛席。[11]」

全蘇聯受過核化學訓練的專家屈指可數，病懨懨的年輕化學工程師不可取代，他們的疾病吹響了高分貝卻機密重重的警戒號角，莫斯科領導人發放資金，建蓋兩間新醫院、幾家診所、購入放射線測定儀器，提高醫療人員薪資，並在奧爾斯克增設莫斯科生物物理研究所（Moscow Institute of Biophysics）分部[12]。以人均計算，城裡的醫師人數很快便超越其他烏拉山城市[13]。

有了醫療設備、實驗室、更多工作人員，谷斯科娃和同事準備開工。他們並未透過老鼠和兔子的實驗研究，探索吸入放射性同位素的有害效應，而是藉由醫治病人，發現放射性粒子和健康影響的關聯。一九五〇年，醫生發現一種新疾病，這種病目前只出現在俄羅斯的烏拉山區，叫作慢性輻射綜合症（chronic radition syndrome，簡稱CRS），是由長期暴露在低劑量的放射性同位素所引發。有位傳記作家描述CRS發作時的痛楚，讓他痛得「想攀抓牆壁」[14]。醫師發現要預測這新品種的神祕疾病怎麼發作，就要觀察血液變化，通常會以嚴重貧血的方式現形[15]。醫師開始每隔幾個月就對製作部門的員工進行抽血，接觸放射性同位素的員工外表可能沒有異狀，感覺也很正常，但血球變化騙不了人。有名臨床醫師記得，她觀察一位曾在關鍵意外接觸同位素的女性的血液塗片，注意到自動再生的中子鏈反應。她驚心動魄地發現，這名女子沒有大量白血球，只有一顆在玻璃瓶裡泅泳的淋巴球[16]。要是醫師記錄到員工出現驚人的血球變化，便會要求員工立即離開受污染的工作場地，飽受鈽製造壓力罩頂的老闆，不希望聽見醫師遣走原已稀少的專業員工，「我們和督導有過幾段折騰人的對話，」谷斯科娃記憶猶新[17]。

工廠醫生說，如果年輕人在工廠短短幾年就病倒，老闆也很難保留充足員工，他們指出，招聘合格職員和科學家製作鈽已經不簡單[18]，醫生最後總算說服領導人，請他們趁有價值員工嚴重病倒前，將他們撤離放射性環境，這群人一開始就沒做好生物學實驗的保護措施，裁減輻射監控預算，更下令縮短危險的冷卻時間。若是離開製作部門，意思是薪水會掉一半，更慘的是會遭到革職。革職員工必須離開日漸富庶、衣食無缺的小城市，進入外面的「大世界」，他們就是這麼稱呼城市領土外圍的慘淡景觀。許多人都覺得工作解約，等同驅逐流放或被迫重新安頓，和他們當初聽到的社會向上流動天壤之別[19]。

谷斯科娃回想，當初他們趁員工出現慢性輻射綜合症症狀前，將他們撤離場地，拯救了幾千條人命。光是一九五四年，醫療人員計算有八百零五名員工重新分發，離開製作部門。谷斯科娃斷言，兩千三百名最終確診慢性輻射綜合症的員工中，僅有十九個在十年內接觸同位素的人死亡[20]，然而這些病人當中，絕大多數都在三十、四十、五十歲病逝，而在二十五號工廠作業的年輕女性，超過一半都在五十歲前死於癌症[21]。

對谷斯科娃來說，死亡雖然沈痛，卻證實了醫學勝利。她和同事學到要怎麼及時診斷出 CRS、如何治療，她說大多員工最後都完全痊癒了。有兩千多名職員接觸劑量超過驚人的三百雷姆，一半都多活了四十至五十年，她聲稱這組 CRS 病患的壽命，甚至超越蘇聯人口的平均數值[22]。谷斯科娃運用這些數據，聲稱即使接觸的輻射劑量長期超過可容許標準，還是活得下來，遇到謹慎的醫學監測、優良的健康照護、良好的居住環境，再兇猛的放射性同位素都沒輒。期望打造核武未來的莫斯科大老，聽到這番言論都熱烈鼓掌，谷斯科娃的研究結果極具吸引力，讓她事業如日中天。五〇年代末，她升官來到莫斯科，是科學界堪稱少見的奇女子，在那裡當上生物物理研究所的研究主任。一九八六年車諾比核災爆發後，她還成為家喻戶曉的臉孔，公開探討輻射和健康議題。在電視攝影機前，谷斯科娃努力安撫憂心忡忡的公眾，說服他們放射性污染是可以控制的[23]。

然而谷斯科娃的數據資料卻引人質疑。封閉城市奧爾斯克的年輕居民，過著繁榮豐足的生活，人人享受優良健康照護，市內卻僅有一名老人，既沒有可憐的窮人，也沒人受慢性病所苦。相反地，戰後周遭的蘇聯內地飽受營養不良、各種感染疾病騷擾，醫療服務不足、條件惡劣，人們飽經戰爭創傷的身心疾病折磨，多數人都過著貧苦生活，這些生活條件都在公共衛生方面留下印記。在某些地方，四分之一的嬰兒死於疾病和營養不良，而經過優選的奧爾斯克居民身體健康、年輕有為，照理說他們的流行病學狀況，的確應該比蘇聯平均人口好上許多。

若說醫療診斷能透露錯綜複雜的醫學真相，那診斷也可遮掩真相。工廠醫生可使用 CRS 診斷，指稱哪些人生病，哪些人未受工廠影響，後面幾十年間，甚至畫出診斷界線，判定多少人患有職業相關疾病，藉此省下幾百萬支付員工賠償的盧布。換句話說，他們面臨真實的經濟政治壓力，因此不得不變出醫學資料，只得描述少數員工的輕微健康危害[24]。我想說的是，雖然谷斯科娃的數據聽起來是經過科學實證的事實，卻沒有意義可言。谷斯科娃製作的 CRS 病患表格，幾乎沒有反映出工廠裡接觸輻射生病、甚至早死的總人數，這些數字在歷史上始終成謎，而我們現在唯一能做到的，就是略微瞥見整體情況的冰山一角。

谷斯科娃的紀錄只指出派遣至主要製作部門的受薪職員，這群員工接受醫療監測，從該部門離職後，仍留在奧爾斯克，總人數不到全體職員一成。患有 CRS 的勞工後來都遭到開除，驅逐離開奧爾斯克，前往工廠醫療雷達再也偵測不到的所在。這些人的病史在廣大蘇聯人口的數據潮水裡融為一體，記錄著節節攀升的癌症機率和短壽數字[25]。谷斯科娃沒有算入未經監控的員工、囚犯、士兵[26]，共有約十萬名「遊牧民族工人」，曾在工廠營運的前十年落腳馬亞科工廠[27]。谷斯科娃的紀錄也沒算進站在污染實驗室前門，或在煙囪吹送微風裡駐守的警衛。他們沒算到在污染工廠場地裡從業的廚師、水電工、電工、清潔人員、店員，或在輻射污染領土上，蓋新反應爐與工廠的建築工人[28]。

這些男女員工後來發生什麼事，我們如今也只有臆測的份，士兵服務幾年後經過調動離開，而 CRS 的症狀要一、兩年才會現形，循環系統疾病或腫瘤則需要十二年的進程，因此我們無從得知多少士兵死於工廠的輻射接觸。CRS 的症狀很類似一長串可能由營養不良、壓力、精疲力竭引起的感染疾病與不適症，長期體衰的囚犯最終被歸類為「病弱」，送往該區域外的營地[29]，無論這些囚犯是死於輻射中毒，或挺過輻射的摧殘荼毒，都不會有記錄。

新品種疾病、病弱的年輕人、工廠員工的死因，全被歸類為國家機密，醫療健檢後，員工不會獲得通報，所以也不曉得自己的診斷結果或接觸劑量。然而輪班結束後流著鼻血的囚犯、面色蒼白、如鬼魅般在商店出沒的年輕女性，愈來愈多醫生和醫護人員湧進這座新城市，皆已不言而喻。居民開始理解工廠的危險，盛傳工廠男性不孕，還有丈夫花錢請士兵讓自己老婆懷孕[30]。有個被稱為「長舌婦」的銷售員，曾在一九五一年一月，因探望生病的家人而回到瑪格尼托哥斯克（Magnitogorsk），她敘述奧爾斯克是座貨真價實的監獄，還說她受到高薪邀約到工廠內部工作，但她斷然回絕。「去那裡工作（鈽工廠）等於找死，」據聞一名線人在聽力範圍內聽到她這麼說。卡臣科將軍後來以「散布國家機密」為由逮捕她[31]，儘管如此，她的意見還是引發不少麻煩。

員工生病和工作條件危險的傳言會讓勞工士氣大損，卡臣科不得不承認，人們確實會閃躲據傳「不潔」的工作室，老闆們說很多人抵達圍城後，就不再繳納黨派會費，也不再出席義務會議，這是因為經要求報到危險部門工作時，黨員不能不遵守，但要是並非黨員，他們就有權拒絕配合[32]。

對於社區的經濟健康，士兵和囚犯的角色非但重要，對社區的實際健康也舉足輕重。工廠洩漏愈多廢料，這群命不值錢的勞工就得在污染場地衝鋒陷陣。現代國家的其中一項服務不只有分配財富，還要重新分配風險[33]。奧爾斯克的短期勞工一肩擔下重大風險，而這麼做大有幫助，讓原本設計不良、洩漏頻傳的危險工廠，到了專業受訓的長期菁英員工眼中，就變成愉快安全的工作場所。至於駐防地和營區的臨時工，則是隔離鈽工廠員工，不讓他們曉得自己一手釀成的鈽災，為風險和健康帶來多麼驚悚的後果。

24 兩份驗屍報告

因為傑出安全紀錄獲獎無數的AEC，在一九五二年獲得他們第一座獎[1]。幾年後官方說法指出，漢福德工廠在過去四十年的營運，從未發生過輻射引起的意外死傷。

但當我讀到一具遺體的兩份驗屍報告時，卻開始對這個說法起疑。一九五二年六月九日，維修部門的領班恩尼斯．強森（Ernst Johnson）提早下班，抱怨他感覺灼燒、喉嚨痛。回到家後，他一躺上沙發便沒再起來。強森的妻子瑪麗致電通用經營管理的里奇蘭卡德勒醫院（Kadlec Hospital），威廉．羅素醫師（William Russell）不到二十分鐘抵達，後來執行第一次驗屍解剖，說明這名四十八歲的員工死於動脈瘤[2]。

丈夫的死因讓強森太太心生疑竇。殯葬業者指出丈夫手臂上有不明傷燙傷痕[3]，而同情強森的同事前來致哀時，也在瑪麗耳邊偷偷告訴她，強森「劑量超標」，不僅如此，FBI也在里奇蘭跟蹤瑪麗。瑪麗．強森將丈夫的遺體帶回芝加哥老家舉辦喪禮，之後把丈夫的遺體交由庫克郡（Cook County）驗屍官湯瑪斯．卡特醫師（Thomas Carter），請他進行第二次解剖。卡特說明死因是接觸放射性物質引發的動脈瘤，充分解釋了傷燙傷痕。他寫信給瑪麗．強森：「我敢確定他的死因是輻射暴露，妳有爭取保險金或賠償金的充足證據。」但卡特補充一句令人心神不寧的話，他寫道：驗屍報告不齊全，因為「某部分的重要物證（遺體）已遭移除」[4]。

瑪麗．強森將卡特的驗屍報告寄給通用電氣，索求丈夫的死亡賠償金。漢福德保健物理部門的副長官菲利浦．富卡（Philip Fuqua）醫師警報大響，他飛到芝加哥，請卡特撤回他的驗屍結果。富卡向卡特表示，既然他們意見相左，或許可以請輻射醫學專家重審此案[5]，於是就這麼定案。富卡提供的專家名單有羅伯特．史東、薛爾德．瓦倫（Shields Warren）、康特里爾（S. T. Cantril），這幾人都是 AEC 內部的強硬派。史東和華倫先前還在核武測試時，核准對幾千名美國軍人進行實驗。富卡知道這幾名醫生可以信賴，能幫忙做出對 AEC 有利的醫學證詞[6]。

富卡到他的辦公室拜訪他時，卡特的態度稍微軟化，但一週過後他改變心意，拒絕撤回原始結論，更致電瑪麗．強森，告訴她通用電氣向他施壓[7]。通用律師改變戰略，要求華盛頓州勞工會（Washington State Labor Board）在強森的第二份解剖報告裡，編撰輻射接觸資訊，拒絕瑪麗．強森的索賠。華盛頓州官員按照要求，甚至積極通報通用電氣律師，毫無戒心的強森致電勞工會時的通話內容[8]。

一切聽來疑點重重，神祕死亡、矛盾的驗屍報告、富卡慌張搭機前往芝加哥、遺失的身體部位。針對強森的個案，我詢問一名前任漢福德保健物理學家，他指出在當時，採集器官屬於標準程序，不見得是藏匿證據，較可能是為了將來的研究搜集素材。這位保健物理學家也藐視驗屍官的第二份報告，口吻誇張地問：「家庭醫師很懂輻射嗎？只要家人提及他曾在核設施工作，哪個醫生不會得出這番結論[9]。」但這名庫克郡驗屍官可是在主要大城受過專業訓練的病理學家，不是家庭醫師。

強森死後過了六十年，我思忖著究竟誰說的才是正確的。強森是死於輻射相關的傷害？抑或不相關的病況？我跑了幾家檔案資料庫，想從幾萬份漢福德機密文件裡，抽絲剝繭出強森的命運。我再也沒發現有關強森的記載，卻追到一些線索。一九五二年六月，漢福德的月報描述，強森過世那天工廠曾發生「一級」輻射事件，發生地點正好就是他的工作場所，內容提到的員工也符合強森的工作內容，但這場事件的報告並未提及死傷，事件敘述似乎無害，大致上就是放射性水桶處理不當的意外[10]。由於無人監控員工，所以他們接觸的劑量並無紀錄[11]。

就這樣。我無法確定輻射事件與強森的死有關，根據法規，應該要有關於強森的其他紀錄，記載他的早退和不幸早逝才是，但這些文件已經不復在，也許打從一開始就沒記錄下來。我確實有找到證據，指出某些意外沒被寫進官方紀錄。例如，某天總共有兩百萬加侖的放射性廢水洩漏入哥倫比亞河，而一名監測人員卻在筆記裡寫道：「列為非正式紀錄。[12]」關於另一場描述未知劑量的高放射性廢料排放意外，某官員寫道：「本起事件並不足以通報。[13]」一九五五年十二月，華盛頓的 AEC 官員只用一句話記載：一名漢福德員工死於意外。檢查作業報告時，我沒看見當月工廠有發生這場死亡或受傷的跡象[14]。也許六至十五年後，AEC 定期清除的主要檔案裡，部分就是這類意外紀錄。再者就是一九五二年尾，通用律師擔心瑪麗．強森打電話通報，因此別有用心地「消毒」強森的文件，我苦思這件案子，想到焦頭爛額，一再提醒我這起在記憶漩渦裡打轉淹沒的事件。

搜尋意外報告，試圖焠鍊出可能殺害強森的事件時，我詫異發現有千百種受傷的可能性。強森可能被溢出貯藏槽的污染水噴濺；他可能在反應爐下遭中子射叢擊中[15]；可能在風扇失靈時，吸進燃燒的鈾氧化物[16]；

可能被叫去爬上起重機，在流著高熱放射性溶液的水管附近工作；可能太接近洩漏的廢料貯水池水管[17]；可能在維修控制棒時，被放射性碎片刺中手臂；或者他在換堵塞水管、整理破裂的燃料塊、閃避反應爐後端噴濺的高速率放射性物質時，被放射性溶液燙到[18]。

漢福德工廠的例行作業裡，一籮筐的作業都可能出錯並釀成大災，AEC專家冷冷地咬定，他們可以藉由設計、規範、員工特訓避免意外，然而研究三里島核電廠（Three Mile Island）意外的社會學家查爾斯・佩洛（Charles Perrow）卻指出，高風險核工業廠的複雜性「超出控制」。他說在這些繁複制度裡，即使是毫無大礙的問題，例如電源衰竭，都可能引發災難。佩洛說這些事件是「正常意外」，因為無從避免，也無法預期[19]。再者核能電廠的老化速度快，很容易受高度腐蝕化學和放射性毒物所累。「工廠正在衰敗，」漢福德工廠啟用僅四年後，帕克描述：「維修工作變得更舉步維艱。[20]」

他們沒有維修的時間。在五〇年代，為了趕在俄羅斯之前製作出鈽，操作員承受不得停止生產線運轉的壓力。員工被抵在槍口下，盡速節省經費地生產出鈽。一九四七至五一年間，工廠的產能增加三倍。艾森豪總統（Dwight Eisenhower）在一九五五年公布，核武即是他國防策略的基石，那之後的三年間，每年的產值都增加百分之三十至四十[21]。不巧的是，隨著產能雙倍成長，廢水量亦跟著三倍增長。全力運轉導致一個月內有十至二十個燃料塊破裂，每當燃料塊破碎，操作員就必須關閉機器，取出燃料塊，修復運轉不良的設備，再重新開啟運作，損失不少寶貴的製作時間。為了彌補損失的時間，他們又會開始趕工[22]。檢查人員匆匆忙忙之下，也沒時間為老舊材料和測試儀器提出想法。廢料線崩塌，輻照漆剝落，泵衰竭無力，橡膠塞脆化洩漏[23]，鈽工廠見怪不怪的日常損耗，遂轉譯成大大小小的輻射事件。閱讀月報時，會注意到工廠的失控程度似乎並不輕微。一九五五年，艾森豪宣布特別的「核武國防材料倡議」那年，失序局勢甚至愈擴愈大。十一月，某燃料元素著火，爆炸將污染粒子傳播至周遭五平方英里（十三平方公里）的範圍[24]。十二月時，F反應爐的貯存槽破裂，每日往哥倫比亞河洩漏一百七十萬加侖廢水，卻沒人一馬當先衝去修復這放射性噴泉。麥克蓋爾（A. R. McGuire）描述，放射學部門雖然知道這場洩漏，卻沒提出報告，他寫道：「我很懷疑他們現在並不希望有任何聲明紀錄，而我傾向慢慢等待，受情勢所逼，他們的答覆可能是不得不維修貯藏槽。[25]」

麥克蓋爾樂於視而不見奔流湧入河川的廢水，畢竟他手邊還有更大條的問題。我在他的三百頁報告中，碰巧看見這幾行字：「十二月二十二日，風速每小時八十英里（一百二十八公里）的暴風雨導致一百地區（反應爐區）的嚴重損壞，估計三萬五千平方呎寬的屋頂破壞，嚴重到某些屋簷的混凝土塊被吹翻。[26]」

我得定睛重讀這段文字幾回，確定我沒眼花。這段文字雖然簡潔，卻留下無限想像：強風咆哮怒吼，聲音讓空氣很有存在感，強風像是揮出一拳，鋼筋固定裝置的龐然混凝土塊遭到掀翻，隨著應聲而斷的決絕聲響往上一拋，飛離反應爐。混凝土塊在牆面、柵欄、調節池上來回彈跳，粉碎的碎片猶如雨水，降落在貨車和逃竄的工作人員身上。接著污染蒸氣和水湧出噴發，抱著輻射偵測儀的員工蜷曲著身子，在水泥碎屑上匍匐前進，操作員則俯衝過去關閉反應爐。

工人花了六個月修復反應爐屋頂[27]，而這段期間反應爐持續運作。暴風發生後的幾天、幾週間，三座「不見屋頂」的毀損反應爐，暴露在風雨、大雪中持續運轉。在沒有戰爭卻的戰時氛圍濃烈之下，手臉暴露在輻照污染之中的少數員工不過是幾個小人物，為了完成大我所犧牲的小我。

鈽的製作量持續增加，放射性廢水亦陸續排出，核廢料處理廠計畫案也繼續飛快進行。一九五一年，木工聯合會（United Brotherhood of Carpenters）的霍夫瑪斯特（J. Hofmaster）寫信給華盛頓國會議員亨利．傑克遜（Henry Jackson），以絕對的信心通報他工廠建設工人的險峻狀況。木工正在辛苦興建新反應爐，而為了節省經費，設計師將反應爐規劃在鄰近舊反應爐的場地，因此他們在「直直從煙囪吹向土地」的強風中工作[28]。工作期間，輻射偵測人員曾測到煙囪飄出雪花般的放射性粒子，放射性碘的數值飆高，暴露數值可能不低[29]。建築工人先前沒有受過輻射地區工作的特訓，因此借來讓蓋式計算器每分鐘狂跳一千下的污染軟管，接上消防栓用水，卻絲毫不知其中危險[30]。工人身上沒有防護性服裝或個人監測儀器，他們通過公共衛生檢查線時，監測人員好生坐在那動也不動。午餐前沒有水可以清洗，於是他們只好用污染的雙手吃飯。幾個男人的胳膊和臉上長出不明潰瘍，漢福德醫生卻要他們放心，「那不是惡性的啦」[31]。

由於建築工是臨時聘請，勞工又是轉包商找來的，因此並不符合通用工廠雇員的安全規範，等於他們的放射性接觸零紀錄，健康也無人把關。等到工作結束，這些人就帶著潛在的健康後遺症離開。至少有位員工在七〇年代寫信給漢福德經理，形容一場神祕接觸，控訴他的胃後來遭到「穿空」，他的肺部穿孔，視線模糊，他在信中描述，離開工廠後他已經移除胃部，將一生都病痛纏身，還聲稱其他五名工作人員皆已死去，這場質疑沒有結果，官員回信表明，他們沒有該名男子的雇聘紀錄[32]。

工廠員工會自行發明形容意外的詞彙，在回家的公車上，聊到自己怎樣「沾到髒東西」、「燒到」、「噴到」，或說自己怎麼接觸到「小可愛」、「大棒棒糖」「漏杓」、「豬」、「門擋」、「長號」、「圖騰柱」。旁人聽得一頭霧水，唯有發明詞彙的人才懂意思。有位員工和我分享一個故事：某個傢伙晚歸，他老婆問他上哪去了，他回答：「我在清潔污染啊，有隻豬從我手裡滑出，我的白色上衣沾到髒東西，所以花了點時間危機管理人員才肯放我走。」他妻子氣急敗壞地說：「下班後想在外面喝杯啤酒，也不用編這種謊話！」[13]

最危險的是在外面工作的人，他們暴露於空氣傳播的粉塵、未標明的輻射最強點、掩埋場、洩漏廢水、從煙囪順風飄出哨噬秘書尼龍衣物的黃色油膩煙霧。接觸污染的不只有操作員，放射性同位素還會隨著風、水、人類腳步的路徑，踏遍整個核廢料處理廠，貨車司機拖著一整車的噴濺物質，警衛也深受柔緩微風和綿綿細雨其害，隨著時間過去，衛兵室的墊褥累積過多放射線，不得不丟棄[34]。

保健物理學家形容，核裂變產物與環境其實和人體南轅北轍，他們使用諸如「遏制」、「淨化」、「清理」等動詞，但放射性同位素並無法中和，這點人盡皆知，他們只能期望把核裂變產物從一個地點移至他處，等待同位素衰變。天空布滿核裂變產物，讓監測人員更難區分，究竟是漢福德的副產品，還是內華達州、太平洋核試場、哈薩克、蘇聯進行大噸量測試的俄羅斯北極圈，所飄來的大氣污染物。五〇年代末，科學家以全身放射性污染計數器檢測雇員，計算他們體內的放射線指數。監測人員得到的結論是指數很高，因為檢測對象遭到核裂變產物污染的頭髮，膨脹了測量數字。研究員請檢測對象洗頭，卻沒想到自廢水氾濫的哥倫比亞河抽取的當地供應水，亦含有輻射，因此數字不減反增[35]，就這樣，隨時準備附著在生物體的放射性同位素，沒有界線可言。隨著時間過去，同位素和當地環境、科學家的身體，抑或人類演進，將融為一體，不再有區別。

輻射監測人員堅持執行規定和慎重，原因是核裂變產物既善變又頑固，此外監測也不屬於精確科學[36]。員工還記得安全規範是怎麼逼得他們抓狂[37]，訓練、報告、演習、監測、警報不停循環，這就是麻木的工作日常寫照[38]。然而勞工對周遭放射性廢物處理廠的指數依然認識不足[39]，他們會帶屬於自己的計數器，通常裝在上衣前的口袋，因此背部、手腳接觸到廢料，監測儀器幾乎偵測不到。再者個人計數器只會記下伽瑪射線，不會記錄吸入體內的放射性粒子，看不出人體內部是否有 β 及 α 輻射。分析師採樣進行尿液檢測，預估體內接觸程度，但結果通常也只是預估值[40]。員工若吸收到高劑量，就會悄悄被送出危險的工作場地，獲派漢福德資深員工所說的「終生職」，也就是不管未來是否還工作都會繼續受薪，只是該員工不會獲得正式的職員補償金，畢竟這筆費用會留下文字紀錄[41]。

一九五八年，AEC主管向國會呈交核工業的安全紀錄報告。根據AEC官員的說法，一九四四至五八年間，在核武前線衝鋒陷陣的一萬八千名員工中，只有一起輻射相關的傷害案例。然而幾百名職員描述輻射事件的意外報告，實在很難和 AEC 總部描繪的瑰色畫面扯上邊。我不是說 AEC 主管別有居心，故意向原子能源聯合委員會（Joint Committee on Atomic Energy）的立法委員虛報，正好相反，他們呈交的資料誠實反映出他們的知識。資訊經過多層過濾，一層層交付至指令鏈上頭，從工作室到督導，監測人員至部門主管，從漢福德的通用電氣送到華盛頓的 AEC，這段過程中，真相事實偏離工廠地面，經過簡化，細節也過濾，有些事件被冠上「非正式事件」的名目。重要的個人健康事件融入數據平均值，最後被送到華盛頓哥倫比亞特區時，浮出表面的形象自然是經營良善、井然有序、漸入佳境的鈽工廠，從零完美打造核科技。這只是期望夢想的藍圖，一篇很美國精神的故事。原因再明顯不過，AEC主管希望粉飾真相，讓國會領袖聽得開開心心。

但這個故事需要縝密的監督、遏制、長久監視，要壓下其他驗屍報告，把重大輻射意外事件埋藏在冗長報告裡，面對後幾年效法瑪麗．強森、走入通用辦公室求償的寡婦，也要冷酷拒絕給付一毛錢[42]。百般壓抑事實和細節的起點並非欺瞞美國人民的陰謀論，正好相反，報告過程再尋常不過，來自善意和樂觀、忠實誓言和安全規範，而美國技術和科技會帶來最好的信念，則在一旁煽風點火，彷彿伏爾泰筆下的邦葛羅斯博士（Dr. Pangloss），踏上了核武的漫長漂流。

25 瓦魯克坡：邁向傷亡道路

法蘭克．馬提亞斯中校相中漢福德，原因是這裡人口稀少，但是鈽為該地區帶來工作機會，促進經濟繁榮，打造出遼闊的輸電網路、農產品市集聚集的城鎮，愈來愈多運送產品的快速道路和橋樑，此外聯邦政府在東華盛頓州提供資金，建蓋美國最大型的灌溉系統，哥倫比亞盆地計畫（Columbia Basin Project）預計使用哥倫比亞河水壩的水力，在幾百萬英畝的旱地灌溉河水，讓該地變得綠意盎然。漢福德地帶的新興榮景，使得灌溉計畫更顯合理，不過卻遭遇一個障礙。AEC官員在廢料處理廠附近圈出十七萬三千英畝的地，當作第二個「管制區」，名為瓦魯克坡（Wahluke Slope）。好幾個牧場經營者共有這塊地，並在那裡進行農耕，而AEC官員不希望哥倫比亞盆地計畫在管制區灌溉，讓新農場承擔鈽工廠的危害風險[1]。

AEC官員尤其擔心反應爐爆炸，五〇年代初，漢福德經理追加了幾座反應爐，為了避免石墨堆芯膨脹，運轉電力超過原本設計的耗能，這麼做的同時，AEC顧問也擔心脫韁野馬般的爆炸，程度從微不足道到「難以置信」都有可能[2]。要是意外發生，他們推測可能需要撤離直徑二十至一百英里的區域範圍[3]。轟然巨響的輻射噴發災難，是讓AEC官員最放不下心的一大威脅，部分因為這種事件要是發生，廣大人民將「有目共睹」[4]。

然而要是不灌溉瓦魯克坡，對幾名大人物立法委員來說，將會是巨大的財務損失，里昂．貝利（Leon

Bailie）及奧森（N. D. Olson）就名列其中。他們在經濟大蕭條時期，以拍賣價買下幾萬英畝的坡地，正摩拳擦掌，盼望公費灌溉這片旱地後，他們的投資能夠回本。哥倫比亞盆地計畫的最初構想，不是讓貝利和奧森等投機商賺取意外之財，而是協助美國民主思想系統的基石——獨立小農。然而就像諸多西部聯邦公共計畫，哥倫比亞盆地計畫的社會福利目標，很容易受強而有力的特殊利益和大型商業搖擺[5]，要是AEC不在他的土地實施灌溉計畫，里昂．貝利就是其中一個損失巨額的商人，貝利組織一票商人，取名「草根政府」，並贏得年輕國會議員「頭條先生」亨利．傑克森的協助[6]，會議紀錄顯示出他們是如何躲避風險和安檢。

利連撒爾告訴群聚的商人和牧場主人，基於安全規範之故，他無法透露太多情報，「否則可能等蹲苦牢」，但他說高階科學家小組都贊成，工廠西北邊的領地必須拿來當作第三緩衝區，直到未來核安改善為止。奧森對這個解釋不甚滿意，他也是三名住在第三區的農夫之一，於是詢問利連撒爾他的農地是否安全。

> 我個人對他們對新增管制區居民的安危說法很感興趣。我認為要是那裡不安全、不適於灌溉，那目前也不會適合人居住。一直有人通報這是其中一個尚未灌溉的原因，我認為要是我的安檢不安全，我也不會想住那裡……我想我應該算其中一個住得離計畫工廠最近的人之一。[7]

利連撒爾巧妙迴避了奧森的問題，後來另一名農夫提出風險問題：「你擔心的是參與計畫的人數？你不能保護他們？」

利連撒爾回答：「除非我們對安全角度有更深入的了解，否則我們認為不應該讓新居民進駐該區。」

第三名農夫跟著問：「你是否害怕煙霧竄出？輻射？工廠爆炸？」

「這些都不算是真正的問題，」利連撒爾說：「最接近的區塊是可能有此顧慮，但講到第二區，我們只能說，我們堅信災難發生的機率微乎其微。」

正如客西馬尼園（Garden of Gethsemane）*的彼得，農夫對利連撒爾三度提出工廠危險的問題，他都三度否認 AEC 擔心災難意外會釀成一百英里範圍的盆地污染，也沒告知這群人，工廠官員以更高電能速率運作更多台反應爐，導致反應爐如今愈來愈難控制，要是爆炸，恐怕威力強大。他沒有告訴他們，擴增反應爐時工廠設計師為了省錢，讓潛在輻射的暴露意外雙倍提高，也沒提及反應爐或沸騰冒泡的廢料貯存槽周遭缺乏圍阻裝置，更別提他們沒有告知，工廠科學家正祕密對他們山坡地的綿羊進行測試，測量放射性碘-131的劑量[8]。

瓦魯克坡成了 AEC 官員把謹慎行事當耳邊風的另一個例子，他們在機密報告裡推論，第二區的邊界屬於「任意決定」。在大量放射性碘釋放無法預見和設施連線作業的情況下，危害只會與日俱增，這對半徑五十英里的社區是不爭的事實，因為風會將危害「隨心所欲且善變地」四處傳播[9]，換句話說，第二區並不特別危險，官員辯解，若發生災難里奇蘭和肯納威克也不會比較安全[10]，但事實上研究顯示，風勢普遍會閃過爭議不休的瓦魯克坡，吹向梅薩（Mesa）和帕斯科[11]，但若是承認這項概括歸納出的風險，等於是推翻 AEC 的安全宣言。AEC 官員雖然私下憂心著，但在公開場合卻信誓旦旦，任何潛在災難都在核廢料處理廠的柵欄範

* 伏爾泰的小說《坦白少年（Candide，亦譯「憨第德」）》裡的角色，盲目樂觀的人物典範。

園內發生，講得好像柵欄能圈住放射性同位素。

AEC 在官方宣言中，向商人和牧場主人保證，他們的風險不會大過可能遭逢核攻勢的全美國人民，卻有所不知 AEC 顧問不斷建議停蓋瓦魯克坡，因此持續施壓，要 AEC 放手第二區，直到一九五三年他們贏得八萬七千英畝，一九五八年，又獲得另外十萬零八百英畝，任他們灌溉、農耕、居住[12]。這是場特殊利益的勝利，卻是 AEC 風險掮客的終極妥協，他們坦承群眾對災害「一無所知」，而他們的角色則是代替群眾評估危險[13]。AEC 官員沒有因應災變，準備緊急計畫[14]，他們唯一能做的就是祈禱壞事不會發生。

這塊策略敏感、甫灌溉過的農地自由了，如今該由誰接管？土地管理局官員決定，土地應交予通過財政背景調查的美國退役軍人，他們舉行頭彩抽獎，給身家經過全盤調查的退役軍人機會，購買哥倫比亞盆地計畫案的土地，但大批土地主人仍保留土地，用於農業綜合企業事業，或者高價售出[15]。里昂·貝利利用他價值大幅飆漲的土地大賺一筆[16]。

新居民帶著年輕家人在工廠東北邊的高聳懸崖落腳，起初遭逢財務困難，住在拖車和木屋，吃著自己種植的食物，節省伙食費[17]。許多小農破產，但資本和耐心兼具的農夫，最終總算嘗到苦盡甘來的甜美。他們在沙漠烈日底下，利用引流河水浸濕作物，辛勤耕作，加上政府補助貸款的優良條件，家計漸入佳境，內陸帝國州前所未見的榮景降臨。他們蓋新房屋、買車、送孩子到當地學校上學[18]，低價貸款和補助水源節省下來的經費，可以讓農夫買肥料和殺蟲劑，倒上農作物，驚喜望著作物成長，這就是企業科學家的天才和聯邦機構巨額獎勵，為美國鄉村帶來的綠色革命。

將工廠周圍的緩衝區讓與農耕家庭，可說是一場賭注。農地、城鎮、學校、家庭全圍繞著工廠，大規模放射性意外的潛在後果跟著大幅增加，但經過美國繁榮富庶的熟悉藍圖包裝一番，這些風險都變得不明顯。

事實上，哥倫比亞盆地計畫案的景觀空間重劃，有助於將風險的計算數值推向邊緣。在核廢料處理廠的管制區內，土地褐黃多石，杳無人煙，光禿貧瘠，蛇腹式鐵絲網圍繞，插著核災害警示的核廢料處理廠，實實在在寫著危險二字。但在管制區外，全新灌溉系統創造出富足豐美的農作物及溫馨小村莊的鄉村景致，卻千真萬確是健康和繁榮景象。AEC宣稱，工廠的威脅都安穩鎮壓在核廢料處理廠內，從這兩極化的景觀判斷，這個說法確實合理。一年年下來，都沒有發生反應爐爆炸，這也增進了鈽工廠員工和鄰居的信心，讓他們能繼續視而不見放射性同位素穩定飄入周圍空氣、土地、水的事實。

對美國技術和進步的信心，也增進人民在其他方面的自滿。賀伯特．帕克起初很擔心放射性廢料，他深信能夠快速製造原子武器的科學家，必定也能得出相似的新突破發現，找出安全管制放射性廢水的方法。但科學家被監禁在機密實驗室，因此三〇年代疾速起飛的創造力，在戰後歲月腳步踉蹌[19]。冷戰時期，工程師還沒想出永久貯存放射性廢料的安全方法[20]，仍需找到解決方法。

漢福德科學家和他們的督導無法承認，他們並沒有應對偶發事故的計畫，也沒有防護民眾的方針，包括剛剛落腳工廠背風面的農耕退休老兵。想要真正保衛他們，工廠就必須關閉，而由於停止生產鈽等同國安危機，這個選項便不得考慮。公眾人物和企業科學家持續裝傻，彷彿核科技並無不可逆轉地改變了風險管理數值，以致現在一講到核事務，公共安全的概念就變得毫無意義可言。

26 沈默不語流動的捷恰河

在戰前，馬亞科鈽工廠範圍的區域地圖很罕見，但在一九四七年六月過後，該區地圖就被列為機密。躺在車里亞賓斯克檔案室，手繪描製成的半透明薄紙地圖，是我唯一見過描繪工廠一帶的歷史地圖。捷恰河（Techa River）橫跨地圖流動著，以藍色鉛筆輕描淡寫而出。河川沿著紙張，從伊爾提亞許湖（Lake Irtiash）蜿蜒至基斯爾塔許湖，並在那裡浮現時一分為二，兩條支流再次會合後，漫遊經過梅特利諾池（Metlino Pond），再繼續流向地圖東邊[1]。

地圖教人看得出神，因為它捕捉到這片偏遠領土的轉型時刻，從小規模農耕漁業，搖身一變成為全球重量級的核製作區。地圖日期可追溯回一九四七年五月，正巧是該區域完全沒經歷工業化，直接躍升後工業核能時代之前的時間點。這個轉型驚人，或許甚至在工業發展史上具有特殊地位，要是從間諜衛星的視野觀看該區其後十年的地圖，分析師會注意到核景觀持續歸化，人口逐漸流失，撤離當地，空間先是被鈽工廠占領，後來變成一塊清理污染的領土。我們從縮時攝影照片可見小村莊消失，田野變成森林，灌木叢和沼澤征服道路，大自然輕鬆戰勝人類，或至少是後核能時代鬼魅的大自然。歷經五十年的核製作和亂無章法的放射性廢料廢棄後，如今鈽工廠周圍的湖區，簡直與第一批偵查隊在一九四五年發現它時如出一轍，但一九九〇年時，

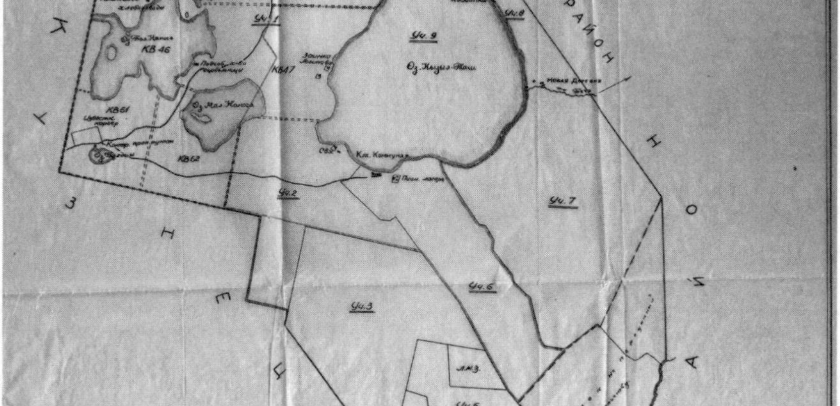

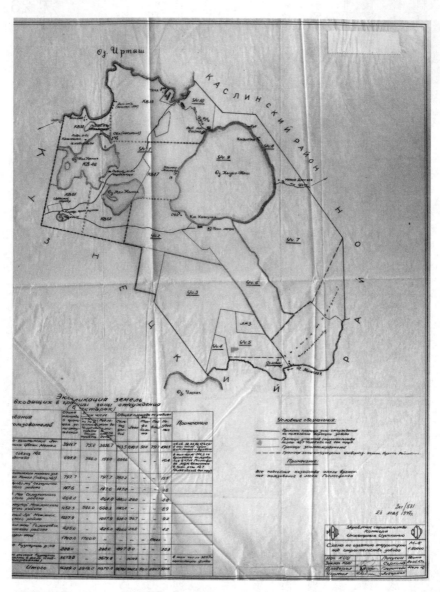

土地持有地圖，庫斯內茲克區域內務部。OGAChO 提供。

要是在強風吹拂、蘆葦錦簇的卡拉切湖岸（Lake Karachai）站個一小時，等於吸入致死劑量[2]。和一九四七年迥異的是，美景如昔，如今卻危險重重，閒人勿入。

一開始是誰決定前往這座距離馬亞科工廠數英里遠、沿著捷恰河矗立的優美村莊，測量梅特利諾的放射線指標，我們並不清楚。也許是科學家聽說，鄰近集體農莊的小牧場裡，無法下蛋繁殖的家禽家畜相繼猝死[3]。又或許是十磅重的梭子魚，脊椎潰爛，白內障的眼球混濁，猛朝河岸衝刺[4]。抑或消息傳出，梅特利諾的嬰兒有高到不尋常的天生畸形[5]。也許五年瘋狂建設與製作後的首次休兵，一九五一年的短暫寧靜，讓蘇聯科學家終於有時間思忖，傾倒周遭農場和森林的工廠廢料，究竟帶來哪些效應[6]。

穿越未加裝濾網的煙囪向上噴出的馬亞科廢氣，很容易讓人遺忘。馬亞科的液體廢料會依照所含放射性同位素的劑量分級（高、中、低），級數高的廢料在當時堪稱危險，現在依舊危險，光是一個裝有這類廢料的紙杯擺在會議廳裡，就足以殺死在場所有人[7]。這麼危險的廢料該如何處理？蘇聯工程師對科學的進展抱有極大信心，他們認為很快就會有人發明出處理工廠廢料的解決之道，或許甚至能將耗盡燃料，進行實際的重複使用，例如農業肥料[8]。

蘇聯工程師追隨美國典範，決定暫時的解決方案就是傾倒放射性廢料。蘇聯工程師總共蓋了幾個地下貯存槽，在他們想到永久的解決方法前，會用貯存槽存放高級數的放射性廢水，低和中等級廢料則直接倒入捷恰河[9]。蘇聯科學家其實知道他們傾倒的液體，已經超過開放式水力系統的可容許濃度，但他們也曉得漢福德工廠的美國人，都是直接把放射性廢料倒入哥倫比亞河[10]。可是話說回來，哥倫比亞河是湍急澎湃的山川，底層崎嶇多石，一路奔湧衝入太平洋，捷恰河卻是和緩起伏[11]。

倒入捷恰河的中低級數廢料，不用多久就形成問題。一九四九年，經過六個月的傾倒後，工廠主任博里斯．穆斯魯柯夫在備忘錄裡聲稱捷恰河「污染嚴重超標」[12]。但是這問題卻很快被另一個更強大的逆流沖淡。一九四九年末，穆斯魯柯夫接獲消息，存放高放射性廢料的昂貴地下貯存槽已經滿到邊緣，這讓他措手不及，也沒有地方貯藏工廠每日製造出的幾百加侖放射性廢水，這時穆斯魯科夫得做出決定：是要趁新貯存槽蓋好前暫緩鈽生產，或者繼續作業，並找其他的傾倒場所[13]。

他們向來沒有得選。一九五〇年初，蘇聯和美國領導人捲入中韓兩國糾紛，謠言四起，據傳他們「勢必」會和美國發生核衝突[14]。在冷戰年代早期的險惡命運籠罩之下，想停止鈽生產根本沒得談。在當時，直接倒入河川是合情合理的做法，河水能輕鬆將垃圾運送至他處，這就是河川之美，也是為何好幾世紀以來，河川都是人類貯存廢物的第一首選。又有誰會發現？幾百萬加侖看不見的無形放射性廢料悄悄倒入捷恰河，並不違反工廠安檢規則。一九五〇年一月，穆斯魯科夫下令，請督導不分高中低級數，每日將平均四千三百居里的工廠廢水，全數倒入表面結凍的基斯爾塔許湖，再任其無聲無息地流入捷恰河[15]。

說到捷恰河，「河」其實是一種歸類的說法，較類似會變換形狀的水力系統，滾滾流經遼闊平坦的海綿。河水的主要路徑地面排水不良，地下水在滲透的表面下冒泡，下雨或融雪時很快就變成沼澤。捷恰河一路蜿蜒鉤向南北兩方，消失在湖泊、水池、沼澤間，再懶洋洋繼續前行。春季融雪時，河川會漲成肥碩豐沃的泛濫平原，河底礦物質豐富的沈積物則為森林和田野洗把臉，烏拉山的夏天向來乾燥，多虧捷恰河遼闊的豐富肥沃與甜美潔淨的河水，該區大多農場都座落於河岸及湖水支流旁。

等到鈽工廠的管道開始傾倒入河川系統時，河水迅速遭到攻陷。一九四九至五一年，整整兩成河水含有工廠廢水，河川足足兩年接收約莫七百八十萬立方碼的化學毒物，共含有三百二十萬居里的輻射[16]。如此龐大分量融入沼澤河水系統，形成一幅放射性景觀。

捷恰河畔的四十一個居地聚落，猶如點綴項鍊的珍珠，在十二萬四千居民的村莊裡，主要居民都是韃靼人和巴什基爾人，是講土耳其語的回教少數民族。根據韃靼歷史學家的說法，這群人在這塊領地已居住好幾個世紀之久[17]。梅特利諾是第一個下游社區，僅距離工廠四英里遠。這座牢固堅實的村莊古老，有著石頭磨坊、美麗的老教堂、奶油工廠、一千兩百名居民，包括工廠的俄羅斯員工和牧農的韃靼人及巴什基爾人[18]。一九四六年，NKVD 大老徵用梅特利諾附近的集體農場，讓流亡犯在此落腳，替圍城進行製作工作，但官員亦准許原本的居民留下，在工廠從業[19]。由於為奧爾斯克製鈽的勞工和農夫住在梅特利諾，奧爾斯克的黨派領袖便對該村莊產生興趣[20]。一九五一年，一組輻射偵測人員和醫師抵達村莊，展開測量，發現梅特利諾池每小時有五雷德的輻射，到了隔壁村莊，讀數落在三點五雷德[21]。

這消息晴天霹靂，以這劑量等級來看，人在一週內吸收的外來劑量，已等同一輩子的分量，更可怕的是科學家驚悚發現，村民一直都在攝入放射性廢料，他們把水池和河川當作飲水、烹煮、沐浴、灌溉農作物、給家禽飲用的來源。走進村民家裡，家家戶戶接觸的輻射都是地表輻射的幾百倍，村民的身體也讓偵測儀器的指針瘋狂轉動，有些人體的輻射來源數值高到需要隔離[22]。

工廠經理刻不容緩，立刻派遣一組身穿制服的人馬，他們一語不發，靜靜搜集村民的鵝鴨，把呱呱叫著的鳥禽掃進貨車後揚長而去。幾天過後這群人再度回來，這次一樣沒有解釋，只推著依傍水池而居的二十九戶人家離開，面露困惑的男女老少全被塞進幾架怠速等候的直升機，在那之後再沒人見到他們，至今依舊沒人搞懂他們究竟發生什麼事[23]。

士兵三度回訪，開始在梅特利諾掘井，並告訴遺留下的村民，國家已經禁止使用水池和河川，卻沒解釋原委。匆忙挖好的水井矮淺，水嚐起來帶有硫磺和鹽巴的味道，於是村民又繼續提著水桶回去水池，溜進纏繞鐵絲的柵欄和警告標語，為了強制實施禁令，工廠經理甚至指派警衛駐守，不讓村民靠近。趁警衛轉過身時偷溜進柵欄底下、跳進水裡，尤其讓孩子覺得有趣。穆斯魯科夫命令工廠的中央實驗室定期抽樣檢驗，在河川設置第一個環境監測服務站，卻並未要求對居民進行健檢[24]。

一九五一年夏天的大洪災後，工廠醫療長官指派首屈一指的蘇聯物理學家安納多利・亞歷山德羅夫（Anatolii Alexandrov），率領專門委員會，調查梅特利諾十九個下游村落的污染程度，可見他們意識到近在眼前的災難有多嚴重[25]。前進下游的道路並不輕鬆，醫療研究員和輻射監測人員組成的團隊，必須沿著未設有路標的小路和泥濘道路，前往河畔村落。他們對水、魚、鳥、動植物採樣，分析顯示，幾乎每個河流定點都有放射性沈澱物。他們發現在距離消費者網絡遙遠的小村莊，村民都仰賴自己的產品維生，他們在森林捕魚、農耕、獵集，喝的、洗的、給家禽家畜飲用的，都來自放射性污染的捷恰河。科學家走訪當地進行測量，悲慘程度讓他們倒抽一口氣。

河水是一面明耀清澈的鏡子，如實反映出工廠、動植物及人體的伽瑪射線數量。村民亦透過農產品攝取放射性同位素[26]，血液樣本顯示村民吸收了輻射的體外劑量及銫-137、釕-106、鍶-90、碘-131等內劑量，全囤積在器官和骨髓[27]。村民抱怨關節和骨骼疼痛、輕微的小病痛、詭異的過敏現象、嚴重疲乏、情緒及睡眠不穩、體重減輕、心臟雜音、高血壓上升[28]。村民的血球數量很低，免疫系統虛弱，母親流產，產出先天畸形嬰兒的機率高出正常的三倍[29]。

亞歷山德羅夫的專門委員會有幾項重要建議。第一，別再往河川傾倒放射性廢料。工程師一秒也不浪費，規劃鑿一系列河渠，將廢料倒入沒有出水口、重新命名為九號貯水池的卡拉切湖，他們也計畫蓋一個水壩堵住捷恰河上游，防止污染沈澱物擴散[30]。承包商開始蓋更多儲存放射性廢水的地下廢料貯存槽，專門委員會人員建議禁止取用捷恰河水，提議在二十個河畔村莊鑿井，加裝柵欄，圍起河川。

同時，穆斯魯科夫中斷運送至奧爾斯克倉庫的梅特利諾集體農場產品[31]，他下令啟動調查，找出將廢料倒入捷恰河的罪魁禍首[32]。最後偵查人員並未提出控告，因為穆斯魯科夫自己就是一九四九年下令傾倒廢棄物的元凶，每條鈽生產線的工廠老闆都有參與，看來將高放射性廢料倒入開放水道不是罪。工廠的廢料工程主任還記得：「直到六〇年代都未設下（傾倒）限制，至於傾倒多少，也沒有可靠數據。有必要就倒，完全不擔心約束制裁[33]。」

為了遵照專任委員會的建議，莫斯科發布命令，要在二十個捷恰河村莊掘井。這條命令以省分級別公布，再下達至區域和村莊[34]。案件就此終結，功成身退。核領域的美國人有時對蘇聯領導人豔羨不已，因為在他們想像中，中央獨裁國家的蘇聯人能夠快速解決大問題，不會有民主的繁瑣與無效率[35]。然而奧爾斯克和莫斯科的領袖卻不知情，即使命令發布，村民也感覺不到這奇怪的命令緊急迫切，因此沒有立刻掘井。工廠是國家機密，工廠的放射性廢料也是，農夫僅經告知，不該取用鮮甜河水，而是應飲用臭水井的水，理由是「預防流行疾病」。不意外，集體農場的主席漠視這條指令，他們當地的黨派頭頭也是，不理會許多其他來自地方省會的命令，尤其是沒有道理可言的。車里雅賓斯克的官員慢條斯理批准新井經費的文書作業，完成後，村莊主席也沒有立刻撥款，因為負責挖井的當地農夫，當時還忙著耕作[36]。要他們開始挖掘工作，也得先等收割完成，十一月才能開始，屆時白雪覆蓋大地，霜浸逐漸厚實，冰天雪地並不好挖，於是他們進度緩慢，挖出的水井也淺。

十八個月過去了，當時省會官員執行了其他計畫，讓更多人身陷危害。一九五一至五三年間，共有一千六百人入駐地質研究站，該研究站離工廠不遠，不偏不倚位在飽經輻射污染的捷恰河上游。那幾年有幾項全新灌溉案正在進行，遂利用泵和管道從捷恰河汲水，灌溉範圍幾千英畝的草地和農田[37]。

讓更多人進駐輻射土地、更多農地接受輻照，都不是刻意安排的邪惡計畫。核安檢人員規定某些政府部門不可得知其他部門正在進行的任務。農藝學家在河畔供應（放射性）水改良作物；地質學家在（輻射污染的）捷恰河設置觀測站，尋找礦物沈澱物；農夫則將（污染的）牛奶、奶油、穀物運送至車里雅賓斯克的倉庫。他們都只是守好自己的工作本分，卻意外助長了散播途徑的蔓延[38]。

最後終於在一九五二年尾，輻射防護國家服務處（State Service of Radiological Protection）處長布爾納希安（A. Burnazian）去信指出，捷恰河地區原定的八十九座井尚未開鑿[39]。工廠廠長穆斯魯科夫指派檢查員格里葛利・瑪可夫（Grigorii Markov），千里迢迢騎馬前往當地，監督水井開鑿作業[40]。瑪可夫目睹情況時大驚失色，工廠附近的村民居然無井可用，而村民仍在飲用河水。激怒的瑪可夫寫信描述當地老闆「像個沒事人在旁觀看，沒有監督水井開挖工程。[41]」與此同時，卻沒人想過為何數量驚人的家禽死去，牛馬也難逃死劫，在某些農場，動物無一倖免。[42]

一九五三年八月，來自莫斯科和奧爾斯克的醫學研究員碰頭，試圖釐清輻射暴露和破壞的範圍邊界。兩萬八千名接觸感染的村民中，醫生共檢查了五百七十八人，獲得的結論是兩百人明確受到輻射中毒，五十四人列為可疑。換句話說，在這少部分感染暴露並接受檢測的人當中，近一半檢驗出輻射中毒而生病，對於尚未接受檢查的兩萬七千四百人，這個發現很不妙。研究員斷定，雖然工廠已不再往河川傾倒廢料，但村民的內劑量持續升高[43]。

委員會建議再造雙倍的水井，原有水井則需修復及加深[44]，此外提倡在偏遠村落開立診所，當地醫院增設病床[45]。但科學家坦承，這些措施都無法抑制危險，人口出現的症狀實在太無遠弗屆，科學家無法使用科技清除河川和廣受污染的環境，想要避免這些新病症發生及治療病患，唯一的方法就是撤離河邊居民、清理五英呎範圍的緩衝區。他們承認，這個解決方法雖然「極端」，卻是必要手段[46]。沒錯，該建議的意思是撤離十六個村落，在烏拉山南部空出兩百三十平方英里的禁區。

提出撤離河畔十六個村莊的「極端」解決方案的人，不是偏激的環境利益團體，而是忠實愛國的蘇聯科學家，誇大事實不是他們的職責。當時蘇聯科學家普遍低估了放射性同位素對人體健康的影響，但這群接受委託的科學家，世界核災景觀的第一目擊證人，卻建議採用這種公開極端、昂貴的撤離手段。遠在莫斯科的官員對一億盧布的預算猶豫不決，他們覺得這方法太極端，遂把名單減少至十個村落。

指令發布後，遷置計畫案的進度牛步，一開始工廠職員還因恐懼清除捷恰河的污染而拒絕報到[47]，報到後則無法在林木沼澤間沒有路標的小徑間，找到偏遠村落[48]。結果他們共花了十餘年，將十個村莊遷離捷恰河，緊急撤村之所以步調緩慢，絕大部分是因為捷恰村民的生活地帶，遠遠落在奧爾斯克工廠經理和醫療人員的範圍之外。緊密控管的空間劃分、階級種族、耗時徒步或騎馬跨越的漫長距離，硬生生將這兩組人馬分隔開來。而這些文化和空間距離，都是關鍵要素。

27 遷置

捷恰盆地第一個非政府機構執行的放射生物檢測，於一九九〇年登場，這是工廠經理不再傾倒高放射性廢料進河川的三十九年後。蘇聯官員重新開放這曾在一九五四年關閉的地區，一組科學家義工試著募款，前往捷恰河上游區域，但過程一點也不簡單。一九九〇年，蘇聯經濟一落千丈，物價飆漲，通貨膨脹消耗殆盡平民百姓的畢生積蓄。該團隊找不到贊助商，於是放射生物學家小組租來儀器及一台車，自己集資湊盤纏。即使如此，他們還是沒有駕車七十英里前往該區的油錢。由於沒有帳篷，他們只好露宿野外，揮趕飛蚊。身上沒有糧食，鄉下地區的商店貨架又空蕩，他們只好和農夫商量，買他們懷疑在輻射污染土壤生長的馬鈴薯。沒地方洗澡的科學家，飽受蚊蟲叮咬、全身濕黏，不得不縱身跳入輻射污染的捷恰河。

遠征隊成員李托夫斯基（V. Litovskii）平時有寫日記的習慣[1]，他描述他們到捷恰河畔泛濫平原的測量情況。一名農夫停下他的馬推車，明顯弱智的十歲兒子在他身邊。李托夫斯基問他，人們是否在使用這片本應禁用的河漫灘時，農夫答道，這塊地是他的，並解釋他是透過區自治會的人脈，買下這片草地。這片豐沃草地是他養馬用的飼料。李托夫斯基對草地進行測量，得出讀數為每小時八百二十微倫琴，比強風吹拂的車諾比核電廠周圍還高了一級，李托夫斯基試著解釋放射性牧草會造成哪些問題，並讓農夫看他搖擺的蓋氏計算器指針，農夫則是想盡辦法告訴李托夫斯基，他為這塊土地投注多少心血，後來甚至氣到拿乾草叉的尖齒憤怒指向他。李托夫斯基發現自己提出問題的地點錯誤，「這段對話，」他在日記裡寫道：「應該要在權力走廊裡提出才是。[2]」

米凱爾・戈巴契夫（Mikhail Gorbachev）鼓勵蘇聯人建立公民社會，參與政府活動，獨立遠征團因此才成行。一九九〇年遠征隊是第一批抵達烏拉山核群島的公民社會基本人員，而該地區長久以來都受大批維安部隊看守。自費研究一點也不全面，李托夫斯基坦承，應該說得上「可悲」。幾名科學家在學校筆記本記錄他們的發現，由於沒有地圖，他們還得親自畫地圖。然而，即使侷限與障礙重重，小型遠征團的獨立價值還是相當可貴，畢竟在一九九〇年，蘇聯官僚的可信度好比二手車銷售員。

科學家義工團隊將他們的新發現交給熱騰騰遴選出爐的蘇聯國會，報告他們隨便走到哪段河畔，都能得到令人毛骨悚然的讀數，包括、距離工廠六十英里的三角洲、橋樑下、河漫灘。他們發現約測出六十萬居里銫和鍶放射性同位素的亞莎諾沃沼澤（Asanovo Swamp），居然對外開放，當地居民可以自由進入。他們敘述著失控傾倒的祕密年代史，估計捷恰地區有兩萬八千人，吸收三點五至兩百雷姆的劑量，而五雷姆則是核廠勞工的年上限劑量，這些人的白血症發生率位居世界第三高，僅次於長崎和廣島，併發顯著的大腸、肝臟、膽囊、子宮、子宮頸等癌症，一般死亡率約高於不住河邊的鄰居百分之十七至二十三[3]。這消息在全國放送，鮑里斯・葉爾欽（Boris Yeltsin）等國家政治新星，把捷恰核災當作獻給瀕臨死亡的蘇聯國家的陵墓石碑。

在烏拉山，這則頭條對個人意義更深。人們開始在腦海搜尋回憶，他們人生中是否曾到過捷恰和工廠附

居住在捷恰河區域的小男孩。羅伯特·諾斯（Robert Knoth）提供。

近的輻射污染區。對許多人而言，祕密鈽工廠和放射性污染的驚爆故事，猶如一面落下的帷幕，將他們的人生分隔成幾幕戲。第一幕包括毫無關聯的疾病、生育困難、病童，第二幕則是恐懼個人承擔的問題，起因是剛揭露的悲劇污染，罪魁禍首是國家政府刻意操控的大規模下毒[4]。

二〇一〇年夏天，我住在基許提姆郊外的古老農舍，訪談前任工廠職員及捷恰河畔居民，而農舍是我唯一找到最靠近奧爾斯克的住處。手機鈴響當下，我感到略微氣惱，因為我剛在水井打水，就在我使出吃奶力氣拖曳沈重水桶套索時，涼鞋鞋帶應聲斷掉。電話那頭是奧爾斯克人權律師娜德茲達·庫特波娃，她通知我成功牽到線，她幫我約好基許提姆的一個女人。我抄下地址，用膠帶黏好涼鞋後，便叫了台計程車出門。

正午時分，我抵達嘉麗那·烏斯提諾娃的家。

她正在等我，兇猛的大型德國狼犬繫綁在家中庭院。烏斯提諾娃出來迎接我，我看得出她的紅色唇膏剛塗上不久，她的嗓門響亮，說話速度極快。烏斯提諾娃問我操的是哪國腔調，我很驚訝庫特波娃沒提及我是美國人，聞言後烏斯提諾娃一坐，戲劇性地用手朝自己搧風，這下真相大白。基於維安等理由，一九四七至一九九〇年間該區封鎖，外國人止步，如今烏拉山南方的外國人依舊罕見。對烏斯提諾娃來說，家裡廚房出現一個美國人，這種感覺好比在後巷被人轉交一卷微縮膠片。儘管如此她還是要我坐下，開始燒水煮茶，溫熱馬鈴薯。

烏斯提諾娃立刻告訴我，她從沒受過高等教育，她多次重複這句話，每每帶著歉意，每每祭出這個「但書」，她說她一直夢想能當學校老師，無奈她只是個小村女孩，村莊學校不怎麼好。她考不過數學，進不了師範學校，於是被送去接受一年的幻燈放映師訓練，後來在基許提姆唯一一間戲院放了二十七年電影。「也許是接觸輻射的緣故，我的數學才不好？」烏斯提諾娃忍不住納悶[5]。

烏斯提諾娃在一九五四年出生於納迪雷夫莫斯特（Nadyrev Most），父母來自白俄羅斯，戰後她父親找到一份地質勘測隊的工作，總部位於捷恰河岸的村莊。她的父母於一九五二年搬到捷恰河上游，而距放射生物學家認定並宣告河川嚴重污染，已過一年。

一九五四年不是適合在捷恰河上游出生的一年，當年莫斯科領導人斷言該領地危害險惡，不適宜居住，於是頒布命令，將居民撤出納迪雷夫莫斯特和地圖上其餘九座村莊[6]，我給烏斯提諾娃看一張照片，是一九九〇年第一組遠征隊在捷恰河上游拍的照片，科學家經過納迪雷夫莫斯特，並在橫跨捷恰河的橋下，發現一個陳舊警告標誌：「當心輻射！每小時一千五百微倫琴。」

烏斯提諾娃說：「我第一次洗澡就是在那條河裡！我還是喝這水長大的，那就是我的糧食。」

我請她多作說明時，烏斯提諾娃告訴我，她對自己在納迪雷夫莫斯特的頭幾年毫無印象。她說當時她老愛問父母為何這麼常搬家，先從白俄羅斯搬到烏拉山，後來又離開納迪雷夫莫斯特，父母的答案模糊參差，因此烏斯提諾娃一問再問。烏斯提諾娃直到一九九七年父母辭世後多年才得知真相，明白他們究竟為何搬離她的出生地。

一九五六年，士兵毫無預警出現在納迪雷夫莫斯特，宣布即刻撤離居地的政府命令。士兵忙著驅攏家畜，一組年輕農藝學家，這群受過教育的蘇聯鄉下菁英分子，步入一間間房子，清點屋內鍋碗瓢盆、襯衫鞋子的數目，列出清單[7]。清單實在短得可憐，多半家庭沒東西好清點，一個家庭的全數物品以盧布計算，少於馬亞科工廠督導的月薪[8]。一名軍官聚集家庭，告訴他們現在就要搬去新居地，他們會獲得新房子，個人用品也會全數賠償。軍官說如果他們對他人提及自己驅離的原委，就會面臨二十年徒刑，困惑迷惘、心痛萬分的大人，還必須在一張聲明上簽字。該區大多人知道沙皇時期的富農或德國人也曾遭到驅逐，一大群都住在烏拉山。村民以為自己肯定做了什麼犯法的事，而這就是他們的懲罰，卻毫不知曉自己到底做錯什麼。[9]

接著徵召士兵做了件令人難忘的事，彷彿制服不合身的鄰家好男孩，在戰爭時加入敵軍。他們收集聚攏一大堆一整個世紀分量的個人用品，木犁、挽具、車床、亞麻布製品、婚紗、羊毛織品、被褥，多半是村民親手製作的，然後在柴堆裡焚燒殆盡。接著徵召士兵將家畜引至一片空地射殺，軍綠色帆布頂的貨車整齊劃一排列路邊，引擎空轉。孩子對第一次坐車感到興奮，對著彼此尖叫，但他們的母親卻嚎啕痛哭，男人的哭聲蓋過受驚農場動物的哀嚎。空地上，士兵子彈一輪輪換過，司機猛踩油門，在車轍累累的冰霜道路上加速行駛[10]。頭幾台貨車駛離時的人聲與車聲，自然融合成一首獻給河岸居落的安魂曲。

最後一批居民前腳剛離開，後腳就見推土機搖搖晃晃抵達，挖掘溝渠，把小木屋全數推入溝渠，萬人塚般埋葬房屋。幾天後，納迪雷夫莫斯特已不存在。

這就是不被當緊急事件看待的緊急狀態。一九五三年八月，工廠科學家建議撤離捷恰河畔的十六個聚落，人在莫斯科的領導人卻一拖再拖。十四個月後，一九五四年十月，他們總算對十個村子發布遷置命令。內務院的安檢人員執行撤村行動，工廠的兩四七號建設部接受指派，要在新居地興建新屋、學校、診所、水井、道路，並在尚留河畔的村落挖井、豎柵欄。指令清清楚楚言明，該計畫案設為最高優先專案，「主要目標和建設反應爐及加工廠一樣」[11]。

但納迪雷夫莫斯特卻是在莫斯科命令下達兩年後的一九五六年，才進行遷置，距離發現河川污染也已過五年。面對災難的慢郎中反應，加上新居地的建設鬆散，導致諸多延遲。從意識到問題乃至後來採取行動，幾年下來村民攝入更高劑量的有害放射性同位素，更多孩子誕生[12]。正值快速成長期的青少年吸收最大劑量，胎兒則在出生前接觸，而像烏斯提諾娃的嬰兒與孩童，則是放射性同位素效應的最大受害者。

要是莫斯科的領導人和奧爾斯克的建築老闆動作不拖泥帶水，如今烏斯提諾娃的人生可能截然不同。烏斯提諾娃的父母在她二十五歲前已相繼過世，二十五歲左右的她血壓過高，連床都下不了，醫師診斷她患有心臟病，配藥讓她服用。邁入三十歲時，醫師診斷出她有甲狀腺疾病。「我不懂，」烏斯提諾娃指著自己胸口，說：「妳看我，表面看來身強體壯，實際上卻不堪一擊。」烏斯提諾娃的第一個孩子早產，身體虛弱，撐不到一歲就走了，過世時身高體重與剛出生時一模一樣。她第二個孩子是個女兒，二十五歲起狀況頻傳，經過多次手術，現在靠輪椅維生。過去十年間，烏斯提諾娃曾開刀取出肺部的囊腫，也曾經中風，導致她身體左半邊暫時癱瘓，最近醫生發現她的甲狀腺出現腫瘤。她的女兒沒有結婚，也沒有孩子，烏斯提諾娃和她的女兒是她們家族最後的命脈。

嘉麗那．烏斯提諾娃帶我去她長大的新村落，這個比鄰湖邊的迷人小村莊叫史盧多魯尼克（Sludorudnik），居民主要都是當初自捷恰河撤離的人，新居地詭異地大規模仿效美國的萊維頓雛型，同樣是使用薄合板片製成的組合屋，整齊排列，學校採用同一份藍圖，診所又是另一份。街名也走同樣格調，但不是楓樹、和風、日光山谷，而是馬克思、列寧、五月一日。遭到撤離的居民妲夏．阿爾布格向我描述，他們剛抵達居地時，被要求交出污染衣物，接著每人都獲得一套新衣。「想像一下有個城鎮，」阿爾布格說：「在那裡，所有小女孩都穿相同的裙子、襯衫、鞋子，母親只是她們的放大版，男孩也是跟父親一個模子印出來的，連鈕扣都一顆不差。」[13]

人們不喜歡新居地，尤其是西伯利亞冷風會灌進組合屋的空洞牆壁，他們不斷要求回到自己堅固的老木屋，殊不知老家早就埋進土裡，要是站在疏散領地的道路，便可清晰看見那一塊塊隆起的土面。

烏斯提諾娃要計程車司機在某棟史盧多魯尼克的房子前停車，一名男子衝出來，拴好兩頭齜牙裂嘴的德國狼犬。「真是兇惡的乖狗狗，」烏斯提諾娃點頭讚賞。她向我介紹兩名老婦人安娜和杜西亞，老婦人身穿鄉村風格的長裙和頭巾，與烏斯提諾娃的都會扮相南轅北轍。我們坐下喝茶，安娜和杜西亞淡淡描述她們在史盧多魯尼克的居地。新居地緊鄰石英礦場，遭到驅離後，原是農夫的人當起礦工，安娜說很多礦工都有矽肺病。她敘述自己在輸送帶從事的作業就是抬石頭，每天要抬個十五磅。我打量個頭嬌小的安娜，她的身高大約五呎高（一百五十公分），體重約一百二十磅（五十四公斤），我很好奇她是怎麼辦到的。安娜和其他人從放射性毒窟，跳進另一個採礦火坑，工作內容更沈悶無趣，詭譎危害則是始終如一。對許多人而言，二十世紀的工作危機四伏，到二十一世紀還是老樣子。

安娜和杜西亞列出一張鄰居名單，一一寫出已經離世的人，這些人都在五十歲前就走了。她們朗誦出好幾個同姓的人名，檢視命脈告終的家族：「克拉索維克，不在了；庫普奇斯基克，不在了；卡納瓦洛維克，不在了；貝卡諾維克，不在了；伊娃諾維克，不在……」[14]

安娜開始製作另一份名單，我在鈽工廠周遭的社區，曾無數次聽人聊到這份清單。她的哥哥有癌症，姪女有殘疾，兩個女兒有甲狀腺毛病，安娜的骨頭從裡痛到外，她的姪子患有精神病，上吊身亡。

我打斷她，精神病和輻射有何關聯？我的無知讓她們猛搖頭。輻射也會影響腦部，她們解釋，有些家庭的狀況比其他人嚴重，她們聊到一個鄰居，她四個兒子都自殺，唯一倖存的那位則因犯下謀殺罪，正在蹲苦牢。

我把這段討論當作其中一宗輻射恐懼症案例，只不過是沒有醫學或物理訓練的人，把所有病痛都怪在輻射頭上罷了。然而後來經過深入調查，我發現有些車諾比研究員的總結也是輻射暴露會損害中樞神經系統，包括神經和神經精神障礙。研究員亦發現捷恰河畔居民間，七成孩子出生時有天生缺陷，出現腦部受損的跡象[15]。

對於村民的觀察我一笑置之，但我從這件事學到東西。醫學研究員也罷，歷史研究人員也好，他們都只是短暫造訪史盧多魯尼克等居地，搜集完資料後回家，既然如此，我又憑什麼不認為居民會每天近距離觀察自己的生活環境和社區？他們透過長期痛苦的調查，得出的觀點不也可能是正確的？這件事讓我學會虛心受教。

28 免疫區

捷恰河畔輻射村落的撤離行動為何如此慢條斯理？管理工廠的將軍並不是沒有撤離居民、重新遷置的經驗，蘇聯的安全人員二十年來採大規模行動驅逐百萬人民[1]，幾乎每個原子專案的大型軍隊領袖，都曾大舉驅逐，弄髒自己的雙手。這項作業多半只需要數天時間，但重新遷置區區一萬人的十個捷恰河畔村落，居然花了他們整整十年。建設老闆對自己能在兩年半蓋好鈽工廠引以為傲，那為何蓋幾座村莊需要十年時間？

一九五三年下達驅離指令，那年史達林過世。在奧爾斯克，後史達林時代的權力鬥爭，引起五年的關鍵權力真空，在那段期間，企業領袖逐漸排擠管理城市的公安領導人，這群忙碌的主管不覺得有必要遵從莫斯科的命令，並不急著撤離捷恰河的村莊。五〇年代的美國權威人士描繪的史達林主義，就是一個過度膨脹的國度，中央官僚計畫膨脹，掌控所有人民生活層面，但在奧爾斯克，工廠和城市的管理部門的勢力遭到瓜分，將主要大權交給地方長官，居民譴責他們的領袖「無法無天」，尤其是貪腐的企業主管。即使在史達林過世前，他們已經要求更多維安、更多規劃、更多市政服務、住宅及建設的監督。簡單來說，他們想要更多政府參與，不是更少。

奧爾斯克沒有常見的政府或城市行政機構，在大多蘇聯城鎮，黨派成員會遴選當地黨派委員，委員則會定期開會討論社區議題，解決當地問題，監督公共道德，進行公共資金撥款，黨派委員的身分，像是拘謹的民主地方統治。然而奧爾斯克卻沒有這種「社會主義民主」，因為奧爾斯克並未經過法人化[2]，既沒有組織，也沒有依照法律規範這座古怪的企業城。在卡臣科將軍的率領下，九位軍官組成的政治部負責監督城市的日常管理，個別「機構」（例如工廠和廠房）的長官則對員工的工作及生活情況行使財務及司法控制，很類似企業經理管理里奇蘭的做法。居民向「工廠負責人」請願要求資金，並向政治部門聲請矯正濫用和不當管理的情況。只憑寥寥數名工業經理和安全官員負責監督管理這座日漸茁壯、人口來到五萬的城市，著實吃不消[3]，隨著城市任意而為、我行我素地放牛吃草，貪污腐敗的大門也跟著敞開。

一九五二年，有名男子講到最近十一名廠房經理挪用驚人的一百萬盧布公款而遭逮的事件，直指缺乏自治就是犯罪源頭：「就我看來，遇到這種情況，我們需要加強社會控管，尤其是這座沒有市議會的城市更需要社會控制，就像我們需要氧氣一樣，我們需要社會控制。[4]」

城市檢察官庫斯曼柯也同意這個說法，他抨擊工廠老闆對員工行使「無政府權力」，怨聲載道他們是怎麼在沒有法律依據的狀況下懲罰員工，「我們發現，在某間非常重要的機構裡，有五十三人因違反勞動紀律而受罰，包括喝酒、和鄰居起衝突、不文明舉止等，『不文明舉止』！」庫斯曼柯火冒三丈地繼續說：「明明是很難定義的觀念，請問你要怎麼對此提出控訴？[5]」

庫斯曼柯還抱怨，安檢區負責他們所欠缺的自由貿易。「在商店裡，」庫斯曼柯說：「你絕對買得到伏特加，這就是店經理達到銷售配額的做法，換成肉品和馬鈴薯反而難買，但外面更遼闊的世界情況卻不是這樣，在一座正常的城市，要是工廠商店裡的食品售罄，員工可以去小農市集，找到他們喜歡的東西，我們卻不能。[6]」

一九五二年，奧爾斯克居民向莫斯科提出請願，希望獲派黨派委員，好讓他們可以自治管理，第一主要部門的貝利亞否決了這項要求，但卡臣科為了回應民怨，組織顧問委員會，盡到典型蘇聯市議會的各種功能。他成立了一個負責教育、文化、貿易、公共餐飲的委員會，還談及建立公共衛生委員會[7]。他利用這種方式打造出一個代理城市政府，好比人造咖啡，味道甘苦，也比真貨不易讓人滿足。

一九五二年，卡臣科明顯垂老，短身軍裝下的肚腩突起，已不如以往威風凛凛，呼風喚雨[8]。那年該區大型的庫斯內斯基（Kuznetskii）勞動營囚犯，點燃了為期三天三夜的「大騷亂」。罪犯奪走警衛武器並射殺警衛，占營為王，拒絕工作[9]。卡臣科的軍警無力壓制反叛群眾，最後得呼叫陸軍協助，雖然反叛人士遭到逮捕，暴動並未就此平息，目擊者描述囚犯和警衛、敵對監獄幫派和各種族間的暴力衝突，這一場混戰在一九五三年，讓醫師忙了整整三天，猶如輸送帶般動手術、縫補刀傷、取出子彈、重建遭到鐵鎚砍傷入骨的胸膛。在後史達林的年代，蘇聯勞改營的造反情事節節攀升。雖然內務部很難在蘇聯各地的駐防地和監獄維持秩序，但在一九五二年，幾乎沒有哪個機構的失控程度可比鈽工廠的二四七號建設部[10]。

春天時，卡臣科站在奧爾斯克的共產黨員面前，譴責一名該城自我推銷是神祕治療師的女人，他說她販賣護身符和十字架，收費幫嬰兒進行受洗，很多人都中了她的計。卡臣科還說，她之前是戰俘，也來自烏克蘭的浸信會教友，組成祕密禱告小團體，四處灌輸第三次世界大戰即將降臨的觀念，而「白馬」美國則會贏得戰爭。卡臣科懷疑這些宗教狂熱分子可能密謀，於製作部門安插敵人，危害工廠。

卡臣科用心培養恐懼和懷疑的氣氛，利用此法統治管理奧爾斯克，但一九五二年怪事發生：眾人開始抗拒卡臣科的資本主義包圍論的願景。在卡臣科的演講中，群眾裡有個男人呼喊，他不是很擔心「賣十字架的大嬸」，第二個鬧場的人附議，說卡臣科應該擔心書局裡書本短缺的情況[11]。這些聲音皆大聲要求更多政府管理，更少監視，削弱了卡臣科的權力。

一九五三年初，卡臣科再次於他在奧爾斯克最後幾個月的任職期，以恐怖手法宣示權威。他密切追蹤莫斯科愈演愈烈的醜聞，據傳猶太醫師下毒殺害高階蘇聯領袖，卡臣科在黨派運動人士的非公開會議上宣布，美國情報員率領的「猶太民主主義者」已經滲透圍城，他煞有其事地說：「外國間諜覬覦我們機構的祕密資料。」並將矛頭指向捷克斯洛伐克的「猶太復興主義者」審判，以及鄰近遭逮的車里雅賓斯克「軍醫殺人犯」。卡臣科氣到冒煙：「他們都是猶太民族主義者，聽命於莫斯科的祕密猶太復國主義組織，可能正在策劃其他陰謀，這都是美國祕密間諜一手主導的。」卡臣科列出工廠剩餘的猶太員工名單，有些是輻射中毒、健康衰退的授動科學家，他痛批這群人全是叛國賊。卡臣科抱怨，他試圖逮捕這些猶太間諜時，工廠老闆都出面擋下，替他們說話，聲稱這群科學家太珍貴，監禁不得。「無恥至極！可惡的王八羔子！」卡臣科氣得牙癢癢[12]。

卡臣科從沒像這刻口不擇言，他的胡言亂語預示了史達林主義高塔自遙遠他方傳來的隆隆墜落聲，而百般刁難卡臣科的群眾、囚犯間的造反、工廠老闆拒絕交出他怪罪的職員，也在在預示這一天的降臨。史達林尚未離開，但他藉由恐怖、仇恨、社會排斥的權術，最重要是神聖的集體使命感，日積月累而來的秩序，卻已開始分崩離析[13]。

卡臣科振振有詞的醫師陰謀論是他的絕筆，還來得及開下一場黨派會議前，史達林已於三月五日與世長辭。黨派成員和全國忠實人民都在哀悼他的殞落，不知未來何去何從。人們之所以痛哭，是因為史達林的形象等同秩序，而這個國家有許多角落都缺乏秩序。史達林一旦不在，國家就像失去舵的船。蘇聯勞改營囚犯造反，員工怠惰，集體農夫不再那麼怕老闆，流放者開始思考打包行囊回家。

貝利亞連番祭出一連串改革，更加深這種情緒。貝利亞早就對蘇聯勞改營勞工的零效率和無能不耐煩，呼籲回歸「社會主義的合法性」，他對警察的盤問偵訊喊停，釋放遭控涉入醫師陰謀論的嫌犯，終結浪費資源的蘇聯勞改營建案，開啟結束韓戰的協商，採取措施解放東歐政權[14]。貝利亞對奧爾斯克最切身的政策，就是在史達林過世後僅僅三週，對蘇聯勞改營實行大赦[15]。四月份，多虧貝利亞的特赦，幾千名囚犯離開了奧爾斯克的勞動營。

囚犯減少，意思是建築工也減少，當時幾宗重要建案尚在執行。為了製造新的熱核武器，蘇聯軍備製造商要求在馬亞科再蓋新的反應爐與加工廠，當時工廠建設公司也要負責蓋十座新村莊，讓撤離捷恰河的居民有地方生活[16]。為了彌補囚犯不足的窘境，貝利亞將核建案從原本由內務部管理的蘇聯勞改營，搖身一變成為專門負責核工程的公民部門。為因應勞工不足，國防部派給核工業十萬士兵，其中一萬七千名在一千名長官陪同下，前往奧爾斯克[17]。

聽命罪犯督軍率領、不守規矩的叛逆囚犯，全體魚貫離去，而嚴守紀律、紅軍軍官指揮的士兵步入工廠，由軍力取代刑罰勞工，公民取代監獄管理，此舉應是一大躍進，但在貝利亞執行改革的一個月內，原本舉發無法無天囚犯的憂心報告，現在卻變成舉報暴亂士兵的焦慮公報，由於勞工不足，幾個鈽工廠的主要建案嚴重拖延。

抵達的士兵進駐甫清空的蘇聯監獄營房，和蝨子、害蟲、散落一地的垃圾、還有其他營地的獨有特色同床共枕。營房是其中幾個最早蓋好的建築，沒有配管系統，也沒有餐廳，士兵沒有獲發冬季制服，也沒有床單可換，公共澡堂無法使用，年輕人輪班工作後就被送回自己的生活區域，也就是營房和破敗帳篷的高牆駐防地。沒有俱樂部，沒有書，沒有電影，沒有遊戲，沒有報紙，沒有收音機，年輕人的旺盛精力無從發洩[18]。不滿、無聊，長官人數不足之下，士兵開始放肆撒野，飲酒狂歡。六月份，外省黨派頭頭向人在莫斯科的尼基塔．赫魯雪夫（Nikita Khrushchev）稟報，新報到的年輕徵召士兵在短短一個月內已犯下八百九十一宗罪行[19]。

經過調查後，發現大多士兵來自問題重重的波羅的海、烏克蘭、白俄羅斯等蘇聯政府在戰爭年代併吞的領地，這些國家依舊對蘇聯強烈不從。其中有超過一千名士兵具有犯罪紀錄，剛報到的士兵也有國家少數族群，例如伊朗人、希臘人、保加利亞人。有群士兵發送紐約出版的宗教手冊，偷溜出基地上教會[20]。虔誠教徒、前科犯軍人、外國國籍的士兵、併吞領土的徵召士兵等人，其實不應該在特別管理區服務，於是安全防禦軍警集合最令人頭痛的士兵，送他們到鄰近的基許提姆和卡斯里（Kasli）火車站，再送回老家，他們居然暢飲伏特加慶祝離開，打架鬧事，不分青紅皂白，看到什麼就砸什麼[21]。

與此同時，一九五三年的赦免釋放了輕罪囚犯，留下累犯和具有暴力傾向的罪犯，沒被算進赦免指令讓他們無法釋懷。奧爾斯克的蘇聯勞改營軍官擔心，慣犯密集之下，他們預測囚犯在接下來幾年恐怕變得更難管理，他們細數違規、拒絕工作、逃跑的情事增加，並發現罪犯督軍「恫嚇其他囚犯和蘇聯勞改營員工」。軍官也害怕，幾乎未受過教育的蘇聯勞改營警衛在偏遠營區，長期只和囚犯相處，唯恐哪天會「露出本性」。他們懷疑有些警衛已經和監獄幫派串通，有幾起逃獄案例格外可疑，警犬既沒有吠叫，警衛也在呼呼大睡。一九五四年營區叛亂發生時，當班警衛居然完全沒有發出警告[22]。

貝利亞的改革在奧爾斯克當地的後座力強大，在國際間亦然。在東德，員工為了低薪和消費品長期短缺罷工，年輕人挺身站在蘇聯坦克前的照片，似乎證明了美國總統艾森豪的說法：「這對共產黨一個大好的教訓。[23]」

尼基塔·赫魯雪夫以迅雷不及掩耳的速度和政治敏銳度，將這些事件拿來對付敵人。柏林暴動後幾週，六月二十六日這天，烏拉山的建案進度延緩，加上士兵反叛的消息紛擾不斷，赫魯雪夫精心策劃一場推翻貝利亞的政變，就在指導蘇聯原子彈專案的貝利亞和他的特殊委員會接受榮譽表揚前幾個鐘頭，赫魯雪夫逮捕了貝利亞[24]。

赫魯雪夫已對這名蘇聯勞改營微不足道的影子總督，編出一套說詞，他揭穿戰時攔截原子祕密的貝利亞，這名精心策劃蘇聯炸彈的偉大指揮官，其實是名美國特務，是個叛徒，「收受美國好處，重新復甦俄羅斯的資本主義」[25]。此外政治局成員拉薩爾・卡加諾維奇（Lazar Kaganovich）指控，貝利亞在原子部門揮霍無度，他蓋的「並非城市，而是礦泉療養地」[26]。

這則消息令人難以置信，身為特殊委員會長的貝利亞，坐擁龐大權力與聲望，尤其是在核子圈。貝利亞在奧爾斯克有棟湖畔宅邸，還有條以他命名的大街，在人人眼中他是睿智慈悲的聖人，可是核工業外的人對貝利亞在原子彈發展扮演的角色幾乎一無所知。逮捕貝利亞的那天，為了削弱他的政治支柱，赫魯雪夫瓦解貝利亞的特殊委員會，組成一支新的公民組織，亦即名稱帶有隱晦意義的中型機械工業部（Ministry of Medium Machine Building，簡稱 MSM），指揮核武工廠[27]。他讓維亞切斯拉夫・馬利雪夫（Viacheslav Malyshev）擔任負責人，日後直接向赫魯雪夫回報。貝利亞的長期副手阿弗拉密・札維尼亞金則升職，指導全新工業部的第一部門，而與貝利亞親近的幾十名官員，包括卡臣科在內，全體遭到革職。

貝利亞的前任同僚以史達林主義的作風「加油添醋」，讓他更難逃死刑。在讚揚特殊委員會時，馬利雪夫詆毀貝利亞是「全民公敵」，貝利亞過去十五年的忠實伙伴札維尼亞金，也出面證實貝利亞笨得可以，「腦袋不靈光」。伊果・庫查托夫是唯一拒絕出面當證人攻擊貝利亞的人，遭到要求時，他這麼應答：「要不是貝利亞，我們也不會有炸彈。[28]」

為了推翻背景如此強大的部長，赫魯雪夫必須繪聲繪影，指控他罪大惡極、不可原諒，於是他讓貝利亞成為史達林時代暴行的代罪羔羊，這個操作手段很危險，可是奏效了，貝利亞對罪犯大舉赦免的舉動，令蘇聯人民陷入恐慌，他們擔憂囚犯離開蘇聯勞改營後，犯罪率和隨機發生的暴力會增加。貝利亞遭捕並處決那天，蘇聯人民歡聲雷動，不是因為他是惡名昭著的蘇聯勞改營部長，或者是史達林的「黨羽」，而是因為他們懷疑他輕縱罪犯，釋放囚犯，解放遭控涉及醫師陰謀論的嫌犯，因此背負叛國賊的嫌疑[29]。

但在奧爾斯克，貝利亞的處決並未帶來和平。一九五四年，奧爾斯克有百分之十五的士兵犯罪遭逮。年輕的徵召士兵溜出駐防地，跑到鄰近小鎮村莊飲酒飆罵，挑釁幹架，喧嘩滋事，行盡偷拐搶騙之能事[30]。村民控告這群人幹的好事不僅如此，甚至強暴、毆打孩童、殺人[31]。引發騷動紛擾後，士兵溜回管理區，緊追在後的村警因為沒有進入封閉區域的通行證，因此也拿他們沒輒[32]。法律無法約束士兵，於是他們食髓知味，隔天夜晚又溜出營區，再度鬧事[33]。

缺乏工作經驗的年輕人做事拖拖拉拉，損傷機械，撞壞貨車，有些士兵甚至完全拒絕工作，雖然謊報超額生產在蘇聯產業是常態，但奧爾斯克的建設部門的表現真的太差，差到督導不得不承認，他們只完成三分之一至一半目標[34]。士兵的配合度低，因此一九五四年承包商拒絕再收士兵當員工，要求囚犯回來[35]，至少慣犯在蘇聯勞改營幹了好幾年苦工，受過工作訓練。

必須對徵召士兵的道德缺失做出回應的，是政治部門的領導人。軍人搜集情報，忙著撰寫公文報告，為士兵安排課程，發問卷調查，空白處要填寫每個基地和營區發生的意外、毆打、強暴等數字[36]。此舉只是將問題用官僚那一套處理，實際問題卻未獲解決，貝利亞和卡臣科消失那天，政治部門已不具實權。從安全防禦的觀點出發，前景可謂堪慮。在當地小鎮喧鬧的士兵，暴露鈽工廠的用途和實際地點讓外界知道。從公共衛生的觀點出發，暴動士兵嚴重拖延了兩大主要建案的進度：一是用來汰換原本高度污染工廠的新加工廠「雙B（Double B）」，另一個則是捷恰河撤村居民的新村落[37]。

需要對遷置村子直接做出回應的人是薛特芬上校（P. T. Shtefan），也是二四七號建設部門主任[38]。薛特芬在奧爾斯克飽受辱罵，他負責的每件重大建案工作人員都進度拖延，薛特芬將問題矛頭指向他的士兵和罪犯勞工，說他無法達成建設目標全是這些人的錯[39]。關於徵召勞工的怨言已在該區流傳數年[40]，「他們來，我們訓練他們，然後他們就走了，我們不過是職業學校，」其中一名承包商哀嘆：「如果從政體祕密的角度出發，」他補充道：「十萬個身分背景不同的人來此工作，然後離開，並在世界各地遊晃，你覺得這樣合理嗎？[41]」一九五四年，內政部長瑟蓋．克魯格洛夫下令核工廠撤換強制勞工，改聘小時計薪的建築工，他提議重新雇用先前遭到遣散的士兵及釋放的囚犯，提供他們補助，讓家人舉家搬到烏拉山南部與他們會合，意思就是，撤換掉無法無天的單身囚犯和士兵，讓有家庭的男人來做事[42]。這個計畫很合理，核心家庭的員工是穩定性高的勞工，會在奧爾斯克認真製鈽。

問題是受雇的建築工需住在屬於自己的隔離小鎮，一塊名為建築工小村落的基地，在這座高牆堆砌的小村，宿舍污穢骯髒，公共浴室和洗衣間故障，小村唯一的商店裡找不到麵包、牛奶、肉品，通常還來不及上架就被店內員工偷走。自助餐廳的牆壁漏水，木造人行道腐朽，當地沒有公園、垃圾車、收音機服務。由於沒有產房，孕婦必須不遠千里，踏上顛簸道路，前往卡斯里待產，有些人甚至直接在路上產下嬰兒[43]。建設工頭絞盡腦汁想辦法留住技術性員工，無奈居住環境太惡劣，文化服務品質低劣，導致員工能夠逃的逃，沒逃的感到洩氣[44]。被問及為何不能蓋點像樣的房子給員工住，薛特芬哀嚎資金與供應品不足，浮躁不定的員工讓他很困擾[45]。確實，一九五五年七月，士兵掠奪另一座村莊，在一間俱樂部襲擊恐嚇村民，因犯也爆發一樁營區叛亂。

事情還沒完，黨派會議上有人含沙射影，指稱薛特芬和其他建案上司加入不在計畫內的年度建案，因為撥款預算愈高，就愈能讓薛特芬和狐朋狗黨從國家財庫裡揩油[47]，一位評論家指控，薛特芬創意十足的會計事務，讓「年度（建設）計畫形同泡影」[48]，士兵動作遲緩不是因為不遵守規矩或道德缺失，而是因為在工地坐著空等遲遲不來的指令和供應品。他們的效率愈差，建案拖得愈長，薛特芬就愈能以「延遲」導致成本超支為由，在後來的建設期要求更高資金[49]。

挪用公款和供應用品的結果就是撤村民眾的新村落、建築工住宅、修繕破敗營房的興建資源幾乎等於零，當薛特芬終於著手蓋這些房舍，為了節省開支，他簽訂興建的新村落並不含公共澡堂、醫療診所、幼稚園、穀倉、製酪場，雖然這些明明都含括在藍圖裡。他建蓋高昂的組合屋，品質惡劣到房屋還會坍塌壓在住戶身上。「這些組合屋每棟要價四萬三千盧布，」一名集體農場主席哀怨地說：「房子根本不值這個錢，居然坍倒，我真不曉得他們怎麼挪用經費，無所不偷，政治部門甚至沒注意到有這回事。[50]」

在大多蘇聯城市，若管區工業主管犯下貪污等情事，地方黨派委員會秘書將監督嚴懲，但由於屬於祕密政體，車里雅賓斯克的黨派委員秘書無法踏進奧爾斯克，更不得靠近鈽工廠一步，進行調查[51]。卡臣科將軍被踢下台後，政治部門變成虛掩成地方治理的官僚窗口，莫斯科官員很少追蹤他們下達的指令是否如期展開，他們給予鈽工廠上司寬裕的自主獨立，只要能準時交出鈽，什麼都可以[52]。

簡單來說，該區域漂浮著神秘莫測的舒適泡泡，公司主管可以享受成本加成的安排，工廠預算愈高，上級就愈能私自侵占揩油。有了揩油來的經費，薛特芬在風雅迷人的湖畔，為鈽工廠上司蓋豪宅，挪用委託建案的士兵幫忙蓋倉庫和度假別墅[53]。薛特芬對鈽工廠上司好到即便有眾多指控指向他，說他挪用公款，他依然老神在在，穩坐該職務數十年，鈽工廠上級亦租小艇、開派對、把公家便利設施當自己家占用[54]，而且沒人可以阻擋他們。

歷史學家和傳記作家經常把核管理區形容成監獄，將居民圈在裡面，控制管束他們，但同時該區卻不尋常地縱容他們，讓他們可以為所欲為地違法、規避檢舉。薛特芬作威作福，而這只是大多人在自己的小王國裡都會做的事。士兵利用管理區，洗劫鄰近村落；商店經理利用管理區之便，在柵欄外販售偷來的食物供應品；駐防地的指揮官則掠奪偷來的建材，從中獲得可觀利潤；指揮官的妻子在特別的社會主義城市買下稀有物品，以有利可圖的高價賣給「外界」的朋友[55]。核管理區的初衷本是讓人嚴格遵守安全規範，如今卻縱容偷拐搶騙等貪腐行為。同時免疫區亦讓捷恰河居民及污染嚴重的化學加工廠年輕員工，數年飽受痛苦折磨。

29 社會主義消費者共和國

赫魯雪夫大張旗鼓展開解凍時期，黨員控告工業大老趁勢挪用公款，這時我才知道奧爾斯克的猖獗貪腐。一九五六年三月，尼基塔．赫魯雪夫用八小時演講，將人人敬愛的史達林描述成偶像崇拜的核心人物。赫魯雪夫說，史達林是名獨裁者，一九一七年社會主義革命的平等民主價值，就是在他手中淪落腐敗。接踵幾個月，赫魯雪夫鬆綁審查制度，要求與西方維持和平共存，更進而赦免四百萬囚犯，聲稱東歐的共產主義可以多國經營。一九五六年春夏，第一批波蘭和當時的匈牙利勞工及知識分子，遵照赫魯雪夫的吩咐，推倒史達林雕像，以社會主義的國家形式之名崛起，更可怕的是以「國家統治權」之名出現。八月底，匈牙利人宣布獨立，西方攝影記者興高采烈按下快門，捕捉華沙公約組織（Warsw Pact）坦克橫掃布達佩斯街頭鎮壓民眾的畫面。

在奧爾斯克，解凍時期也很關鍵。鈽托邦的人民乘著去史達林化的浪潮，贏得離開奧爾斯克的特權，例如終於可以外出探望生病的老母親，或去別處找工作。經過十年監禁，這個重大改革極端改變了奧爾斯克生活的本質。工廠上級再也不能以武力壓制員工，而是必須花盡心力說服員工，留在這座偏僻堡壘從事危險工作。一九五六年，奧爾斯克居民獲准擁有城市黨派委員會的權利，這也就是蘇聯地方自治的主場。經過多年的自我代理遊說，奧爾斯克黨派成員總算首肯[1]。城市各地的共產黨員集合會談，開心啟動他們全新的「社會主義民主」。剛開始，居民批評工廠主管的安全問題，以及他們專橫腐敗的治理。然而幾年下來，市民利用他們的新聲音，保住的安全不是遠離放射性同位素，而是遠離罪犯和醉漢，他們尋求的不是遠離核意外的安定，而是物質福利的安穩。

奧爾斯克自治的首日，市民大膽說出城市在他們心目中的缺失，批評工業上級的「暴政」，譴責奧爾斯克政治部門的前領導人軟弱無能，要求參與城市規劃和貿易，為了促進地方民主，他們要求創辦一直以來以安檢為由禁止的城市報紙[2]。

最大膽的行徑莫過於是黨員對工廠安全提出質疑，他們列出高意外率，「經理下意識把意外疏失推給員工違規」，一位工會代表說：「但當我們詢問二十五號工廠經理時，他們卻傻愣愣問：『什麼規定？』根本想不出有哪些具體違規事例……反倒是經理脅迫員工罔顧安全規範。[3]」一名工程師描述，放射性廢料部門長期資金短缺，遭到冷落。他說沒佩戴記錄接觸指數胸章的員工，先將廢料裝進卡車斗，再徒手將廢料拖入貯存槽。「這所謂的『科技』實在教人汗顏，可是科學家只是默默經過目擊，然後當作沒事發生[4]。」

工廠的主工程師米申科夫（G. V. Mishenkov）不得不坦承，安全規範鬆散確實造成勞工危機。允許員工離開封閉區的規定，也開啟了一陣離職潮。一九五六年，每個月有一百多名員工離職，不少都是工程師和技術人員。「我問過幾個人想離職的理由，」米申科夫說：「他們的回答都是工作壓力大，危險性又高。」受過訓練的職員本來已經短缺，因為經過十年的製造生產後，他們都生了一籮筐的病，醫生都覺得起因是放射性工作環境[5]。「我們現在必須忘了早先讓我們有權命令員工駐守崗位的指令，」米申科夫說：「局勢已變，我們要是不能打造更優質的居住和工作環境，同志離職只是遲早的事。[6]」

政黨領袖同意，留才最好的方法就是拿都市先進當誘餌。一九五六年，奧爾斯克有幾個專給上司居住的高級社區及優良市中心，但絕大部分都是棚屋和簡陋小屋，城市人口擴張迅速，一年約誕生一千五名百嬰兒，家庭都在公共公寓和營房生活，每間約容納五人，因此住宅委員會決定需發放四十多萬平方呎空間給新社區[7]。

黨員要求建設部上級薛特芬承認數年無法完成奧爾斯克住宅建案的疏失，為了努力消弭怨言和討好指控他貪污的新選民，薛特芬腦筋動得快。他的工作人員之所以沒有完成奧爾斯克的公寓建案，是因為他盜用原本提撥給建案的預算金，或把錢花在城市菁英的奢侈品上。薛特芬答應將彌補赤字，他降低雙B工廠和捷恰河居民新村落的建設預算，將整整百分之二十的建案預算，挪用在奧爾斯克住宅建設[8]。這個決定在接著幾年內大幅解決奧爾斯克的民生居住問題，卻犧牲了員工和下游村民的健康。在嶄新的民粹氛圍下，住房和物質福利是大家關注的焦點，至於肉眼不可察覺的污染物安全考量，則較讓人無感。

奧爾斯克居民過的生活已經比區域外的鄰居好。年輕女子泰希娜（Taishina）在黨派會議中提出這點：「我們被趕去聽馬克思主義演講，但我在外界時發現人們的日子並不好過，生活貧困，你們為何不提這點？[9]」黨派領袖在眾人面前告訴泰希娜，封閉城市的居民之所以能獲得國家的優渥補助，是因工作性質之故和為國所做的犧牲，他們保衛國土，所以國家當然要無條件支持他們。但泰希娜提問後，私下卻成為安全的潛在威脅，安全探員開始對她提告。「外界」幾乎沒有社會主義平等的空間可談，唯一重要的是奧爾斯克「小世界」裡的平等和民主。

一組從列寧格勒來的建築師抵達，將奧爾斯克重新設計成「社會主義城市」，有著紓解交通壅塞的寬廣主要道路，還有寬闊綠地及公眾集會遊行的遼闊廣場，自二〇年代起，蘇聯建築師就在紙上規劃這個樣貌的社會主義城市[10]，奧爾斯克坐擁慷慨建設預算和政府一流的優先消費品，因此有這等特殊機會，看見社會主義城市以真實立體的面貌崛起。當地人也想要參與城市規劃，「為何他們不詢問我們意見？」人們狐疑：「把停屍間設在學校及修車廠旁一點也不合理，醫院會被燻黑吧？[11]」奧爾斯克居民對租屋和緩慢無能的修繕部門感到厭倦，起了擁有自家住宅的念頭，於是尋求租地和建蓋私宅經費的許可[12]。

私人住宅？經濟不平等？自由媒體？在赫魯雪夫更新社會主義的號召下，奧爾斯克黨派委員會率領奧爾斯克背離蘇聯社會主義原則，但鉀托邦其實是為了保護這些原則才存在。除了三十歲的熱心工程師阿納托利·拉寧（Anatolii Lanin），似乎沒人注意到這股趨勢。拉寧在工廠有十年老資歷，他在實驗室會議上談及此事，剖析城市的住房問題、上司貪腐、工廠意外頻傳，都是奧爾斯克「偶像崇拜」的後果。他想知道為何這麼多年來集體農場餵不飽國人，他想要知道波蘭和匈牙利發生哪些事，拉寧在科學期刊裡寫道，科學家之間通常會進行辯論，但在蘇聯媒體上講到政治議題，「我們只會異口同聲」。拉寧問，為何蘇聯媒體需要為真相「打蠟上漆」，尤其是關於經濟的事實？「為何我們的演講講者不告訴我們，究竟哪個國家的生活水準較高，是美國？還是 USSR ？[13]」

拉寧的同事呆若木雞，他聽起來就像美國之音*的保守派新聞評論員，但拉寧讀過馬克思和列寧思想，甚至博學多聞地引述這兩人的觀點，讓黨派同志啞口無言，有些甚至開始同意他的看法[14]。

拉寧的上級對此展開緊急會議，討論「拉寧情況」，城市領袖指控拉寧教唆煽動，收聽干擾人心的外國廣播電台。他們控訴，拉寧不是為了解決實務問題才提出質疑，而是在同僚間埋下挑撥離間的種子，試圖破壞城市領導人的聲譽。地方黨派大老拉普特夫同志（Laptev）說，拉寧暗藏其他陰謀：「你是科學家，不是泰加（Taiga）來的鄉巴佬，還搞不清楚政治？你提出的質疑和匈牙利政變策劃者沒有差異，你看不出來嗎？只因為工廠廠長和城市黨派委員會長是史達林主義者，就非得拿槍指著他們頭部、將他們拖出來，這就是你要的？[15]」

這就是關鍵點，如果拉寧繼續拿赫魯雪夫一九五六年演講的思想和意識形態借題發揮，那麼龐大公款超支、貪污、盜用、工廠管理不良等指控就揮之不去，長久的「史達林主義」上級可能失業[16]。深深紮根奧爾斯克的工業菁英才不會讓這種事發生，占領匈牙利後，蘇聯安全官員展開一波逮捕潮，捉拿執著赫魯雪夫思想的人，奧爾斯克的大老也跟進，拉寧雖然沒有遭捕，但上級將他降級至工廠作業，然後踢他出黨[17]。

拉寧遭到降級後，只有少數幾人當眾質疑蘇聯政治秩序，但找碴還是奧爾斯克共產黨最主要的餘興活動，居民說這叫「內部黨派民主」[18]。攆走貝利亞後，蘇聯人民想要更多維安和社會秩序，赫魯雪夫也順應配合。他振興社區維安義工活動「druzhiny」，參與這組義工刑警隊的幾千名奧爾斯克人上街巡邏，防治犯罪，矯正不良風氣。歷史紀錄中，義務警員專找愛聽「垃圾」音樂、身著花俏緊身衣的年輕人麻煩，不過刑警隊

---

* Voice of America，一九四二年美國政府成立，進行宣傳的國有機構，設有廣播電台與電視台。

亦協助遭竊受害者、處理家庭糾紛、送酒醉民眾回家、找回失蹤兒童[19]。

赫魯雪夫的其他改革亦在工廠、駐防地、甚至勞動營，創辦職場和社區調停活動，赫魯雪夫鼓勵黨員將工作帶入家庭，斬草除根猖獗的社會問題[20]。奧爾斯克的黨派官員著手調查，並且公開其他黨員的私人問題（酗酒、調戲女性、家暴、性侵）。女性團體與問題家庭合作，將主要焦點放在身心俱疲的妻子和無人看管的孩子身上。女性委員會進行家訪、協助失業家長找工作、試著說服丈夫不要酗酒誤事，賠上家庭的安定[21]。老師也會進行家訪，調查問題學生的家庭問題，當地醫師護士則帶居民上親子教養的課[22]。

從史達林主義的監禁流行症，變成市區自治維安，幾位赫魯雪夫時期的歷史學家形容這種轉變是「侵入」和「愛管閒事的行為工程」，國家往「日常生活瑣事」的方向發展，這群歷史學家行的是西方記者和學者的悠久傳統，把共產主義形容成對蘇聯人民「強行執行」的「政體」[24]。這說法一點也沒錯：現代國家篡位，踢下古老的社會控制型態，在許多人眼裡肯定像是強迫干預，但這種發展並不專屬蘇聯，而是普及的潮流，世界各國侵門踏戶，插手管起工業化社會裡無依無靠的核心家庭。

社工、教師、醫生、假釋官、顧問、治療師、義工接手家族長老、村落長者、工廠上司的職責，矯正嚴懲不良社會行為。受過教育的新興專業人士對二十世紀中葉的核心家庭應該如何過私人生活，很有話說：要怎麼教養孩子、如何維繫婚姻、怎麼吃喝、做愛。蘇聯歷史學家認為正邁向現代化的蘇聯國家，控制百般束縛的百姓，根本是有意挾持個人自由。但咬定蘇聯社區維安是國家窺探人民生活的做法，這種說法卻忽略一個事實，那就是自戰爭結束，蘇聯人民便開始對犯罪和社會混亂的局勢提心吊膽，幾百萬名義工待命加入新活動，因為改革能賦予他們力量。遭到霸凌的囚犯有機會批評同儕，而奧爾斯克的女性也有史以來頭一遭利用社區組織，在男性經營的企業城，爭取到強大的地方權力[25]。女人尤其對維持社會行為安定感興趣，因為她們通常就是受害者[26]。丈夫酗酒，散盡家產，甚至帶女朋友回家，開車出意外撞傷人，在街上騷擾侵犯女性，被關進酒醉者牢房，許多男人還自認沒錯[27]。鄰居指出某位男性對妻子的惡行時，他回說：「她是我老婆，我想怎樣對她都可以，我想揍她或玷污她都是我的事。[28]」

奧爾斯克的新社區活動辦的相當成功，專業人士和義工著手處理司法系統管不著的小案件，協助將過去史達林檢察官認定的「叛亂」行為，更改為非犯罪行為，並且改成社會制裁，意思是較少人為了小偷竊或曠課等行為坐牢，然而破壞社會準則與干擾和平的人都會遭到責任追究，有時甚至獲得協助。同儕管理的法庭運用家醜外揚、警告、監督嚴懲和矯正等方法，囚犯同志法庭釋放更多表現優良的罪犯，義工維安團隊規定只能在酒吧和啤酒攤位飲酒，讓公園變得更安全宜人，女性團體則報告他們與破碎家庭的合作有了斬獲[29]。在一個由遙不可及、權勢強大、不負責任的上級經手管理的城鎮，社區維安和調停是掌控社區、讓人們感到更安全的重要方法。

簡言之，年輕工程師拉寧遭降職的十年後，黨員利用新聲音質疑的不是政治，而是城市秩序，尤其是家庭和青少年俱樂部的社會秩序，以及雜貨店的結帳櫃檯秩序、孩童戲劇的表演節目、麵包和乳製品的種類、自助餐廳的服務[30]。多年來奧爾斯克的城市委員會管的，主要都是與家庭和消費有關的議題。忠實的共產黨員抱怨奧爾斯克居民對自己社區漠不關心，居民為「暫時」的感受所苦，十年後的改革讓居民有自治管理的空間，讓囚禁在鐵絲網內的城市較有家的感覺。

對社區的擔憂讓奧爾斯克的市民先鋒沒留意到三英里外的村民，正在飽受污染的區域過著水深火熱的生活，但其實他們都曾在黨派會議上聽過此事[31]。劃分出不同區域，分開鈽操作員和支持他們生活的農夫及建築工，用意是慎重打造出知識與差別真相的分野，一方困惑不解、無所適從，疾病貧窮纏身，另一方則是精挑細選、直言不諱的工廠職員，他們的富庶成長充分說明了他們對社會具備的價值。

一九五七年三月，衛生福利部研究員通報，留在捷恰河畔的村民陸續生病，接觸的輻射劑量依舊很高，於是蘇聯部長下令淨空八座村落，外加三個未完整撤離居地的八百五十六戶居民和幾間孤兒院及學校[32]。面對這些新指令，薛特芬的建設公司的回應更是慢上加慢，花了整整五年才完成撤村[33]。直到一九六〇年，建設上司才簽訂新建案，結果卻是「不符合程序的違法建物」[34]。

這幾年下來，唯獨一名官員關心被迫遷移、飽受輻射污染又不能發聲的捷恰村民。這人正是車里雅賓斯克地方執行委員會主席，也是蘇聯地方治理機構裡最沒權威的一位。他的工作人員不斷去信向莫斯科抱怨，好言相勸薛特芬和其他建設上司，他們卻冷漠打發，妄自尊大地使用祕密稱謂指稱「T河」[35]。執行委員會員工在撤村時記錄遺漏某些家庭，有些則拒絕離開[36]。一九一六年最後一次對遺留河畔的六十戶家庭的檢查，發現「他們所有個人物品污染皆超過可允許標準」[37]。主席記錄村民諸多病痛症狀，嚴重程度讓當初抗拒離去的村民，現在都開始主動央求撤離[38]。

一九五八年，每位奧爾斯克的男女老少都有屬於自己的大房間，由此可見當時 USSR 豪奢的大手筆[39]，但輻射污染的捷恰河村民卻生活在無人敢言的危機裡。他們必須等候十年，才能離開備受輻射污染的家園，擠進寒風刺骨的組合屋。工作人員撤離污染河川邊的孤兒院和學校時，動作更是出奇的慢[40]。其中一間住宿學校的輻射數值超出自然背景輻射的五倍，卻等到一九八〇年代才成功遷移[41]。

幾年過去，區域劃分出兩組居民，一組受到保護，另一組乏人問津。六〇年代初期，其他封閉核城多已排除監獄勞工，因為這群人猶如不定時炸彈，工作效率又低，但奧爾斯克經理繼續沿用囚犯，興建運河和大壩，重新安置傾倒入放射性捷恰河的工廠廢料。建案需要罪犯和士兵在備受污染的地區開挖、建設、運料，而這些都是受薪勞工覺得太髒而不肯從事的工作[42]。囚犯打造出大壩和運河系統，導入原是沼澤的區域，隨著幾百萬加侖放射性廢料加入，這座沼澤便成了卡拉切湖。這座湖在兩大層面屬於「高熱」：大型管道注入滾燙又富有輻射劇毒的水，由於湖不會結冰，士兵便用來沐浴和洗衣，士兵一小時在河岸接觸的放射性劑量等同一年份[43]。

一九六二年，區域KGB辦公室上級抱怨馬亞科工廠未經過濾的放射性氣體，徹底污染了兩個鈽城士兵及員工居住的社區，KGB探員警告情勢很險峻，甚至威脅將來會更惡劣。他要求農夫和士兵撤離放射性風流，工廠經理打發這項調查，不承認疏失，僅說測量數字顯示劑量「落在許可範圍內」，允諾在工廠煙囪加裝過濾器[44]，卻始終慢吞吞，兩年過去，工廠工作人員依舊未加裝過濾器[45]。

如果單純的空間區隔——「區域」具有歷史作用，那管理區就是當初慫恿捷恰河非法傾倒的兇手，後續更成了未盡職責，沒有保護村民、囚犯、士兵遠離污染的幫兇。原先背負監禁污名的區域，居然在後來幾年過起與世無爭的舒適生活，而這座封閉城市的居民，則把這個以條柱圍起當作盡頭的「小世界」視為自己的領土，而外頭的「大世界」則撤離他們的視野，不再是他們的責任歸屬與行動範圍。

30 開放社會的作用

「進步就是我們最重要的產品，」這是通用戲院主持人隆納．雷根（Ronald Reagan）的台詞。雷根到訪五〇年代的通用工廠時現身里奇蘭，黑髮閃亮，一襲雙排釦灰色西裝的他相當英俊，這身風格很接近雇用他的通用主管。當地農民和城市居民不假思索就相信雷根和他代表的主管，原因是這些主管為他們帶來不少建樹。環顧四周，年邁農場主人看得出聯邦計畫讓荒涼貧瘠、乾燥不毛的哥倫比亞盆地搖身一變，調整成適合製造和利潤雙收的情勢，作物結實累累、儼然工業景觀。看見綠色草皮圍繞著井然有序的中產階級房屋，里奇蘭居民一目瞭然，通用將「鄉下」農村小鎮，整裝成舒適的郊區城市。

西部擴展的工業財富和美國勞動階級日積月累的財產，在科學、科技、文化的交叉點會合，支持協助彼此，傳遞出能力、專業、信任的訊息。這就是里奇蘭昂貴的文化建築和高額補助的鄉間工業化成果，里奇蘭和周遭地景代表著西部內部的嶄新、重要、活力。城市的流行文化以及它對教育和專業知識、階級、法規、規劃的尊重，可以緘默所有質疑的聲音、駕馭恐懼、遏止謠言和事實。我前面也反覆指出，AEC 和通用會計投注大筆經費在里奇蘭的學校制度，而不是浪費在工廠的管理、公共衛生監察、科學研究。我的意思是，里奇蘭的文化支柱值得投資，先不論會為該城帶來什麼，至少都能讓居民對他們與科學及進步締結的契約產生信心。

雷根在他最受膾炙人口的電視節目裡賣通用的檯燈、冰箱、噴射引擎、渦輪增壓器、原子安全設置[1]。廣告裡的雷根帶觀眾參觀他家，展示「完全電器化的廚房」，顧客在里奇蘭展示間能以員工折扣價購得，家電象徵工業科技的成就，將蕭條、赤貧、疾病推向邊緣，讓人類生活更無憂無慮，保障與家人共處和閒暇活動的時間。這些家電在里奇蘭的意義尤巨，鄰區監看站、路邊排排站的防空火箭、每個月的空襲警報、以及了無生趣的防災避難演習時，塞在綠色公車裡汗流浹背虛擲的光陰，運作流暢的廚房家電讓這一切都不再那麼難熬。一九六四年當屆的里奇蘭校友，在一九九九年回憶他的家鄉：

在里奇蘭，一年有三百天陽光閃耀，街角藥局和雜貨店、少棒聯盟球場、服務站，距離家家戶戶僅有咫尺之遙。優秀醫生保障我們健康無虞，每片草地都整齊除過，每一戶家庭都經過粉刷，氣氛溫馨的司棒圈（Spudnut，甜甜圈店）、到CC安德森氏（CC Anderson's）購物、在轟炸機盃（Bomber Bowl）慶祝特別日子，這些都是每個里奇蘭孩子珍惜的共同回憶，那些年為何特別甜美？因為生活有保障。家長在遠離邪惡都市禍害和社會墮落的原子城拉拔孩子長大，過著平靜安定、與世無爭的生活[2]。

對這個陳述者來說，安全是種空間概念，包括寬闊分區的住宅地段、謹慎規劃的購物版圖、獨享住宅要

在多數人記憶裡，里奇蘭是適合小孩長大的地方。美國能源部提供。

求。既然漢福德工廠限制多數外人止步，里奇蘭便成了鈽生產的公開面孔。這個面孔讓人感到舒心，整齊的綠色草皮、緩和蜿蜒的街道、備貨充足的商店、富麗堂皇的學校，校內全是高表現力的好孩子，這一切都能培養出他們的信心與安全感。小鎮居民在通用巡警和保健物理學家等人的監視目光下生活，這件事實也讓人寬心。報紙報導，里奇蘭贏得國家交通安全獎項，科學家每個月都會採集兩百六十五個牛奶和水樣本，為加熱殺菌和公共衛生進行抽檢[3]，正如一名居民所說：「里奇蘭的生活很理想，因為我們呼吸的空氣經過檢測。[4]」通用工廠醫師定期向周遭居民保證，家電和醫療X光都比製造鈽危險，他們信誓旦旦，不穩定的鈽都關在工廠的柵欄內[5]。通用公共關係工作人員指出，里奇蘭擁有全國最高出生率和最低死亡率，嬰兒和孕婦死亡率低於國內平均值[6]。對於這個員工需先通過健檢才受雇、享受普及健康照顧，幾乎不見老年人與窮人的社區，這些數據並不教人意外[7]。

教人意外的是健康數據開始出現不祥數字，一九五二至五三年間，里奇蘭的嬰胎兒死亡率飆升至國家平均值的兩倍。一九五二至五九年間，里奇蘭、帕斯科、肯納威克的先天性缺陷高於國家平均值。這三座城市的嬰兒人口死亡率相當高，尤其是里奇蘭，一九五一至五九年，百分之二十至二十五的里奇蘭死亡案例都是嬰兒，同期的國家平均值紀錄則是穩定的百分之七[8]。一九五八年，里奇蘭的人均死胎率是美國境內其他地區的四倍以上[9]。一九五二年，存活下來的孩子有百分之二十五的幼兒被要求「缺陷」矯正[10]。雖然當地記者常發表里奇蘭的數據健康事實，卻忽略這些數據每年都會歸入州立健康局檔案，通用醫師也並未指出這件事，在原子城，壞消息通常等於沒消息。

三城區只是小規模的數據樣本，但里奇蘭奇高無比的嬰兒數字卻讓數據出現誤差，然而話說回來，嬰兒死亡的問題卻不限於三城區。一名斯波坎喪葬業者在幾年後發現，一九五三年的嬰兒死亡率也有類似的攀升趨勢，該業者埋葬的死者約百分之十六是新生兒，平常的機率應只有百分之五。在沃拉沃拉和斯坎波郡，嬰兒死亡率在五〇年代初達到巔峰，直至五〇年代末都超過平均值，持高不下。一九九三年，斯波坎記者發現一座百年歷史的老墓園，共有六百八十個墳墓，其中兩百六十一座的主人是嬰兒，都是在一九五一至五九年這段期間出生後不久死亡。瓊安．休斯（Joan Hughes）於一九五六年失去的寶寶，也埋在這座墓園。產科醫師告訴她，她的孩子已死於多重先天性畸形，她要求看孩子遺體，醫生卻斷然拒絕[11]。華盛頓州東部才剛脫離數十載的貧苦，享受安逸繁榮的日子，嬰兒死亡率卻選在這時升高，究竟發生什麼事？

這些擾人心緒的數字背後有幾個可能成因。五〇年初德國麻疹流行病橫掃華盛頓州，嬰兒若在子宮內接觸到德國麻疹病毒，可能會引發先天性德國麻疹，導致一籮筐的症候群（白內障、小腦症、心臟病、及肝臟、脾臟、骨髓問題），最終可能導致死亡。五〇年代戰爭的化學藥劑也在全新工業化的美國境內蔓延，為了對付蚊子，不干擾在熱帶氣候下作戰的美國部隊，化學工廠在戰爭期間生產氮氣，製作炸藥和 DDT 殺蟲劑。五〇年代化學公司運用大眾行銷廣告，在日常家用市場將戰時過剩的化學物資推出銷售[12]。美國人民買下這種新產品，對它們的神奇功效大為滿意。

里奇蘭發給居民一袋袋草籽，並吩咐他們種植皮草並澆水，降低（放射性）粉塵。城市社區機構自願種植幾千棵樹，綠化他們的沙漠居地[13]。灌溉、灑水、過度澆水，導致半乾燥大草原池子裡的水在太陽底下暖化，成為蚊子孳生的標準溫床。為了解決這個問題，漢福德醫學服務部長諾伍德（W. D. Norwood）踏上蚊子戰役之路，他派出裝有強力噴嘴的飛機和吉普車，每年對飛舞在里奇蘭綠色草皮上的蚊子，噴灑一堆 DDT 殺蟲劑，而屋主也在同一塊草皮上施放氮肥[14]。

杜邦和其他戰時軍備承包商蓋了里奇蘭和漢福德，這點人盡皆知，但較不為人所知的是這些戰時承包商和他們運用的科技，為里奇蘭和美國郊區創造出哪些特色。為了保持大草原的綠意盎然，遠離昆蟲侵擾，他們需要運用大批軍事工業機器，例如吉普車、飛機、推土機，外加隨時備戰用的石油和化學藥劑，科學無所不在，深深紮根童年。里奇蘭居民記得當初自己是怎麼追著噴灑濃霧的吉普車，大口呼吸著甜美濃郁的 DDT

香味。農場孩子笑著說他們會在卡車後方鉤上滑水橇，從父母農田裡流出的殺蟲劑和肥料，所激起陣陣漣漪的灌溉渠道裡滑水。孩子嬉戲同時，對抗雜草和蚊子的戰爭，也變成另一種新型態的戰爭——對抗癌症的戰爭，並使用本意是對付敵人的芥氣和其他化學物質發明的化學療法[15]。外在戰爭使用的科技從外國不知不覺潛回自家門口，滲透進入美國人的身體。

DDT 在一九七二年遭禁，這種內分泌干擾化學物會造成天生畸形、多種懷孕併發症、生殖能力降低，對生產帶來負面效應。在某些案例中，DDT 也包括人類和動物的染色體突變。DDT 和淋巴性血癌、肝癌、淋巴瘤存在關聯[16]。飲用水裡所含的高濃度硝酸鹽也可能導致先天性缺陷、癌症、神經系統失常，以及由嬰兒血液氧含量不足所致的「青紫嬰兒」症候群[17]。簡言之，在乾燥地景裡追求農業發達和郊區綠化同時，三城區居民可能不小心毒害到自己。但要是德國麻疹、DDT、硝酸鹽會提高嬰兒死亡率，那為何這股高峰只發生在華盛頓州的東南部，甚至在該區停用 DDT 和其他化學毒物前就消失了？

一九五一至五九年是鈽製造的高峰期，漢福德工廠製造出最高分量的放射性廢料。在一九四五到五二年，準父母都暴露在未過濾工廠煙囪噴發及蓄意釋放的「綠色追蹤」的大量碘 -131、氙 -135、鍶 -90 裡，醫學研究也顯示，接觸劑量低、並無明顯輻射傷害的父母，有可能將突變基因傳給子女[18]。其他研究則顯示，產前暴露於離子化輻射，日本存活下的後代發生出生附近期的流產率更會大增[19]。有證據指出放射性同位素可能和 DDT 等化學毒素相輔相成，加速健康問題惡化[20]。

流行病學是一種調查複雜景觀裡的科學，這種工具其實很遲鈍。現在再回頭追溯，很難決定華盛頓州東南部嬰兒死亡率激增的主因。真正引起我好奇的，是為何這些數據沒在漢福德健康社群裡引起警戒。

錯過這個擺在眼前的危機，背後有許多原因。主要的解釋很陳腔濫調，亦和制度有關。第一，漢福德工廠醫師並未獲得委託或資金，無法研究基因或多重放射性環境污染物對人體的影響。戰後的醫學研究將主軸放在實驗室作業，所有因子皆為可控，關乎流行病學，觀察環境裡的各種危險因子如何互動[21]。例如，約瑟芬．漢米爾頓（Joseph Hamilton）在加州大學進行「輻射和人類」實驗室研究，一直到他早死於與輻射相關疾病，後來再由他的助理肯尼斯．史考特（Kenneth Scott）接手。這種勞工區分的分配很詭異，柏克萊的放射性排放物不高，漢福德則是世界數一數二，長期讓周遭群眾接觸低劑量的排放物。漢福德的主保健物理學家賀伯特．帕克有項任務，那就是追蹤哥倫比亞盆地擴散的放射性廢料，但他沒資格斷定他的研究員記錄的高劑量，一經接觸會對人體有何效果。而這其中消失的聯繫就是關鍵，可以讓我們理解東華盛頓州在鈽製作數十年的高峰期，沒有發生的事。

第二，保健物理學家獨占當地環境的監控工作，監測人員使用昂貴儀器，而只有他們有權揪出隱形沈默的放射性同位素，並且計算數量。他們從個人和團體手裡接過決定風險的重責大任，這就是部分的國家趨勢。美國公眾對官僚體制逐漸產生依賴，像是氣象服務、美國公共衛生署、新聞媒體告知的危險與危害[22]。在東華盛頓州，保健物理學家成為保護人民的大祭司，工廠科學家檢測空氣、水、食物、土壤、植物、野兔、馴化的家禽。工廠醫生定期對員工進行尿液篩檢，觀察他們的輻射暴露程度，但醫生只能觀測，不能告知。工廠研究員標註以下內容：「帕斯科和納肯威克的飲用水系統，現含的放射性物質高出該地區過去測到的劑量。」他們寄給水利局員工祕密文件，警告他們在某些外洩後切莫吃魚，但他們卻沒有也無法通知群眾污染許可劑量過高，因為污染是來自工廠不可預期的隨機噴射[23]。

我的意思不是五〇年代是默默服從、過度尊敬菁英和專家的年代，正好相反，核武出現不滿十週年，美國人、日本人、歐洲人便開始質疑核武的安全性和 AEC 說法的真實性。一九五四年，在比基尼環礁（Bikini Islands）實施的核彈試爆產生過多原子塵，武裝軍隊不得不撤離馬紹爾群島居民。爆炸發生的八十英里（約一百二十八公里）範圍內，日本漁夫因輻射中毒病倒，其中一人甚至死亡[24]。這些事件都讓公眾焦點從原子塵和其他來源，轉移至輻射的危險性。不多久，三千萬日本民眾連署抵制核武[25]，美國的女性團體則是質疑原子塵污染的食品安全，幾名馬爾紹群島案的資深軍官指控 AEC 官員，對公共衛生捏造「不負責任或無事實根據的說法」[26]。前任馬爾紹群島專案的物理學家約瑟夫．羅布拉特（Joseph Rotblat）估算出比基尼環礁的爆炸釋放出的核裂變產物，遠遠超過 AEC 承認的分量。憂心忡忡的百姓團體開始向華盛頓州的 AEC 總部寄出信件和要求[27]。從一九五四年起，AEC 經理手上的公共關係問題尚未冷卻，因此回應他們令人起疑的「環境危機」說詞時，發言人必須承認，他們對長期低劑量造成的人體影響瞭解甚少。多數 AEC 贊助的研究案都是關於高度爆炸，也就是核爆或工廠意外時碰到的狀況。

面對外界監督，AEC 官員加強生物和醫學研究委託案的安檢，同時試著說服大眾核武是相對安全的[29]。其中一種做法就是資助研究，研究結果肯定可以安撫大眾，向他們保證安全無虞。例如一九五五年，AEC 接手日本醫生在戰後展開的核爆傷害調查研究（Atomic Bomb Casualty Study），在一場內部會議，AEC 生物與醫學會長查爾斯・敦漢（Charles Dunham）解釋，AEC 補助有其必要，好確定「長崎和廣島散發輻射對人體效應的不實誤導報告，能夠維持在最低程度」。敦漢繼續道：「如果美國退出（這項研究），壞事恐怕會發生，填補這個真空狀態，甚至是紅色警戒的偶發事件。[30]」敦漢的計畫奏效了，下面幾十年，在日本接受 AEC 資助的科學家下了結論，原子彈本身不會造成巨大的基因影響。核爆傷害調查研究讓二十世紀餘後的美國員工健康研究，設定一個標準點，直到今日仍經常引用[31]。

里奇蘭大眾對核武的原子塵忐忑不安，帕克開始發現工廠的新威脅，也就是公眾曝光。一九五四年，氧化還原廠釋放出另一波放射性釕粒子，覆蓋周遭地帶。有些小碎屑每小時散發的劑量高達驚人的四十雷得，即使是毫雷得程度，碎屑仍會熱得通紅，破壞皮膚組織。帕克想要包圍隔離污染區塊，測試廢料處置場外的綿羊，但他決定放棄，因為有「激起過多評論的風險」並可能引發「不必要的警戒」[32]。

沾附在粉塵上的粒子隨風飄送，嚴重污染核廢料處理廠內的區域，但監測人員也在里奇蘭、帕斯科、以及最近剛灌溉、前身是第二區的農場社區發現粒子。一九五四年農夫為了灌溉用輪狀水車而夷平土地，犁挖翻動細小的火山土壤、掀起大量粉塵雲。農夫還記得當初粉塵是如何荼毒他們。「很困難，」歡妮塔・安德魯耶夫斯基回憶當時：「人們都要和塵土對抗。[33]」

一九四八年，發生首起粒子事件期間，帕克擔心吸入碎屑會導致肺癌。六年後，在否認安全問題的專業氛圍裡，他低估了粒子對肺部造成的危險，他在沒有研究背書的情況下，猜測粒子「很可能」在吸入後幾個鐘頭排出肺部，反將問題焦點放在皮膚接觸上，而皮膚接觸的危險性則相對低許多。由於帕克覺得既然他無法在當地環境進行研究，便轉而思考一個假設問題：「想像一下里奇蘭的全體人口，赤身裸體躺在地上，這時約有二十五種可辨識粒子與肌膚接觸，導致巨大效果的活動範圍類型不超過三種，可能產生效果的則不超過一種。[34]」

這段話已經不言而喻，帕克終究不敵政治，棄科學而走上推測的道路。他承認自一九四八年首次爆發危機開始，幾乎沒有進行過放射性釕粒子的研究[35]，儘管如此，帕克還是用「可能」、「或許」、「可以合理預期」等話術包裝，在毫無科學背書的情況下，拒絕承認威力強大的粒子具有危險性。到了這十年的尾聲，漢福德經理說這次粒子問題為近十年來第二嚴重的意外[36]，一九五四年，曾經謹言慎行的帕克向上級描述這次事件較類似「麻煩，算不上真正的危害」[37]。

將危機降格為麻煩，等於輕視回應。帕克思考派出監測人員偵查、安全棄置每塊碎屑所需耗損的工時後，得出的結論是該計畫「奢侈浪費」[38]。AEC 官員決定將粒子留在原處，規劃另一個計畫案，重新分配核廢料處置廠的區域。帕克想要在碎屑分布的位置插上一萬一千個「污染區域」標示，但華盛頓州的 AEC 製作部門長官愛德華．布洛其（Edward Bloch）卻認為，把整片核廢料處置廠設為「輻射控管區」較「不會引起騷動」，布洛其認為這麼一來，員工就不會認為碎屑在核廢料處理廠蔓延時，改變或擴張污染區域，有什麼值得戒備[39]。帕克和布洛其深知強勁善變的盆地風勢，會將粒子往天空高高吹出柱子林立外的區域，因此最終結論是，他們對飄到里奇蘭或帕斯科的污染粒子愛莫能助，畢竟那已經不是他們的管轄區域。

一九五四年，帕克談及「危險」和「風險」時，已不再只在乎公共衛生。帕克愈來愈覺得「威脅」來自他所謂的「公共關係情勢」[40]。例如，在一九五一年，漢福德科學家開始和美國公共衛生局官員合作，監測哥倫比亞河的健康[41]。剛開始的構想是合作，但幾年下來，公共衛生局官員開始對漢福德實驗室的分析提出質疑，並且控制資料。計畫案進行三年後，AEC 主任路易．史特勞斯（Lewus Strauss）要求帕克準備一份哥倫比亞河的污染報告，帕克平鋪直述他的所知所聞：河川為輻射污染最強點，飲用水來源和魚類棲息地遭受污染，由於愈來愈多工廠反應爐連線作業，放射性同位素的讀數也持續升高。

帕克清楚哥倫比亞河身為釣魚重鎮的價值，於是報告重點多半放在公共關係。他寫道，公共衛生局已針對漢福德下游的哥倫比亞河進行獨立調查，要是國家衛生局官員檢測河川，恐怕會造成貨真價實的「威脅」。帕克寫道，由於「優異的技術專員可能會提出有害分析，像是專業衛生工程師對放射性危害的鑑識，很可能會受近期發生的複雜問題影響。[42]」

帕克描述他如何「捍衛」工廠。首先他寫道，AEC 官員事實上成立了監督河川健康的獨立組織——AEC 組織哥倫比亞河顧問團（Columbia River Advisory Group），但事實上已選好並控制該團體的成員。「一九五一至一九五三年間，美國公共衛生局在河川執行獨立研究，」帕克寫道：「這份報告的初稿有幾個說法，可能對公共關係大為不利。在（漢福德）原子能源委員會、哥倫比亞河顧問團體、通用大人物的同心協力之下，得出的訂正版應可維持現狀。最終（發表）的報告則會得出河川情況的珍貴獨立評價。[43]」

首份出爐的公共衛生局報告，確實是展開鈽製作後的真實獨立評估，但漢福德的「大人物」百般施壓，要求剔除原始報告中令人不安的說法，因此經過消毒的最終草稿，讓帕克得到他所謂的「珍貴獨立評價」，向全美民眾擔保，最受眾人愛惜的其中一條美國河川安全無虞。帕克利用公開辯論的慣例和形式讓獨立評論家說不出話，替漢福德贏得高可信度。

警慎掌控公共情報和引人伺機而動的資料機密，在一九五六年結果可說是很管用的做法。猶他州牧場主人對AEC開出第一槍，告發內華達州的核爆讓他們的綿羊生病死亡，漢福德的工作人員名單當中，有一位是世界級的放射性綿羊專

漢福德實驗農場進行的動物測試。美國能源部提供。

家：帕克部門的獸醫里奧・布斯塔（Leo Bustad）。自一九五〇年起，布斯塔就餵漢福德實驗農場的綿羊吃鈽丸子，布斯塔的祕密實驗顯示，食用鈽丸子的綿羊變得疲累、愚笨、虛弱、迷惘，行動明顯遲緩，長出潰瘍，羊寶寶流產，即便劑量低，日積月累下來動物也長出腫瘤。布斯塔還發現接觸結束後，綿羊甲狀腺不會再生，破壞是永久的[44]。

然而在猶他法庭上，布斯塔推出另一套說法。他作證牧場主人的綿羊接受的放射線劑量很低，不可能造成傷害，於是推測動物的死因是營養不良，也就是說把錯怪在牧場主人不懂照顧自己的動物[45]。為了進一步證實自己的說法無誤，布斯塔在一九五七年的《自然（Nature）》雜誌刊登一篇文章，振振有詞提出與他的機密研究迥異的說法，只要每日接觸的碘-131 在超高劑量（三萬雷得）以下，都不會造成任何危害。[46]不久布斯塔就離開漢福德，成為華盛頓州立大學獸醫學系盛名遠播的系主任，餘生為動物權利、愛護孩童發聲，諷刺的是，他還呼籲媒體提供真相[47]。

通用和 AEC 官員瞭解，對放射性污染這種震撼話題保持緘默，著實會啟人疑竇。AEC 官員最早曾在一九四七年信誓旦旦，會保持科學資料的機密性，承諾會「提供對科學進展有必要的想法和批評交流」[48]。美國與蘇聯社會天壤之別，關於輻射、鈽等潛在危險有甚多討論，其中不少權威專家的說法都意在降低、否認危險，好像根本沒這麼一回事。這種資訊的「自由交流」讓眾人對美國核專家產生信心、信任、信念，而專家則演出一場令人心服口服的公開社會表演。

31 一九五七年基許提姆大爆發

我和嘉麗納・佩特魯娃（Galina Petruva）首次碰面時，她已經八十歲初頭，手拄拐杖，牙齒掉到只剩兩顆門牙，渾身散發著老人味與病態。她說她不敢和我說話，只怕官方會聽到我們的對話。「我已經等一輩子，就在等公開完整真相的這一刻，」佩特魯娃像在說悄悄話般，輕聲告訴我她很確定有人在監視她，她說奧爾斯克的人會跟蹤並謀殺老人[1]，地方新聞有報過這類消息，我們見面的頭幾分鐘，她就悉悉簌簌說完這些話。當下我立即明白，她可能屬於典型的不可靠敘事者。

佩特魯娃描述，她是在一九五七年一月來到奧爾斯克生活，還特別強調她是從居地來的，不是村莊，這個差別對她很重要。經過兩年的醫學院洗禮後，她被送往村莊工作，村莊對佩特魯娃來說是一大倒退：「在居地生活後，我已經無法接受在村莊度日，被森林圍繞，我們還得和另外兩對夫妻共住一間小木屋。」她在軍隊服務的丈夫也深有同感，因此當初兩人獲得新工作機會，要到祕密地點工作時開心得不得了。

奧爾斯克遠遠超出他們的預期，那裡不是居地，而是一座貨真價實的城市，而且不是隨隨便便的城市，是漂亮整齊、應有盡有的城市。他們幾乎迫不及待入住屬於自己的公寓，配有電力，打開水龍頭就有冷熱水，在優雅的店鋪裡購物、和裝扮入時的夫妻站在電影院前排隊，佩特魯娃和丈夫覺得，自己正邁向蘇聯中產階級的道路。

他們並非中產階級，佩特魯娃丈夫的工作是監視囚犯，佩特魯娃則在中央工廠實驗室擔任技術人員，分析活體組織切片的癌細胞。到了一九五七年，工廠開廠期間的高劑量接觸後過了十至十二年的潛伏期，許多員工都出現需要分析的腫塊和瘤包。「當時工作量大，」佩特魯娃追憶：「我們動作得快。」他們發給佩特魯娃一個隨時都要佩戴的膠片式輻射計量器，但其他年輕女性實驗室助理卻要她在執行「骯髒」作業時不要戴，因為如果她吸收到的劑量超出可允許標準，所有輪班女員工就會損失每月安全獎金，佩特魯娃按照要求未佩戴，卻開始懷疑事有蹊蹺。

輻射監測人員告訴佩特魯娃，她的老闆在實驗室的木製櫥櫃裡存放鈽-239、鈽-238、鋂，佩特魯娃不小心打翻溶液，灑在她的實驗室外套時，輻射監測人員告訴她：「妳必須告訴妳老闆，實驗室裡的瓶瓶罐罐都得撤走。」但為時已晚。佩特魯娃的一位同事已經有甲狀腺問題，當時實驗室醫生拿一種實驗性藥物為她進行治療。「那玩意兒只讓她愈來愈虛弱，我要她別再吃，」佩特魯娃說：「還叫她別當他們的實驗室老鼠。」佩特魯娃對督導和科學家的盛怒毫無遮掩，他們利用安檢敏感的知識分層，打造出不同風險的層級，讓她這種低階員工身陷危險。

工廠安全紀錄向來不理想。核能在 USSR 是種充滿展望的科學，猶如能帶領他們從戰後的灰燼中翩然升起的浴火鳳凰。蘇聯宣傳專家久久不能忘懷核能的好處，例如醫用同位素和無限能源的美好。展開世界第一座民間核能反應爐後，他們宣傳蘇聯製造的是和平原子，而不是美國的索命原子[2]，導致幾乎沒有文化動力，監督潛在核能災害。然而工廠擴張，隨著製造出更多鈽，員工過度暴露及死亡數字亦不斷攀升。例如一九五七年前半段，工廠共發生二十三場意外，每一次放射性物質的外洩，都只讓工作環境變得更危機四伏[3]。內部黨派會議和高級機密安全報告會探究這些意外，但大多居民毫不知情，因為這些意外都發生於柵欄圍起的製造區域，而製作部門的職員已發過誓，為了維持安全必須保守祕密。一九五七年，發生了一場重大事故，風雲變色，就連工廠的禁閉都擋不下來。那幾個月來，城市的富有假象遭到戳破，暴露出城市之心裡致命搏動的狂暴產物。

九月二十九日，這天風和日麗，溫暖和煦，午後四點二十分，群眾聚集觀賞球賽時，一陣爆炸震撼足球場。沒人驚慌失措，只有幾個人稍微抬起頭，以為是囚犯在工業區進行地基工程，粉碎炸裂石塊。百萬噸的核爆發生當下，群眾繼續觀看比賽，球員繼續踢球，酒保也老神在在繼續倒啤酒。

引爆點是存放高放射性廢料的地底貯存槽，因高溫而爆炸，噴發出埋藏地底二十四英呎的一百六十噸水泥蓋，往空中直線拋高七十五英呎。爆炸震碎了鄰近營房的窗戶，將金屬門炸飛出邊緣柵欄，放射性粉塵柱和煙霧衝入空中半英里，綻放成一朵輪廓清晰的蘑菇雲。暈頭轉向的囚犯和士兵連滾帶爬，有些人還淌著血，連忙衝到戶外觀看空中的灰雲從城市飄往工廠區域。不到一小時，詭異的粉末狀沈澱物開始墜落[5]。有人喃喃自語說這是破壞行動，也有人猜測是美國派兵攻擊。駐防地的軍官發布戰爭警報的命令，並在管理區周圍增設警衛人力，將士兵和囚犯關進營房。幾乎沒人立刻明瞭，他們其實是國內戰火的受害者[6]。

沒人知道該怎麼做，他們沒有事先準備因應的核爆緊急計畫：沒有核對清單、公車、救護車、衛生防疫站，士兵和囚犯也不知道自己製作的是放射性物質，因此沒有協議、放射量測定器、碘丸、抑或放射性緊急狀況使用的口罩[7]。工廠經理正在莫斯科洽公，經過無數小時的無助搜尋，總算在莫斯科馬戲團找到工廠廠長和他的助理[8]。

在沒有領導人或應急計畫之下，急救慢動作進行。幾千名民眾呆立原地，絲毫不知自己持續吸入放射性物質。六小時後，輻射監測人員抵達現場，偵測該地和設備的輻射讀數，卻沒檢查士兵狀況[9]。十小時過去後總算傳來命令，撤離核爆周遭的士兵和員工，這時放射性灰燼和殘骸已在物體表面累積幾寸高。軍事單位沒有衛生防疫站，無法洗滌放射性粉塵，因此士兵被趕去公共澡堂，以完全不起作用的普通肥皂沐浴。經過大量洗衣皂加上多次沐浴，蓋氏計算器的指針才降低。

嘉麗納．佩特魯娃告訴我，她那天是怎麼被叫上救護車協助服務。她衝去駐防地時，看見灰撲撲的粉塵降落在伊爾蒂亞許湖，亦即城市的飲用水來源。印入眼簾的士兵慘狀，簡直嚇壞佩特魯娃，年輕男性臉色慘白、嘔吐流血、渾身顫抖，頭髮紛紛掉落。有人吩咐她打電話給某名士兵在烏克蘭的母親，請她快點到場見她兒子最後一面。「至少她及時趕到了現場。」佩特魯娃回憶：「他才不至於孤獨死去。[10]」

遭人冷落忽略的囚犯在事發首夜尚未撤離，由於員工餐廳正在維修，囚犯當晚只好走到戶外，坐在覆蓋好幾寸灰燼的硬木板上用晚餐，僅用袖子抹掉灰。隔天囚犯坐著等候，觀望士兵從附近的駐防地搬出槍藥彈炮。

喬治．亞發納希夫（George Afanasiev）是名年輕罪犯，一九四七年因工作遲到二十分鐘遭捕，他在一九九三年死於癌症前不久，與《莫斯科新聞（Moscow News）》記者分享個人故事：「隔天（十月一日）約莫凌晨兩點鐘，他們叫醒我們準備撤離，因為營區是感染區域，我們有十五至二十分鐘，他們下令什麼都別帶（錢財和首飾都不能），因此造成一陣恐慌。我們被塞進無頂卡車，載到森林。在一大片林地裡，有好幾排擺著新外衣和內衣褲的桌子。」輻射偵測人員替囚犯測量讀數，輻射卡在亞發納希夫的金牙和頭髮上，指針高達八百微倫琴，意思是亞發納希夫已經變成危險的污染源，一名陸軍上校透過擴音器告訴囚犯，輻射可當作疾病療法，接著要他們脫掉衣物，步入公共澡堂[11]。一堆污染衣物、書本、口琴好幾週留在原地，任其腐敗衰退，無人膽敢靠近[12]。

工廠廠長米凱爾・德米亞諾維奇（Mikhail Dem'ianovich）從莫斯科回來後，第一直覺就是利用封閉的工業區，對居民隱瞞意外的實情，工廠則繼續營運製造鈽，當作沒事發生[13]。建設部門的上司薛特芬擔心雙B建案拖延，這間放射化學工廠，長期引頸期盼卻不斷延後的工程最靠近爆炸地點，由於工地滿是鋪天蓋地的放射性殘骸，他抱怨員工無法在這種環境下工作[14]。核爆三天後，該區的放射線測量到每秒四千至六千微倫琴，是可允許劑量的好幾百倍[15]。屋頂最高來到一萬微倫琴，坑洞邊緣則測到十萬微倫琴，場地遍布液狀黏漿，放射線高達一千八百萬居里，約一半是鍶-90、銫-137等半衰期約三十年的危險親骨性放射性同位素[16]。工廠上司討論是否該放棄雙B，改到較安全的場地蓋新廠，但工廠已經投下高額投資，經過數年拖延、砸下海派的幾百萬盧布經費後，現在他們急需這座工廠取代原已污染的工廠，於是上司最後的決定是找員工和士兵來清除，而不是棄廠走人[17]。

接連幾天相安無事，但官員不敢命令士兵走進污染區，最後他們總算要求士兵進去，但起初卻遭到拒絕[18]。恐懼污染的督導在場外待命，還派出巡邏，監視翹班員工[19]。沒人具有清理放射性場地的經驗，俄羅斯官員把清理核災現場稱為「清掃作業」，但這是婉轉說法，其實放射性同位素是無法清除的，只能移到較不危險的地方。

「清掃作業」開始，士兵、工廠操作員、建築工必須一鼓作氣，他們有幾分鐘時間帶著鏟子衝進場地，士兵先清空垃圾遍布的道路並且灑水，用沈重鋼刷刷洗總共幾百英呎長的工廠建築屋頂和牆壁，然後翻土、掘起並掩埋表土。清潔隊工作人員清掉污染工具和機械，其中一些掩埋處理，接著將部分爆炸的廢料貯存箱丟進沼澤，總共測出一千五百萬居里[20]。前幾週，許多員工並未穿特殊工作服，輪班後又穿著骯髒的衣服回到城市[21]。

他們花了一年才壓下核爆噴發的一千八百萬居里放射線，衛生理由之故，輪班時間短，加上又有全新採取的衛生法規，導致進度遲緩。大多禁止居住奧爾斯克的低階工廠員工和建築工都參與清理[22]，通常為女性的輻射監測人員超時工作，也找當地機構的學生加入協助行列。清理意外殘骸的士兵人數約莫落在七千五百至兩萬五千名之間[23]。由於沒有實際的「清理人員」數字，勞動金字塔底端的非技術員工承受多少輻射劑量更無人知曉，所以確切數字很難說，接受污染最嚴重的往往都是最不受監控的人[24]。雖然建設經理咒罵極度不穩的徵召勞力流動率高，這批人在災難發生時卻非常管用。把士兵和囚犯當作職業遊牧民族，意思是工廠經理能保有官方說詞，意外「沒害死人」，意思是受薪職員都毫髮無傷[25]。但目擊證人卻可以出面陳述，醫院和診所病床已滿，全躺著生病等死的清理人員[26]，士兵經過治療後退伍，囚犯則提前釋放[27]，百分之九十二的清理人員的未來命運，都未記在醫療紀錄裡[28]。

對城市領袖來說，最困擾的問題就是從事清理的士兵「擴散污染，在人群間引發恐慌騷動[29]」。實際上，城市領導人對謠言和恐慌的擔憂，高於放射性污染。「許多人對意外的理解都是錯誤的，」工廠經理德米亞諾維奇告訴一群共產黨主義者：「有些員工陷入恐慌，許多工廠的共產黨人士刻意誇大意外規模數倍，散播恐慌情緒。」黨派領袖馬爾達索夫（N. P. Mardasov）同意：「在城市各角散播恐怖情緒的，都不是共產黨人士。[30]」瑪爾達索夫正在城市規劃舉辦十月革命的四十週年慶祝大會，主角是蘇聯的偉大科技成就，包括剛發射不久的人造衛星[31]。而規模不輸廣島的意外核爆新聞，並不符合慶祝大會的氣氛。

城市領袖的第一直覺是利用封鎖禁區壓下情報，澆滅所有關於這場意外的討論。但核裂變產物不分界線，員工在不知道接觸污染的情況下，不知不覺藉由身體、衣物、鞋子，將放射性同位素帶回家裡。貨車和公車玷污城市街道，人們在湖邊清洗遭到污染的房車，其他人則在那裡捕魚游泳[32]。謎一般的狡猾放射性同位素無法壓抑，核爆發生不到一週，城裡餐廳裡，遭受污染的女服務生端上飽經污染的食物，用餐客人則掏出污染的貨幣付款[33]。

知識也遭到壓抑。由於沒有正式消息，人們在擁擠公車站交換情報，謠言四起，身價不凡的員工擔憂自己和家人的健康，遂辭職離開奧爾斯克，意外發生後的三個月，約有近三千名職員離職，十名員工中，就約有一人離職，其中不少是工程師。關鍵污染嚴重的二十五號工廠裡，不同輪班員工也湧現離職潮。共產黨員不得自由離職，只好翹班或違規換得解雇。有幾個人甚至採取極端手段，交出黨證[34]，此舉確實造成大規模恐慌，看來後遺症是跑不了了，可能對城市和工廠未來造成深遠影響。

意外發生後兩個月，黨派秘書馬爾達索夫卻指出，隱瞞事實只會造成更多傷害[35]，他堅持要黨派委員會出面說明意外。馬爾達索夫動用一千一百萬盧布的公共關係預算，派講師出馬，安撫居民城市安全無慮。他們承認意外發生，解釋沒人受傷，更主張散播謠言等於犯下叛國罪[36]。而在此同時，技術人員亦在城市裡進行測量，發現污染最嚴重的地區是工廠主管居住的列寧街和學校街，在那之後，黨派領袖扛下任務，將城市回歸至意外前的平靜狀態。輻射監測人員測量每棟公寓的讀數，安排員工在城市柵欄門口轉乘乾淨公車，並在進入公寓前經要求脫鞋，每週都得清洗汽車，而污染工具、衣物、鞋子則全數破壞。

這時，原本用來封鎖核武祕密的城市柵欄門就變得很有用，可以用來將放射性污染擋在門外，雙排柵欄和警衛塔讓許多帶著放射性同位素的人進不來。當然風不會在柵欄前停下腳步，但奧爾斯克居民很走運，微風經常都往東北方吹，而不是吹向城裡。在監控點，讀數過高的車輛、設備、臨時工都會被擋下來。落實隔離檢疫制度很自然，因為本來就屬於核景觀劃分的一部分，士兵、囚犯、建築工、污染場地的主要勞工，一直以來都限制在他們的駐防地、營區、小村子裡，距離奧爾斯克數英里遠。明確分區所扮演的重要角色，讓放射性同位素進不了封閉城市，結果原本是人造的區域變成再真實不過、成為人生轉捩點的分界線，區隔出乾淨的社會主義城市，以及日趨嚴重污染、犧牲也不可惜的流浪員工居地。

十二月，城市領導人為成功對抗放射性感染一事慶功，在一場大型年度黨會議上，剛上任的新廠長米申科夫，取代了不光彩的德米亞諾維奇，他信誓旦旦，城市沒有遭到污染，但一名叫作多爾吉（Dolgii）的工廠科學家卻站出來駁斥這個說法，他說自己居住的區域污染十分嚴重，「污染現在都深埋在冰雪之下，但春天融雪後該怎麼辦？」米申科夫否決這名科學家的說法，辯稱城市的放射線等級低於可容許上限。「這等劑量足以讓我們在這裡安然住個一百五十年，」米申科夫打死不認帳[37]。

但有誰會搬出其他說詞？否認是最簡單的做法，看不見、感受不到的放射性同位素，要是劑量低，需要好幾年才會摧毀人體。米申科夫大可輕鬆說他們不在場，對相反說法提出疑慮，注意力轉移至其他話題。米申科夫推翻多爾吉的論調時，並不是質疑他的科學，而是懷疑這位科學家的政治成熟度。「城市黨派委員已為工廠員工上過五十堂課，解釋因一時衝動放大意外形同不忠，多爾吉顯然不苟同這點。[38]」關於這件事，城市領導人堅守這個訊息：優良的共產黨員不會驚慌失措。這是因為驚慌失措和誇大其詞會破壞鈽生產，削弱國防[39]，因此等於助長資本主義的宣傳。

相反地，黨派的回應做法是利用這次意外向莫斯科揩油，爭取更多物資和補助金。米申科夫大感不可思議：「政府部門幫了我們大忙，派給我們十年來都爭取不到的收割機和消防車。」為了留住員工，黨派領導人建議改善居住條件和城市服務，甚至首度要求更優質安全的工作環境。工廠申請到防毒面具和安全裝備，還計畫要自動化危險性高的作業，更新老化且受到污染的廠房，他們還談及員工的特訓課程，同時提出抽檢供應水，為城市設立輻射監測服務[40]。

有了這些方針後，奧爾斯克的緊急狀況邁入尾聲。黨派的公共關係人員竭力安撫居民，他們的城市乾淨無虞，此舉奏效了。漸漸地職員不再離職，許多先前害怕逃跑的家庭，在城門外的「遼闊世界」體驗過相對貧困的生活後，請求獲准回來。他們寫信要求回到商店林立、醫療照護優良、公寓寬闊的封閉城市，「是我們太笨了，」他們在信中寫到：「請讓我們回來。」[41] 比起蘇聯省分裡確定知道的生活危害，寫信請求回來的人還是偏好面對未知的放射線風險。最後是城市居民的管理區救了他們，管理區讓城市領導人升起吊橋，保衛自己不受攻勢猛烈的伽瑪射線、β及α輻射所擾，簡單來說，這座城市將自己照顧的很好。

說到一九五七年的災難，佩特魯娃同意違反國家規定的強制緘默，是因為她實在太氣她的老闆、國家、還有那些奪走她認為自己應得的平靜退休生活的人。「我和其他四個人同住一棟兩房公寓，簡直難以忍受，他們不願給我自己的房間，更別說我領的退休金少得可憐。」訪談期間，佩特魯娃不斷繞回賠償、退休金、房屋的話題，住在封閉城市的那幾十年，讓她習慣自視為特權人物，為了說明她的身分地位，佩特魯娃甚至列出所有她觀光走訪過的國家，幾乎整個社會主義聯盟國都去過。從蘇聯人的觀點來看，佩特魯娃很不簡單，從一介小小村民，晉級至環遊世界的觀光客，她就是成功的勞動階級故事典範，然而蘇聯瓦解和隨之消失的核武工業，卻一把掃掉她應得的權利，而這個損失正是佩特魯娃憤怒的來源，也是她願意和我說話的原因。我不禁好奇，要是她沒有脫離繁榮富庶生活，如今還會這麼砲火猛烈地抨擊嗎？我很好奇這件事是否有關係。談話結束後，佩特魯娃傾身對我說：「我還有最後一件事想對妳說。」佩特魯娃瞠大眼睛：「那就是：我明明將一切惡行盡收眼底……卻縱容事情發生，我其實一直很良心不安。」

32 管理區外的卡拉波卡

一九五七年氣氛緊繃的秋季，城市領導人隻字未提工廠放射性氣體的沉積厚雲，已經從奧爾斯克飄向鄰近農地。雲朵飄動同時，也在一塊四英哩寬、三十英哩長的狹長陸地，散播兩百萬居里的放射線[1]。在這個移動軌跡裡，輻射性落塵降至河川、草原、森林，深入土壤幾乎一吋深，完整覆蓋八十七座村莊的領土，而這些村莊的農夫正忙著收割當年的豐盛作物，奧爾斯克的城市領導人沒在會議上提到這些農夫，多虧管理區的制度，村莊不是他們需要管的問題。

古娜拉·依絲瑪吉洛娃講到一九五七年，她正在塔塔斯凱亞卡拉波卡（Tatarskaia Karabolka）村莊收割時，倏然聽見一聲爆炸巨響，聲響的範圍遼闊、四面環繞，她和同學全伏在地面，抬頭觀望時，她看見一團黑雲從森林升起，朝四面八方擴散。由於擔心這是爆發新戰爭的轟炸，男人分成小組，趕緊要孩子上貨運馬車，驅車回村莊。那天沒有傳來任何消息，當晚村民只是看著濃厚雲朵滯留樹頂，隨著微風輕緩飄動。隔日清晨下了場小雨，降下一片厚實而酥鬆的黑雪，這是村落無人看過的景象。

幾天後，模樣狀似太空人的男人全副武裝，穿戴連身衣和防毒面具，從軍用直昇機步入馬鈴薯田，他們對蘇聯集體農場首領下令，首領接著吩咐村裡的女性和孩子手不要停，繼續挖馬鈴薯和甜菜，他們赤腳空手將收割作物丟進這座偏遠韃靼村莊一夕出現的推土機掘出的巨坑。十一月，孩子和父母收割了小麥和裸麥，然後望著這些作物被堆成一座山，焚燒成有毒煙霧。孩子整個秋天都在忙這些工作，成了第一批核災清掃童工[2]。

爆炸發生過後一週，放射線學家循著雲朵來到下游村莊，發現村民依然過著正常生活，孩子赤腳嬉耍玩樂。他們測量了地面、農場器具、動物、人類，放射線程度高得嚇人。監測人員歐索丁（S. F. Osotin）記得其中一位同事走向孩子，手裡高舉著蓋氏計算器，說：「我可以用這個儀器精準猜到你們早餐吃了多少麥片哦。」孩子們興高采烈挺出肚子讓他測量，結果測出每秒四十至五十微倫琴，技術人員震驚地往後一退，孩子儼然已成放射線感染源。雞隻的感染劑量超出人類，而吃進輻射性落塵牧草的牛群，污染劑量位居動物之冠。牛明確展現出輻射疾病徵兆，黏膜出血，於是士兵當場射殺牠們[3]。科學家逐漸變得焦慮，不僅擔心自身健康，也擔心在自己周遭打轉的孩子。他們估測，伯爾蒂亞尼許（Berdianish）村莊有幾個地點，劑量恐怕是嚇人的每平方英里九萬居里，背景輻射高達每秒三百五十至四百微倫琴，這是村莊一個月足以對生命造成威脅的劑量[4]。廠長德米亞諾維奇聽聞讀數後，說：「不可能，每秒四百微倫琴！怎麼可能，重新調查！」他們重啟調查，數字無誤[5]。

莫斯科的中型機械工業部（負責核武的政府部門）部長艾芬．史拉夫斯基（Efim Slavskii）下令，必須在五內天內撤離三個輻射污染最嚴重的村莊。和不顧及捷恰河村民健康的災難那幾年一比，史拉夫斯基發出緊急通知的決定，表示他深具放射性地景的公共衛生安危意識。儘速將村民撤離輻射污染的狹長地帶，等於拯救他們一命，尤其是讓孩子遠離碘 -131、鍶 -89、銫 -137 有害器官的劑量。

因為村民報銷的輻射個人物品要先進行財務賠償，明顯就是為了這個日常事務的延誤，導致撤村拖長至兩週以上。歷史學家解釋，嚴重延遲是因為缺乏核災管理經驗[6]。但到了一九五七年，工廠經理對於撤離輻射村莊已是經驗老道，他們四年前才撤離捷恰河畔的村民。事實上，一九五七年的撤村井然有序。士兵搭乘覆蓋帆布的大貨車而來，命令多為巴什基爾和韃靼人、部分不識字而多半貧窮多子的農民，打包要搬遷帶走的家當[7]。農夫聽說他們因為「工業污染」而必須撤村，想當然會合理反抗，畢竟當時正值收割期，作物豐饒。而據他們所知，附近幾英里並沒有散播污染的工廠，士兵將他們的衣物、床單、家庭用品倒入大坑掩埋，其他士兵則將他們的牲畜引至森林邊緣射殺，這次行動不像撤村，反倒像是侵略。不少第一批撤村居民都被送去封閉城市的夏季營地達奈亞達查（Dal'naia Dacha），在那裡靜候一九五七及一九五八年的冬天結束，有幾封指名給赫魯雪夫的信寫道：「圍城車里雅賓斯克 -40 的某場意外，讓我們輻射中毒，許多人都病倒了。我們沒有工作，只是坐在這裡痴等，但我們究竟在等什麼？[8]」

幾個月過去，莫斯科的政府部門發布一則指令，必須在一九五八年五月一日前撤離另外三座污染村莊。其中一個村莊叫作魯斯凱卡拉波卡（Russkaia Karabolka），就位在古娜拉·依絲瑪吉洛娃居住的塔塔斯凱亞卡拉波卡旁。俄羅斯人和韃靼人這兩個族群依區域和種族劃分，彼此相隔不到一英里。依絲瑪吉洛娃說，她和同學在一九五八年的某個春日，再次接受指派，被帶到魯斯凱卡拉波卡，他們看見原本一百三十戶人家的村落一夕消失，夷平成一片空蕩原野，唯獨炸碎的磚石教堂殘骸還留在原地。警官要孩子在道路及原有村莊的中央，栽種一排樹木，種樹的用意是掩飾消失的村莊，接著再讓孩子拖走坍塌的教堂磚石，挖幾個坑，把磚石倒進坑裡[9]。至今這件事仍讓依絲瑪吉洛娃耿耿於懷：

我們赤手去拿那些磚頭，根本沒靴子或鞋子可穿，在那時，如果你穿祖母的高筒橡皮鞋，肯定會挨一頓打。每天有八至十人病倒，嘴裡冒出鮮血，我們就是在這種情況下工作的，吃飯也在那裡，煮馬鈴薯、喝他們說現在污染高達六千微倫琴的水，村裡每個人都在輻射污染的土地工作，收割、進行拆除破壞工程、看守污染區域，其他地區的人都沒派來這裡工作，很多執行工作的人都是孩子，警察會計算人數，然後告訴我們該去哪裡做什麼。

到了一九五八年末，政府已斥資高額的兩億盧布，請士兵將八十七座污染村莊的其中七座遷置至新居地。基於費用考量，政府部門官員盡可能壓低撤離的開銷，因此他們為剩餘八十個村莊建立一個佣金制度，由國家調查員購買和破壞超過安全門檻的農產品[10]，衛生官員測量公牛和農場牲畜，在某些村莊「每頭動物都出現了明顯的輻射效應跡象」[11]。污染最嚴重的動物傷口潰爛、毛髮脫落，全遭到查收。衛生部長官在村莊水井貼上標語：「水源污染，請勿飲用」。依絲瑪吉洛娃對此也甚表埋怨：「不然我們還能喝什麼？怎麼可能要我們住在這裡，卻不使用這邊的水？他們表面上張貼這些標語，但人們當然還是會繼續飲用這些井水，不然還能上哪取水？」

農夫也挖出掩埋的馬鈴薯，在市場販賣他們在森林偷藏的污染牛隻肉品。一年後衛生官員發現污染食物在該省分流竄，也無法阻止農夫使用放射性肥料施肥。[12]

確實，讓農夫留在輻射污染的領土，差遣他們當清道夫的下場，不到一年已經昭然若揭。到了一九五八年，病痛折磨著受放射線軌跡侵襲的諸多村民。六月份，十二歲的依絲瑪吉洛娃生病，嘔吐噁心，咳出綠痰。連續好幾週她的意識時好時壞，村莊沒有診所，也沒有醫護人員，依絲瑪吉洛娃的母親愛莫能助，只能眼睜睜看女兒受苦。她母親曾在懷孕時當清道夫。「嬰兒剛出生時，」依絲瑪吉洛娃回憶：「模樣髒兮兮，膚色暗沈，模樣古怪。她只活了五天。[13]」根據估測，兩千名孕婦參加過清掃工作[14]。省分官員著手高劑量輻射和村民病例攀升的報告，村民則要求獲准搬家[15]。

衛生部實施高壓，蘇聯部長下令在一九五九年啟動第三次遷址作業。他們設立一個門檻，每平方英里的居里數超過十二便需撤村，共一萬人的二十三座村莊達到這個門檻[16]，一九六〇年，這些村莊也從南烏拉山的地圖消逝。依絲瑪吉洛娃居住的塔塔斯凱亞卡拉波卡也名列其中，她從資料夾抽出一份文件給我看，就跟我在二〇〇九年八月那天，探訪塔塔斯凱亞卡拉波卡，看見一群孩子喧鬧、男人修車的週末人潮一樣，字字清楚，指令言明放射性污染導致該地域不宜居住，塔塔斯凱亞卡拉波卡的兩千七百名居民必須搬至該轄區另一端的國營農場[17]。

奇妙的是塔塔斯凱亞卡拉波卡從未撤村，只有村莊從地方地圖消失，由於該村的食物「不可食用」，所以集體農場已經關閉，但村民仍留在當地。有幾個理論可以解釋情形，有人說是經費問題，由於塔塔斯凱亞

古娜拉・依絲瑪吉洛娃和娜德茲達・庫特波娃，二〇〇七年於塔塔斯凱亞卡拉波卡。凱特・布朗拍攝。

卡拉波卡是大村莊，省分官員評估重新遷置的費用可能高達七千八百五十萬盧布[18]。其他人則說是疏失怠職，官員把魯斯凱卡卡波卡和塔塔斯凱亞卡拉波卡混淆了，打定這兩座村莊其實是同一個，也已完成撤村行動。俄羅斯衛生部在二〇〇〇年指出，塔塔斯凱亞卡拉波卡每平方英里的污染不到六居里，因此沒有到達搬遷門檻[19]。但這個說法不可能正確，該座村莊確實出現在一九五九年的遷置名單，接下來幾年省分官員發出村莊疾病的警訊，也很清楚塔塔斯凱亞波拉波卡的污染情況。

依絲瑪吉洛娃坐在她出生的狹長木屋，拿出九〇年代的土壤放射線測量地圖。依絲瑪吉洛娃說：「這張地圖是我從一個在檔案資料庫工作的朋友那裡拿到的。」

她眼睛越過眼鏡上緣注視著我，補充：「照理說我不應該有這張地圖。」意外發生後，蘇聯科學家得出一個可允許門檻，約為每平方英里三分之一居里的劑量。依絲瑪吉洛娃手中的地圖顯示，意外發生後三十年，她村莊的輻射熱點，經測量高達每平方英里六十居里。依絲瑪吉洛娃指向她家在地圖上的位置，還有在熱點區域的鄰居家。「這就是我們生活的地方，我們那幾年居住、農耕、養育孩子的房屋。」

退休護士依絲瑪吉洛娃說，地圖說明了村莊醫療症狀的「完整全貌」：腫瘤、癌症、甲狀腺問題、糖尿病、循環和神經系統疾病、先天缺陷、詭異嚴重過敏、強烈疲勞感、不孕問題。一九九一年的醫學研究估測，一至四居里地段居民的癌症死亡率，超過遷居他地者的百分之二十五[20]。依絲瑪吉洛娃的手揮向通往濃密松木林的漫長大道上建造的木屋村莊，依絲瑪吉洛娃說，她肝臟有顆腫瘤，不冀望自己能活多久。「我是班上唯一還活著的人，當年擔任清掃童工的其他同學全都過世了，多半死於癌症。」

許多人相信依絲瑪吉洛娃的村莊是遭人故意遺忘的，藉此機會當作醫療實驗對象，她也相信這個論點。韃靼背景的人指出一項事實，政府遷移俄羅斯村莊，卻刻意將韃靼人遺留下來[21]。而蘇聯官員監測塔塔斯凱亞卡拉波卡居民的動作異常緩慢，從未進行全面監測，唯獨在一九七二年進行過一般醫療健檢，距離意外發生已過十五年。

卡拉波卡的情況令人摸不著頭緒，沒有一份文件能夠解釋，為何卡拉波卡獨留下來。就像工廠惡名昭彰的貪腐建設公司，明明背負興建卡拉波卡新屋和學校的責任，卻花光經費或時間，抑或挪用公款，把經費花在他處，就像遷移捷恰村民一樣，建設老闆亦延遲工程，導致卡拉波卡的新居地遭到淡忘，成為公認的疏忽[22]。

核能官員急著把資金投注在意外的科學研究上，這點千真萬確。一九五八年夏天，艾芬．史拉夫斯基提出在輻射散播路徑近八千平方英里處，蓋一個新的主要研究機構。該機構將專攻輻射生態學，任務是研究如何在輻射污染地帶生存，在核戰之中存活下來。莫斯科科學家卻認為在這些省分及污染土地工作，教人膽戰心驚[23]。因此他們過去開在輻射路徑上的集體農場，設立一座實驗研究站[24]，該機構的職員全是當地研究員，就此展開研究。科學家發現放射性同位素都集中在松樹針葉，樹葉因而枯萎乾黃。一九五九年松樹叢都死光，色澤卻維持猩紅，與後來的車諾比「紅森林」雷同。較強壯的柏木雖然倖存，卻轉為靛藍色，生出彎曲或碩大樹葉，生長種子變少，而草地生長茂密，生物質多出三倍。科學家注意到最脆弱的動物是囓齒類，因為牠們在森林地面覓食，而地面是放射線最集中的場所。接踵而來的二十年間，老鼠的壽命和生育率皆大幅降低[25]。

但也有好消息，該站科學家找出復原輻射污染土壤的方法。他們發現哪些植物會貯存較高的放射性鍶，比起吃葉菜類，食用污染飼料飼養的動物肉較為安全，豬肉和鳥禽肉則比牛肉安全。一九六〇年，樂觀無畏的工廠經理食用污染路徑栽種的小黃瓜、馬鈴薯、蕃茄，一九六七年，科學家回報原始途徑是工廠主管，他們就是無人控管的野生庇護所[26]。訊息很清楚：即使身處重大核災，生命依舊活躍。

基許提姆大爆炸在一九八九年登上新聞，俄羅斯政府必須解釋原始輻射路徑範圍內的卡拉波卡等社群，為何依舊存在。實驗農場的正面結果，合理辯解卡拉波卡持續的存留[27]。醫學調查員發布機密研究，聲稱接觸村民無人有輻射疾病，他們發現唯一的流行病學特例，就是搬離污染路徑的孩童，得到甲狀腺癌的機率高達五至十倍[28]。西方和獨立俄羅斯科學家批評，這份追蹤調查只針對小群眾（一千零五十九人）進行短暫觀察，並且缺乏足夠的對照組[29]。俄羅斯遺傳學家瓦勒里・梭佛（Valery Soyfer）斷言，蘇聯政府刻意在輻射污染地帶減少補助金，勸阻遺傳學研究[30]。其他研究員顯示，村民飲用的食物受到污染，死者的骨頭亦然[31]。一般而言，幾乎沒有關於該區的健康研究，現有研究都是政府發布的，研究斬釘截鐵沒人生病，就算他們生病，肯定也是輻射恐懼症、酗酒、飲食不均造成的下場。

從沒發生的遷離結束後，卡拉波卡居民存留下來，沒有集體農場，沒有收入，在蘇聯經濟社會裡沒有身分地位，也沒有公共存在，卡拉波卡以一種詭異的方式，反映出鬼城奧爾斯克。村民繼續在閒人勿進的土地、稅金架構外，地圖上找不到名字的所在過生活，但和奧爾斯克的消費主導居民不同，卡拉波卡的家庭靠農耕賴以維生，而居住在污染路徑的巴什基爾村民，則秉持流傳已久的傳統，在森林採集天然食材，例如莓果、蘑菇、魚類、野味，研究員發現這些都是污染最嚴重的食材。政府禁止居民在當地農夫市集販賣自己的農產品，但由於需要買衣服和生活必須品的費用，他們照賣不誤。不過農夫必須鬼鬼祟祟進行，因為輻射監測員會巡視當地市集，檢查污染食物，他們逮到依絲瑪吉洛娃的祖母販賣輻射污染牛肉時，要她把肉帶回家，水煮一段時間後再吃。

幾年下來，衛生專家現身卡拉波卡，指導居民粉刷住家，示範該如何清洗烹煮食物，才可不接觸放射性同位素。他們還會測量物品，每當發現讓偵測器指針搖擺的物品，就棄置在村莊外的坑洞，也是當地的核廢料傾倒場[32]。村民很厭惡這群醫療檢查人員，「他們戴著口罩、身穿白袍，」依絲瑪吉洛娃回憶：「前來敲你家的門，你泡茶給他們喝，他們還婉拒不喝，自行掏出塑膠袋坐在上頭，喝自己帶的水。」

我目光掃向依絲瑪吉洛娃特地準備、我卻一口都沒碰的茶水和馬鈴薯，意識到我的訪談對象正在向我暗示什麼。我也淪落為檢查人員的同類，對依絲瑪吉洛娃的隱私侵門踏戶，誣賴她和她的住家深受輻射污染，並拒吃她提供的食物，只是不斷拿問題轟擊她，還聽得瞠目結舌，最後任何問題都沒解決，就拍拍屁股走人。依絲瑪吉洛娃告訴我，她本來很怕和我再次訴說自己的故事，因為這讓她感覺自己像是馬戲團怪胎秀的其中一個角色。

我詢問依絲瑪吉洛娃是否願意陪我步行至村裡的清真寺，那是一棟墓園包圍的綠色護牆板小建物，聽到我提出的想法時，她面色慘白：「不，我不去那裡的，天黑後病痛的亡魂都會在墓園遊蕩，妳最好也別去。」

離開之際，依絲瑪吉洛娃向我索取一點費用，我給了她。她希望我幫忙找一種能夠治療她癌症症狀的藥物，我抄下處方藥名，離開時發現雖然這並非我的本意，但我竟成了災難觀光客，依絲瑪吉洛娃則是我的嚮導。

災難觀光是卡拉波卡僅存的其中一條職業道路，當地經濟掏空，可是有些人仍找到方法，以分享自己的不幸故事維生。鄰居指控他們利用該地共同經歷的苦難大賺觀光財，社群失去向心力，往往在滿腹仇恨的情況下產生分歧，導致現在更難找到解決方法，只能持續在輻射感染的地區生活[33]。

那在之後我沒再見過依絲瑪吉洛娃，不論在美國或加拿大，我都找不到她需要的藥，並且通知她此事。兩年後，一位共同朋友寄了張她的照片給我，我認不出那是依絲瑪吉洛娃，照片裡的女人形影消瘦，蒼老許多。這張照片一直停留在我腦海，讓我明白生活照舊，遺忘南烏拉山輻射小村莊和拖著病體的當地人，是何等容易的事。

33 私家領地

一九六二年十二月一日，漢福德實驗室裡，受試者 E4 和 E5 走入裝設一百二十噸鋼鐵器材的房裡，往沈重牙醫椅坐下，服務人員將攝像頭裝在受試者胸前和頸部，打開一台電視機，離開時順手關上門。

E4 是名十三歲的男性，E5 則是九歲的女性，兩人住在華盛頓州靈戈爾德（Ringold），靈戈爾德是哥倫比亞河畔的小型務農社區，緊鄰核廢料處理廠北邊，東南邊則是四百呎長的峭壁，沿著肥沃河岸沼地隔絕出社區。該社區一直以來都備受監視，警察派出小艇在河上巡邏，警衛在鄰近通往核廢料處理廠的大門處配置人員。靈戈爾德汲取哥倫比亞河下游的反應爐水源進行灌溉，這座小村子位在化學分離廠、反應爐、燃料製作工廠背風處十三英里。一九六二年，基於以上原因，這些農耕家庭成為監視目標。

二十名靈戈爾德居民中，有十二人答應在漢福德實驗室接受全身儀器檢查，讓工廠科學家記錄體內的伽瑪射線，E4 和 E5 的家長配合度特別高，他們擁有栽植桃子、蘋果、梨子的四十五英畝農地，都是以沁涼河水栽種，在火傘高張的峭壁結實纍纍。這家人吃的都是自家果菜園栽種的食物，自己養肉牛和乳牛、食用男孩獵捕的鹿、鵪鶉、雉雞、鵝等野味，在六個靈戈爾德家庭當中，唯有這個 E 字頭的家庭自給自足，幾乎完全靠自家農場維生[1]。

這一類飲食選擇很關鍵。在十二個受試對象裡，這對男女孩甲狀腺測出的放射性碘 -131 劑量最高。九歲的 E5 有一百二十微微居里（一居里的一億兩千萬兆之一），十三歲的 E4 則有三百微微居里，「這是孩童甲狀腺偵測到的史上最高劑量[2]」。儀器只測量伽瑪射線，並未測量亦由放射性碘釋放、囤積在甲狀腺的 β 輻射。這兩種能量來源皆可破壞體內組織，由於孩子還在成長，體內逐日擴展的細胞會高效吸收礦物質和元素。基於類似理由，另一個熱衷狩獵捕魚的家庭中，有名懷孕四個月的十九歲女性，而她的高放射性碘讀數也很高。

漢福德科學家和孩子的家長討論碘的測量值，安撫家長雖然讀數升高，但其實都在允許劑量範圍內，然而他們卻沒說出口，這裡用的是工作場所接觸輻射的成人員工標準[3]。科學家建議這些孩子最好飲用奶粉沖泡的牛奶，不要喝新鮮牛奶。意外的是，研究員在出版論文的總結說明，靈戈爾德居民身上只偵測到幾種物理放射性核種，結論相當「令人滿意」[4]。

漢福德研究員樂此不疲的樂觀實在讓人鼓掌叫好，研究員利用這十二名靈戈爾德居民的樣本當作證據，說明他們有好好照料美國同胞，並且鞏固工廠安全無虞的認知[5]。做出這些結論很重要，因為五〇年代末爆發一場媒體風暴，記者報出明尼蘇達州的小麥受到輻射感染、愛荷華州牛奶遭受放射性落塵的鍶 -90 污染，而哥倫比亞河口的牡蠣則沾染漢福德廢水的鋅 -65。對放射性食品的恐懼，劇烈震撼大眾對 AEC 的信心[6]。美國癌症率攀升、瑞秋．卡森著作《寂靜的春天（Silent Spring）》激起的覺醒，更讓這種恐懼雪上加霜，書中描述無遠弗屆的環境污染，可能對美國衛生帶來長遠危害。

十年來，美國公共衛生局（Public Health Service）向漢福德科學家施壓，要他們揭露哥倫比亞河的污染情報，這條河川養育著水道灌溉的龐大網絡，水道將水運到東至靈戈爾德的農場，跨越峭壁，送往東北邊的梅薩、康乃爾（Connell）、艾多比亞（Eltopia）的農場。機密地圖追蹤工廠煙囪飄出的強風穿越這些社區，微風則偶爾轉往北部，前進奧賽羅（Othello）及瓦魯克坡（Wahluke Slope），或是南面的帕斯科和沃拉沃拉[7]。美國大眾愈來愈關注環境污染，因此漢福德保健物理學家頭一遭使用全身計算器，對工廠附近的居民進行人體放射性同位素測量，並在校車內裝設一台可攜式計算器[8]。研究員在里奇蘭、鄰近農耕社區、靈戈爾德的小型社區進行測量，卻只公布這十二名靈戈爾德受試者的結果。

二〇一一年，受試者 E5 已經步入中年，住在里奇蘭，為其中一個漢福德廢料污染清除案承包商工作。E5 告訴我她很健康，孩子皆已成年，她也有孫子，母親亦已九十高壽，其中一名兄長 E4 在越南英年早逝，另一名則在六十多歲過世，E5 共有七名兄弟姊妹，除了這兩人其他都還活著，簡言之，E5 和她的家人都是靈戈爾德研究「令人滿意」的活生生例證。

她和其他參與研究的人都告訴我，他們不覺得自己是醫學人體實驗品，反而覺得工廠科學家定期來訪，對他們進行全身性的計算器檢查，搜集家中農產品樣本，讓他們覺得很安心，科學家的關懷讓他們感到安全、受到保護。他們還記得，科學家告知他們測試結果，顯示他們體內完全沒有放射性元素[9]。有個女人說沒有靈戈爾德居民生病，並痛斥漢福德排放物會導致該區人民生病的控訴，不贊成當地團體「下風者」對漢福德承包商提出的法律訴訟。她說，她還在唸書時就曉得這群下風運動人士，不過就是一群無病呻吟的人[10]。在這方面，和我交談的靈戈爾德受試者是靈戈爾德研究的完美對象，為了安撫並向焦慮的大眾擔保，他們不惜掏空研究是為傳達真相的設計初衷。

但靈戈爾德研究有幾個令人困惑的疑點，作者並未解釋為何這份研究來得這麼晚，工廠設廠後二十年、放射性廢料惡意傾倒結束後十年，工廠的鈽製造漸緩，研究才正式展開。靈戈爾德居民的抽樣樣本很小，但他們發現幾組數值相當突出的甲狀腺測量[11]。即使他們也追蹤該區不少農耕家庭，作者並沒有特別說明研究的科學規模猶如軼事般微不足道。在出版版本中，作者聲明大氣放射性碘大多來自「地球落塵」，主要是蘇聯核試引起[12]，可是這說法極不可信。在發表研究中，科學家並未提及四月份不小心洩出大量四百四十居里的碘-131，也沒提到一九六二年九月故意測試而釋放八居里的事件。釋放測試引起「相當高」劑量的碘-131，地點不是靈戈爾德，而是康乃爾山坡上方與外圍，遠至依法拉塔（Ephrata）和摩西湖（Moses Lake）[13]。靈戈爾德研究在在呼應輻射同心圓地圖的假設，說明愈靠近來源劑量愈高，雖然這種關聯性流傳許久，其實卻是謬誤[14]。

在漢福德周遭的緩衝區是從計算值推估而得來的，最毒氣體放射性氙氣和鈽，需要長寬兩英里的氣體方可安全驅散[15]。漢福德地圖上標示的輻射圈，是根據氣體會有條理並均勻地驅散、由源頭向外遞減，傳播至十五、三十、四十英里遠的觀點而製成，不過這卻不是真的。過去幾年來，漢福德的氣象學家無法預估放射性流出物的飄散方向、會在哪裡降落，感到灰心喪氣[16]。測試顯示工廠煙囪飄出的煙霧會朝一個方向陡直攀升或停滯，變換路線、觸碰陸面後又往半空彈飛，接著降落幾十英里外，放射性煙霧通常會以詭譎狹長舌頭的型態，從源頭向外伸展，蜿蜒濃厚地行進[17]，變數情況以隨性的輻射熱點圖形，斑斑點點般覆蓋在地表，襯在一般平坦背景地區之上。釋放氣體並未如同核目標地圖裡草擬的形式，從中心等距向外均勻擴散。

六〇年代初，漢福德研究員頓時獲得大筆研究

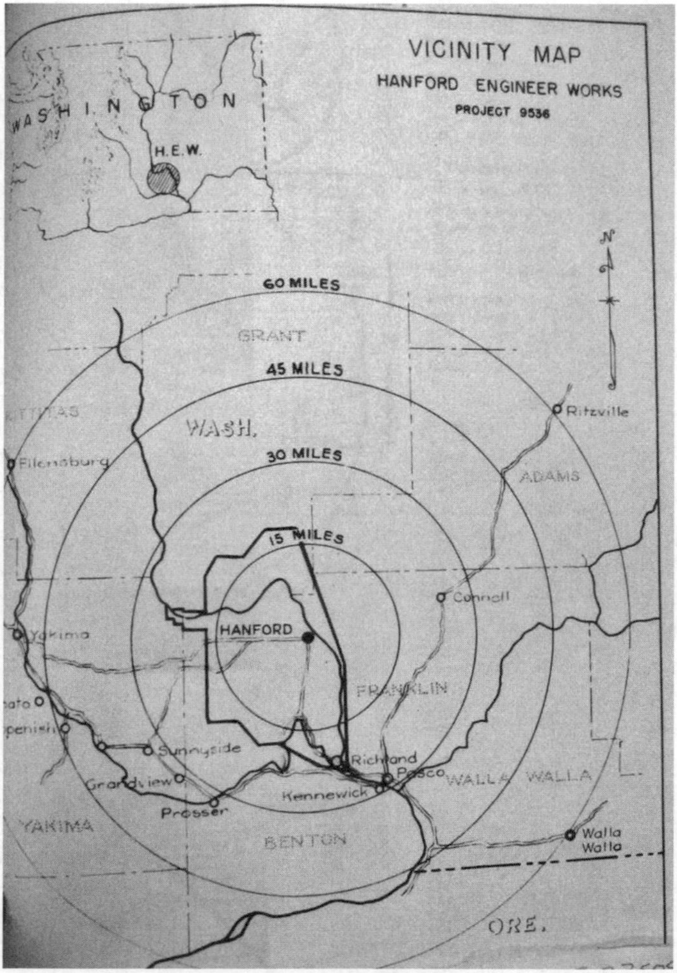

漢福德目標地圖。亞特蘭大國家檔案管理局提供。

經費，由於反核運動愈演愈烈，政治曝光讓 AEC 深感壓力罩頂，於是發放漢福德實驗室更多醫學研究資源，包括頭幾筆人類受試者長期接觸低劑量會有哪些生物效應的研究資金[18]，當時 AEC 官員積極鼓勵人體研究[19]，研究員認為，有了計算極小量放射線的全新科技輔助，他們便能安全展開實驗[20]。低劑量效應對周遭人口產生的效應是相當重要的研究主題，總算姍姍來遲，但不巧的是，漢福德轉型為國家實驗室，意指會沿用由來有久的 AEC、中央情報局（Central Intelligence Agency; CIA）、軍隊研究計畫的特質，而輻射對人體效應的研究，在紐倫堡國際審判結束後十年，總算開花結果。

紀錄不怎麼讓人佩服。二戰前，人類輻射實驗數目只有一位數字，最大規模的實驗是在伊利諾州亞爾金（Elgin）的國家庇護所舉行，算是放射生物學版的人體梅毒實驗，醫生讓三十三名不知情的病患服用鐳 -226，接下來幾十年間，這群病患相繼死於癌症[21]。戰後有機會取得嶄新補助金，加上愈演愈烈的軍備競賽，驅使人類實驗的腳步跟著加快。五〇年代，獲得聯邦研究資金的美國醫生，在范德比大學和愛荷華大學，讓八百名孕婦服用摻入放射線的維他命飲品。而在內布拉斯加州、田納西州、密西根州的大學附設醫院，醫生則讓新生兒接觸放射性碘，也讓一百多名阿拉斯加原住民食用放射性碘。研究員餵食麻州華爾頓（Waltham）的肢障孩童加強放射性鈣的燕麥粥。而在維吉尼亞大學的醫學院，醫生對傷燙傷病患注射放射性磷 -32。在愛達荷州的國家實驗室（National Reactor Testing Station），科學家讓自願受試者喝下放射性牛奶、吸入放射性氣體、吞下摻有核裂變產物的塑膠膠囊。一九六〇至七一年間，國防部調查人員在辛辛那提大學醫學中心，讓貧困的黑人癌症病患全身照輻射，醫生偽照表格，讓不知情的病患暴露於超過一百雷得的劑量，導致他們嘔吐、全身痛苦扭曲[22]。

一長串實驗沒完沒了[23]。到了六〇年代，AEC發送超過五十萬批核裂變產物貨物，供應正在進行四百三十份研究的醫生使用[24]。另外AEC研究員後來亦對意外接觸放射線的馬紹爾群島島民進行研究，並刻意讓美國士兵在內華達州的核試接觸放射線，致使輻射實驗的人體對象總數攀升至幾萬人，在絕大多數案例中，研究對象都住在偏遠地帶，他們都是美國主流文化的邊緣人，舉凡窮人、病人、徵召士兵、囚犯、傷殘人士、未成年者都是。

六〇年代前，通用電器對於生物研究興致缺缺，因此漢福德研究員只進行幾項人體實驗[25]。獲取補助金和AEC下達人體試驗指令後，漢福德展開自己的實驗。他們讓通用員工食用吸入、注射放射性鉅、鐵、鉻、磷，藉此校準新的全身計算器。他們明顯在對方未同意的情況下，對波特蘭和西雅圖醫院的五名病患注射放射性磷-32，員工兼自願者則喝下在放射性草地飼草的乳牛牛奶，此外他們也找來醫學院自願學生，請他們攝取微量的鈽，每週食用半磅哥倫比亞河的魚[26]。

漢福德最大型的研究找來囚犯當實驗對象。一九六五年，工人將沃拉沃拉國家監獄的地下儲藏室，翻新成一間醫學研究室[27]。犯人兼實驗自願者進入地下室一間以混凝土和砂石強化的小牢房，躺上梯形床，面部朝下俯臥，研究人員將他們的雙腿固定在連結著床的馬鐙上，睪丸垂墜在一只小塑膠盒裡，盒內裝有與陰囊等溫的水。實驗科學家撥起一顆開關鍵，從兩側朝睪丸注射X光[28]，囚犯每個月會為他們提供的服務收到五美元，活體組織切片的話每次二十五美元，研究最後執行強制輸精管切除術，則會賺取一百美元，這樣就不會孕育出基因突變的後代。

最低劑量十雷得輻射即可造成傷害，若是二十雷得，囚犯會得到無精蟲症（用常人的說法，就是不孕）。即便這麼低劑量都能扼殺精子，但研究員仍持續以更高劑量進行實驗，二十五、四十、六十、甚至驚人的六百雷得[29]。無論劑量多高，華頓大學的艾爾文・包爾森（Alvin Paulsn）醫師和奧勒岡大學的卡爾・海勒（Carl Heller）獲得的無精蟲症結果都沒有差別，但他們這十年卻為了更新合約，持續測試照射一百三十一名囚犯[30]。

精子缺乏不是醫學新聞，研究員在一九四五年進行人體鈽研究時已得到這個發現，注射微居里的劑量後，病患的精子尾部即會斷裂消失[31]。一九六二年，問題不斷的漢福德 234-5 設施，三名操作員目擊危機意外的銳利藍光，也就是中子輻射激增後產生的非預期連鎖反應，這時精子的問題就讓人很有感覺。當時警報聲劃破天空，工作人員匆忙衝出門外，逃難員工已在出口處塞得水洩不通，瑪姬・德古耶衝出大樓，坐進一台停靠路邊、等著載員工離去的車。渾身發抖、滿頭大汗的哈洛德・雅達爾（Harold Aardal）距離噴發的藍光最近，他一屁股坐在德古耶身旁，德古耶不希望靠近放射性污染嚴重的雅爾達，於是慌張跳車，找另一台坐。獨自一人的雅爾達感到一陣恐懼襲來，他知道凡是看過重大意外藍光的人，沒有一個能倖存[32]。

雅爾達和他兩名同事住進卡德勒醫院砌有厚牆、專收輻射傷患的特殊病房，身穿保護套裝的醫師每個鐘頭都會監測，檢查他們的血液與尿液，進行精子採樣，再讓他們進行全身計算器檢查。他們剪掉指甲、剃掉胸前、陰部、臀部的放射性毛髮，拔除意外發生後中子污染的金色牙齒填充物。其中雅爾德的劑量最高：全身有一百二十三雷姆，生殖腺則是兩百一十八雷姆[33]，這場意外害他不孕，嚴重貧血兩年，病態恐懼不已。

然而漢福德的醫師卻不露懼色。工廠第一起重大意外發生時，他們把握這個大好機會，檢查接觸感染的作業員，心滿意足地發現這群人只出現短暫症狀。「醫院對這三名員工展開為期八日的研究，員工並未展現出輻射受傷的症狀，頂多只有恐懼的後遺症。[34]」恐懼算不上實際症狀，幾年後醫療人員都怪雅爾達只是「緊張先生」[35]。就醫生看來，唯一紛擾不斷的症狀直到後期才顯現，那就是喪失精子，對於全是男性研究員的實驗室來說，這個指標令人憂心忡忡。科學家設計出對囚犯執行睪丸實驗的研究，想多瞭解中子是如何破壞男性生殖能力[36]。他們第一個找的當然是沃拉沃拉監獄，因為他們已和該機構建立合作關係。里奇蘭精神學家在五〇年代利用囚犯幫 CIA 測試「誠實藥水」，自那時起，典獄長就參加里奇蘭的雞尾酒派對，在該圈子交際應酬[37]。

AEC 官員擔心責任歸屬和名譽問題，於是指示醫師「謹慎」進行[38]。一九六五年，巴特爾研究所（Batelle Memorial Institute）接管漢福德實驗室，重新命名為巴特爾西北實驗室（Batelle Northwest Labs），新實驗室承襲通用電氣的研究，啟動計畫，要求包爾森醫師挑選囚犯，監督他們的醫療紀錄，通用漢福德職員則負責設置及操作輻射設備[39]。然而巴特爾技術人員深入調查後，最後定論是他們無法完全遮蔽囚犯的前列腺和睪丸附近的其他器官，讓它們不受輻射接觸[40]。巴特爾律師也說，他們無法完全為該公司擋掉法律風險[41]。基於責任歸屬的緣故，巴特爾律師禁止公司員工直接接觸監獄自願者。為了克服這個障礙，巴特爾主管堅持包爾森必須親自為 X 光機「按下開關」[42]。但包爾森醫師不願按下開關，於是付錢請「收容技師」撥動控制鍵，使用X光照射其他囚犯的睪丸[43]。這個解決方法問題也很大，畢竟囚犯沒有受過放射生物學的訓練，有時他們對其他囚犯按下鈕按的時間過長，可能出於無知，也可能出自惡意操作[44]。

整體計畫變調走味。一九六七年，帕克和他的同事總結，巴特爾西北實驗室應該與這份研究分道揚鑣，理由是「技術性發現」（無法保護囚犯受到不當心的輻照）和「行政發現」（無法捍衛巴特爾免於責任歸屬）[45]。AEC官員也贊成，並趁包爾森聽不到時私下說：「快點收尾離開吧！[46]」然而儘管AEC和巴特爾心生疑慮，包爾森醫師和海勒仍繼續更新他們接著六年的合約，總共動用一百六十萬美元的聯邦資金[47]，最後沃拉沃拉監獄的心理學家奧德莉．哈樂戴（Audrey Holliday）提出質疑，在這股監獄氛圍裡，人體實驗對象真的可能是「自願」的嗎？哈樂戴百般施壓，監獄官員才終於在一九七一年為研究畫下句點[48]。

囚犯的睪丸輻照研究是漢福德醫學研究的低點，可說是一種道德缺失。但他們的醫學研究也沒什麼高點。AEC所費不貲的補助金，研究人類長期接觸低劑量輻射，會造成何種健康效應，但這個重大問題卻始終沒有正解。找不到正解部分是因為良好科學需要時間，卻我們也找不到證據，可以說AEC有良好的科學文化。漢福德科學家抱怨實驗室的「研究眼界狹隘」，與主流科學家出現隔閡[49]。而實驗室的核武支持氛圍則意謂，監督主管往往會駁斥具破壞性的研究結果，不是不正確，就是有缺失。

漢福德科學家也忘了提出可能危及AEC地位的關鍵問題，那就是核裂變產物在可允許劑量內是否安全。我在下一章會深入解釋，AEC科學家研究計畫的重點，其實是要打擊質疑哥倫比亞盆地安全性的獨立研究。靈戈爾德研究是一場假象，旨在支持核廠安全性的說詞，囚犯研究則是漢福德研究室的薪資來源，然而這兩大計畫的設計初衷，都不是為了回答在污染景觀裡，漢福德廢料與當地生物接觸時，會引發哪些廣大流行病學的問題。正好相反，囚犯研究置更多人於危險境地，創造更多令人質疑的地形。

一九七六年，五名囚犯向聯邦政府提出傷害罪的控訴[50]。原告指控不具執照的監獄收容人執行實驗，導致他們的睪丸承受高劑量輻照，說明自己的健康已出現狀況，包括背部和生殖腺疼痛、潰瘍、腫瘤、血液中毒、輻射灼傷，而當他們寫信向包爾森醫師要求當初說好的醫療補助時，包爾森卻拒絕受理，法庭判定AEC和他們的承包商「不可提告[51]」，最終五名原告集體收受兩千美元，庭外和解結案。

意外的是研究結束時，有些自願受試囚犯拒絕終止實驗[52]，幾年來某些囚犯特別仰賴研究，把這當作收入來源，累犯犯下另一起判決後重返監獄，經常報名重新加入研究[53]。在軍備競賽萎靡的那幾年，央求研究持續進行的囚犯，恐怕就是最貼切的鈽托邦暗喻。

34 「從螃蟹到魚子醬，我們樣樣不缺」

一九五九年夏天，蘇聯總理赫魯雪夫發揮他一貫愛惡作劇的精神，七月時向占領柏林的西方國家下最後通牒，要他們全部滾蛋。「伯林是西方世界的睪丸，」他咯咯竊笑，「每次我只要一扯這幾顆蛋蛋，他們就痛得哀嚎。」不久後，赫魯雪夫陪同造訪莫斯科的美國副總統尼克遜，搭遊艇遊覽伏爾加河（Volga），遊艇隆隆行經一批瘋狂揮手致意的日光浴泳客時，赫魯雪夫還八度朝他們喊道：「你們是俘虜嗎？」泳客們也八度微笑回應：「不是！」對此尼克遜僅能勉強擠出一張鬼臉[1]。

尼克遜此趟造訪莫斯科的目的是美國國家展覽會（American National Exhibition），開場白便大力擁護美國繁榮：「美國家庭共有五千萬台電視，一億四千三百萬台收音機……而這些數據，」尼克遜斷定：「皆強烈顯示，身為世界最大資本主義國家的美國，已從財產分配的立足點，站上最接近無階級社會繁榮典範國家的位置。[2]」一九五九年，蘇聯的報紙頭條淨是亞肯薩州小石鎮的種族融合訴訟，以及五十萬美國鋼鐵工人的罷工事件。看在目光銳利的評論家眼底，美國不像是無階級的平等主義社會，尼克遜意識到這些控訴，努力扭轉爭議，把政治自由和民權的討論，轉向「自由企業」和消費自由的焦點[3]。

社會學家大衛·瑞斯曼（David Riesman）原想像將軍備競賽改成消費競賽，他稱此為買賣過剩。瑞斯曼推斷，如果蘇聯公民能嚐到美國中產階級的富饒，蘇聯人民很快就會想擺脫他們的主子[4]。莫斯科的美國展覽會展示大規模的郊區鄉間別墅，美國規劃人希望樣品屋能在俄羅斯帶動「小型女性主義革命」，美國媒體描繪的蘇聯女性身穿令人搔癢的羊毛衫、彎腰取購物袋、圍剿共產黨領袖，要求獲得購買美國吸塵器和洗碗機的自由[5]。尼克遜和赫魯雪夫在樣品屋廚房裡眾人所知的爭論，就是在吵哪個國家為自家家庭主婦奉獻最多。看在外人眼裡，眉頭深鎖的世界領袖指著彼此，你爭我奪。但情況正好相反，自由世界特使和共產世界領導人其實完全贊同彼此，他們的爭辯有個訊息，那就是勝出的意識形態系統就是能提供最多商品的那個，或如同他們所說，是能賦予人民最高生活水準的那套。

「生活水準」是美國推廣的一套標準，將人均消費和購買力擺在第一順位，高於健康、安全、環境及經濟公平與安穩等生活品質之上[6]。赫魯雪夫宣布 USSR 將超越美國，製造更多消費性商品時，等於同意了這個標準。這在五〇年代是可信度相當高的說法，畢竟蘇聯正在見證驚人的經濟奇蹟，除了西德外，蘇聯的經濟成長已經超越其他國家[7]。然而贊成家電競賽的同時，赫魯雪夫也降低蘇聯的抱負，屈服於俗不可耐的資本主義，只將人類生活降為平均值數據。布爾什維克革命的概念，不只是製造消耗品，亦要帶動激進的新文化價值和人文目標。

赫魯雪夫同意搭上買賣過剩的船時，等於拋棄了那場革命，然而蘇聯人民一開始卻沒接收到自由等於消費自由的嶄新訊息。例如，奧爾斯克的共產黨員就很難坦然接受赫魯雪夫的家電競賽，自五〇年代起，他們渴望的是比這個願景更美好的未來，僅有在赫魯雪夫垮台後，奧爾斯克公民才屈服於他重新掌舵的革命。那幾年來，他們的社會主義意識疲乏，對安全也變得興致缺缺。在那些年，鈽托邦居民已把基本生理權換成消費權。

六〇年代初，趕工製鈽的經理很難招人留才，勞動的壓力加劇，因為工廠開始營運後十年，許多工廠資深員工都病到無法工作，即便是辦公室工作都難以勝任。一九五八年，幾千名三十、四十歲的人皆已受領殘疾津貼退休[8]。這些身分形同鬼魅、拄著枴杖的人，讓自稱安全的工廠自打嘴巴，人們用秘密暗號「黴菌」，詢問神祕疾病的事：這種病是從哪裡來的、該如何避免、為何工廠醫生沒有解藥[9]。

為了取代殘疾員工，經理找來經過身家調查報告和工作訓練的新進員工，但很多人工作開始沒多久就離職。某些團隊甚至是全體受訓員工群起離職，帶著國家機密和寶貴技能離開。他們聽說了健康問題的謠言，更不喜歡封閉城市和進出都要通過麻煩的管制手續，於是紛紛逃離[10]。資深員工也拋棄工廠離去，工廠廠房愈危險，員工流動率愈高[11]。一九六〇年的十個月裡，六萬居民中就有五千人逃離圍城[12]。

工廠老闆為留員工，不惜一切。法官欲對違法員工判刑時，主管會介入要求職員回到工作崗位，而不是乖乖聽命坐牢[13]。犯下輕罪的市民可能失去離開城市的通行證，但居民極度厭惡這種社會控管，甚至連 KGB 長官也不例外。他們把氣都出在兩名控管通行的官員，戲稱他們「小沙皇」，並要求限制這種控管[14]。當黨派大老想方設法將問題居民驅逐出城時，工廠經理再次插手，辯稱他們非常需要人手。無法起訴犯人的結果是，城市的犯罪率自一九五〇年至六二年間，不斷節節攀升[15]，黨派領袖問：「在這座能讓我們享受特殊條件、遠離外界犯罪執法的城市，為何犯罪率依舊居高不下？」警方對此的回應是掀起一場「無賴」戰爭，將青少年趕入城門外的少年勞工營地[17]。年紀輕到不適合工作的青少年則可豁免，經理也藉由送走歸類為殘疾的資深員工後，空下住房[18]，然而即使犯罪，健康員工也很少被送走[19]。

鼓勵職員留在奧爾斯克最重要的做法，就是滿足員工的消費欲望，甚至滿足過頭。到了五〇年代末，烏拉山的四座封鎖核城（人口落在兩萬至五萬）吞噬了百分之三十九的省分預算。大多蘇聯公民都住在公共住宅區，為一間公寓痴等十年，然而七成原子城居民卻能住進屬於自己的公寓，最大型的住宅還是豪華程度不可思議的三房公寓。在「遼闊世界」裡，年輕伴侶必須和公婆同住，但奧爾斯克的年輕伴侶不用等一年，就能獲得一流公寓[20]。六〇年代時，工廠負責人偷龍轉鳳，偷偷將鈽生產的預算挪用於城市服務、住屋、學校、薪資，城市領袖喜歡像尼克遜一樣，沈思並一一列出居民擁有的物品：一千五百台電視機、五千台收音機、一千四百輛汽車、兩千五百台冰箱……[21]。他們告訴觀眾，奧爾斯克「年年富庶，有愈來愈多商品、服務、提供服務的職員」[22]。

四〇和五〇年代，城市大老告訴居民，他們的身分很正當，因為他們是在保家衛國。六〇年代，城市獨享的富裕成為主要賣點：「雖然地圖上找不到我們的城市，但許多城市都羨慕我們的居住條件。」有個女人還記得：「感覺我們已經活在共產主義的世界，商店裡應有盡有，從螃蟹至魚子醬，樣樣不缺。[23]」

若正如赫魯雪夫斷言，共產主義是一個匯流點，讓豐富消費性商品和帶著滿滿荷包消費的員工相遇，那麼奧爾斯克已走到這個匯流點。蘇聯理論學家相信，一旦社會走進共產主義，人類表現將會不同反響。科技發展大躍進，共產黨員會利用他們的全新富有，讓文明更進一步，改善人類種族。生活在共產主義的普通人則會栽培為健全人類，有位居民形容他們會學習「打扮高貴不貴，烹煮健康美食、栽培優秀子女。」[24]在戰後的蘇聯文化，科學家正是這個嶄新社會主義男性的縮影，尤其是無私貢獻自我、把科技當成改善人類生活利器的物理學家[25]。蘇聯科學證明了蘇聯實驗的優越：世界第一座核能發電廠（一九五四年建造）、世界第一個人造衛星「斯普尼克」（一九五七年）、世界第一艘民用核能發電船（一九五九年），還有第一位飛越太空、回首低頭凝望小小斑斕地球的太空人（一九六一年）。

一九六一年的電影《一年中的九天（Nine Days of One Year）》裡，核能科學家狄密特．古塞夫（Dmitri Gusev）就是這種嶄新的科學家英雄類型，這個不切實際的戰士角色，為了全人類犧牲奉獻自我青春。在片中，古塞夫在一座富饒的封閉核城工作，日夜無私奉獻，為了持續實驗不惜身處輻射，電影廣告的台詞說：「任何一場實驗，都可能是他的最後一場。」古塞夫是物理學家伊果．庫查托夫的化身，他冒著健康衰弱的風險，英勇衝進反應爐室，妻子在沒有孩子的家裡獨守空閨，他則努力鑽研研究數據。古塞夫不僅對自己的健康和生育能力漠不關心，對他美麗的妻子、帥氣房車、裝潢雅緻的公寓、優雅餐廳裡的奢華美食，亦淡然以對。他只想發明世界第一座熱核發電反應爐，而這項革新將能製作出「無限能源」，帶來難以想像的繁榮。

身為充滿年輕技術專員的卓越城市，奧爾斯克照理說應該充滿熱血無私的共產黨員，共產黨領袖在六〇年代初，把奧爾斯克當作社會主義城市的模範，建立社會學服務，對居民進行祕密意見調查。調查邀請知道自己特殊身分的居民回答，再每年校準他們的成就[26]。城市領袖讀到結果時，意外發現讓人心神不寧的問題，他們發現社區裡沒有多少年輕古塞夫，有名共產黨員表示：「我們什麼都有：學校、優秀教師、良好設施、文化機構、紮實的物資基礎，」不過，他含糊補充：「這些可能的發展都沒有完整實現。[27]」

這就是阻礙。雖說人民住在社會主義天堂，卻感受不到共產主義就在眼前。偷竊、酗酒、暴力、不守規矩的員工、不良孩童持續騷擾著社區。五〇年代初，共產黨員說剛愎自用的青少年和犯罪率，都源於不佳條件：學校擁擠、教師工作超時、忙碌家長無法照顧孩子。但到了一九六五年，莫斯科掏出的慷慨預算已解決上述問題。「在其他城市，你很難買到電影票或戲劇票，」一位城市管理人員指出：「但在這裡，我們卻有塞不滿放映廳的窘境。在其他城市，孩子很難進入好學校或上音樂課程，但在這裡，學校和課程卻比孩子多。[28]」

在奧爾斯克，一群年輕人成了失敗新男人的典型，這群人自稱「愛貓人」，畢業於優秀的蘇聯教育機構，一九五七年的意外發生後不久來到這座城市，按照他們主管的說法，他們沒遇過人生困境，沒有經歷革命，也不曾參與世界戰爭，他們「背著家長」去上學，該有的東西樣樣不缺，包括工廠工作、優秀高薪、升職，但擁有這一切的他們卻不心懷感恩。閒暇時刻，這群男人不是去聽音樂演奏會或演講，而是公開譴責共產主義青年團、上餐廳吃飯、和行為不檢點的女人開派對狂歡。這群男人太在乎自我風格，贏得眾人嘲諷的稱號「stiliagi」（憤青）。他們在文化中心喝酒，無恥地隨著布基烏基音樂起舞，隔天宿醉上班。這群受過良好教育的二十多歲年輕人，讀的不是蘇聯刊物，他們收聽美國之音，從廣播學會他們厚顏無恥重複的顛覆思想，富有同情心的督導警告他們：「別在公開場所說這些話，你會被逮捕。[29]」

城市領袖一頭霧水，無從解釋愛貓人的行徑，蘇聯學究不相信青少年叛逆或世代衝突這回事，稱這都是為了「破壞共產黨蘇聯人民的團結」而推廣的資本主義觀念[30]。困惑不解的資深共產黨員問：「他們和其他年輕人為何棄榮耀不顧，不肯當個有價值的蘇聯人民？[31]」

這十幾名愛貓人並不孤單。市政官也贊同這群年輕人，對許多其他有「喝酒、聽音樂、跳舞等罕見興趣」的人表示贊同[32]。成年人把「群魔亂舞」和「打扮得像隻花俏鸚鵡」與「無賴行為」畫上等號，這名詞代表違反忠誠、安全、原則[33]。一九六〇年，一名年輕人衝進城市廣播電台，讓社區陷入一陣驚慌，他用奧森·威爾斯（Orson Welles）的風格宣布，在 Zenit 便攜防空導彈包圍的奧爾斯克，戰爭爆發。幾名年輕工廠作業員在莫斯科參加美國國家會時，認識一位年輕美國嚮導，鈽員工嚴禁與外國人接觸，尤其是身分可能是 CIA 線民的美國人[34]。

黨派成員面面相覷：「要是孩子沒有走過沙皇的權利剝奪、大革命、祖國大戰，請問你要怎麼以革命意識，栽培孩子長大？[35]」「年輕人為何要唱那些無知的情歌？[36]」「你明明是成功的共產黨員，怎會養出遊手好閒的孩子和寄生蟲？[37]」

漸漸地，黨派成員明白進步的社會主義條件，培養出完全不社會主義的市民。事實上，物質富裕的累積不是解藥，而是一種永遠無法填滿的上癮症。奧爾斯克居民買得愈多，愈索求無度，鑒賞力愈來愈高，高到美國國家展覽會的創辦人都感到驕傲。他們想要更優質、天花板更加挑高、房間更大的公寓。核城居民擁有的汽車和家電，是俄羅斯其他居民的兩至二十倍，但他們的欲望卻永無止盡，只想要來自莫斯科或外國製造商的服飾，要求增設航空公司櫃台、珠寶皮草店、更優秀的電視畫質、牛奶、麵包、亞麻布製品、花卉配送到府服務，雖然他們的薪資是一般「遼闊世界」人民的兩倍，仍期望得到更高薪資，要是薪水不夠高就不工作。他們想要自助商店、不設查票員的公車服務，「表示我們是值得信賴的」，從這種形態得到尊嚴。他們希望湖區蓋大理石眺望台、遊艇俱樂部備有更多艘帆船、更多度假勝地選擇[38]。城市的供應部門主任抱怨：「居民提出的要求不勝枚舉，我們不可能滿足他們。[39]」

奧爾斯克的菁英分子開始探討他們的「機會主義」和「物質主義」鄰居。一九六〇年，有位黨派運動人士發牢騷：「有些人在獲得汽車、套房、電視、地毯後，開始將物質視為人生目的，工作和社會責任則淪為第二順位，我們必須治好這些人的毛病。[40]」鉔托邦的資產階級化逐日成長，卻衍生焦慮，部分是因為大量消費帶有危險特質，恐拖垮生活水平，當藍領員工也開始領起優渥薪資、擁有蘇聯專業階級才買得起的便宜量產商品，菁英深感忐忑不安，他們相信自己懂得如何用有節制卻有品味的方式消費，同時維持和平及秩序。較低階層的人則如暴發戶揮霍無度，讓社會淪陷貪婪和貪得無厭的境地[41]。

共產黨員擔心這種小鼻子小眼睛的中產階級心態，會在他們的社會主義烏托邦崛起：「這些穿戴時尚夾克和靴子、開著漂亮房車、坐擁精美傢俱的員工……一部分已經看不見人生的本質，迷失在庸俗消費的迷霧裡。」然而赫魯雪夫才剛宣布 USSR 將以消費性商品淹沒美國，所以這番評論怎麼看都不合理。「要是我們不應買，」有個男人替自己辯駁：「老闆為何還要在店裡賣這些玩意兒？[42]」

有些人會利用城市獨有的富庶和區隔地帶優勢大撈一筆。奧爾斯克沒有農夫市集，農夫也禁止進入，於是有果菜園的人吩咐孩子到街上高價兜售莓果蔬菜——根本是「吸血鬼」[43]。測試輻射軌跡微塵的實驗性農場研究員，被逮到販賣含放射線而遭拒的農產品[44]。居民在奧爾斯克商店買下稀有商品後，開車出城門以兩至三倍的高價販賣。一般蘇聯人要排上幾年隊伍才能買車，因此轉售汽車更有賺頭[45]。

黨派大老控訴同胞邁向「中產階級」和「物質化」[46]，對他們而言並非反諷，而是美國精心策劃的陰謀，將蘇聯人民變成資本物質主義者，美國政府不久前不是才在展覽、廣播節目、電影上投注數百萬美元，將目標鎖定意志力脆弱的蘇聯女性及青年[47]？

與此同時，行遍天下的赫魯雪夫在遙遠他方的首都，口出誑語、縱飲酒精、在會議上拔鞋敲桌，不分敵友態抱對方。他單方面聲稱暫停核試，承諾永恆和平，卻在西柏林築起高牆，率領母國走向古巴部署飛彈的核武末日。一九六四年，赫魯雪夫自相矛盾的說詞和善變，讓政治局同僚感到焦躁困窘，於是要求他退位。

史達林死後，封閉城市裡有淚水也有恐懼，但赫魯雪夫遭到罷免時，平民之間卻絲毫沒有愁雲慘霧的氣氛，實際上他卻對經濟安定、自治、社區警政關注有加，大幅提升奧爾斯克的日常生活品質。他風光上位十年後，一九六三年的犯罪率降低三分之一，一九六四年甚至減少一半，接著三年間再也沒有傳出暴力犯罪[48]。一九六五年，罪惡多剩下不良少年和醉漢的「無賴行為」[49]。囚犯不再在監禁的奧爾斯克工地工作，而是在避人耳目的小廠房安全作業。多年來遭人嫌惡害怕的前科犯居民，如今也融入社會。到了六〇年代末，城市終於邁入治安穩定期，居民還記得可以將鑰匙藏在前門地墊底下、孩子自由遊蕩的日子[50]。

總書記布里茲涅夫（Brezhnev）繼任後，生活變得更加美好，工廠員工的工時縮短至六小時，除了囚犯，人人一週僅需工作五天。托嬰中心週六營業，好方便母親外出購物。攸關每月限額的薪資不再，意思是動作

待遇優渥的員工集體步出反應爐工廠，OGAChO 提供。

遲緩或發生意外就會導致工資縮水的歲月已然落幕，工廠作業員總算爭取到薪資保障，外加慷慨的紅利和退休金[51]。職員每年獲得四至八週的有薪假，在專門開放給核廠員工的豪華度假村享受人生。想一想：自小就開始工作、只知休息不知休閒的人，現在居然不用工作薪水就會自動入帳。對於吃不飽、蓋不暖、鞋子穿不實，過不了好日子的人，這等轉變何等美好，他們現在有了選擇，有值得依靠的可支配所得。熬過多年來的動盪不安後，他們這下總算享受到承諾已久的豐衣足食。

有了休閒時間，長久以來身分為「勞工」的這些人，便有了新身分和娛樂消遣，從事釣魚、園藝、修改汽車、參加合唱團、運動、坐在新電視機前享受。在學校聚會上，家長驕傲地觀賞小不嚨咚的孩子吟詩、授獎。奧爾斯克提供的優質教育，讓父母意識到自己的孩子有了不同的人生

五〇年代末的五一勞動節遊行，OGAChO 提供。

選擇，不需要屈就第一份找到的工作。

奧爾斯克日漸富足和平的生活，也連帶讓人民對工廠負責人和城市封閉狀態產生全新的信任。為奧爾斯克設計公寓建物、劇院、飯店的建築師贏得獎項[52]，事實上這座城市的建築設計成功到至今沒有建築無可取代，同樣設計重現在幾百座蘇聯城市，所以即便我沒去過奧爾斯克，該城的照片卻給我一股已經到此一遊的感受。開會時，人民再也不反對打造鍍金監獄般的柵欄門和警衛，更在民調中表示能理解這些措施的重要性[53]。隨著奧爾斯克的富足超越周遭鄉間的生活水準，柵欄門就愈被當作必要設施，將烏合之眾擋在門外，而不是圈起囚禁居民[54]。

鈽工廠依舊意外頻傳，但都是一般意外，至少對鈽工廠來說算是[55]。經歷二十年來蘇聯勞改營秩序、建設、工廠啟動、急迫交件期限的喧喧擾擾後，六〇和七〇年代沒再發生悲慘的不幸事故。這是好事，人們在穩定登場的勞動節和十月革命遊行裡尋得慰藉，群聚人潮行經城市領導人那堅固依舊的演講台、同樣沒人認真閱讀的標語旗幟、幾年下來只有略微差異的演講稿，唯獨將美國對韓國實施的帝國主義，改成美國對拉丁美洲、越南、中東展開的帝國主義。領導人的演講重點、抑揚頓挫、隨便捏造的複雜名詞組合，如今都顯得親切可愛，猶如牛蛙在夏日薄暮的鳴叫、魚兒在湖面上的慵懶飛躍、貨車運送新鮮麵包時的柔緩軋軋聲、雨滴落在秋葉的美妙嗒嗒聲、在烏拉山乾燥冬季的冰凍空氣裡，遠遠傳來溜冰鞋清脆刮過冰面的聲音。尋常美麗的季節更迭，隨著重複登場的國定假日典禮和演說起伏，彷彿時光凝結，蘇聯社會步入永恆，是那麼剛好、公正、正確[56]。似乎一如馬克思的承諾，邁向歷史尾聲。

當然布里茲涅夫任職那幾年，難免還是有微詞。根據這名專業階級青英的說法，並非人人都善用自己的休閒時間，促進文明進展。發薪日當天，裝載醉漢的坦克車依舊「座無虛席」[57]，城市裡的演員和音樂家繼續在門可羅雀的表演廳演出，奧爾斯克沒有教堂，但線人估算約有六十名「主為年邁女性」的奧爾斯克居民，每週日會現身基許提姆搖搖欲墜的金頂天主教堂。有些青少年厭煩地拒絕關注重要國事，不讀列寧的著作，對蘇聯歷史的認識淺薄，只想待在家裡看電視，而不是參加國慶遊行[58]。有名年輕男子被問到為何不去參加共產主義青年團會議時，回答：「我們要是去，他們會收錢，還不如把這筆錢拿去喝酒。」黨派大老維克多．波多斯基（Viktor Podol'skii）指控，年輕人對階級仇恨的理解萎靡，但在生活無虞的奧爾斯克，還能怎麼辦？「沒有地主的鞭笞、沒有生活困頓的難題，這種情況下想要指導年輕人走上正軌，」他抱怨：「根本不可能。[59]」

然而大多青少年都同意遵守社會規範生活。城市官員成功引導年輕人，將精力發洩在運動和競賽上。這座城市共有幾十座健身房、游泳池、運動場，體操、足球、籃球、冰上曲棍球等運動，更是吸引大批參與者和觀眾。奧爾斯克的運動冠軍經常穩健打敗周遭城鎮的參賽青年，成為當地名人，更加證實奧爾斯克勝過其他省分鄰居的優越地位[60]。

維安義工團隊「druzhiny」漸漸解散，不是因為布里茲涅夫年代沒人在乎奸惡，而是因為城裡已不需要這種義工[61]。到了六〇年代末，出現更有效率卻非正式的調解組織，趁年輕人被驅逐出境前矯正他們的行為。弗拉迪米爾．諾瓦瑟羅夫描述他以前曾經很迷滾石合唱團（Rolling Stones），還要求老媽幫他把褲子縫緊一點，緊到他必須在腿上抹油，兩腿才擠得進褲子。在鏡子前搔首弄姿的他，對自己的模樣十足滿意，但一踏出家門，卻有好幾隻手從四面八方朝著他指指點點，手指的主人是負責監督的成人，督促偽文青快回家更衣。那個學期，諾瓦瑟羅夫只因為幾分鐘的時尚，品行操守僅得到丁的分數。諾瓦瑟羅夫知道要是再出現這種低分，他就會被逐出校門，踢出奧爾斯克，而他並不想因一條褲子冒這個風險[62]。當然，年輕人還是會交換西方樂團的違法錄音帶，那些都是父母前往社會主義國家旅行後，帶回來的走私物品。每逢週六夜晚，共產主義青年團運動人士就會在文化中心演奏這類音樂，看青少年演奏布基烏基音樂唯一覺得不順眼的，就是像波多爾斯基這種忠實擁護者。對他而言，搖滾樂、夜店、時尚都是西方帝國主義的陰謀，目的是讓蘇聯青年不接觸政治，沈浸於不事生產的無腦娛樂[63]。波多爾斯基的觀點和美國的蘇聯學家不謀而合，蘇聯學長亦抱持同樣不可思議的天真心態，深信美國音樂和時尚是反蘇聯的叛逆勢力[64]。

唯獨黨派官員始終相信，搖滾樂是美國派來的特洛伊木馬，但其實青少年只是喜歡音樂節拍及歌曲，讓他們覺得自己跨出了渺小的圍城，融入廣大世界。關於正義與和平的歌詞也只是證實年輕人的感受，他們相信奧爾斯克社會的社會主義是正確的[65]。無論如何，波多爾斯基都無須操心，民調發現，年輕一代將軍備競賽怪在美國頭上，甚至雙手雙腳贊成核武防禦和龐大的核武預算。年輕一輩的態度，甚至比他們關心國防的父母強硬[66]。

不管是年輕人和成人都相當認同圍城和城市的富庶，而這就是地位和自我價值的來源。他們把自己視為「國家的選民」，有個人說：「國家信賴我們，讓我們在奧爾斯克工作生活，對此我們很驕傲。[67]」當居民出了奧爾斯克，看見鄉下商店的貨架空無一物，這說法更是一針見血。他們也高傲蔑視鄰居的貧窮[68]。有位居民告訴我，出了奧爾斯克，他總能從人們臉上的自信和自主神情，判斷他們是來自其他核城的居民[69]。有個女人更是充分演繹了奧爾斯克的優越感，稱自己這輩子還沒穿過蘇聯產的鞋子[70]。

奧爾斯克居民優越的購買力，轉變成他們看見其他窮酸國人時，內心衍生的權勢感，同時亦化為忠誠、歸屬、自身的安全感。這群勞動階級居民的薪水和生活，都不輸蘇聯中產階級的專業人士，於是他們開始認同自己的老闆和城市領導者。富裕生活支持著他們的信念，深信工廠經理和城市領導人有才能、值得信任、關懷員工與人民。這種消費衍生的自信，總算在六〇年代帶來更穩定的勞動供給，然而一般來說，職員卻忽視一項事實，那就是他們其實是在意外頻傳的工廠製造危險產品，工廠本身也沒有比較安全，即便如此，人們仍盼望在工廠找到薪資優渥的職缺[71]。

要遺忘工廠的職業傷害很容易，城市領導人捏造奧爾斯克優良的健康紀錄，指稱奧爾斯克居民的壽命高於蘇聯平均值，死亡率較低，生育率則是國家平均值的兩倍[72]。這些數據都不教人意外，員工受雇前的健檢結果都很正面，病弱到無法工作的人皆已被送出奧爾斯克，人口平均年齡為二十七歲，奧爾斯克不見貧窮，就算登上國家優良健康的榜首都不足為奇。

消費優越感也轉化為優良健康，不若下風處和下游地帶的鄰居，奧爾斯克居民的環境並無遭受污染荼毒，商店購買的商品皆經監測人員檢查，飲用水亦經過測試，孩子在監測人員清潔過的公園玩耍。居民定期接受健檢，只要健康一出狀況，就進療養院休養，健康居民則去疾病預防保健中心休養、運動、享用優良飲食。奧爾斯克也提供身心障礙孩童的特殊學校和暑期課程，孕婦接受良好的產前照護，婦產科醫師很快就能察覺胎兒虛弱或不正常的跡象，並及時進行預防性墮胎，而該現象在奧爾斯克的發生率高於國內其他地方[73]。提前終結孕期降低了遺傳異常的嬰兒數量，對奧爾斯克瑰色美好的健康狀態很有利。

即便如此，一九五〇至五九年間，奧爾斯克的嬰兒死亡率激增，接觸放射線的女性員工產下的小孩，二十歲前的死亡率是全國的兩倍之高[74]。工廠員工確實也會生病，有些不尋常地早逝，但整體來說人口活躍增加，這數據讓大家都很安心。事實上，居民對城鎮安全的信心強大，因此一九六七年第三次重大意外發生，污染粉塵從滿是放射線的卡拉切湖乾燥河岸飄散幾英里時，已不像一九五七年的意外讓奧爾斯克人驚慌失措，每年工廠發生的幾起意外也沒引起眾人警戒[75]。一九六八年的重大意外害死三名員工、傷及一名男人，尤里・塔塔（Yuri Tatar）吸收了八百六十雷得，這個劑量足以讓他喪命，但他卻在經歷十六場手術、雙腿和一隻手遭到截肢後倖存下來。接下來那幾年，塔塔的長壽都被當作輻射存活的證據，而不是工廠危險性的宣傳[76]。

六〇年代末，工廠危害的憂慮已從城市紀錄消失，紛擾不斷的馬亞科工廠經理和工程師，則多出一個「核科技博學專家」的名號[77]，六〇年代中，蘇聯領導人計畫在沉睡的烏克蘭小鎮車諾比附近，蓋一座嶄新的大型核能電廠，還特地找來馬亞科工程師執行設計[78]。

布里茲涅夫的任期內，西方記者想要捕捉到蘇聯人民對國家妨害人權和人民自由進行的反抗行動，但USSR蘇聯卻只有一小撮異議分子，西方國家的人則錯失一個其實更有看頭的故事：在後國家資本主義的競爭年代，多數人照常生活，儘管偶爾調侃電視上垂垂老矣的領導人，卻仍對俄羅斯過往雲煙般的飢餓、穩定薪資、有薪假、退休金讚嘆不已。到頭來，大多蘇聯國民還是相信他們聽到的那套說詞——他們活在全世界最先進、公平公正的平等主義國家[79]。

和平、滿足、寧靜主宰著奧爾斯克，然而這個冷戰主要前線的人民心裡，似乎有志一同遺漏掉到一個重點，那就是這座城市是為了鉨才存在，不是相反過來——鉨是為了保障奧爾斯克的繁榮興盛才存在。

第四部　卸下「鈽」幔

35 鈽的共享資料

一九六四年古巴核彈危機後，面對儲備鈽過剩，當時的美國總統林登．詹森（Lyndon Johnson）宣布，美國政府必須逐漸關閉老舊的漢福德鈽工廠[1]。幾週後，通用電氣主管宣布將撤出漢福德，這個說法讓三城區震驚不已，特別是里奇蘭。這座單一產業城市的工作機會，幾乎全仰賴這座高風險的工廠。前幾年，儘管折扣利率不低，國會仍強行命令里奇蘭居民法人化，購買自己生活的租屋[2]。《三城先驅報》發行人格蘭．李火冒三丈，說這「手段骯髒，先變賣整座城市，再撤掉居民的工作機會。[3]」沒了工廠，當地人只怕地方經濟崩塌，不動產價值驟跌。

消息宣布後不久，李發了份電報給 AEC 委員格蘭．席伯格（Glenn Seaborg）：

今早華盛頓媒體報導核武將減少百分之四十五的消息，倘若你能電報通知，這件事將對漢福德的未來有何影響，在下感激不盡。三城地區民眾需要掌握資訊，明白此事對漢福德的可能效應，或說我們需要安撫他們這件事對漢福德不會有影響，我相信此事相當緊急，所以我們需要聽聽您的說法。

這封頤指氣使的電報要旨令我大吃一驚。經營地方報紙的李，居然去信這名權勢地位崇高的原子能委員會長，對這名有諾貝爾獎貼金、在別人眼中通常是「品德高尚」的男人做出這等要求，他怎麼可以這麼做？李是否掌握席伯格什麼把柄？

李是三城核工業理事會（Tri-City Nuclear Industrial Council）的創始會員，理事會成員是當地銀行家和商人，好幾年都寄望拓展地區經濟「多元化」，讓這座企業城能擺脫通用電氣企業城和鈽的魔掌。李按照正常做法，寫了幾封熱血信件提出要求，客氣建議資助幾個專案。五〇年代，理事會成員用此法說服 AEC 為一座嶄新的雙重功能N反應爐投入兩億美元，同時製鈽和產電氣。他們和負責的參議員亨利．傑克森（Henry Jackson）的說詞毫無信服力，他們的說法是美國需要更多鈽，西北部尤其需要能源，還說俄羅斯有好幾座雙功能反應爐，也有計畫蓋更多反應爐，因此美國必須迎頭趕上[5]。最後三城活動推動者贏得戰役，一九六三年九月，甘迺迪總統在里奇蘭現身一個鐘頭，成為第一位來訪里奇蘭的美國總統。甘迺迪揮舞著一根能為新的N反應爐開挖工程提供電力、自動操作挖掘機的鈾棒，然後搭直升機離開[6]。

反應爐的能源用意是支援該地區的輸電網路，但建造過度的哥倫比亞盆地大壩，已以電流餵飽該地電網，哥倫比亞盆地大壩其實也是李和他的推動人士支持的方案，目的是在和俄羅斯進行的和平水力發電競賽中拔得頭籌[7]。李和里奇蘭的銀行家山姆．沃朋特斯特（Sam Volpentest）等理事會成員，對當地經濟大手筆投資，他們也擁有參議院瓦倫．馬格努森（Warren Magnuson）及亨利．傑克遜的稀有門路。推動人士為立法者和州長募款，他們都是當地有頭有臉的人物，但相較之下，席伯格的影響範圍遍及全國，甚至全球。

儘管如此，席伯格還是不遠千里來到華盛頓東部，與會理事會成員，承諾工廠退位後，AEC絕不會棄三城區離去[9]。席伯格需要李，正如李也需要席伯格，所以他才會做出這項承諾。AEC受信用問題所累，而且問題正在加速惡化，AEC高官正在擔心美國社區推動擴增民用反應爐，但居民憂心核能洩出，因此激烈反對。當時聯邦輻射理事會（Federal Radiation Council）正在降低市民輻射接觸的可允許劑量，於是全新成軍的環境保護署看守AEC設備周遭，想要逮到他們的狐狸尾巴。席伯格要求對核能滿意的長期鄰居提出正面證詞，里奇蘭的資格符合最大型、歷史悠久而忠誠的原子城條件，李和他的報社多年來也都支持漢福德核電廠和它的八座反應爐，忠實堅定地對核能的所有發展貢獻一己之力，但一九六四年關廠消息爆發時，李卻做出不祥的預言演說，他在西雅圖忿忿抱怨，關廠的決定會將里奇蘭「封箱」，變成一座「鬼城」。李說，三城區一向都是AEC的「奴隸和俘虜」，他還發明出「鈽幕」這個詞，振振有詞地說AEC對「工廠、工廠祕密、員工進行鎖臂攻勢」[10]。這還只是開場，李著手撰寫可能讓AEC遭到非議淹沒的新聞故事。席伯格對李唯命是從，是因為AEC需要顧及公眾形象，而他們的問題迫切到翻轉長久以來的權力動力，導致人質和綁匪的角色對調，席伯格和AEC最終反而成為李和三城區的俘虜。

一九六一年，鄰近下游人口的平均輻射接觸過高，美國公共衛生局列管漢福德。某些人群食用河水魚和河水灌溉的當地農產品，尤其是當地農夫和印地安人，他們所吸收的輻射甚至超出可允許限額的百分之一百一十五，報告聲明：「哥倫比亞河承受放射性污染的能耐似乎已達飽和。」諮詢小組過去曾私下表達憂慮，但在一九六一年，他們威脅要將此事公諸於世[11]。一年後，為了回應這些憂慮，漢福德科學家發表靈戈爾德研究，但小型研究的說服力很低。

一九六三年，核能儀器專家厄尼思特・史丹葛雷斯（Ernest Sternglass）在《科學（Science）》期刊發表一篇文章，聲稱他發現放射性落塵導致嬰兒致死率大幅上升，美國科學家聯盟（Federation of American Scientists）亦支持史丹葛雷斯的說法[12]。同年，里奇蘭市開始從哥倫比亞河汲取飲用水。一九六四年，說明里奇蘭水源污染指數高過帕斯科的月報告，讓美國公共衛生局官員憂心不已，他們要求漢福德在十二個月內，減少五成傾倒哥倫比亞河的廢料。更糟的是，他們還對大眾公開這則建議，但AEC官員回應推諉一年不夠，何況他們的資金也不足。美國公共衛生局官員回應，光是監督河川，漢福德每年就花費一百九十萬美元，他們也才剛投入兩億資金蓋N反應爐，省下五十萬美元換回一條乾淨河川，應該不為過吧[13]。

在一九六五年，AEC官員開放里奇蘭的哥倫比亞河，讓眾人游泳划船，科羅拉多環境研究中心（Colorado Center for Enviromnental Research）主任羅伯・費德利（Robert Fadeley）發表一篇文章，指出比鄰哥倫比亞河的奧勒岡州郡民得到癌症的機率，比該州其他地區的居民還高[14]。席伯格馬上要求國家癌症研究所複審，條列出反駁費德利的論點，無奈覆水難收[15]。一九六六年，空氣與水污染小組委員會（Subcommittee on Air and Water Pollution）報告，漢福德周圍居民的軟組織和骨骼放射線已提高五成，聯邦水污染防治署（Federal Water Pollution Control Agency）更說哥倫比亞是「世界放射線污染最嚴重的河川[16]」。

一九六四和六五年，代價昂貴又充滿危害的意外讓工廠不堪其擾。高劑量的放射性廢料滲入「沼澤」，說穿了就是開放式的廢料貯存池，河岸污染高達二十雷得。工廠一如既往，火災、爆炸、鈾棒衰敗、擴散性污染頻傳，但報告要求條件變得更嚴格，AEC再也紙包不住火，壓不下這些例行災難，意外消息劃破科學會議的空氣、登上媒體故事版面[17]。AEC官員為了打擊負面健康效應報告，特別委託知名流行病學家湯瑪斯．曼庫索（Thomas Mancuso），對漢福德及橡樹嶺職員進行癌症機率研究。

格蘭．李要聯邦持續支持三城區的要求，雖然明明有可信度的問題，華盛頓首府卻有認真聽他說話的聽眾。想到他惡名遠播的臭脾氣和動不動就想告人的衝動，AEC部門裡沒人敢惹毛李。於是李和他的同事達成目標，成功讓AEC釋出更「多元化」的新承包商選擇，管理鈽工廠剩餘的工程。他們遊說安排，讓私人企業簽到利潤豐富、承諾提供資金為三城區開拓新產業的AEC合約。

不巧的是，打造新產業、翻新老舊的漢福德工廠，做的比說的困難。AEC顧問發現漢福德的設備太老舊，專門使用來製作鈽，污染過於嚴重，不適合用在耕犁專案。哥倫比亞盆地本身也沒太大的商業吸引力，該區缺乏交通運輸、天然資源、各大產業及市場，更別說優渥的國防合約薪級意謂著當地薪資膨脹，關於這個情況，李把錯怪在工會頭上（該區被「如同緊箍咒的勞工項圈套牢」），但地方工會卻在法庭控訴通用電氣支付的薪資，低於一般常見的政府專案支薪，薪資膨脹廣泛反映在白領和管理階級的薪資[18]，顧問預測反應爐關閉將導致約兩千人失業，對地方經濟造成「嚴重衝擊」，前途黯淡，AEC審查人員一口咬定，「想辦法大規模創造新工作，緩和三城經濟面臨經濟變化的後果[19]」是AEC的職責。AEC官員聽從李和三城核工業理事會的指示，決定將合約交給承諾將主要經費花在三城區的企業。

漢福德支持推動者期望兌現的是與核能、導彈、航空學相關，光鮮亮麗的高利潤生意。伊索成公司

（Isocheme Company）接下建造九百萬美元工廠的工作，將漢福德的廢料重新包裝成可以銷售的同位素，正是他們冀望的產業。無奈專案停擺，簽約後過了一年，伊索成決定不蓋工廠，盛怒的李說服 AEC 經理取消和伊索成簽訂的合約，將該合約轉給大西洋里奇菲爾德公司（Atlantic Richfield），對方許諾三百萬美元，但不是從事核能作業，而是重新裝潢里奇蘭的沙漠旅館。這次不是高科技產業，多元化投資基金將用在飼育場和肉類工業設備、會議中心、禮堂、含糊不清的社區資金[20]。

然而說到穩定的工作和房價，多元化倒是挺管用。詹森宣布關閉漢福德後的一年，曾在一九六四年跌幅的里奇蘭房屋起價，已經回歸正常數字，肯納威克的開發商自信滿滿破土，開始興蓋嶄新的大型室內購物商場[21]。工廠關閉前，通用電氣的發薪名單共有八千兩百七十七人，一九六七年，每天有八千一百四十人通過安檢大門[22]。三座反應爐和一間偌大處理廠關閉後，工廠的受薪員工數量卻幾乎沒變，這點我怎麼都想不透，如果工廠已不再製造鈽，那這些員工都在做什麼？

我花了點時間才想透。很明顯某些經費只是花在找人從事不用做的工作上，一位離職員工告訴我，他們曾在財政報告期的尾聲被召來加班，員工只需要打卡，無所事事站在那，然後解散，這樣就能領到輪班全額。「這情況就是，要不花掉這筆經費，要不就損失，」艾德．布里克回憶道：「而承包商不希望歸還這筆經費。[23]」愈來愈多人受雇參與六〇年代中暴增的醫學和環境研究合約案，有些研究的科學價值很可議，但由於這方面的年預算超過兩千萬美元，甚至愈加愈高，所以新的巴特爾西北實驗室也繼續雇聘員工[24]。許多經費和工作也被預想不到的對象領走，那就是核家族長久以來的繼子——廢料管理。一九五九年，漢福德的廢料管理年預算是整整二十萬美元，自一九六五至七二年間，漢福德承包商花費或規劃的廢料管理經費已達兩萬倍之高，也就是四億三千六百萬美元，而這筆費用大多用在研究和發展[25]。

新的工作方向改變了勞動人力的構造，作為一間運作完善的鈽工廠，漢福德主要雇聘藍領員工，但一九六四年後，工會會員遭到革職，漢福德改聘高薪管理人員、科學家、經理[26]，這下里奇蘭總算晉升他們長久自稱是滿街科學家和工程師的中產階級城市。

一九六七年，參議員傑克遜剛承諾不會再關閉任何廠房後幾個月，AEC宣布另一座反應爐的關閉計畫。李竭盡所能遊說留住問題不斷的老舊D反應爐，並耳提面命參議員傑克遜：「盡量拖延漢福德的任何改變。」李對傑克遜說，國防預算總共有七百三十億美元，「多灑個幾百萬美元讓反應爐運作，又算得了什麼？[27]」

他們盤算著開發的新點子時，三城區的支持推動者要求增設讓更多人身處危險的專案。當地人請求AEC在瓦魯克坡的封閉緩衝區，開闢更多農田[28]，他們想要連接工廠內部的一條快速道路，在邊緣蓋一座橋，加速運輸系統。支持推動者迫切要求更多座反應爐，三城和工業理事會推廣的漢福德是「完整的能源中心」或「核動力綜合企業」，遠程目標是建造十五至二十座核電廠。推動人士因勢利導該區的不理想狀態，他們問，把具有潛在危險的反應爐，蓋在遠離人口的稠密城市及脆弱海岸生態系統的沙漠，應該是最適合的做法吧[29]？AEC高官簽署高速道路的合約，以及農業綜合企業和灌溉的補助金，但對於把漢福德場地交接給民間承包商，他們還是不免不放下心，畢竟最後一間普瑞克斯工廠仍繼續按下製造鈽的開關。

里奇蘭的經濟遠景黯淡無光，漢福德的公眾形象問題持續擴大，而哥倫比亞河的關注則轉移至漢福德廢料。一九六八年，政府會計辦公室（Government Accounting Office）拷問AEC為何要省下半衰期長的放射性廢水的管理經費。至於輻射對基因的影響，美國國家科學院專家小組鏗鏘有力地說，任何劑量都不安全，更聲聲控訴AEC設計安全貯藏放射性廢料的長遠解決方法不良[30]。美國國家科學院在一九七〇年公布該報告，轉達AEC數十年沒有廢料管理辦公室、長期廢料計畫，也沒有對放射性廢水施行中央監督。AEC官員不確定他們究竟在哪裡、何時傾倒多少廢料，僅交由承包商自行處理，在放射性物質「安全」釋出環境後，承包商的責任也跟著結束[31]。

七〇年代初，越戰和水門案醜聞粉碎大眾對政府的信任，科學家將規模「震撼」的漢福德廢料處理文件洩露給記者[32]，在後續文章中，民眾得知工程師發現裝載高度放射性廢料的廢料槽，已遭腐蝕性毒物蝕出孔洞，AEC會計為圖省事怠忽職責，並未遵照通用經理要求，立即委託製造新貯存槽。一九六四年，在貯存槽全滿之後，作業員將有自燃危險的高放射性液體倒入已經漏水、滿出極限的貯存槽。記者報導，裝在最舊貯存容器的五十萬加侖高放射性廢料，已經傾倒入土壤，其他貯存槽則正在自燃「打嗝」，因此上方的土壤猶如果凍般左搖右晃。美國讀者發現漢福德工程師正在嘗試重新用三十年，挖出存在開放渠道的兩百噸鈽，這是因為工程師擔心日積月累的鈽恐怕引發危機，將一座火山般的放射性泥漿，爆破至好幾英里遠。記者播報，放射性流出物的「煙霧」正飄向哥倫比亞河，鑽入該地農夫共有的地下蓄水層，青少年游泳的哥倫比亞河累積了五十三毫雷姆，漁夫站在岸邊，生殖腺直接接觸八點五雷姆的放射線，最後，漢福德脫韁野馬般的流出物會進入飲用水，這個問題已不必特別點出，俄羅斯科學家早在五〇年代的國際會議上警告過[33]。

AEC官員不願承認問題，聽到席伯格「閃爍其詞」和「過度自信」、蒙上瑰麗色彩、無事實根據的回應，例如「漢福德的放射性廢料處理並未對公眾、環境、資源造成任何有害影響[34]」時，美國國家科學院的科學家愈覺惱怒。媒體會議上，AEC官員只是味如嚼蠟地重申哥倫比亞河和地下水的輻射落在可允許門檻，但他們的說詞只是愈來愈教人起疑。

核裂變產物外洩的消息驚人，新出爐的健康效應評估更是雪上加霜。一九六九年，厄尼思特．史丹葛雷斯推斷，美國已有四十萬起於輻射落塵的非自然死亡，逐漸增加的反核運動者也支持他。AEC官員刻不容緩地派出兩位值得信賴的內部人員，前往勞倫斯利弗摩爾國家試驗室（Lawrence Livermore Labs），找出反駁史丹葛雷斯的證據。約翰．戈夫曼（John Gofman）和亞瑟．譚普林（Arthur Tamplin）迅速審查後，發現史丹葛雷斯的數值確實經過誇大，他們亦補充自己的評估，聲明輻射落塵截至當時已造成三萬兩千起非自然死亡，若核電廠擴廠，或許還會造成幾千人死亡[35]。

可是這種說詞相當不利，AEC的官方說法是，低於可允許劑量的輻射不會造成任何健康效應。AEC官員試圖讓戈夫曼和譚普林噤聲，但這兩位前任AEC約聘人員與他們意見不合，遂決定把事情公諸於世。兩位科學家上電視、廣播解說，從專業刊物《科學》到八卦雜誌《國家詢問報（National Equirer）》都可見身影。他們告訴全國人民，AEC官員想要壓下他們的研究、縮減他們的研究經費、撤銷他們研究的發表出版、將他們職務降級。AEC官員矢口否認，兩方針鋒相對，互不相讓。

「AEC最主要的環境『危機』難題，」AEC副總經理助理羅伯特．英格利許（Robert English）在一九七

○年的備忘錄說道：「就是信用問題。」對 AEC 官員來說，這場「危機」並非真實，只是必須教育民眾「輻射危害是可以控制」而衍生的看法。英格利許的說法是，提出指控的人「對計畫無知，某些人甚至無知到頑固的程度[36]」。

好吧，也許不那麼頑固，AEC 高官警戒控制聯邦官員進入漢福德場地，尤其是高污染的加工和廢料貯存區。與 AEC 有勾結的科學家不能恣意和媒體交談，若真要這麼做，他們通常會隱姓埋名，因為 AEC 督導的一貫做法是遣散異議分子，外加毀壞對方名譽[37]。一九七四年，華盛頓州衛生署（Washington State Department of Health）流行病學家山姆．米爾罕（Sam Milham）注意到，漢福德員工的癌症發生率增加百分之二十五。一如既往，AEC 主管想方設法拿競爭研究駁斥這則壞消息，還逼 AEC 補助研究漢福德員工的湯瑪斯．曼庫索，背書一份反駁米爾罕研究發現的新聞稿，曼庫索回應現在做結論言之過早，因為漢福德承包商遲遲未交出健康紀錄，導致他的研究延遲，他懷疑承包商有刻意保留或竄改紀錄的意圖。面對這個情況，AEC 主管採取的方法就是取消曼庫索的約聘，後來曼庫索和流行病學家艾麗絲．史都華（Alice Stewart）聯手發布一份研究，顯示漢福德員工的癌症比例高得不尋常。AEC 官員撤換掉曼庫索後，改由悉尼．馬克思（Sidney Marks）和伊索．吉爾伯（Ethel Gilbert）接手研究，他們在一份對應研究中堅稱，漢福德員工的癌症死亡率低於一般大眾[38]。曼庫索的研究並未中斷，甚至不惜動用自己的退休金，後來他和凱倫．席克伍德（Karen Silkwood）成為反核運動英雄。後來凱倫．席克伍德和《紐約時報》記者約見，打算交出她從業的奧克荷馬州鈽加工廠的健康危害文件時，卻在路上死於一場神祕車禍[39]。隨著這些事件在全國媒體曝光，AEC 主管和他們的承包商也成了在核電廠設備，營造出環境與健康議題無知的人物[40]。就許多本來就因水門案醜聞而懷疑政府的美國人而言，對政府粉飾太平的聲聲控訴讓他們深有共鳴。

這就是鈽一手建築的家，核准及管理與日俱增的核反應爐，以及工廠致命廢料的AEC，飽受巨大的信用鴻溝所擾。就連第一位AEC主席大衛．利連撒爾都不再相信計畫案，這曾經應允美國人民核能將取之不盡用之不竭的男人，形容「接二連三」冒出的核電廠是「飄浮在美國上空最醜的雲朵」[41]。有個記者問：「要是連漢福德這樣的核能堡壘都無法管好自己的垃圾，他們還能怎麼讓大眾埋單，相信新反應爐很安全？[42]」

里奇蘭居民的信心和希望也大受打擊，但是理由不同。AEC主管宣布關閉另一座反應爐時，記者會演變成一場冗長緩慢的送葬曲，送走這座曾幾何時拯救自由世界不受法西斯主義和共產黨荼毒的榮耀工廠。一九七一年，AEC官員透露，要將無法創造利潤的全新N反應爐束之高閣，因這座反應爐的運作費用會超過產出的電能[43]。反應爐關閉，意謂社區將損失一千五百份工作，鈽加工結束後，其他四千五百份職位也會跟著撤除。當地人遊說留下N反應爐，希望轉型成當地電廠，但詭異的是AEC蓋的反應爐，居然不符合AEC的商業反應爐核准要求[44]，漢福德設計師跳過貯存結構，省下幾百萬美元，意思是N反應爐的安全規範沒有達標。

儘管傳出關廠消息和AEC的環境議題，里奇蘭居民依舊忠心耿耿。六〇年代，帕斯科的民權抗議人士上街遊行，步行到市政廳，但里奇蘭民眾多半坐等風暴結束，他們很確定自己的城市雖然少數族群不多，但里奇蘭沒發生歧視現象[45]。越戰期間，嬉皮聚在帕斯科，抗議越戰草案和戰爭，還與警察發生小規模的肢體衝突。

光騎車雙載就會被巡警開單的里奇蘭，沒有異議聲音的空間，里奇蘭的青少年不蓄長髮，也不穿喇叭褲，沒人為了反戰抗議站台，大家都知道要是參加政治抗議，意思是家庭的經濟來源會丟了絕機密許可證和工作[46]。七〇年代初橫掃全美的環境與反核運動風暴，在里奇蘭也不具牽動力。幾百人反倒刁難消費者保護運動者拉爾夫．納德（Ralph Nader）[47]，許多年輕男子都徵召入伍，簡言之，忠誠和保守主義在里奇蘭制霸，但說到當地經濟，又另當別論。

最後一座運作的N反應爐封箱計畫點燃了里奇蘭居民的火苗，抗議人士組成「沈默大眾委員會」團體，完全不走沈默路線。他們組織了訴求強烈的三萬五千請願信活動。老師也請學生寫請願信：「親愛的尼克遜總統，請你不要關閉反應爐，不然我爸會失業。」就連當地山巒協會（Sierra Club）的會長吉恩．墨菲（Gene Murphy）都支持N反應爐。墨菲承認，他在漢福德承包商道格拉斯聯合核能（Douglas-United Nuclear）擔任媒體公關，這份受薪工作就是他支持N反應爐的主要因素。墨菲說：「有時你會不禁納悶，是否真的讓經濟利益左右了你的良心。[48]」

一九七一年，就連《閣樓（Penthouse）》雜誌都刊登有關核能的文章，標題類似「美國的臨終願望」，為了拯救他們的反應爐，里奇蘭居民募款、寫陳情信、組織開會。他們不得不這麼做，或覺得有其必要。一九七二年，漢福德的薪資名單縮減至一座反應爐和一座加工廠的六千三百名勞工，創造出四〇年代末起新低就業率。隨著失業率攀升，房市也跟著緩下，面對另一波打擊，里奇蘭的未來前途渺茫。

但救星再次現身拯救里奇蘭，這次是一九七三年的石油危機，以及一九七九年的阿富汗戰爭。本部設在肯納威克的華盛頓公共電力供應系統（Washington Public Power Supply System，簡稱 WPPSS），預測將來會發生能源短缺，於是贊助一項計畫，在華盛頓州建造五座民用反應爐，其中三座就位在漢福德核廢料處理廠，獲得批准的預算提出六億六千萬美元的建設費用。一九七四年，幾千名員工魚貫進入三城區，承攬建設工作。一九七八年，一萬兩千人在廢料處理廠找到工作，四十五億美元的建設費用也即將撥下，《華盛頓郵報》大讚漢福德核能前線和該區的黃金投資狀態，七〇年代中，美國正飽受經濟衰退重挫，三城區卻蒸蒸日上[49]。

由國家債券持有人資助的 WPPSS 計畫案備受成本超支和延遲所擾。一九七八年成本竄升，建設停擺，三里島核洩漏事故讓民眾原本對核能萎靡的熱情更加消沈，經過幾場訴訟，WPPSS 債券違約，放棄建到一半的反應爐，在一九八二年被媒體冠上「哎呀計畫案（WHOOPS）」的稱號。三座漢福德反應爐中，僅有一座完工[50]。三城區失望到天旋地轉，活動推動者接著施壓，將該區改為國家核廢料貯存場。他們的遊說很成功，將投入幾百萬聯邦美金用來研究漢福德地底的玄武岩洞穴，可能用來當作永久貯存室，但地質學家打一開始就預測計畫會失敗[51]。

最後，拯救里奇蘭不邁向毀滅的是蘇聯，一九七九年蘇聯軍隊侵略阿富汗，美國總統卡特（Jimmy Carter）要求增加儲備，將N反應爐升級為武器等級的鈽製造廠。建築工湧入翻新本已關閉的普瑞克斯工廠，加工失效燃料製成鈽[52]，多虧緩和末期，漢福德又繼續鈽的製造。

一九六四年，詹森總統首度宣布關閉漢福德，他宣稱反應爐並非「WPA 核能案，只是在需求獲得滿足後，為了提供職缺而存在的專案[53]」。但正是這樣，漢福德每每失敗之際，都會出現一筆全新經費，讓它起死回生。反應爐首次關閉後過了十年，來到漢福德工作的人超越全盛時期，當時有九座反應爐和兩座加工廠，總共雇請八千員工，但全是讓人有事做和收錢玩樂的工作合約，目的只是撐起地區經濟，而此情此景延續到世紀末[54]。

小說家瓊·蒂蒂安（Joan Didion）稱，西部是以樂觀主義和漫不經心的自我利益贏來的，正是這種精神讓哥倫比亞盆地的人民死守他們危險的核能設備[55]。但故事並未就此畫下句點，對放射性污染的推諉，AEC官員對科學的戒備管理，還有聲稱漢福德並無傷害任何人的頑固說法，很容易讓人相信漢福德工廠，包括核能和放射性垃圾在內，都安全無虞，健康效應的矛盾說法讓許多人駁斥整起令人不解的事件。

到了七〇年代，三城區人民對核安的觀點漸漸讓他們成為少數族群，但他們是團結一致、以地理位置決定的少數族群，感受到西雅圖和斯波坎嘲笑的他們，更是故意擺出強硬不退讓的姿態。里奇蘭的教父參議員傑克遜火冒三丈，認為環境保護主義者以「不正當指控[57]」毀了美國。里奇蘭猶如遷移的地殼板塊，孑然一身漂離主流美國政治。後來出現了一個狀似五十多歲的男人，以總統候選人之姿出現，他語調溫暖地重提往日對正義目標的堅定忠貞，三城區的全體人民支持隆納·雷根（Ronald Reagan），這位候選人訪問過他們居住的城市，認識他們的工廠，似乎能瞭解他們的孤立處境。雷根帶回冷戰時期的勢不兩立，將武器製造重新抬升至神聖地位，使出星際大戰（Star Wars），承諾核武國安經濟的閃耀未來，於是他下令製造更多鈽，歸還里奇蘭在七〇年代被奪走的地位和自豪。

這些年來飽受輕視和毀謗，里奇蘭淪為國家鞭笞的對象和地區笑柄，讓他們受盡屈辱，震怒不已[59]。里奇蘭高中的校友自動化分散式郵件系統「沙暴校友」就直言道出這些情感，自動回覆系統一般分享的都是在里奇蘭長大的快樂回憶，但九〇年代末，卻有幾個人提及健康問題和環境污染。自動回覆系統的編輯對這些文章很感冒，於是逐漸不再張貼這類文字。好幾名郵件系統的會員抱怨該系統遭到「審查」，其他校友卻捍衛郵件系統必須過濾「政治」言論，維持「與他人分享快樂時光的論壇」[60]。

我從沒想過對思鄉情懷能藏有多少哀愁，讀著沙暴校友「美好時光」的回憶貼文時，讀者必須視而不見不孕問題、孩子的心臟手術、全家患有癌症的貼文，而這類貼文通常都以輕快語氣結束：「但我還是『閃閃發亮』地隨波逐流！！LOL！[61]」審查校友郵件系統的沈痛呼籲，確實保留下歡樂的童年回憶，但這卻是一個有害環境為背景的回憶，正如某位女性的哀嘆：「我只想要有個能讓我暢所欲言心愛老家的所在（自動回覆系統）[62]。」

36 車諾比大回歸

娜塔莉亞．曼蘇羅娃出生於奧爾斯克，自有記憶以來她就企盼著離開的那天。曼蘇羅娃不喜歡柵欄內的生活，十八歲那年拿到護照可以外出生活時，她發誓要頭也不回地離開。娜塔莉亞前往車里雅賓斯克就讀農業工程，畢業後找到一份工作，在貝加爾地區的某座小鎮生活，當地商店貨架空無一物，令她相當詫異，這些人都是怎麼養活自己的？她不禁納悶。曼蘇羅娃跟大多同輩女性一樣，年紀輕輕就結婚，很快就有了孩子，但由於偏遠的西伯利亞的糧食匱乏，他們一家很難填飽肚子，最後曼蘇羅娃在七〇年代要求丈夫搬去奧爾斯克，生活不虞匱乏，有穩定豐富的糧食、健保、薪資。

曼蘇羅娃的丈夫一直無法適應奧爾斯克的柵欄門和警衛，幾年後，他為了另一個封閉區外的女人離她而去，留下曼蘇羅娃和女兒在奧爾斯克生活。曼蘇羅娃在研究一九五七年爆炸輻射軌跡的實驗性研究站找到新工作，她很滿意這份工作，研究員的工作是飼養動物、栽種作物，測量牠們的放射性同位素。小型團隊實驗用不同方式農耕飼養，研究怎麼才能減少進入食物鏈的放射性同位素。他們也追蹤在放射性土地生活的動植物，會有怎麼樣的基因進化，當時這塊地帶在世界上算是很特殊的存在。正如一位研究站科學家的描述：「這可不是隔離果蠅，放在培養皿做研究的實驗室，我們的生物研究對象，都在大自然裡與核裂變產物互動生活，因此讓這間實驗站成為世界獨一無二的實驗室。[1]」曼蘇羅娃進行研究，朝論文的方向執行。

她預計在一九八六年春天進行論文答辯，但這場答辯卻從未實現。一九八六年四月，車諾比核電廠的四號反應爐過熱爆炸，反應爐心的一千兩百噸充滿放射性同位素，全數轟入森林、沼澤、北烏克蘭的湖泊裡。在實驗性農場作業的曼蘇羅娃和研究團隊是世界領先的放射性環境專家，研究烏拉山的輻射軌跡三十年後，他們知道要怎麼壓下污染擴散，保護人民和動物不受污染。一九八六年，他們擁有的知識剎那間變得搶手，奧爾斯克的科學家首次到污染嚴重的車諾比地區進行測量，繪製出眾人所知的「車諾比疏散區域」地圖，將三十五萬名居民撤離該地[2]。一九八七年，曼蘇羅娃盡忠職守前往烏克蘭協助，她也是五十多萬大規模動員的其中一人，在國家陷入災難時盡一己之力[3]。

災難總有使社會原形暴露的本事[4]。車諾比核災讓曼蘇羅娃體會到蘇聯社會核心裡，那有害而獨裁的核安機密狀態，她再也回不去原來的自己。

現代化的普里皮亞季市是為了車諾比核廢料處理廠操作員所建蓋的都市，污染嚴重到不適宜居住，所以曼蘇羅娃的團隊在古老的猶太小鎮車諾比報到，找到一間幼稚園，挪走小床和玩具，騰出擺放儀器設備的空間，克難湊合搭出一間實驗室。曼蘇羅娃住在營房，清理夫則輪流睡雙層床。八〇年代中蘇聯經濟發展遲緩，消費性商品少之又少，車諾比的清理夫生活不愁吃穿，曼蘇羅娃卻連取得最基本的物資都有困難。她裁剪托兒所的舊毯子，製成安全手套和圍巾，和同事使用可拆塑膠膠帶裹住鞋子，不然舊鞋受到污染，他們也買不了新鞋。她在車諾比的廢棄屋裡搜刮物品，尋覓電視和收音機。

團隊的第一份工作就是測量疏散區的輻射劑量，他們從普里皮亞季這座荒城開始，曼蘇羅娃就在那裡瞥見怵目驚心的核災後風光。士兵將傢俱和個人物品從公寓及高樓大廈的窗子推落至樓下的傾卸車，男人邊吆喝邊開著人人覬覦的家庭房車，也是蘇聯的男子氣概象徵，接著再開入垃圾場掩埋。飢腸轆轆的寵物帶著血淋淋傷口，在城裡到處蹓躂。曼蘇羅娃更在產房驚見裝有爆炸事件後墮胎的胎兒容器[5]。

曼蘇羅娃的團隊進行測量，撞見沈重機械的墳、農夫木屋遭推土機夷平後的墓，意外發生後幾週槍殺斃命的農場動物萬人塚。食物鏈最頂端的動物體內含有最濃的長半衰期放射性同位素，腐爛遺體掩埋在地底，在土壤和地下水濾出核裂變產物。他們的團隊和士兵合力挖出遺體，埋進水泥容器，最後在該區蓋了座大型核災墳墓綜合建物，遺體的數字攀升至危險等級，輻射也是，為了避免吸收危險劑量，工人將動物屍體裝進傾卸車後座的皮製棺材，再讓駕駛在垃圾掩埋場倒車，倏然鬆開控制桿，讓遺體滑進掩埋場，再快速把車開走。其他工人則遙控軍用設計的推土機，將屍體拋進萬人塚，滿了後鋪好土。

烏克蘭清理夫對馬亞科核廠、烏拉山研究站、最高機密實驗室的工作一無所知，努力弄懂該如何處理這場核災時，他們對於馬亞科團體的機密研究並不知情[6]，曼蘇羅娃甚至無法在烏克蘭調閱自己的論文副本。在車諾比地區，輻射知識的機密性讓她漸感沮喪，曼蘇羅娃遇到獲得減刑的囚犯，在碎裂的四號反應爐下方進行極度危險的渠道挖掘工程。官員警告她不得告知囚犯他們接觸的物質，但曼蘇羅娃照說不誤。

對風險的認知是一種遭到嚴密監控的祕密，曼蘇羅娃和同事收到的個人輻射偵檢儀器讓他們無法讀出數字，對此她相當震驚，沒有可正常使用的偵檢儀器，清理夫在工作時，渾然不知自己正踏入輻射熱點和場地。

在幼稚園湊合搭成的實驗室裡，曼蘇羅娃一隻手放在桌面，立即感覺到一股電擊般的感受竄上她的手臂，她摸到一小顆放射性粒子的手指腫脹變青，皮膚剝落。曼蘇羅娃在實驗室繪製一張輻射等級地圖，把需要避開的輻射熱點標紅，事後再把這張地圖交給輻射安全部，請他們進行檢測，但地圖卻消失無蹤。她重新繪製一張，這次製作兩份，並再次要求個人熱發光劑量計，卻遭到拒絕，安全官員告訴她要是敢堅持，「下場會很難看」[7]。官方實施這種禁令，想當然指導清理的官員及為他們工作的人，幾乎完全不具備輻射安全知識，曼蘇羅娃並不意外。她開始教非正式課程，帶大家認識該如何在輻照地景裡生存：要準備哪些食物、怎麼烹煮，怎麼飲食、洗澡、儲存食物和衣服，甚至教他們怎麼排尿（排尿前後都要洗手）[8]。

車諾比清理夫發現來自烏拉山的專家具備的知識很不尋常[9]，他們建議在巨坑裡掩埋小木屋、刮除表土層、散播肥料以排除偽裝成必須礦物質的放射性物質、砍伐接觸放射線而轉紅的森林、用專為放射性外洩物設計的特殊化學物質清洗街道。他們怎會知道那麼多？烏克蘭的清理夫多半不曉得，車諾比並非蘇聯的第一場核災，或者從科學觀點為出發，車諾比的清理程序並非新鮮事。烏克蘭的緊急行動，早在一九五一、一九五三、一九五五、一九五七、一九六七年，於烏拉山上演過。

在其他方面，車諾比也只是重蹈覆轍軍事核工業先驅的經驗，車諾比的輕水式石墨緩速反應爐，設計概念是同時製造電能和鈽。車諾比核電廠爆炸問題也和困擾馬亞科核電廠數十年的問題如出一轍：不負責任的管理、訓練不足的員工、趕鴨子上架又漏洞百出的設計、把經濟優於安全的程序[10]。正如奧爾斯克核廠，KGB探員是車諾比核電廠唯一的告密者，他們神通廣大，有本領取得機密紀錄並且發現問題，災難發生前，他們曾抱怨驚人的意外紀錄、不完善的維修、工作區域危險到員工拒絕進入、核電廠冷卻池的輻照魚賣給大眾等事，卻還是經常被當耳邊風[11]。資訊劃分、隱瞞祕密、未通報大眾輻射危險、撤離行動發生重大延宕、雇用生命不值錢的囚犯和士兵執行最危險工作、未通知「職業遊牧民族」和其他職員怎麼保護自我、放射性落塵降落同心圓區域外圍高濃度輻射熱點的不可預測性，這些都是鈽災前四十載恐怖又詭異的雷同之處。一九八六年唯一的新特色就是，核災發生時有攝影機拍攝。

四年半來，曼蘇羅娃都在該區輪班工作，工作二十天，休息十天，研究團隊收集的土壤和植物樣本數量已超出他們所需，先是存放在屋內，最後放射線高到必須將房屋夷為平地[12]。他們砍伐並掩埋已累積過多放射性同位素而死去的松木，追蹤放射性水源流至飲用水儲藏池的移動方向。研究團隊工作的本質之故，他們必須住在該區污染較嚴重的區域，曼蘇羅娃和同事回到家後，往往會感到發冷孱弱暈眩，頭痛嘔吐，一陣子下來，這群科學家開始忘東忘西，無法集中精神，免疫系統變弱，時常感冒感染，曼蘇羅娃說話變得吞吞吐吐，也無法保持平衡。輻射加快了清理夫的新陳代謝，讓他們的性慾增強，員工開始成雙成對，結為「輻射區連理」。許多清理夫得到神經系統疾病、憂鬱症，或者兩者皆中。為了自我治療，有的人開始酗酒。

曼蘇羅娃在七〇年代拍的照片中，可以看見帶有男孩子氣的女孩常見的隨性俊俏，金髮輕盈鬆軟，但車諾比事件後，曼蘇羅娃的頭髮失去原有光澤，閃閃發亮的雙眼像是被黝黑月亮圍繞，掛在凹陷雙頰上緣。她得到甲狀腺疾病，疲累而病懨懨的曼蘇羅娃，在一九九二年離開車諾比區的職務，回到馬亞科核廠當工程師，但由於長期病痛，這份工作並沒有維持太久。曼蘇羅娃沒有為論文進行答辯，因為她的指導教授也有參與車諾比研究，已死於輻射相關疾病。其他同事也紛紛殞落，蘇聯原子能委員會長佩特羅商茲（A. M. Petrosiants）被問到對死者的看法時，回答：「從事科學，本來就不可能沒有受害者。」二〇一〇年，曼蘇羅娃是二十名參與車諾比地區研究的唯一倖存者，當核災徹底搗毀蘇聯領導人和蘇聯科學的保證，再也不能保護捍衛國民時，佩特羅商茲並未覺察，其實車諾比最悲慘的受害者，就是車諾比這個蘇聯國家。

37　一九八四年

艾德・布里克在華盛頓州奧林匹亞（Olympia）開公車，他想要分享一個很歐威爾的故事，這是一群人受困美國武器產業黃昏時，幾個勇敢鬥士站出來，想方設法讓該產業歇業的故事。一九八四年，布里克在雷根復甦軍備競賽後重新開張的漢福德Z廠作業，工廠當初的設計是把硝酸鈽溶液，變成冰球大小的「按鍵」當彈心，為本來已經飽和的美國武器儲備增添新血。布里克將長期關閉的工廠開幕，比喻成嘗試啟動一架已在廠房裡停用生鏽十年的打穀機，「外罩髒到你看不到，」布里克追溯道：「真空系統不堪使用，可以運作時，也不能保證鈽溶液會往哪裡去。那裡啊，」布里克補充：「簡直一團亂，有個工程師害怕到寧可整天都待在他的拖車裡，也不要去工作。[1]」

布里克的父親和祖父都在漢福德工作，他共有六名兄弟，其中好幾人也在工廠作業。布里克最早是在七〇年代到工廠的「廢料槽」或稱廢料貯存區工作，接著在一九八三年遷至Z廠，「我能清楚看見問題所在，真的很嚇人，Z廠怎樣都不該重啟運作。」布里克只是一名擁有兩年準學士學位的低階作業員，但他非常認真看待安全，甚至整理出一張危害清單，交給也是工廠聯邦承包商的洛克威爾自動化公司（Rockwell）的安全品質保障（Safety and Quality Assurance）部長吉姆・艾爾包（Jim Albaugh）[2]。布里克的上級並未正視問題，反而隔日交給他一份不在時程規劃內的負面工作評估表，但布里克不為所動，繼續引用國家和聯邦安全法規，繼續抱怨。

沒多久布里克就套上太空裝，到鈽整理廠高放射性的加工壑谷作業。這套太空裝繡著布里克的名字，前一晚才剛經過檢查，照理說安穩妥當。但就在布里克走進加工廠的深谷時，槽箱上的氧氣罩忽然脫落，布里克趕緊摸尋備用氧氣筒，卻發現手把是封死的。後來進行檢查時，能源部（Department of Energy）的調查員私下告訴布里克，他的工作服遭人動過手腳，但他們始終沒找到兇嫌。

多數人碰到幾次恫嚇大概就會辭職了，但布里克具有信徒般的狂熱，在里奇蘭長大的他以工廠為榮，他對工廠品質也信心滿滿：「要是有人問我工廠安全的問題，」布里克告訴我：「我會虔誠地重複這句黨派台詞：『我們有世界最優秀聰穎的科學家，所有事物都能算到蟲蚋的眉毛那麼細的程度。』……諸如此類的宣示。」但接二連三的承包商接管漢福德的那段期間，布里克親眼見證忐忑焦慮的安全過失，他親眼目睹一位朋友遇害，被搖擺起重機的平衡錘壓碎，見識員工打開廢料槽，在沒有面罩的情況下吸入有毒氣體，他自己則遭高放射性溶液噴灑，腿部灼傷，布里克認為安全問題，部分起於工廠陸續轉包給競爭角逐的承包商，「不管是哪個承包商，都稟持著『製造第一，安全第二』的心態，他們到工廠執行部分工作，卻沒人對計畫案有完整概念。」

我問布里克，明知別人蓄意謀害他，為何還堅持留下。「或許我孤立無援，」他回我：「但我就是不喜歡他們用這種方式對待我、對待社會大眾和納稅人繳納的稅金。就我看來情況很明顯，他們根本不知道自己在做什麼，或者該怎麼修補問題，他們對員工的說法沒興趣。」

布里克是摩門教徒，也是六個年幼孩子的爸，他不肯放棄，寫信給洛克威爾公司的上級，並且不斷糾纏漢福德能源部經理麥克．勞倫斯（Mike Lawrence）。「他們說，」布里克回想當初：「我瘋了。」為了證明他真的瘋了，布里克的上司還送他去見工廠心理醫師，他的經理打開天窗說亮話，要是布里克繼續「吹毛求疵」，他就能以心理健康問題為由，撤回他的安全查核紀錄。布里克拒絕閉嘴，因此在同事眼底成了「愛打小報告」的叛徒。出於報復心態，布里克的領班和同事故意騷擾他，只要布里克值中班，他們就會故意打電話到他家，向他老婆謊報死訊，還喊他「抱怨狂」、「混蛋」、「死間諜」。對管理階級來說，布里克對公司和他們的個人財富構成重大威脅，安全違規報告可能導致工廠暫時關閉，員工將會領不到薪水、上級拿不到達成預定製造目標的豐厚獎金[3]。如果情況惡化，布里克的通報可能招致洛克威爾失去高利潤的聯邦合約，簡言之風險很高，很多人都想解決掉布里克。「我很詫異，」一位洛克威爾經理後來告訴勞工部調查員：「到現在還沒人動手殺了他。[4]」

回到家裡，布里克的告密也形成問題。在洛克威爾工程部辦公室當秘書的辛蒂．布里克忍不住好奇，她尊敬的幹練有能工程師怎麼可能會錯，而她這從未受過核物理學專業訓練的丈夫反而是對的？布里克和妻子為此爭執不休，辛蒂的父親哈維．厄爾．帕爾馬（Harvey Earl Palmer）曾任漢福德資深科學家，一九七六年Z廠爆炸時，體內鑲有放射性鋂的「原子人」哈洛德．麥可克勞斯基（Harold McCluskey）就是他治好的，因而在全美備受肯定。帕爾馬和女婿爭吵，告訴布里克工廠很安全，最後身心俱疲的布里克總算在一九八五年要求調回廢料槽。只要他答應不再抱怨，人事經理就願批准布克里的調職，動彈不得的布里克默許了。

布里克在廢料槽的第一份任務，就是在受重大外洩污染的區域圍起繩子，張貼警告標語。但幾天後，工廠卻吩咐布里克取下熟悉的黃色核危害標語，為華盛頓州長布斯．加德納（Booth Gardner）的來訪做準備。州長和他的龐大隨扈被帶到剛受污染的地區時，布里克驚駭不已地在旁觀望[5]。將一切盡收眼底的布里克發現，對安全無法無天的輕忽怠慢不僅限於Z廠，他見證了保密到家的核廢料處理廠，是怎麼賦予負責的聯邦承包商賣弄聯邦國家法律的特權，不僅讓受薪勞工，也讓州長接觸到致命污染物。

破舊不堪的鈽工廠重啟，並非只有布里克一人深感困擾。一九八四年，斯波坎《發言人評論報（Spokesman Review）》的記者凱倫．多恩．史蒂爾（Karen Dorn Steele），在新聞編輯室接到一通來自帕斯科的電話，來電女子說她是漢福德的核科學家，雖然她不應該打電話給任何一名記者，但她擔心老闆恐怕炸掉帕斯科。史蒂爾覺得這女人瘋了，但為了安全起見，她還是不遠千里，驅車前往帕斯科查看狀況[6]。

這個至今仍然背景不詳的女人完全沒瘋，她是普瑞克斯的化學加工廠工程師，蘇聯侵略阿富汗後，工廠便以低成本於一九七九年啟動。史蒂爾的線人聲稱普瑞克斯工廠內部亂七八糟，經營不善、還在使用五〇年代科技及不安全的設備。此外她說，普瑞克斯有很多「MUF」，這是漢福德對「遺失下落不明物」的縮寫，意指貯存的鈽已經不知去向[7]。

史蒂爾開始打電話，對關於MUF的文件提出訊息公開法案（Freedom of Information Act，簡稱FOIA）及漢福德環境監測的要求。史蒂爾是第一個調查漢福德的《發言人評論報》記者，雖然漢福德是主要的地區產業，長久以來卻閃躲過《發言人評論報》的雷達，新聞全交給《三城先驅報》報導，而該報記者從不大肆張揚漢福德的新聞[8]。史蒂爾的編輯想在公司裡升官，因此行事謹慎，史蒂爾寫漢福德故事讓他相當不滿，所以她常和編輯陷入嚴重衝突，最後史蒂爾只好利用自己的閒暇時間調查漢福德。

史蒂爾提出 FOIA 要求後不久，一名 FBI 探員現身詢問史蒂爾許多問題，尤其是她為何想知道鈽的事，史蒂爾請探員離開新聞編輯室，認為探員來訪是為了恐嚇她不再繼續撰寫關於鈽的新聞，但個頭嬌小、一頭紅髮的史蒂爾哪有這麼容易被嚇到，FBI 探員企圖嚇唬她一事，反讓她堅信自己捕捉到重大調查案的線索了。

史蒂爾確認了線人通報的鈽遺失消息屬實，與此同時，漢福德發生安全問題，洛克威爾管理階級卻拒絕修正問題，這件事讓洛克威爾安全檢查員凱西．魯德（Casey Ruud）非常頭大，於是他把一份稽查報告洩露給《西雅圖時報（Seattle Times）》記者，這名記者的後續文章也證實了史蒂爾的報導[9]，兩名記者同心協力深入調查，並以電報發送關於普瑞克斯和Z廠管理失職和污染的文章[10]。這些故事證明衰敗工廠對員工和周遭社區是種危害，和平組織注意到新聞報導，在斯波坎教堂會合探討更新的雷根時期冷戰言論，核國防預算增加百分之三十九，讓他們惴惴不安。該團體成員決定把漢福德設定為軍備競賽的當地示威運動目標[11]，擁有化學博士學位的獨神論派牧師比爾．豪（Bill Hough），建議不在勝利女神飛彈場地抗議，該團體應該把資源用在挖掘出塵封的漢福德工廠祕密。他們擬定作戰計畫，有了對祕密場地的認識後，就能在當地獲得關於核武製造的發言權。組成漢福德教育行動聯盟（Hanford Education Action League，簡稱 HEAL）後，該組織成員加入了華盛頓哥倫比亞特區環境政策研究院（Environmental Policy Insitute in Washington, D.C.）的羅伯特．艾爾瓦雷茲（Robert Alvarez）行列，雙方合力提出一份大型 FOIA 訴求，要漢福德交出放射性排放物的資訊[12]。

這時史蒂爾的編輯發現她的漢福德報導價值連城，便給她時間撰寫故事。史蒂爾和其他記者接受三城區人民的協助，經過幾十載的沈默後，他們現在總算開始發聲，雖然有時只是竊竊私語。例如史蒂爾曾經專訪法蘭克林郡和班頓郡（Benton）的衛生局長赫伯．凱恩（Herbert Cahn）。凱恩一直想發碘錠給當地人民，以防反應爐發生意外，但有人警告他要是敢這麼做，就等著被開除[13]。隨著史蒂爾刊登新聞故事，她也開始收到死亡威脅，因此現在她只在白天長途駕車往返斯波坎和里奇蘭，有時還會帶一名同事同行。凱倫．史蒂爾家中還有兩個女兒，她並不打算成為下一位凱倫．席克伍德。

一九八六年一月太空梭挑戰者號爆炸，後續爆出太空梭的問題其實一直被壓抑下來，艾德．布里克決定他必須打破保持緘默的誓言。辛蒂．布里克得知揭弊者保護法（Whistleblower Protection Act）的存在，員工有權揭發老闆違法或危及公眾健康或安全的行為。既然有這層法律保障他們，辛蒂便同意與丈夫合作[14]。晚上讓孩子上床睡覺後，夫妻倆合力打出工廠安全違規報告，以祕密線民身分將報告寄給非營利監護組織政府職責促進會（Government Accountability Project）和好幾名國會委員。

HEAL 施壓、媒體曝光、告密者向國會調查員提出具毀滅性的通報，這些都足以在能源部醞釀蠢蠢欲動的風暴。一九七七年 AEC 解散後，能源部接管核電廠的管理，壓力最終導致能源部官員不得不採取積極行動。一九八六年二月的記者會上，里奇蘭能源部經理麥克．勞倫斯（Michael Lawrence）在引領企盼的運動人士和記者面前，交出一萬九千頁的銷密FOIA文件。勞倫斯振振有詞漢福德「不需要遮掩」，更稱文件能夠說明漢福德沒傷及任何人，內心期望可以憑藉大嗓門和五呎高、充滿技術性用語的文件紙張，嚇退批評他的人[15]。

這個戰略反讓他自討苦吃，HEAL組織和當地記者都是忠心耿耿的美國人，他們相信，開放社會的必要基礎來自資訊，並不屈不撓挖掘如山高的複雜技術性資料。史蒂爾和HEAL運動人士動作迅速，發現了關於綠色追蹤毒害的文件，三里島意外頓時顯得小巫見大巫[16]。更可怕的是他們發現綠色追蹤並非純屬意外，而是計畫施行的實驗，在四〇和五〇年代傾倒大量廢料，是工廠每日的例行公事。他們的結論是，洩漏的放射性同位素污染整體高達幾百萬居里，已超出當時任何地方的污染量[17]。

這些新聞爆發後幾週，車諾比就爆炸了。美國人觀看著清理夫抬起輻照石墨塊的電視畫面，觀眾眼見直升機承受不住強烈的伽瑪射線，朝冒著煙霧的反應爐俯衝而下。他們目睹中產階級的蘇聯社區，幾乎全體窒息地擠進公車連忙逃命，蘇聯官員則安安穩穩在莫斯科，用枯燥的陳腔濫調壓下核災的嚴重性。車諾比事故猶如電擊般打擊美國核電廠，畢竟車諾比的輕水式石墨緩速反應爐，是抄襲美國四〇年代的設計，擁有雙重用途的製鈽車諾比四號反應爐，幾乎完美複製了漢福德的N反應爐，幾個月後能源部官員火速關閉該反應爐。當時的國會調查員鮑伯．艾爾瓦雷茲說，立法者很焦慮，因為蘇聯和美國核電廠建物有太多個教人恐慌的相似處：反應爐欠缺圍阻體、加工廠骯髒不堪、工廠營運不受監管委員會控管，大手筆的公帑開銷、把核武廠當作國家犧牲地帶來管理[18]。

國會調查員戒備地更進一步追究，逕自展開首次非美國核武設備執行的安全審查[19]。能源部自行進行安全審查，發現漢福德的問題嚴重到立法者於一九八六年秋天勒令，工廠必須關閉維修[20]。媒體報導描述核區的無法無天，例如職員在上班時間吸食販賣大麻和海洛因，攜帶暗器進入漢福德核廢料場，而當地警方卻無法介入調查[21]。面對 FOIA 的要求圍堵，以及不斷洩漏及不堪其擾的告密，能源部只好釋出更多銷密文件。一九八七年洛克威爾遭到開除，改推派西屋上陣，然而全國所有能源部軍備設施管理嚴重不當和污染的消息卻連環爆，自一九八八年九月末到一九八九年三月初，每天都登上《紐約時報》頭條。頭條效應猶如地毯式轟炸，每一發攻擊都戳破大家安然接受、凝聚靈戈爾德等社區數十年的真相。

在三城區，小型和平組織抗議武器製造復興，鼓勵眾人揭密和討論，不要繼續保持緘默[22]。但愈來愈多當地人對全國媒體的負面報導火冒三丈，若告密者繼續抱怨，記者持續迎合他們，工廠可能會永久關閉，那他們的工作、房地產價值、社區會變成什麼模樣？新聞報導也愈來愈偏向個人故事，有些評論者把殞落的武器工廠比喻成汽車和製造的夕陽產業，暗指美國人雖然是發明這些科學和科技的專家，卻再也不能掌控它們[23]。社區的氣氛日漸緊繃，布里克在工廠變成「該死的布里克」，被指派的都是卑微低賤的工作，有名同事還朝他的臉揮拳。一九八七年一月，總經理助理克雷格．克勞夫（Clegg Crawford）會見能源部保防安全副局長惠特尼．沃克（Whitney Walker），討論「布里克問題」，惠特尼的麾下有四百名全副武裝的私人安全探員，他在備忘錄裡擬定一份「即時終結」布里克的行動計畫，命名為「特殊項目——長期潛伏的間諜」[24]。但想開除布里克並沒那麼簡單，布里克有十年資歷及工會撐腰，於是惠特尼開始挖有損布里克聲譽的資訊，為開除他或威脅勒索他辭職鋪路[25]。

為了執行這項任務，安全探員要求布里克的同事安裝電線，錄下和布里克的對話。他們霸凌布里克的朋友，逼他們提供有關他的情報。布里克家的人聽見電話線有喀嚓聲響，發現家門外停了輛休旅車。安全官員在他們所謂的「布里克作戰室」裡，分析他們搜集到的數據資料，卻捉不到布里克的把柄。布里克是固定上教會的顧家好男人，根本找不到正當開除他的理由。一九八七年，西屋接下洛克威爾的合約時，安全探員持續搜集關於布里克的情報，數量累積到驚人的十一卷套。西屋經理說布里克若想保住工作，就得再進行兩次心理狀態測試，「宣稱異議分子精神不正常是俄羅斯的慣用手段。」辛蒂．布里克還記得當時：「但我做夢都沒想過這種事會發生在美國。[26]」

與此同時，里奇蘭居民組成團體，捍衛自己的工廠，組織的團體名稱為「漢福德家庭」，並且印製宣傳手冊，說明社區居民的健康良好，工廠安全無虞，甚至舉行集會，串連哥倫比亞各地人民為工廠和國安團結。但東歐的共產黨正在瓦解，戈巴契夫興高采烈地卸除蘇聯冷戰軍械庫，這一切都讓機密、國防、核應急的訴求聽來老派過時。柏林圍牆在一九八九年遭到推倒，衰老的美國核武建物則承受不了荒廢退化的重量坍塌。

一九八九年，能源部官員關閉鈽工廠，承認他們面臨急需清理的嚴重環境災難[27]。能源部官員也承認需要修補失察和領導的問題，部分問題的處理方法不外乎是換一套全新措辭。他們誓言未來會和國家及當地「股東」合作，執行「透明化」和「環境管理」。柯林頓總統（Bill Clinton）指派海瑟．歐黎利（Hazel O'Leary）擔任能源部長，歐黎利答應會保護告密者，凱西．魯德則獲派能源部安全視察員的工作。華盛頓州衛生署聘用艾德・布里克檢查和規範漢福德核電廠，能源部稽查員估測，清理將耗費一千億美元，耗時五十年。

這個價格震撼立法者，三城區人民則是發出解脫的嘆氣聲。長期的漢福德推動支持者山姆・沃朋特斯特不得體地向《華爾街日報（Wall Street Journal）》喋喋不休，漢福德核廢料處理廠的反射性污染物是「金礦」，他津津樂道地說：「那綠色的玩意兒就像從天堂落下，」確實到了九〇年代初，共有超過一萬八千人清理收拾漢福德的廢料，這是四十年來的新高，平均薪資是四萬三千美元，學校公開招生多出三成，該社區則正在蓋一座嶄新的高爾夫球場[28]。

想到冷戰結束，漢福德緊守數十年的祕密遭到揭露，違法承包商已遭革職，新雇承包商進駐，隨著這些事接二連三發生，擁戴開放、社區參與、環境管理的全新文化降臨漢福德，不是很好嗎。

偏偏事與願違。

確實，在海外煙消雲散的國際冷戰狀似回巢，落腳棲息美國腹地，艾德・布里克仍然飽受騷擾，他的弟弟比爾也因抱怨安全問題遭到開除[29]。凱西・魯德在國會面前作證之後，亦慘遭西屋經理開除，列入黑名單[30]。工程師桑雅・安德森（Sonja Anderson）警告某座廢料槽可能爆炸時遭到遏止，後來廢料槽真的爆炸[31]。一組水電工因為拒絕裝設過小的排放放射性廢料閥門，而遭到開除[32]。安德森、布里克、其他告密者，包括伊內斯・奧斯丁（Inez Austin）、寶拉・納森尼爾（Paula Nathaniel）、蓋瑞・勒克沃德（Gary Lekvold）在內，都抱怨家裡電話遭竊聽、被人闖空門，自己則遭到跟蹤，家人都提心吊膽，身邊線民埋伏，因為提出安全問題而遭到降職或開除。安全探員為了捉到異議者的把柄，運用他們對冷戰敵人施展的心理戰術，伊內斯・奧斯丁回到里奇蘭的家時發現有人闖入，卻什麼都沒拿，唯獨每扇門窗都開著，燈也全亮著。安全探員質問勒克沃德的女友他的性表現，還詢問統一超商員工他買了哪些啤酒和樂透彩券，勒克沃德形容公司對他私生活的跟監不輸 KGB 戰略[33]。

「我們沒有對任何職員進行跟監，」一九九一年西屋漢福德主任安德森（T. M. Anderson）告訴記者，「再說我們也沒有這種設備。」勞工部介入調查時，卻在西屋的公司用品中發現間諜庫房：武裝直升機、仿生耳、針孔攝影機、縮時攝影機、監聽兩百支電話網絡的設備、改裝成諜報中心的休旅車[34]。

惰性和物體的質量形成等比，當時核武建物的質量龐大，現今亦然。儘管承包商和管理主任來來去去，大多職員卻從車諾比事件前留到現在，或在核動能海軍等其他冷戰國防機構調動[35]。這些職員受的訓練是製造鈽，不是消滅鈽，因此要他們重新適應工廠全新的清理任務有其難度[36]。他們也保留其他舊習：忍不住保密的衝動、粉飾意外、降低有關危險的說法、規範管理異議者。負責新清理專案的承包商跟他們的前輩一樣，無法擺脫詐騙、成本超支、間接成本和獎金的大筆開銷、玩樂享受的工作安排、服從遵守的壓力，而對權威、科學、科技、長期聯邦經費的平穩信念，則在在合理化以上種種行徑[37]。

即使沒有這些固有問題，清潔工作的規模依舊不小，這條路也極其危險。在五千三百萬加侖其餘毒物及核裂變產物之中，安全控管一千七百磅鈽-239 的任務是前所未有的工程。從未接觸過的作業讓科技問題雪上加霜，稽查人員發現工廠的鈽數量是原本通報的三倍之多[38]。此外員工還詫異發現掩埋的火車車廂裡，裝有實驗室動物的污染骨骸、存放骯髒嬰兒尿布的儲藏室、一接觸唯恐喪命的高放射性土壤[39]。在九〇年代，漢福德承包商揮霍掉幾十億美元的紀錄後，才承認他們需要兩倍的經費和時間。一九九三年，西屋遭到開除，改由福陸公司（Fluor）接替。

福陸公司的進展微乎其微，延宕、成本超支、安全罰鍰讓他們深陷泥沼。九〇年代末，福陸官員承認，修補幾十個溢漏地下廢料槽、清理哥倫比亞河外圍的有毒廢料貯存池、封鎖四十五英里傾倒放射性廢水的開放溝渠、設計玻璃磚等安全方法存放目前暫存桶子和水槽、幾百萬加侖汩汩流淌的放射性廢料，以上工程進度都幾近於零[40]。二〇〇〇年後，巴特爾接手全新廢料處理廠的設計工作，但設計問題難倒了巴特爾，於是這份任務重新指派給貝克特爾．賈克伯斯（Bechtel Jacobs）。華盛頓州的參議員派蒂．莫瑞（Patty Murray）鼓吹新計畫案，歐巴馬總統（Barack Obama）聽取他的建議推出新刺激方案，為貝克特爾帶來令人滿意、源源不絕的資金[41]。但在二〇一一年，貝克特爾也面臨延宕、成本超支的問題，遭控公司為了幾百萬美元獎金、節省設計和安全經費的窘境，此外貝克特爾還得處理受壓迫的告密者訴訟[42]，先前擔任主設計師的華特．塔莫賽提斯（Walt Tamosaitis）也是其中一位告密者，他們爆料耗資一百二十億美元建蓋的玻璃化冷凍工廠，這個由巴特爾設計、貝克特爾迅速推出好讓公司獲取獎金的傑作無法運作，更可能在開廠後爆炸[43]。

二〇一一年，部分因為華盛頓州衛生署的訴訟和解內容，艾德．布里克不再當核工業的國家看門狗，而是在奧林匹亞當起公車司機。艾德有一些工作引發的健康問題：接觸滴落的廢水讓他的皮膚長出黑色素瘤和囊腫，體內則因吸入有毒廢料槽氣體，患有慢性阻塞性肺病。《發言人評論報》備受財務問題所擾，縮減調查性報導部門，於是凱倫．多恩．史蒂爾提前退休[44]，凱西．魯德在九〇年代擔任能源部安全檢查員，但保護他的高階主管海瑟．歐黎利離職後不久，他就遭到革職。還有好幾個告密者也隨著他的革職離去[45]。

雖然看似窮途末路，但還是有值得振作的理由，鈽幕遭到撕裂後，詐騙和安全違規就難藏了。只要記者、監督團體、國會委員持續督促調查，國家最大型的有毒廢料場污染清除基金管理員就要扛起責任。歷史學家通常都會慶祝勝利的一刻，高牆崩塌、獨裁者下台，長期隔絕的真相總算透出一縷微光。但改革和革命歹戲拖棚、彈性疲勞，這種亂七八糟的事最適合鍥而不捨、臨難不懼、百折不撓的人。幸好，這樣的人真的存在。

凱倫．多恩．史蒂爾爆出這則故事後過了二十五年，仍持續發送漢福德報導。政府職責促進會的湯姆．卡本特（Tom Carpenter）首次在一九八七年為布里克和魯德辯護的人，他和鮑伯．艾爾瓦雷茲一樣，現在仍孜孜不倦監督及報告漢福德的清理、安全及勞工違規情事。這些還只是少數幾人，他們攬下監督國家及承包商的責任，穿越官僚迷宮和安全法規，揪出容易隱瞞事跡、小事化無、否認到底的核裂變產物跡象。這些人自發性擔下歷史學家理查．羅德斯（Richard Rhodes）所稱四十年的「愚蠢軍火庫」留下的重責大任。八〇年代，漢福德家庭成員高舉美國國旗，吶喊著他們才是真正愛國的人，毀謗他們的人則非。許多鈽作業員為了保衛家園，自然是犧牲了自己的生命與健康沒錯，但也需要對民主抱持著頑強信念，才能幾十年持續擊破撕毀鈽幕，這些國家衛生的守護天使都是英雄，只是不廣為人知，也沒人為他們歌功頌德罷了。

38 遺棄者

我在二〇〇九年八月一個週六早晨抵達穆斯柳莫沃（Muslumovo）。穆斯柳莫沃是座大村莊，在捷恰河曲折的臂彎裡延展，村莊中心有一座火車站、幾棟公寓大樓、一間街角商店。莫拉特・阿克瑪迪夫（Murat Akhmadeev）開著他凹損的紫褐色拉達*（Lada）迎接我，我們在沒鋪柏油、猶如驚濤駭浪的街道上起伏顛簸。穆斯柳莫沃是座奇怪的村莊，一半消失，一半尚在。左右兩側許多房屋皆已空無一人，房屋中央被挖空，露出飽經風霜的壁紙、遺棄衣物、翻覆家電。

一九四九至五一年捷恰河畔經歷放射性廢料流洩後，有三大村莊始終沒有撤離，穆斯柳莫沃就是其一。規模之故，村莊今日尚存留，另也因為承包商堅稱重建所費不貲，於是六十年來村民都居住在猶如放射性廢料貯存池的河畔。

穆斯柳莫沃沒有工作機會，所以不是去車里雅賓斯克工作，就是在已經廢棄不用的集體農莊找塊地耕作。接待我的主人莫拉特便從事農耕，全靠這塊土地維生，在輻射劑量高得嚇人的穆斯柳莫沃，這句話別具新意。我們在莫拉特的家門前停下車後，他那正值青春期的兒子便默默尾隨我們。我注意到男孩的步態一拐一拐，於是轉頭望向他，男孩結巴向我打招呼時嘴巴歪斜，手指彎曲。「這是凱瑞姆，nash luchevik（我們

* 俄羅斯生產商 avtoVAZ 的汽車品牌。

家的輻射兒），」莫拉特不拘小節地說，講得好像每個人家裡都有個 luchvik。

莫拉特帶我到擺滿豐盛美食的桌前，有小牛肉、鵝肉、沙拉、甜菜、馬鈴薯，然後衝出門為他的美國客人準備三溫暖，我暗自猜想砍伐木材應該來自捷恰河畔，畢竟這是我舉目唯一可見的樹木。我出言抗議，我可沒說想做三溫暖，莫拉特卻不肯罷休，逕自生起火。我的眼睛瞟向庭院裡朝我們蜿蜒而來的煙霧，這是小規模的車諾比。

莫拉特要我們先吃飯，後面再聊，「這是韃靼人的傳統。」但我不想吃，時間是上午九點，我肚子不餓，但主因是我沒有勇氣嚥下他自家栽種的食物。當場有個大家都心知肚明卻不願面對的問題，不論是他、是我，還是他那安靜殷勤招待的妻子，沒人想公開談這件事。桌上食物肯定是他們每天都吃、賴以維生的食物，我卻覺得輻射污染太嚴重，一餐都吃不下去。愈來愈焦躁的莫拉特趕緊拿出一瓶伏特加要我喝，我也婉拒了，我有所不知，莫拉特其實已盡自己所能，從我踏進他污染嚴重的家那一刻起，就努力保全我的健康不受危害。在這座村莊就跟在奧爾斯克一樣，伏特加是一種洗滌身體的重要飲品，可謂天然的萬能藥，村民亦相信三溫暖能淨化身體[1]。不多久一名鄰居報到，他是車臣戰爭的難民，九〇年代末在穆斯柳莫沃找了間空屋，遂在當地定居下來，兩個男人開始喝酒，幾個鐘頭過後莫拉特已經醉醺醺。

一場關於穆斯柳莫沃人民健康的法律爭奪戰正在上演，爭辯該地居民是否生病，如果是，病因是否為傾倒入河川的放射性同位素，或是飲食不良及酗酒。醫療證據一直都前後矛盾，一九五九年，馬瑞（A. N. Marei）寫了篇論文，辯稱捷恰河畔村民健康出狀況是飲食不營養所致[2]。一九六〇年，車里雅賓斯克的省分主管反將河畔居民的不良健康與污染河川畫上等號[3]。很明顯，這場介於先天環境（輻射）和後天造化（生活型態）的爭論歹戲拖棚。

一九六二年，車里雅賓斯克的生物物理研究所分部 FIB-4 開始對穆斯柳莫沃人口進行健檢[4]。FIB-4 的醫生把街上嬉戲的村莊孩子帶進診間抽血、取牙齒樣本[5]。他們在車里雅賓斯克設立一間輻射人體部位陳列室，裝有心臟、肺臟、肝臟、骨骼[6]，並開始收集產後便夭折的先天畸形嬰兒，每個嬰兒都裝在一只兩夸脫的玻璃罐裡。荷蘭攝影師羅伯特．諾斯（Robert Knoth）參觀陳列室時，看見幾百個裝罐嬰兒，他拍下一個皮膚猶如粗糙麻布的幼兒，另一個小男孩的眼睛長在頭頂，貌似青蛙[7]。FIB-4 醫師並沒有知會檢查對象他們接觸到輻射，或者診斷出輻射相關疾病，反倒告訴病人，他們有自主神經肌張力異常的問題，這個名詞僅含糊交代介於疾病和健康之間的發病前狀態[8]。

穆斯柳莫沃的農夫收成馬鈴薯。羅伯特．諾斯提供。

河川放射線直接影響的目標，就是內務部官員在五〇年代初雇請看守河川的男人。這些男人每日在河岸站崗八小時，年紀輕輕就過世，拉米拉．卡比洛維亞（Ramila Kabirovaia）的父親在一九五二年指派監督河川，兩年後生病，七年後過世。卡比洛維亞的母親必須獨自拉拔七個孩子長大，她找了份狀似輕鬆的工作，也就是為定期來訪的科學家採集河川樣本，由於對採集到的放射線危險一無所知，她用玻璃罐儲存，放在孩子的床底下。她有五個孩子得到輻射相關疾病，其中兩個在四十多歲過世[9]。

九〇年代時村民發現自己接觸放射線，也得知 FIB-4 的長期醫學研究，於是組織了叫作白老鼠（White Mice）和原子人質（Atomic Hostages）的團體，控訴蘇聯政府棄他們於河邊不顧，更把他們當成祕密醫學實驗的人體實驗對象，但故事沒這麼簡單，河川居民是保健物理學史上千載難逢的機會，也就是科學家說的「大自然實驗」，他們很可能回答蘇聯領袖提出的重要民防問題，研究出核武攻擊後該如何生存[10]。穆斯柳莫沃的實驗不是預謀，而是警方調查人員所謂的「趁機犯罪」。

事實上，代代在大自然環境裡接觸放射性同位素的人群，具有龐大的財政價值。二〇〇一年，俄羅斯衛生部（Russian Ministry of Health）的手冊宣廣「穆斯柳莫沃追蹤對象」是一組具有「世界級重要性，可用以評估人體長期接觸輻射的致癌和基因影響」的資料集[11]。美國能源部大手筆投資該烏拉山資料集，日本研究員卻發現這些計量學紀錄十分不可靠，不值採用[12]。

這讓我想起一九九八年的電影《楚門的世界（The Truman Show）》，故事講述一名保險理賠人員某日倏然發現，自己的一生其實是場實境電視秀。想像一下某天早晨起床，發現自己被當作醫學實驗對象，經年累月被人觀察，而這就是你住在穆斯柳莫沃，而不是其他地方的主因，也是為何偏遠診所的醫生能一一細數你和你的大家庭成員名字，也許更說明了為何你會覺得身體不適。格魯法麗達·葛利摩娃（Glufarida Galimova）醫師在家鄉穆斯柳莫沃的一間小兒科診所擔任主任醫師，一九八六年車諾比核災後她突然覺醒，百思不解為何自己的社區疾病如此飽和，而且都是罕見複雜的怪病，通常是與基因有關的病狀：腦性麻痺、水腦、缺腎、多指、貧血、疲勞、免疫系統虛弱，許多孩子都是孤兒或父母病弱。

葛利摩娃向其他醫師詢問此事，他們都說村民生病是自己造成的，起因不外乎是飲食不健康和酗酒。半信半疑的

保存於烏拉山輻射醫學研究中心（Ural Research Center for Radiation Medicine，前身為 FIB-4）的畸形胎兒。羅伯特·諾斯提供。

葛利摩娃開始調查，後來得知 FIB-4 擁有五十年的穆斯柳莫沃健康紀錄。她要求將這些紀錄公諸於世，卻沒人理會她的要求，於是葛利摩娃去找媒體，協助組織民間團體，安全服務處指控她揭露國家機密，導致她最後丟了工作，但葛利摩娃鬥志昂揚，她和西伯利亞醫學科學院（Siberian Academy of Medical Science）的遺傳學主任妮娜．梭羅維瓦（Nina Solovieva）聯手，兩名醫生齊力追蹤穆斯柳莫沃的新生兒和小兒科健康。一九九五年梭羅維瓦癌病逝後，葛利摩娃孤軍奮戰，她發現超過一半出生於九〇年代的穆斯柳莫沃孩子都出現病變。一九九九這年出生的嬰兒，更是百分之九十五都有遺傳疾病。而穆斯柳莫沃九成孩子都有貧血及疲倦問題、免疫力疾病，葛利摩娃檢查了城市成人的紀錄，發現百分之七大人的紀錄顯示「健康」[13]。

一九九二年，FIB-4 醫師總算銷密穆斯柳莫沃居民的健康紀錄。研究員的公開宣言把重點放在慢性輻射綜合症，獨漏遺傳健康效應，而遺傳健康效應才是俄羅斯研究員長久以來最憂心的輻射接觸後果[14]。那些年來，FIB-4 醫師共診斷出九百三十五名河畔居民患有慢性輻射綜合症[15]，其中六百七十四人在四十五年後還活著，FIB-4 研究員詳述，CRS 病患的死亡率和沒有接觸輻射的對照組相同，唯一差別是 CRS 病患的循環系統疾病和癌症發生率高於對照組，從數據來看他們得到白血症的比例也較高，然而他們的訊息卻指出 CRS 最後都會痊癒[16]。一九九一年，安琪拉．古斯柯娃（Angela Gus'kova）醫師是評估車諾比健康問題的主要官方聲音，卻對 FIB-4 的結論提出質疑，她說真正獲得慢性輻射綜合症的捷恰河居民只有六十六起病例，並聲稱其他人患有的都是較司空見慣的疾病，像是布魯氏桿菌病、肺結核、肝炎、風濕，起因都是飲食不良和衛生問題[17]。與此同時，官方指控許多人為了提告求償，開始幻想自己有病，或把自己的一般疾病和真實或想像的放射線歷史扯上關係[18]。他們說這些人並沒有慢性輻射疾病，只是為了爭取到政府施捨的長期福利。村民因為輻射生病，或者因為其他社會文化因素而病，這兩種立場都符合一種輪廓，那就是輻射疾病不是一種特殊獨立的疾病，這種病的跡象也和其他疾病有關。據聞放射性同位素能讓免疫系統下降，破壞器官組織和動脈，致使循環系統和消化道疾病，戰後年代的河川居民確實營養不良、偶爾過著挨餓的生活、承受壓力，年紀輕輕就開始進行吃緊的體力活，而這一切都讓他們變得對有害輻射效應及其他疾病更沒有抵抗力[19]。

我在考量這份矛盾研究時，不斷思考我在車里雅賓斯克遇見的兩姊妹：出生於穆斯柳莫沃的羅莎和亞麗珊德拉。我遇見亞麗珊德拉時，她正值四十四歲。亞麗珊德拉亮出她一口牙，告訴我除了四顆，其餘都是假牙，她在三十二歲時開始掉牙。亞麗珊德拉拿出一份 FIB-4 的病例表格，上面記載她的全身放射性鈽的讀數是一百九十。鈽則主要集中在骨骼，亞麗珊德拉重複說了幾遍：「我父親的讀數是一百九十五。」一起先我不懂這個數字的意義，直到後來她和妹妹描述父親的死，我才聽懂她的意思。他的骨頭從內部開始脆化：剛開始是跛行，接著嚴重到需要人攙扶才能走動，直到最後再也無法動彈。醫生診斷他患有罕見疾病普節病（Peugeot's disease），亞麗珊德拉說，直到父親瀕臨死亡的後期，FIB-4 的醫師才說他患有一種骨病，斷定是與放射性氾濫、和緩流經穆斯柳莫沃的捷恰河有關。亞麗珊德拉雖然沒說出口，但我想她一定打定自己也會得到父親的病症，因為她特別指出自己的鈽讀數與父親相近，也只剩下四顆真齒。

我問她們小時候是否曾在捷恰河游泳，兩人皆表示懷疑：「我們沒有在河裡游過泳！根本不會靠近河川，也不喝當地乳牛生產的牛奶，父親曾在集體農莊開拖拉機，也從事清理工作，意外發生後他曾耕犁輻射土壤，所以很清楚捷恰河災的事，確保我們不靠近那條河。」

「我們曾稱呼那條河是『原子河』，人人都知道它的危險。」

「所以，」我問：「妳們當時知道附近有原子廠？」

「當然，我們當然知道。」

現在換我表示疑惑。生長在奧爾斯克、與她們同齡的人告訴我，他們毫不知情自己父母就業的工廠生產鈽，其中一名女人還說，她相信父親製作的是糖果包裝紙[20]。

我問這對姊妹家裡是否有花園。「當然有啊，每個人家裡都有，他們疏散周遭村莊後便夷平房子，我父親會去那裡搜集木材，用在我們家的爐灶。」我想起約瑟夫．漢米爾頓（Joseph Hamilton）一九四三年的放射性攻擊戰研究，他對充滿鍶的煙霧滿腔熱血，估計煙霧比致命的戰爭瓦斯毒上百萬倍。[21]

亞麗珊德拉說，小時候她有嚴重頭痛的問題，曾連續幾天臥病在床。她和蘿莎告訴我，她們有甲狀腺和自體免疫疾病，但最大的問題都發生在自己孩子身上。

亞麗珊德拉育有四個孩子，其中一個出生後沒多久便死亡，其中一個女兒患有嚴重糖尿病。

羅莎共有兩個孩子，女兒席妮亞（Ksenya）還是嬰兒時健康就出狀況，一隻腿隨著她慢慢長大扭曲變形，還有循環系統和消化道疾病。女兒孱弱跛腳，不良於行，直到女兒十三歲，不管去哪都需要羅莎揹。她會把女兒抬上穆斯柳莫沃的火車，然後再從車里雅賓斯克的車站揹她到公車站，搭市區公車，最後抵達 FIB-4 診所。羅莎和席妮亞如此費力遠行無數次，但醫生始終未給她們答覆，他們只吩咐羅莎讓女兒服用維他命，幫她按摩。羅莎在韃靼斯坦共和國有親戚，最後她飛到那裡，醫師告訴她席妮亞的雙腿需要開刀，於是羅莎借了筆手術費，第一次手術後席妮亞稍微能走，經歷第二次手術後，十五歲的她已能靠助行器走路。

然後有天夜晚，羅莎那從未有過健康問題的九歲兒子，上床睡覺後就再也沒醒來，他並沒有生病，也沒有發燒，醫生說他是死於免疫疾病併發的病毒。

羅莎告訴我，她尚未結婚生子還在唸大學時，曾和一名醫學系學生交往。交往一年後，他在車里雅賓斯克的學院聽完一堂機密講課後便和她分手，講課內容是穆斯柳莫沃人口的基因問題，他說聽完那堂課他再也不想和她生孩子，還建議她永遠都別生。「當時我非常受傷，只覺得他很冷酷無情，」羅莎遙想當初：「但現在我明白他只是想幫我。」

代表穆斯柳莫沃居民發言的律師娜德茲達·庫特波娃說，她在奧爾斯克長大，自小就漠視核城外的貧困農村鄰居，「我們聽說的是他們對情況無知，酗酒、亂倫結婚，近親繁殖和胎兒酒精症候群是害他們一直生病的主因，但當我和他們合作時，卻發現他們和其他人沒兩樣，聰明、有知識、清醒，不過有些人確實喝太多，這點倒是沒錯。[22]」一九〇年代，輻射污染的捷恰河登上國家新聞，穆斯柳莫沃經常成為鎂光燈焦點。電視錄影機拍攝下老婦擠著輻射乳牛的奶水、在放射量測定器指針興奮搖擺的森林摘取蘑菇。下一個畫面是孩子歡天喜地跳入河川、男人釣起輻射魚，陳述的是無知村民不知不覺遭祕密高科技核廠荼毒的新聞故事，無知與知識、富裕與貧窮的兩極並置，這些就是讓媒體欣欣向榮的土壤。

但故事比這複雜得多，村莊家庭的孩子告訴記者，他們願意為二十美元跳入河川，記者也答應了。男人同意只要有錢拿，可以配合拍攝釣魚畫面。村裡幾乎沒人吃這些魚或蘑菇，因為他們都知道這些食物很危險，因此反將食材運至車里雅賓斯克和斯維爾德洛夫斯克的高速公路販賣。對於工廠存在或該區域的污染意外，穆斯柳莫沃人很少像奧爾斯克人民那般天真無知。他們並未低估長期接觸低劑量輻射的健康後果，主要是因為穆斯柳莫沃人每天和這些後果並肩共存。他們每天都在關係緊密的社區見證這一切，工廠看不見的放射性污染長久為社區帶來問題，居民為了拖延冗長的病痛，苦苦追尋醫療知識[23]。亞麗珊德拉在穆斯柳莫沃的藥房工作，每天都見證為了從痛苦解脫，尋求解決方法的居民。

無知、基因缺陷、村民酗酒的說法在俄羅斯是老生常談，在南烏拉山過去幾十年來，這種陳腔濫調都被拿來當作搪塞理由，粉飾捷恰河的失控傾倒為人民帶來的痛苦。在爭辯車諾比意外受害者人數的會議上，我在從核能遊說團體收受款項的官員口中，也聽見同樣論調[24]。確實，創傷和恐懼一直是穆斯柳莫沃姊妹羅莎和亞麗珊德拉人生的主調，低薪、交通不便和保健的不定性、社會惡名，更加重了她們家族疾病的壓力，將她們逼入絕境。環境污辱通常和貧窮相互碰撞，折磨著更不具資源應對創傷的社群，讓他們無法做出更好、不讓未來衰落的決定[25]。

在穆斯柳莫沃，媒體曝光和缺乏資源加劇了鈽災，莫拉特無論怎麼出價，都賣不出他的輻射木屋和農田，因此沒有搬去其他城鎮的機會，他並不具備其他技能，現年已經六十歲，也找不到其他工作。只要父母還健在，他的肢障兒子凱瑞姆就會繼續依賴他們。這家人的另一個兒子最近結婚了，這對年輕夫妻暫時和莫拉特及其妻同住，等到錢存夠，他們打算在穆斯柳莫沃的村舍蓋一棟房子，說是因為他們希望離家人朋友近一點。

事情就這麼發生了。九〇年代，鮑里斯·葉爾欽現身穆斯柳莫沃，宣布該村必須撤離。但葉爾欽離開後卻遲遲沒有動作，最後在二〇〇八年，某些穆斯柳莫沃居民遷居他處，說穿了只是搬到政府官員斷稱安全的河岸另一側[26]。當地評論家聲稱，這次遷移只是為了讓具有價值的穆斯柳莫沃人口集中在同一個地方，以便未來的醫學研究[27]。確實，河川另一側的放射線污染低於對岸許多的說法，實在很難讓人信服。FIB-4的研究主任亞歷山大·亞克立夫告訴我，穆斯柳莫沃的人口必須留下來，是為了接受適當的醫療監督。「這些人在五〇年代接受大量輻射，現在的他們需要良好的醫療看護，他們骨骼裡已經累積鍶，如果我們現在讓他們搬到紐約或馬里蘭，又能幫上他們什麼？」我問亞克力夫，他們現在是否接受優良的醫療照顧，他回道：「不，當然沒有，跟之前一樣。[28]」與此同時，出於家庭羈絆和不得不的情境，人們仍會繼續住在穆斯柳莫沃[29]。留下來的同時，村民不免遭受空氣、表面、井水、灰塵、土壤、食物、大氣伽瑪射線等放射性同位素的「多媒體劑量」猛攻。二〇〇五年，研究員甚至發現村民的頭髮成了放射性β的發射體[30]。

我還是沒有碰莫拉特準備的食物。後來娜德茲達·庫特波娃搭乘計程車，後車廂載著一桶醃豬肉出現。莫拉特的大兒子負責火烤豬肉，正午我們總算可以坐下享受一頓美食。餐後我們散步至河川，沿著綠草茵茵的高聳河岸朝下坡走，岸上長滿澄黃蓍草和紫色三葉草，蜜蜂忙著採蜜，生氣勃勃。我們來到河岸一處十九世紀磨坊廢墟，我認出這座老磨坊。我們駐足的磨坊前方，就是二〇〇五年偵測人員告發輻射劑量高出背景八十三倍的地點[31]。時值仲夏，河水流動緩慢，甜美褐色的清澈溪流和緩蜿蜒竄入柔軟野草，溪水不比人行道寬廣，高度不及我的膝蓋。「就是它嗎？」我問：「還是這只是支流？」莫拉特向我證實，我們眼前這條小溪，正是惡名昭彰、教人聞風喪膽的高放射性捷恰河。

凝望著環境災難時，通常你會知道。災難會散發一股大自然秩序瓦解的氣味與氛圍，在我腦海裡，災難應該充滿臭氣、煙霧，或遺留下醜陋傷疤，但這條沁心迷人的小溪卻絲毫不衝突，飄著清新空氣，燕子在河水上方來回折返，午後天氣轉為炎熱，彷彿有個聲音正呼喚著我，我險些情不自禁跳下水，雙足踩在河底的圓潤石子上。這裡沒有柵欄，也沒有警告標語阻止我，所以我必須提醒自己，在我面前的是世界輻射污染最嚴重的河川，我從沒見過比這更甜美誘人的災難，一場不符合它所負惡名的災難。

39 病者

八〇年代末，郵件湧入凱倫．多恩．史蒂爾的《發言人評論報》信箱，亞瑟．普賽爾（Arthur Purser）從他的靈戈爾德酪農場來信，說他有甲狀腺腫瘤；拉文尼．考茲（Laverne Kautz）細數自己有七名姪兒、五名姑姨、九個朋友、包括生母在內都患有癌症；住在梅薩農場的貝蒂．波克斯（Betty Perkes）說，一九六〇年時她痛失一個嬰兒，醫生為她正在唸幼稚園的女兒移除喉嚨腫瘤，其餘家庭成員都有甲狀腺疾病；一九八六年中，梅爾文．麥克亞菲（Melvin McAffee）站在他的小麥田裡，思考著自己的前列腺癌和妻子的甲狀腺癌，還有他四名孩子裡有兩名患有的甲狀腺疾病。「很多老一輩的當地人都有癌症，」他這麼告訴史蒂爾：「他們應該警告我們的。」麥克亞菲的兒子艾倫更直言不諱：「他們這是在謀殺我們。」

這些場景在奧勒岡州、愛達荷州、華盛頓州各地重複上演。八〇年代末有關漢福德污染的報紙頭條，致使西部內地的幾千人對他們自稱家鄉的環境憂心不已，害怕看不見的放射性同位素瀑布正一點一滴荼毒他們。當他們理解核裂變產物是怎麼進入家園，穿透他們的身體，抵達他們的基因，憤怒情緒和迷惘感受、法律訴訟及法庭抗戰亦隨之而來，並將漢福德工廠周遭的社區一分為二：病痛和健康的人，受害者及加害者。新聞故事劇烈改變了許多人的個人故事。

崔夏．普里提金於一九五〇年出生里奇蘭，她的父親過去擔任安全工程師，謹慎小心的他從不讓她追著城裡灑著DDT的貨車跑。普里提金認為她在里奇蘭度過一個快樂健康的童年，她當過海軍的父親有艘快艇，他們會在河上悠哉度過漫長夏日，尋覓沁涼哥倫比亞河的溫暖水流，游泳泡水。一九八六年，普里提金探望斯波坎的親戚時，讀到史蒂爾寫的漢福德污染文章，童年記憶裡宜人溫暖的河水，瞬間變成反應爐排氣管炙熱到不自然的煙霧，在毒性廢水海洋裡，包圍著她的幼小身軀。普里提金思忖，也許漢福德的核裂變產物可以解釋還是嬰兒的弟弟之死、母親的流產和甲狀腺疾病、父母因多重癌症早逝，她自己一直以來的不孕問題，也解釋了為何普里提金經常感到不適，有偏頭痛、暈眩，胃腸問題、極度疲累、肌肉嚴重收縮。普里提金去檢查甲狀腺，發現甲狀腺已進入近停工的最終階段，開始服用甲狀腺藥物後，普里提金總算成功懷孕，卻歷經流產和早產，兒子發生醫療併發症狀[2]。

一九八六年春天，茱恩．凱西（June Casey）讀到關於漢福德的文章後，這些文章也改寫了她的人生故事。她的記憶追溯回一九四九年十二月的綠色追蹤，當年她是沃拉沃拉某間大學的一年級新生，猶記聖誕節放假回家時母親的驚恐，她的寶貝女兒像是老了五十歲。凱西承認自己確實不太舒服，大撮頭髮不斷掉落，這陣子也老是感到疲倦。他們的家庭醫師說，他從未見過如此嚴重的甲狀腺功能低下病例，在那之前凱西的健康從沒出過問題，沒人想得透發生了什麼問題，她服用甲狀腺藥物，頭髮開始掉光，餘生都戴假髮。她結婚，想要組織一個家庭，卻歷經流產、死胎，最後總算在一九六九年得子，但兒子約翰卻有神經損傷[3]。

贏得哥倫比亞盆地的農地頭彩，讓歡妮塔．安德魯耶斯基和她的韓戰退役軍人丈夫里昂興奮不已。五〇年代初，他們喜出望外地帶著三個孩子搬到東華盛頓州。安德魯耶斯基在新農場三度流產，卻不以為意，就她觀察，這一帶的女性似乎都有類似困擾，安德魯耶斯基最後終於又再誕下三個孩子，六個孩子在農場長大、跑跳嬉鬧，於座落哥倫比亞河之上的高原田地幫忙。我請安德魯耶夫斯基告訴我她孩子的名字，除了開出名單，她還自動補充訊息。「鮑伯在一九四七年出生。珍妮絲在一九四八年出生，已經過世。馬克出生於一九五三年，也已經不在。珍妮生於一九五五年。克黎西生於一九五七年，已經過世。我在一九五九年生下羅德，他還健在。珍妮則有肝臟問題。[4]」

一九七六年，五十多歲的里昂·安德魯耶斯基（Leon Andrewjeski）診斷出心臟病。「所有高大魁武的農夫都因心臟問題和癌症而病倒，」歡尼塔在里奇蘭和我共進晚餐時說：「這完全不合理。」她繼續道：「里昂曾說他在田裡看到身穿白袍的人，在我們的田地採樣，讓人不禁思忖自己是否成了實驗室白老鼠。」

漢福德的排放新聞散播前，安德魯耶斯基開始在 AEC 發放的緊急撤離地圖做記號，為癌症病例標上紅色叉叉，鄰居的心臟病例則標上黑點，這張地圖標記著許多叉叉和黑點。

漢福德將七十萬居里的放射性碘釋放入空氣氣流，其餘幾百萬居里則流入水源和地底，這則新聞甚至讓身在里奇蘭的人都開始質疑工廠管理。「他們沒有向民眾據實以報，」強硬派漢福德活動支持者山姆·沃朋特斯特告訴媒體：「真是一場悲劇。[5]」

為了擋下公關曝光問題，能源部的漢福德經理麥克·勞倫斯起先遵循前輩的做法，一概否認到底。他說，聯邦政府已花了「幾百萬」美元監督公共衛生和環境安全，更鏗鏘有力地說，工廠排出物並無造成肉眼可察的健康效應[6]。當被追究並要求提供能證實這份說法的資料時，漢福德的保健物理學家不得不坦承，儘管這四十年來耗費二十億，研究游離輻射對健康有何效應，長期放射性污染對公共衛生影響的基本問題，依舊懸浮在科學不定性的深淵。斯波坎醫師要求知道，若漢福德科學家蓄意釋放如此大量的放射性碘，為何沒有進行流行病學研究？評論家則問，能源部官員為何拒絕交出湯瑪斯・曼庫索在六〇年代收集的鈽工廠員工資料[7]，並怒控漢福德經理「掩飾真相」[8]。

「掩飾真相」和「實驗室白老鼠」這幾個字在車諾比災後的那幾年時常耳聞，但更悲傷的真相是，工廠研究員沒資料可藏。關於居民住在低游離輻射轟炸幾十年的環境、甚至是危險高游離輻射區，所承受的基因和健康效應，幾乎都沒有追蹤研究。至於輻射造成的健康效應研究，對日本核彈生還者進行的研究——核爆傷害調查研究（簡稱 ABCC），就是當時的黃金標準。美國資助的 ABCC 研究，把重點放在經過外部伽瑪輻射大量衝擊的倖存者[9]，然而漢福德社區長期接觸的，卻是攝入體內的低劑量放射性 β 及 α 粒子，科學家認定危險性遠遠高出伽瑪射線的暴露。到了九〇年代，許多評論家控訴 ABCC 專案的研究省略了輻射相關疾病，只留意甲狀腺不正常和幾種癌症，大大低估了輻射對倖存者造成的遺傳影響和癌症機率。評論家還控訴 ABCC 研究誇大了倖存者接觸的劑量，也就是當時設為可容許標準的劑量[10]。至於暴露熱核測試的馬紹爾群島民研究，亦僅專注在甲狀腺異常和幾種癌症。島民抱怨他們誕下的寶寶樣貌狀似「貓、鼠、烏龜內殼」時，AEC 贊助者更壓下了遺傳研究的要求[11]。

車諾比事件後，巴特爾實驗室的流行病學家勞威・賽威爾（Lowell Sever）告訴媒體：「世界尚無紮實的研究證實，先天缺陷與漢福德下風處的低劑量輻射接觸脫不了關係。」然而賽威爾自己卻於一九六八至八〇年間，在漢福德周遭進行先天缺陷的研究。他的研究效果有限，因為遺漏了一九四五至五七年這段期間，也就是漢福德污染最嚴重的時期[12]。即便如此，他還是在員工後代和工廠附近居民身上，發現先天神經管疾病上升。不過賽威爾卻排除漢福德是主因的嫌疑，因為日本原子彈倖存者沒有類似的先天缺陷[13]。他說明農業化學物質可能是罪魁禍首，但同樣幾年間，流行病學家和國家官員都駁斥了殺蟲劑是加州癌症群主因的說法，再說目前也缺乏殺蟲劑與健康危害的直接相關證據[14]。六〇年代與AEC槓上的勞倫斯利弗摩爾國家試驗室前醫學主任約翰．戈夫曼並不認為這是掩飾真相，反而貼近真實情況。他告訴史蒂爾：「要是從不認真看，就很難握有可以觀察的健康效應[15]」。

由於迫切需要答案，疾病控制中心（Centers for Disease Control，簡稱CDC）建議能源部對漢福德周圍的接觸人口執行研究。備受訴訟壓力罩頂的能源部官員，心不甘情不願資助這份研究，卻把預測放射性同位素劑量這項重責大任，交給漢福德長期承包商巴特爾西北研究所[16]。

一千八百萬美元補助的漢福德環境劑量重建案（Hanford Environmental Dose Reconstruction，簡稱HEDR）研究員，將一個人的年齡、性別、居住地、飲食等資料，輸入電腦模型，得出一九七四至一九八〇年間的預測劑量，而這時正是漢福德的閉廠期[17]。接著這些劑量則被用在第二份CDC耗資數百萬美元的補助研究，當作計算甲狀腺疾病機率的基準線，由九〇年代的西雅圖福瑞德哈金森癌症研究中心（Fred Hutchinson Cancer Research Center）研究員執行。以上兩份研究都是從標準大幅縮減探究領域的ABCC研究得出假設，研究員根據日本倖存者的估算數字，尋找足以引起幾種癌症和甲狀腺疾病的放射性碘劑量。下風者將他們出世便沒有眼睛的綿羊與孩子的先天缺陷扯上關係，但研究卻未談及遺傳影響，也沒有提到俄羅斯科學家在醫學文獻裡探究慢性輻射綜合症的其他健康問題[18]。冷戰過後的殘留宿醉部分起於通常讓人質疑的俄羅斯科學，而他們的科學又極度依賴國家。弗瑞德哈金森癌症研究中心的資深科學家布魯斯・阿曼德森（Bruce Amundson），在一九九二年親自造訪奧爾斯克，他不可思議地發現大量有關穆斯柳莫沃人口的研究主體，「在我們的開放社會裡，」他告訴凱倫・多恩・史蒂爾：「我們做出有意識的決定，刻意不研究場外（輻射暴露）人口。然而在封閉社會，蘇聯人卻能在此同時進行大量祕密研究，他們對國人可能發生的事，理解其實更勝我們。[19]」

最後，沒人質問同時接觸放射性同位素和一大堆五〇年代起便沉積環境的致命農業化學物質，例如除草劑、環境荷爾蒙除草劑、DDT等有機氯化碳氫化合物，對人類可能造成哪些協同作用。幾年來在實驗室進行對照實驗，狹隘區分研究後，科學家並無手段，甚至無法提出問題，處置沈積東華盛頓州環境的多重毒物[20]。

漢福德研究歹戲拖棚，五千人也對曾在接任管理漢福德的聯邦承包商提出訴訟，這群原告者是「下風者」，他們焦慮等候漢福德甲狀腺疾病研究（Hanford Thyroid Disease Study，簡稱HTDS）的結果，期望該結果能提供關鍵性證據，但對於生活在該區、親朋好友多有慢性疾病的原告而言，這本應是不需再解釋的案例，他們得到的答覆卻曖昧不明。二十世紀最末幾十年間，代表製造商的律師為環境污染傷害的證據，打造出一套超高標準規則[21]。美國地方初審法院法官亞倫・麥克當納（Alan McDonald）嚴厲限制及過濾下風者訴訟案的合格索賠者，為了達到合格標準，原告必須證明他們接收的漢福德輻射劑量，高達一般人口癌症的兩倍[22]。

地方司法並非沒長眼睛，麥克當納法官在哥倫比亞盆地擁有價值一百萬美元的不動產，展現出商業導向的態度，長久以來支持地方國防產業，麥克當納法官告訴媒體：「政府的有限資源應專用於（核能）清理，不應該受訴訟案左右轉移。」於是延後和阻擋該訴訟案[23]。十年過去了卻未舉辦公聽會，然後下一個五年又過去了。辯方有拖延此案的好理由，聯邦政府必須為五家遭到提告的承包商支付法律費用，而被告公司法律顧問沒有庭外和解的動力，覺得沒必要為了避免高昂的訴訟費，快速解決問題。到了二〇〇三年，芝加哥凱易律師事務所（Kirkland and Ellis）累計六千萬美元的訴訟費，全由納稅人買單[24]。反觀下風者沒有時間，口袋也不夠深，許多原告都垂垂老矣又病痛纏身，他們付不出昂貴的醫療費用，律師也擔心他們負擔不起日積月累的訴訟費[25]。

最後於一九九九年一月，佛瑞德哈奇森研究員對里奇蘭的沈默大眾宣布甲狀腺疾病研究的結果。他們說，研究追蹤一九四〇至四六年間出生的三千一百九十三人，並未發現估測劑量和甲狀腺及癌症的相關性。換句話說，漢福德不是導致居民生病的起因[26]。緊接在研究宣布之後的是眾人爆發的震怒嘶吼、淚水潰堤，有人悲傷，也有人鬆了口氣，擔心土地價值的地主擱下心中那顆大石頭，幾十年來感覺遭人圍剿的漢福德活動支持者，也覺得自己的無辜總算獲得證明[27]。

崔夏．普里提金介於這兩種極端情緒，百感交集。她之前曾任漢福德安全工程師的父親患有惡性甲狀腺癌，臥病在床，苟延殘喘的他因為女兒涉入整起下風者訴訟案，現已不再和她說話[28]。這風中殘燭的挑釁沈默證實了社會學家烏爾里希．貝克（Ulrich Beck）的假設：這就是抗拒最貼近自身威脅的瞭解。通常危害影響最嚴重的人，都是最激烈否認險境的那些人，為的是繼續活下去，以普里提金父親的情況來說，是為了繼續完成他的死亡[29]。

九〇年代末，漢福德的離職員工開始站出來說明自己的健康問題，由於員工配戴膠片式輻射計量器，他們的劑量較易證實，研究員也著手試著重建職員的接觸劑量。然而在二十五萬名他們估測的員工中，也只能翻出十萬人的紀錄。最直接接觸輻射劑量的職員，像是女性員工、兼職人員、轉包商等，這些人的紀錄都不復存在[30]。同時離職員工的X光片卻顯示，肺功能衰弱和病變比預期的高出許多[31]。「幾年來，我也曾經認為這群告密者只是胡扯，只想要趁機撈錢，」離職員工博拉．「靴子」．麥克庫里（Beulah "Boots" McCulley）的兒子也於漢福德上班，在工廠遭遇意外，導致身體衰弱後，她表示：「但（現在）我們認他們理所當然獲得自己要求的東西。[32]」

漢福德正值污染的疑雲熱議時，「專家」科學常被拿來與農夫及「外行人」的當地知識拿來比較。在里奇蘭和帕斯科忿忿不平的會議上，科學家拿出曲線圖和圖表，顯示人們不可能受工廠危害，因為「一般而言」他們接觸的劑量沒超出可容許範圍。當地人回覆，科學家說的完全沒道理，因為他們可以在自己的社群裡，指出某些特定地區不少居民都受健康問題所擾。面對這個說法，西雅圖科學家的回應是討論離子、雷得、同位素，和想探討自己親人的疾病、腫瘤、癌症的居民發生衝突。枯燥乏味、火冒三丈的科學家不理會這種想法，堅稱這些家族疾病只是「沒有事實根據的故事」，不禁讓許多人想起下風者深信當初為他們帶來問題的傲慢里奇蘭科學家[33]。與此同時，科學家和不少漢福德資深員工都把疾病的指控，視為對於道德品格與針對個人的指控。提到綠色追蹤時，有位前任保健物理學家氣憤地問我：「你認為科學家要是知道碘會對人體造成危害，當初還會對外釋放嗎？[34]」然而在體內、家庭、社群堆積如山的疾病，卻真實到無法否定，而科學家卻找不出疾病起因，彷彿歡尼塔．安德魯耶斯基的地圖純屬巧合。

這種知識並不是專家或當地人一方正確，一方錯誤的黑白分明。兩方知識領域都反映出利益分歧，然而當地人和專家的知識都受到限制，因為攝取輻射和排放大氣的放射性同位素紀錄，這時幾乎已無法回頭追蹤，這兩種知識都沒有事實根據，只能當作間接證據。但在法庭和國會聽證會上，專家搬出的科學往往被人當作「客觀」證據，而像安德魯耶斯基等指著邊角捲起的地圖、細數生病的孩子和鄰居的女性，則被貼上「主觀」或「不具事實根據」的標籤。也正因如此，一般人較能認真看待科學家所持的真相說詞。

然而科學只是為了幫助理解錯綜複雜過程，進行簡化的單一過程。輻射途徑研究只根據模型、平均數、總計人口，觀察某一種同位素透過某種方式進入人體的簡化觀點。然而放射性流出物卻不是一種總計狀況，而是在隨機落點擴散及融入環境，例如氣流、河水漩渦、地下水都有既定模式，因此不可一概而論。在輻射熱點，人體浸透於核裂變產物的數值並非一般，而是高濃度[35]。從西雅圖翩然到來的科學家，只粗略理解輻射熱點[36]，但為了確定輻射熱點落在哪裡及偵測暴露值，研究員有必要在七萬五千平方英里的輻射暴露領域，走過每一平分呎，測量植物、根莖類、土壤、地下水、距離地表兩千呎高空空氣裡的放射線。意思是他們必須像孩子認識屋後空地，或者農夫瞭若指掌土壤營養素、排水系統模式、田地凹陷與轉彎處、風與氣候的無常變化那般，認識一塊土地。為了透徹實踐流行病學研究，科學家必須密切認識人口，不只是住在那裡的人，還有已經搬走或過世的人。他們需要知道誰曾經流產、誰生了病、生了哪些病、哪對夫妻不孕、哪些孩子哪方面不正常。他們需要有大家庭或親近社群的人具備的知識，然而每天隔離在核廢料處理廠的漢福德科學家，通常是從他處派遣至里奇蘭，在里奇蘭人的眼底，這群科學家高傲、不愛與外界打交道，所以他們並不具備這類知識。

40 穿著連身工作服的卡珊德拉

湯姆．貝里在梅薩的一座旱土農場長大，也就是 AEC 在五〇年代展開哥倫比亞盆地專案的所在。貝里是眾人所知的「下風者先生」，常為整場運動擔任非正式發言人[1]。貝里曾出現在幾十篇有關漢福德的文章，甚至幾乎每一本有關漢福德的書都有他，只要和他交談就知道為什麼了。貝里深具閒聊本領，佐以常人無法解釋、繽紛生動的說故事天分。他的樣貌、打扮、拖著長音的說話方式，完全符合西部牧場農夫應有的樣貌，也是優秀的宣傳報導。由於歷史學家需要長時間研究一則故事，因此我和貝里變得很熟，幾年下來甚至成了好友。

第一次和貝里見面時，我們兩人爬上他的推草機，在他收割外銷日本的一排苜蓿間來回穿梭。他告訴我，電視記者宗毓華也曾坐在我這個位置，我明白貝里正在提供我值得全國電視記者的拍照機會。貝里開著推草機，自言自語也沒間斷。

「我小時候曾經很迷巴克．羅傑斯（Buck Rogers），有天我瞥向家裡窗外，看見一群身穿太空裝的男人在我家前院，將土壤鏟進小小金屬盒裡，我興奮到不行，但我媽反倒嚇歪了，她連忙衝出門，問這群科學家這是怎麼一回事。『沒事，太太，』」貝里邊說邊用一隻手摀住嘴，模仿口罩後方傳來的說話聲，「『一切都好得不得了。』」後來科學家跟他父親要了他射殺的鵜群喙嘴和腳爪，揚長而去。

「我後來總算理解，」貝里某天譏諷地說：「為何我和我死黨壯如牛，同校的乖學生反倒生病或死光光。」

「為何，湯姆？」

「因為他們的老媽叫他們喝牛奶、吃蔬菜，他們乖乖地照做，而我和我朋友則是偷溜到商店，買汽水和奶油夾心蛋糕。」

貝里說，他在八〇年代競選州議會時，曾對資深市民（「因為他們會投票」）拉票，他注意到某些社區的老年人九十歲高齡還在耕種，但在他的社區和其他地方，該年齡層的老人卻少之又少。貝里問他的競選經理：「我們社區為何沒有老年人？」

「他們都死於癌症了。」

「為什麼會死於癌症？」他問。

「我也不知道。」

貝里問老年人們是否使用殺蟲劑。「怎麼不用，那個共產主義的臭蕾絲邊瑞秋·卡森出來攪局前我們都在用。」

「看吧，」貝里向我指出，「人人都用DDT，所以這不是問題所在。」

貝里說他注意到一個模式。沒有老人的社區都在山上，尚有老人的則在山谷裡。我一臉茫然望著貝里，他用鉛筆循著地形輪廓畫出蜿蜒的風勢走向，貫穿包圍著山谷的坡地。

我從來不曉得該怎麼看待貝里的故事，一開始只覺得是沒有根據的故事，不科學，故事最後一路飆升至精采入神的境界。有天開車到帕斯科時，他要我把車停在鐵路站場旁，仔細端詳一棟蓋得低矮、孤零零立在蛇腹式鐵絲網後方的水泥磚石建物，這裡是帕斯科的老屠宰場。「這些身穿棕褐色套裝的傢伙，把連號車牌的米色汽車停在門外，尋找我們畸形的小羊和小牛。」貝里向我湊近，確定我有在聽：「我們的牲畜有兩成都是畸形，通常聯邦政府會大搖大擺走進去，對經理說兩句話，最後再帶著不鏽鋼容器出來，他們在搜集內臟，簡直像是初一十五準時現身的盜屍者！」

正如貝里說的，他並不老是對沒有車牌號碼的政府人員疑神疑鬼，他說他也曾愛好自由，屬於那種態度隨性的美國愛國人士，越戰時期他曾試著入伍，卻因天生缺陷被拒於門外。儘管如此，他輕蔑地一腳踢開嬉皮人士與和平運動，對於能與自己想法相通、懂得強健國防價值的人同住鈽工廠邊陲引以為傲。可是當貝里得知漢福德的放射線傾瀉時，他先前的政治忠誠卻瓦解了。漸漸地，貝里全神貫注研究他的大家庭醫療史，他的父母、姑姨、叔伯、姊妹都患有癌症，陸續病倒，貝里則是出生時胸前就有個孔洞，並在十八歲那年得知自己不能生育[2]。還小時他曾長期入住里奇蘭的卡德勒醫院，他還記得一道詭異藍光、病房門口總有士兵站崗、夜半聽見呼喊聲而驚醒的時刻。他問護士發生什麼事，她卻要他噤聲，說：「回去睡覺，那些只是漢福德的人。」

貝里說話時，我常有種暈眩感受，好像進了午夜談話廣播節目的錄音室，卻走不出去。貝里有時魯莽，時常口無遮攔，他會從臆斷扯到傳言，再扯到陰謀論，他說的故事讓人很難跟上腳步，卻更難教人信服。有幾名記者也曾這麼說，其中一人說他是「吹牛大王[3]」。貝里可能是美國史上引述率最高的不可靠敘事者。

貝里知道他的話可信度不怎麼高。「小時候他們會給我們奶昔，然後拿計量器在我們肚皮上比畫測量。位處內陸的帕斯科有個海軍基地，我朋友的父親曾負責管理火車站，這個朋友告訴我，他父親的真實身分是FBI探員，除了我之外，這裡似乎沒人覺得奇怪。」

我常假設不可靠敘事者的話值得一聽，因為多數人不相信他們說的某些故事，但原因不是故事並不屬實，而是他們就好比神祕先知卡珊德拉，社會聽不進他們說的話。於是我會聽不可靠敘事者的故事，然後交叉比對事證。

貝里告訴我的事，幾乎全是真的。

六〇年代初，科學家確實在班頓和法蘭克林郡的農場採集樣本，對野生鳥禽和牲畜進行生物鑑定。他們測試飲用水，從帕斯科、摩西湖、遠至韋納奇（Wanatchee）等地的屠宰場，搜集牛的甲狀腺[4]。一九四九年起，漢福德研究員也搜集鈽員工和鄰近農夫的器官，用於研究。AEC資助的調查員甚至暗中搜集世界各地孩童的骨頭，測量放射性落塵數值[5]。卡德勒醫院確實有間士兵站崗、混凝土砌成厚牆的病房，隔離工作人員，讓他們不受放射線污染過度嚴重的病患身體影響。奶油小蛋糕和營養不良可能確實幫了貝里一個大忙；漢福德研究顯示，食用商店食品的人，放射性副產品的讀數較低[6]。另一份研究顯示，飲食較差的豬隻體內所含的放射性同位素，低於飲食健康的豬[7]。貝里猜測住山上的農夫比山下容易接觸輻射，也與漢福德研究員描述的放射性碘煙霧「沿著上坡進入山谷[8]」不謀而合。幾年下來，貝里都向我通風報信工廠意外，幫我稍微上課惡補，講解地形學、土壤品質、放射性粒子通過消化道的路徑。「但我又懂什麼？」貝里每每都在自言自語的最末，用這句話總結：「我不過是個笨農夫。」

但貝里說的話不無道理，僅有高中學歷的貝里，開著破爛的雪佛蘭（Chevrolet）車，在鄉間道路上顛簸前進，這樣的他做出的結論，怎會和幾百萬美元經費撐腰、大陣仗的漢福德研究員不謀而合？貝里堅守執著於下風者運動，隨身攜帶夾有剪報和文件、亂七八糟的厚重檔案夾，並結合他當農夫累積的當地歷史、地理、地質學、氣候知識，融入大量八卦傳聞、家庭軼事、咖啡廳裡的推測。

貝里經常空降漢福德健康效應的戰役正中心。他競選公職，和電話打到他太太差點和他離婚的每位記者交談，許多農夫都希望在農地作物染上放射性污名、失去所有價值前，貝里能乖乖閉上嘴。社區分成兩派人馬，一派支持鈽工廠，一派懷疑自己遭毒害感染，而貝里則是那道將社區一分為二的閃電。很多人都不再和他說話，包括親朋好友在內，他在鎮上銀行想增加信用額度都有難度，最後喪失自己的農地。即使沈默已成定論，湯姆卻堅持不沈默，指出一眼就能覺察、遭人漠視的某些真相，卻也因此讓他成為眾矢之的，社區群起謾罵的惡人。

九〇年代的健康研究應能提供解答，為哥倫比亞盆地的不和諧社群帶來和平，然而研究卻只引發更多問題，激起更多怨恨[9]。佛瑞德哈奇森研究員的結論是，漢福德輻射劑量與下風者的甲狀腺疾病沒有關連，對此崔夏·普里提金和前任HEAL運動人士提姆·康諾（Tim Connor）說服疾病控制中心的官員，重新審閱研究。

CDC審查後發現，研究員的結論言過其實。複查人員強調，主要調查人口的甲狀腺疾病病例是正常預測值的三倍，其他複查人員發現，普遍來說，第一份HEDR劑量重建研究低估了人口接觸劑量[10]。爭議不休的HEDR劑量重建研究舉行原始會議時，下風者發現凱易事務所的律師列席的用意，就是為了「訴訟辯詞」設計出一份研究[11]。同時下風者的律師得知，十年來不斷阻撓和推遲下風者訴訟案的麥克當納法官，在漢福德河川正對面的靈戈爾德擁有一座果園。麥克當納承認，若陪審團判定漢福德處境危險，他的私人農地價值便可能減損，因此麥克當納勢必迴避聽證[12]。最後在二〇〇〇年，一份研究說明核廠員工的二十二種不同癌症機率偏高後，聯邦政府同意支付每位離職漢福德員工十五萬美元。下風者眼見他們等了十六年的審判，居然以員工收到大筆賠償的和局收場而大為光火[13]。晦澀難解的司法、幾經篡改的醫學研究、矛盾不一的證詞，看在許多下風者眼底，這一切程序都猶如黑幕操縱。

然而，下風者沒有承認失敗，反而做了件了不起的事。他們接手醫療證據，製成一份新的人民流行病學。下風者和醫生、科學家、社會正義倡導人士合作，聯手設計出一份健康調查，在親朋好友、左鄰右舍間傳發，凡是可能攝取放射性同位素的人都有份。他們在調查中詢問家人健康、飲食、景觀環境、可能造成輻射地域接觸的風勢等當地知識。在分析八百份完整調查的結果時，他們比較對照人口的疾病比例，發現下風人口得到甲狀腺和其他疾病的比例高達六至十倍。雖然社區為主軸的研究和政府補助的研究相互衝突，這份結果卻和漢福德科學家經年累月的動物研究，以及俄羅斯科學家對捷恰河人口進行的研究重疊[14]。下風者這十年來都遭受錯誤無知的指控，但他們的流行病學知識卻證實了他們對自我健康及環境的認識，讓他們覺得很暢快[15]。

二〇〇九年，貝里帶我參加他的康乃爾高中同學會，一九六八學年畢業生約在康乃爾市中心的麥可咖啡館（Michael's Cafe）碰面。康乃爾稱不上是城鎮，真要說的話比較類似高速道路旁的商店街，有一間旅館、州立監獄、食品加工廠、還有一排流動小屋。當地人首次得知漢福德的危險排放物後，至今已過二十五載，即便如此，在我們踏入咖啡館時，貝里還是警告我，提及甲狀腺或健康問題恐怕不是好主意：「大家都不想談這件事。」貝里看起來緊張忐忑。九〇年代時，大多同學都嘲諷他的下風者運動，我想他今天多帶一個愛探八卦的歷史學家，恐怕預期會遭一頓猛批吧。

當貝里向前和幾位老朋友打招呼時，我坐在一張桌前，準備開始閒扯亂聊，卻苦無機會。派特滑著輪椅過來，告訴我她有多發性硬化，她妹妹也是。派特說，她曾在工廠河川對岸的靈戈爾德摘採桃子，還說她的多發性硬化是多虧漢福德所賜。琳達也加入對話，說她母親有甲狀腺的毛病，向來纖瘦活躍的父親年紀輕輕就有心臟病。克里絲朵（患有甲狀腺和肺癌，從不抽菸）說，她自己出現健康問題時，原本無心參與下風者運動，但當她女兒得了癌症和不孕問題時，她非常憤慨。關（有甲狀腺疾病）情況看來不太好，必須靠丈夫攙扶她從助行器坐上椅子，關的父母在五〇年代初，參加土地管理局的抽籤後自加州搬到東華盛頓州。這群同學都在當初漢福德下風處開放土地灌溉的農場長大，講到科學家發給他們綠色手冊，要他們記錄每一單位蒲式耳的小麥和每一磅馬鈴薯，分得有夠細，他們全笑了出來。

貝里加入我們，然後轉頭問關：「還記得妳媽曾說她覺得是水讓她身體不適嗎？你父親說：『妳這女人瘋了！那可是座一千兩百呎的自流井耶。』記得嗎？」貝里繼續道：「沒人知道我們用的地下蓄水層和漢福德的洩漏廢料槽是同一個，我們喝的都是那個地下蓄水層的水。」貝里焦躁地抽了張餐巾紙，描繪出一條代表鄉間小路的線，然後打了個叉，示意該位置是荷姆斯家族的農地：「她有骨癌，兩個女兒也都有甲狀腺的毛病。」貝里的筆轉了個四十五度的彎後停下，指出另一座農場：「她先在浴缸裡溺斃她誕下的畸形嬰兒，然後自殺。」貝里的筆尖再次停頓：「她有白血症，在那出生的嬰兒沒有頭。[16]」貝里的筆停在闞的農場，闞的母親四十多歲時死於白血症，父親則死於癌症，闞則一生都受甲狀腺狀況所苦（這場同學會結束的幾年後，闞過世），「這就是我們過去說的死亡一里路。」

有個男人走向我們這桌，看得出他幾杯黃湯下肚，雙眼通紅，說話含糊不清，這男人說貝里淨是一堆屁話，貝里自己就是在下風處的農場長大，還不是好得不得了。「我們這裡有很多八十七歲的老人。」貝里頷首，不尋常地沈默，其他同學也只是低頭盯著自己大腿。我很訝異，因為我從沒見過貝里像這天不出言反駁，貝里後來解釋，剛剛這名批評他的人有相當嚴重的健康問題，「我無法和他爭，」貝里說：「我很同情他的處境。」

在貝里和其他下風者站出來發聲前，並沒有關於漢福德健康效應的爭執，只有一場狀似科學爭辯的說法，結局往往是精心策劃出的困惑和不確定。在下風者出現前，他們並沒有病人的公開紀錄，因此從來沒有人提出爭論。生病的漢福德員工、農夫、鄰居默默承受數年，毫不知情自己可能和其餘幾千人命運相同。車諾比還災後的那幾年，下風者開始交談會面、參與活動，飛到日本、烏克蘭、奧爾斯克，得知有好幾萬個與他們同病相憐的人。自稱下風者的病痛身軀幫忙繪製出一張看不見、在西部腹地埋藏數十載的污染地形圖。

下風者拿自己的身體當作鐵證，指出龐大的矛盾之處，為何國家認為核廢料處理廠的污染嚴重到需要一千億美元的清理作業，但他們卻能說居住廢料處理廠隔壁的人平安無事？下風者對專家長久以來劃分區隔地帶與資訊，高築知識的牆感到沮喪，於是自己找到創造知識的另類方法。下風者訴說著自己的健康悲劇，並且不斷重述，他們瓦解了既定局勢，激發全新理解，那就是為了製造出讓人心服口服的結果，科學需要跨出實驗室，才能真正瞭解環境、當地人、居民人身的特定性及多樣複雜性。

41 核能開放政策

在蘇聯，車諾比意外將小型俄羅斯環境運動的星星之火，點燃成浩浩火災[1]，逐漸崛起的環保團體開始要求知道本國的核能歷史。一九八九年六月，中型機械工業部官員發布了一九五七年基許提姆爆炸的厚重手冊。這份官方承認宣言一出，報紙新聞迅速跟上腳步，讓他們對長期與世隔絕的馬亞科工廠燃起濃厚興致[2]。不久後，美國國會議員代表和科學家開始訪問這間最高機密工廠，進行實地勘查。除了車諾比災難之外，烏拉山核災消息亦對共產黨領袖的可信度造成沈重打擊，不過卻撼動不了奧爾斯克圍城的地基。擔心美麗湖岸城市未來的居民，聲援工廠和黨派領袖，對他們而言，冷戰結束就是種不祥威脅。

但在鄰近奧爾斯克的城市車里雅賓斯克，這座保守主義和愛國主義的永久堡壘，卻可見反核運動悄然成形。其中一名創辦人是終其一生都和蘇聯核工業脫不了關係的娜塔莉亞．密羅諾娃，這也讓她成為不可思議的反核運動領袖。密羅諾娃在戰後的東德長大，父母任職於蘇聯維斯慕斯公司（Soviet Vismuth Company），這家公司是為了在海外集中開採鈾的蘇聯武器工業而設立。長大成人後，她擔任能源工程師，參觀好幾間核電廠。在車里雅賓克斯，她開始對在南烏拉山建蓋嶄新核能電廠的計畫感興趣，於是去參加早期的反核示威遊行。在那裡，密羅諾娃注意到有個男人手持一張海報，寫著「不要再有突變兒」。詢問之下，密羅諾娃得知他來自一座叫作穆斯柳莫沃的村莊[3]，關於大家從沒耳聞的核災，他有個讓人大吃一驚的故事可以分享，後來她發現，這名只有小學畢業的農夫，對於核裂變產物的健康效應瞭解深廣。

高䠷褐髮美女密羅諾娃在仰賴國防產業、外國人止步的車里雅賓斯克省，自然而然化身反戰人士。她向我敘述她是怎麼在某天從忠誠的蘇聯公僕，變身同樣忠誠鐵血的抗爭人士。在一九八九年，國內尚未針對新反應爐提出公眾辯論，於是她和幾個人預約一間大廳，邀請馬亞科鈽工廠廠長和該省省長進行討論。擁擠禮堂內，密羅諾娃引用車諾比爆炸和一九五七年馬亞科工廠意外當證據，她的理由很充足，但馬亞科廠長維克多·費提索夫（Victor Fetisov）的回應不是捍衛工廠的安全紀錄，反而用黨派大老霸占講台的一貫模式，訓斥密羅諾瓦。他指稱密羅諾瓦並非專家，對馬亞科工廠一無所知，因此沒有對此議題發言的資格。就在那刻，群眾間有名老先生起身，說密羅諾娃是對的，他就住在捷恰河畔，見證過輻射對魚類、動物、人類造成的影響，現在該是政府機構對人民說明真相的時候了，支持群眾紛紛叫好，讓原本威風凜凜的廠長不敢吭聲。

密羅諾娃微笑著告訴我這個故事，擊潰大公司老闆、糾正她覺得自己不對的事、感動群眾站起來違抗那些不斷耀武揚威的人，這感覺簡直通體舒暢。密羅諾娃創辦一個名叫核安運動（Movement for Nuclear Safety）的團體，接下來幾年靠外國資助者的資金和諸多義工協助成長茁壯，該非營利機構在車里雅賓斯克租了間辦公室。密羅諾娃提倡反核政綱，在一九九〇年該省人民代表協調會贏得選舉，她成為新的輻射安全委員會（Committee for Radiation Safety）會長，當時是戈巴契夫政治死對頭的鮑里斯·葉爾欽，協助她的活動，揭幕烏拉山化學和核武製造的危險作業。葉爾欽一直是鄰近省分斯維爾德洛夫斯克的黨派大老，而該省則是幾座封閉核武軍事設備的家鄉。他走漏內部消息，進一步讓他有意傾覆的共產黨失信[4]。莫羅諾娃的團體展開活動，終止將核廢料運送至該省分進行加工和儲存的作業。他們成功阻止工廠開設新反應爐的計畫，至少暫時達到效果[5]。後來在一九九一年，第一任俄羅斯總統葉爾欽成立環境保護部（Ministry of Enironmental Protection），簽署俄羅斯的第一個全面性環境保護法。葉爾欽開放外國人參觀車里雅賓斯克，並且現身穆斯柳莫沃，宣布終於要幫居民遷離輻射污染的捷恰河。

核安運動舉辦過專題討論會，也是村莊團體的顧問，幫忙他們為了輻射相關的健康問題，向俄羅斯政府申請賠償。密羅諾娃的團體亦致力銷密車里雅賓斯克（FIB-4）和奧爾斯克的前機密健康診所紀錄。不可思議的事發生了，一九九五年葉爾欽政府公布一封官方道歉信函，為蘇聯人民不法接觸輻射的事致歉[6]。這份宣言為一九九六年奧爾斯克法庭上對馬亞科工廠提出的家庭訴訟案，開啟了一扇大門。一對父母成功為他們接觸輻射外洩的第三代、有先天畸形的孩子打贏官司[7]。承認馬亞科核裂變產物和遺傳傷害間的關聯，在俄羅斯法庭上可說是令人相當難以置信的發展。訴訟的成功說明了歷史背景對科學證據權衡的重要性。共產黨垮台後，頭幾場開審的訴訟案，皆反映出眾多今昔的俄羅斯人對政府普遍抱持的懷疑心態。

九〇年代初的發展教人嘆為觀止，往昔的環境正義終於獲得伸張，俄羅斯成為一個法律治理，而不是憑藉指令、衝動行事、黑幕交易經營的國家。密羅諾娃說，一九九一到九三年這段期間是「俄羅斯民主最光輝燦爛的年代」。

她制止自己說下去，補充道：「不過就那區區幾年。」

一九九三年，葉爾欽總統不是運用法律和辯論擊垮反叛國會，而是在莫斯科街頭派出士兵和坦克，對密羅諾娃而言，這就是民主死亡的年代。民主被槍指著頭領出俄羅斯白宮，全新進駐的候選人多半是後台強硬、清一色為貪腐商人和前任黨派大老的階級[8]。只要能幫他完成把共產黨推下政權舞台的遠大目標，葉爾欽便支持核能開放政策。而等到任務結束，反核抗議人士和受害者團體則漸漸成了絆腳石，核安運動等曾支持改革重建、協助終結共產統治的民間團體，多數被迫離開。

領頭案例威脅著馬亞科工廠及俄羅斯政府承擔極大義務，另一樁一九五七年意外後被迫加入清除工作的男孩案件，雖在地方法庭打贏官司，卻遭到高等法院駁回。接下來幾年請願者連環敗訴，一九九八年葉爾欽頒布一則指令，要求所有政府產業一律將視為敏感的資訊列為機密，該法令恐怕是能源及國防產業對遊說的回應，包括更名的俄羅斯原子能源機構，俄羅斯國家核子公司（Rosatom）[9]。一九九九年，勢力和規模都更強大的 KGB 後裔俄羅斯聯邦安全局（Federal Security Bureau，簡稱 FSB）探員，指控幾位通風報信的科學家洩露國家核安機密，有些科學家接到猥褻電話和死亡威脅[10]。在沒有公眾監督的情況下，坐擁權勢的部長可再度自由發揮，不必懼怕貪腐瀆職或環境破壞的指控。

不必受到公眾監督，是年邁孱弱的馬亞科工廠最需要的有利狀況，過去幾年工廠預算不足，無法給付薪資，而最聰明優秀的俄羅斯技術人員和科學家則紛紛出走俄羅斯核能電廠，轉戰海外工作[11]。同時俄羅斯的基礎設施劣化，礦工罷工，電力供應參差不齊，員工對他們的無薪工作置之不理。馬亞科工廠在九〇年代累積了幾十樁意外，每一次都釋出更多放射性泥漿、液體、煙霧[12]。舉個例子，二〇〇〇年九月九日，該區域的電力網路崩潰，該廠剩餘的核反應爐備用發電機並未及時運轉，在這令人心驚肉跳的整整四十五分鐘，工廠作業員趕忙維修發電機，在反應爐過熱前兩分鐘，成功讓發電機運作，再遲兩分鐘，就會發生讓車諾比黯然失色的爆炸[13]。

更多團體亮起警戒燈，在「環保」的大傘庇護下於烏拉山成軍，他們的目標是馬亞科工廠，而這裡也是全俄羅斯唯一加工失效核燃料的地方，製造過程會產出大量放射性廢料，廢料則在年邁大壩後方愈堆愈高，高放射性廢水存放在捷恰河外的開放式儲藏池。抗議人士乘著橡膠艇，順著輻射嚴重的捷恰河下游而去，然後把幾大桶輻射魚擱置州長辦公室前。他們拍攝孩子四肢扭曲、智力衰弱、教人心神不寧的照片，拍下測出路邊小吃攤八百微倫琴的手持計量器[14]。活動人士聲稱，有條地底放射性湖泊，正朝車里雅賓斯克的流域奔湧而去。馬亞科領導人，亦即工廠創辦人的後代子孫炮火反擊，指控環保人士每年在訴訟和賠償上花費該省分兩百萬經費，並讓工廠損失五千萬收益及幾百份當地工作，這場經濟蓄意破壞行為絕非意外。他們斷言環境保護人士正在為外國政府做事，目的是瓦解俄羅斯的經濟及國防潛能[15]。

密羅諾娃在車里雅賓斯克追蹤她所謂的俄羅斯民主之死，始於國家對核安運動的持續騷擾。官方騷擾在九〇年代中期，以小規模的法律訴訟和違章欠稅的指控揭開序幕，再加入媒體報導，污衊該團體為機會主義者，貪圖西方預支的補助金。運動人士發起活動，是為疏散污染村落、賠償飽受健康問題困擾的家庭、醫藥費、義肢、醫療監測計畫籌措資金。馬亞科和俄羅斯國家核子公司官員學到對付瘸腳孩童和病痛纏身父母的新聞故事，政府發言人聲稱受害者團體是「社會福利案件」，也就是不事生產的人意圖染指政府，獲得補助津貼[16]。其他與核工業無直接關係的人，出面證實這個說詞。

我在車里雅賓斯克時，和寫過數本馬亞科核廠的歷史學家弗拉迪米爾．諾瓦瑟羅夫談過。諾瓦瑟羅夫在奧爾斯克長大，九〇年代中，馬亞科廠長要他寫出第一本官方授權的烏拉山鈽製造史，他和前任第一黨派秘書維塔立．托斯帝柯夫，令人艷羨地取得工廠檔案庫資料，並且描寫工廠意外及環境惡化的關鍵紀錄，他們從事的工作讓工廠資深員工可以勇敢站出來，告訴其他作者自己親眼見證的一切[17]。

諾瓦瑟羅夫和托斯帝柯夫的第二本同主題著作在兩年後發行，書裡淡淡帶過批評，語氣帶有歉意。當我詢問諾瓦瑟羅夫原因時，他承認工廠管理階級警告他，要是他再寫出一本無情抨擊工廠的書，他的教授生涯將會步入終點。這招對諾瓦瑟羅夫很管用，在我們碰面前，他才剛和一家當地報社進行訪談，聲明捷恰河地區的人民貧困，因此當地人唯一的收入來源，就是以輻射受害者身分受領的賠償金，他說居民真正的疾病起因不是輻射，而是酗酒，不尋常的高先天缺陷比例的原因，則是近親繁殖[18]。

身為奧爾斯克人的諾瓦瑟羅夫，心知肚明要怎麼在核安國家遵守遊戲規則。他盡其所能用他的「專家」證詞讓村民的說法失去公信力，諾瓦瑟羅夫著手第一本書的創作時，有許多自由派人士都寄以厚望，期待俄羅斯政府能為受盡屈辱的蘇聯國家人民伸張平反，藉此展現出「我們生活在法治國家[19]」的理想實現，但等到他寫第二本書時，那份期望早已落空。

42 國王的全體子民

俄羅斯經濟在一九九八年崩塌。失控的通貨膨脹吞噬了人民存款和薪資，許多專業及藍領工人陷入貧困境地，不過赤字破產的俄羅斯政府也常付不出薪水。大學教授開始當起洗衣工，中產階級的專業人士上街賣棒棒糖，輻射生物學家娜塔莉亞．曼蘇羅娃的生涯也跌落谷底。在車諾比地區工作四年後，一九九二年她體弱多病回到家鄉，幾乎整個九〇年代都臥病在床，由她青少年的女兒照料生活起居。等到她痊癒時冷戰早已落幕，幾乎沒有核科學家的工作著落，沒有收入或存款的曼蘇羅娃只好翻垃圾桶，搜羅碎屑和可以回收的空瓶。

「小時候我學到一件事，那就是相信只要把全部貢獻給政府，政府永遠都會回饋你，」曼蘇羅娃某天午後在一間腫瘤科病房外對我說，她正在等動腫瘤切除手術，「現在我明白自己錯得多麼離譜。」

在一場二〇〇〇年精心操作的選舉中，普丁（Vladimir Putin）搶攻總統席位。他承諾將復甦破碎經濟，終結該國和造反的車臣少數族群之間的衝突，將俄羅斯重建成世界強權。他上位後不久，俄羅斯好幾座城市連環發生爆炸案，普丁誓言對恐怖主義開戰，包括大規模追捕間諜和暗中破壞人士，宣布全新限制民權及資訊自由，以更嚴厲的手段對付政治敵人。油價上漲對普丁政策極具加乘效果，國家收入增加同時，俄羅斯經濟復甦，有了這項利器，普丁愈受民眾愛戴，沒人想回去過洗衣工的生活，也沒人想在學校看見挾持人質的恐怖主義者。

二〇〇一年九月十一日，匪徒闖入核安運動團體的辦公室，竊取存有該團體財務報表和通訊紀錄的電腦記憶體，幾個月後，俄羅斯聯邦稅務官員指控核安運動團體逃漏稅，當地檢察官起訴他們違反了含糊不明的法律。剛從法律系畢業的年輕人加入運動，為該辦公室組成完整派別，但壓力並未就此消退，稅務官試圖讓密羅諾娃破產，該團體必須停收外國基金會供應的資金，他們付不起租金，因此辦公室搬到成員的私人公寓，到了二〇〇二年，該非營利組織面臨不得不解散的命運[1]。

烏拉山的環境保護運動本來大可就此告吹，但密羅諾娃曾經訓練並鼓勵其他社會運動人士，其中一名學徒正是娜塔莉亞．曼蘇羅娃。二〇〇五年，曼蘇羅娃創辦奧爾斯克的非營利組織，將聚焦放在馬亞科工廠的環境污染。此舉可說是十分勇敢，畢竟奧爾斯克居民大多都坐等核能開放政策時期結束，他們沒有顛覆法規或放逐黨派巨頭，圍城周遭的雙層鐵絲網尚在》一九八九和九九年，民調調查是否開放圍城時，居民一致投票保住柵欄門、警衛、通關系統，只怕一開放罪犯賤民會跟著蜂湧而入。有一半投票的核科學家說，要是城市開放他們就會離開[2]。九〇年代一天天過去，奧爾斯克僅出現少數幾個明顯可察的改變，像是鐵鎚和鐮刀的象徵圖案被換成俄羅斯聯邦的三色旗，而站在無垠西伯利亞冰霜之中冷到左右換腳的商人，就是資本主義的具體表現。

娜德茲達．庫特波娃就是其中一名商人。她在人行道上攤開牌桌，販賣女用睡衣。經濟崩垮前庫特波娃曾上過大學，和一名當地警察結婚，有過一段棄之不可惜的蘇聯後期婚姻，並在離婚前生下一個孩子。和許多九〇年代的俄羅斯年輕人一樣，庫特波娃亦在後蘇聯經濟和政治景觀裡尋尋覓覓，直到某天她去聽了一門課。講者告訴觀眾一件庫特波娃先前不知道的事：她的城鎮專產蘇聯核武使用的鈽，她出生前，城裡曾發生規模浩瀚不輸車諾比的意外，而猶如寶石閃爍的湖泊、柏木、松木林等周遭環境，都受到歷久不衰的放射性同位素嚴重污染，庫特波娃聞言後震驚不已。

小時候，庫特波娃曾聽她那腫瘤醫師的母親在電話中提到，某些病患「接觸過重」或「輻射感染」，但這幾個字她始終沒聽懂。她父親老是告訴她，他從業的工廠生產糖果包裝紙，在她小小的腦袋裡這個說法很值得採信。得知他在鈽工廠作業，並且曾經參與其中一場嚴重核災的清理後，她這才恍然大悟為何他年紀輕輕就痛苦癌逝。庫特波娃對自己的天真輕信感到震驚，也推動鼓舞著她採取行動，於是她在奧爾斯克創辦一個女性組織，很快就加入曼蘇羅娃的行列。這兩名女子加起來，威力強大。曼蘇羅娃在校學的是物理學和生物學，腦袋清晰、沉著、勤奮；庫特波娃則研讀社會學與法律，健談、充滿活力，勤奮程度亦不輸曼蘇羅娃。

更多女性造訪這間新創立的非營利組織，告訴曼蘇羅娃和庫特波娃她們輕信上當的故事。村民形容自己是怎麼在五〇和六〇年代被迫清理輻射地帶，有些女性當時甚至已身懷六甲，其他則還是學生。依據俄羅斯法律，環境災難「清理夫」的身分符合特殊醫療補助和退休金機制。因為蘇聯法律禁止在危險條件下雇用兒童和孕婦，所以他們的工作經歷沒被登記在蘇聯人民攜帶的勞工手冊上，由於空無紀錄，病痛纏身的村民不斷遭拒，不得以清理夫身分，申請醫療利益及治療賠償。雖然先例失敗，庫特波娃和曼蘇羅娃仍答應她們，將代表這群女人出席俄羅斯法庭[3]。這則消息四處散播，愈來愈多人前來請求庫特波娃和曼蘇羅娃，主要都是村民，請她們代表出席法庭申請資金，好讓他們搬離塔塔斯凱亞卡拉波卡和穆斯柳莫沃等村子。

庫特波娃走訪村子，搜集書面證詞時，我有時會跟在她身邊。村民帶著他們估測的接觸劑量及幾個世代的健康問題紀錄，與她依約碰面。這些受過村莊教育的農夫，非常清楚土壤、植物、人體器官吸收的放射性同位素。他們在當地檔案資料庫和錯綜複雜的科學文章埋頭苦讀，查明他們的接觸劑量。他們能講出內劑量和體外劑量的區別，解釋為何全身掃描為何得不出關於同位素半衰期的有用結論。他們用令人鼻酸、發自內心的細節，描述家人的併發症。村民用他們在「大自然實驗」裡切身學到的沈痛課程，教會庫特波娃還有我關於放射性景觀的知識。有了這則情報，庫特波娃在當地法庭提告索賠。

庫特波娃和曼蘇羅娃代表的，主要都不是奧爾斯克的村民。我問她們，為何幾乎沒有奧爾斯克的居民尋求她們幫忙，以下是庫特波娃的回覆：

> 這就是生活在圍城的我們固有的心態。雖然外界村民沒受過相同教育，其中一些甚至是文盲，但他們不會平白讓國家和企業公關宣傳瞞騙。就算要提出法律訴訟申請索賠，他們也不怕損失。原子工業利用聯邦津貼慣壞了在核電廠工作的人，這就是工廠的一貫做法。他們在公共關係上耗用大筆經費，奧爾斯克就是他們的贊助目標。而居民也真心相信公關人員散布工廠安全及汙染遺產遭到「誇大」的神話，或許我也是其中一人，畢竟現在我還和我的孩子住在這裡（奧爾斯克）。[4]

庫特波娃繼續留在封閉的奧爾斯克，是因為學校、保健、公共服務都很健全，她曾考慮搬到鄰近的基許提姆，無奈那裡的學校品質低劣，市政預算微薄，犯罪率又高[5]。

截至目前，庫特波娃打輸了地方法院和省法院的官司，她思忖俄羅斯最高法院的官司應該也將敗訴，不過她打算將官司送到法國史特拉斯堡（Strasbourg）的歐洲人權法院（European Court of Human Rights）審理。俄羅斯國會在一九九八年批准歐洲人權公約（European Convention on Human Rights），此後歐洲法院的裁決，就具有俄羅斯國家法律的地位[6]。

二〇〇五年，FSB 官員找上庫特波娃，質問她據傳先前在國際會議上向 CIA 探員透露的「核祕密」。當時，庫特波娃正和莫斯科的社會學家歐嘉．徹皮洛娃（Olga Tsepilova）合作，策劃在奧爾斯克進行民意調查，但這項計畫卻從未落實，因為徹皮洛娃一抵達奧爾斯克，就遭到 FSB 探員逮捕[7]。二〇〇八年，FSB 探員試圖在沒有搜索票的情況下搜庫特波娃的住家和辦公室，二〇〇九年，稅務稽查員指控她的非營利機構「希望星球（Planet of Hopes）」逃漏稅[8]，若經證實有罪，養育四個孩子的單親媽媽庫特波娃就得面臨高額罰款和三十年徒刑。經過激烈的法院抗戰後，車里雅賓斯克的仲裁法院宣告庫特波娃未犯下這些莫須有的罪行，但沒多久她又遭遇其他難關。FSB 試著雇用她一名同事當線人，還威脅要開除她的核廠工程師男友，奧爾斯克柵欄門警衛也反覆騷擾這名不受歡迎的「社會運動人士」，試圖撤回她進入城市的通行證。

每每遇到障礙，庫特波娃都堅忍不拔尋求俄羅斯法律的庇護。FSB 意圖在沒有搜索令的情況下闖入她家搜屋，對此她向警方騷擾提告，並要求查看賦予柵欄門警衛權力、沒收市民通行證的法規。結果根本沒有法規，所謂的法規不過是長期慣例做法及警衛沒收通行證的每月配額。庫特波娃威脅提告，官員才終止非法行動。經過調查，後來FSB停職了那位沒有搜查令就對庫特波娃搜屋的警官。

如果要我記分，我會給庫特波娃兩分。

庫特波娃是我目前為止碰過最厲害的訴訟高手，她開心列出她對「荒謬」官僚主義提出的法律告訴，憑藉她那不屈不撓的樂觀，在核武建物堡壘裡完成蘇聯六〇年代異議分子著手的任務：脅迫官員遵從自己立下的法律。

多年來，奧爾斯克的居民都在當地媒體和線上自動化分散式郵件系統中，把庫特波娃形容成製造麻煩的機會主義者，是國家的潛在間諜，百分之百的社群叛徒。但找獨立觀察員對工廠進行監督的成效愈來愈高。二〇〇四年，獨立調查人員發現，捷恰河的背景輻射量在幾個月內以雙倍、三倍成長。而國家檢查人員發現，阻隔工廠工程師傾倒放射性廢料的放射性貯存池大壩，出現了洩漏情況。十年來大家都知道這座大壩很脆弱，聯邦政府已經撥下修補資金，工廠經理卻遲遲未採取行動[9]。

馬亞科總經理維塔立・薩多尼科夫（Vitalii Sadovnikov）稱他們沒有重建大壩的三億五千萬盧布，但馬亞科工廠的利潤卻登記為十四億盧布，加上來自外國同夥人的收入，以及二〇〇一至〇四年傾倒廢料期間，靠強勢貨幣買賣賺進的四十三億盧布，薩多尼科夫也高額投資漂亮時髦的莫斯科辦公室，自己收受一百七十萬盧布的獎金[10]。二〇〇五年，區域地方檢察官對薩多尼科夫提出環境污染的刑事控訴。俄羅斯國家核子公司主任懷疑薩多尼科夫，但薩多尼科夫是人脈廣泛的商人，也是區域國會議員，因此成功擺脫這項指控[11]，回到自己的位置。

馬亞科得到一分。

然而在二〇〇七年，馬亞科工廠發生一場意外，庫特波娃警告媒體，薩多尼科夫提出的官方報告，和員工在城市自動化分散式郵件上的說詞大相逕庭，根據員工說法，意外其實更嚴重，薩多尼科夫這次的粉飾太平，反倒給了俄羅斯國家核子公司正當光明開除薩多尼科夫的理由[12]。

庫特波娃得到一分。

隨著幾年過去，工廠和庫特波娃的關係慢慢變得不再那麼敵對。二〇一〇年，馬亞科經理帶庫特波娃和曼蘇羅娃參觀前實驗性研究站的一間穀倉。為了進行各式各樣的試驗，幾十年來，裡頭的籠子都用來監禁飽受放射性物質荼毒的實驗室動物。動物早已不復再，可是經理卻毫無頭緒，不知該怎麼處理飽受放射線污染的穀倉和小隔間。他解釋若是拆除這棟大型建物，放射性粉塵會直接飄向奧爾斯克，於是尋求她們的意見，覺得怎麼做比較好。

庫特波娃不禁笑出來：「他們居然問我們該怎麼做！」

曼蘇羅娃想到一個解決方法：夷平建物前先罩上保護套。這件事激勵曼蘇羅娃和庫特波娃，讓她們開始提出其他建議，例如她們建議俄羅斯政府沿著污染嚴重的捷恰河六十英里，建一座石棺，掩蓋輻射污染的泥濘底層、堵住氾濫河水、讓毫無戒心的旁觀者保持距離。他們也打算疏散穆斯柳莫沃和卡拉波卡的居民，實踐這個延宕數十載的計畫。

我好奇思索一個問題，為鈽工廠危害收爛攤子的人究竟是誰？不是國王的全體子民，而是兩名奇女子：幾乎沒有工作、在自家公寓工作，與健康問題抗戰的曼蘇羅娃，養育拉拔年幼孩子的庫特波娃，她們就是肩擔蘇聯核武工廠龐大廢棄物的人。為五十年碩大鈽廠災難提出清理解決方案及法律規範，這等重責大任怎會落在她們兩人及鼎力協助的村民身上？

曼蘇羅娃和庫特波娃及鼎力相助的村民踏入這段歷史，剎那間讓蘇聯原子計畫的論述，也就是聰穎科學家率領幾千名自願僕從的故事，變得不怎麼合理。強大機構中型機械工業部起先變成俄羅斯原子能部（Minatom），後來成為俄羅斯國家核子公司，明明坐擁雄厚資金、政治管道、大批機械裝置、實驗室、科學家、外國補助、數量龐大的國家公僕，卻無法管理該計畫一手釀成的問題。背後原因是，若真要處置繞著工廠打轉的公共衛生、環境、經濟、基因問題的漩渦，就必須先看見問題，然而這幾十年來，領導蘇聯核工業的權勢人物，只能授權聽見及看見某些事。由於立法打擊「恐慌」和「誇大」，因此他們的重點從來不是五十年的廢料處理危機，暴露於嚴重污染環境的幾萬人也被晾在一旁。就是這種盲目讓他們幾年來削減廢料監督及處理的預算，往環境傾倒廢料的手也從沒停下。

工廠領導階級反將重點放在俄羅斯供應的津貼，後蘇聯時期則是尋求海外補助。有鑑於此，才會有人不公正指控受害者團體抱持從社會福利揩油的心態。社會福利的心態在核城奧爾斯克欣欣向榮數十年，工廠經理和居民學會要提早並經常申請資金，而這些資金都是挪自廢料處理、工廠安全、緊急撤離計畫，這會兒卻用來充飽鈽城優選子民的口袋。他們的富庶讓他們甘之如飴地沈默順從，同時更助長了放射性同位素的擴散。

工廠經理說，他們往開放式儲藏池傾倒放射性廢料的計畫，至少會延續至二〇一八年。廢料傾倒象徵的是長久的環境債，這是村民世世代代拿自身健康及福祉賭上的一筆債，但過去二十年來，俄羅斯及美國納稅人也為這筆債負擔清理基金。也許從奧爾斯克人民的觀點來看，這個策略很好，污染環境能擔保單一產業城市未來能持續獲得津貼補助，即使對於鈽的欲望蒸發散去，情況也不會改變。最即刻的計畫就是號召五十年的改革專案，管理好幾億居里的放射性廢料。專案結束後，工廠經理會確認工廠需要「長期監督、控管、保養[13]」，確定的發展就是，半衰期兩萬四千年的鈽為人們帶來工作保障。

至於庫特波娃、曼蘇羅娃和他們的合作對象，若溫順的人要繼承接手地球，他們就得先拯救它。社會運動人士有必要存在，是因為正如歷史所示，莫斯科大老無法相信馬亞科老闆，放他們在無人監督的情況下管理放射性廢料。普丁總統祭出俄羅斯「核武復興」，一個為因應計量器使用和海外出口而興建大批核廠反應爐的計畫，在此氛圍下，政府幾乎沒為俄羅斯國家核子公司官員留下半點空間，認真思索污染環境的議題。從俄羅斯國家核子公司的觀點出發，讓這兩名女子去揭瘡疤會容易得多，雖然她們的資源微薄，偶爾仍能抓到肆無忌憚的工廠經理。馬亞科經理則會朝來勢洶洶的社會運動人士使出拖延戰術，途中拋出逃漏稅、指控她們是間諜等障礙，攻其不防。俄羅斯政治人物知道他們勝券在握，稱這是「爭議」或「民主」。

好吧，「幾乎」勝券在握。因為庫特波娃、曼蘇羅娃及兩人合作的村民不會罷休。多虧車諾比事故過後十年的核開放政策，故事曝光，人們也開始聽見故事。

我在基許提姆時，露易莎・蘇洛瓦娃特地從奧爾斯克前來見我。她和曼蘇羅娃一樣，都曾是研究輻射軌跡的核生物學家。她告訴我她原本希望丈夫能一道參加專訪，因為他有值得分享的故事，但最後他因害怕而選擇待在家。我問蘇洛瓦娃，那她為何來了。

她說，八〇年代末研究站關閉前，她寫了份有關放射線污染對第三代後裔破壞力強大的研究報告，她說這份文章本來只是一種科學陳述，是根據研究資料做出的預測，直到最近，她十歲的孫女患了孩童間相當罕見的克隆氏症。蘇洛瓦娃把孫女的疾病怪在她自己童年接觸輻射所致的基因突變。看著孫女的病情加重，蘇洛瓦娃恍然大悟，她先前的科學預測反而回過頭狠咬她一口、糾纏她的人生故事，而這份認知逼她去見家裡也有病童的家庭。我們碰面前的好幾個月，蘇洛瓦娃已開始與曼蘇羅娃和庫特波娃合作。

庫特波娃得到一分。

43 未來

我來到里奇蘭小機場裡一間經過改造的機棚，拜訪美國超鈾元素和鈾登記處（United States Transuranium and Uranium Registries，簡稱 USTUR）處長謝蓋．托瑪切夫。該登記處的身分特殊，推廣資料主打該處是全美唯一輻射身體部位的國家貯藏所[1]。托瑪切夫帶我去看擱置大箱子的陳列架，盒子裡裝著瓶瓶罐罐的溶解組織和骨骼。每個箱子都有編號，標記著人類提供者和器官類別：肝臟、腎臟、心臟、膽囊。架子後方有幾部大型冰箱，裡面裝著尚待技術人員溶解、燒成灰燼、測量放射性同位素沈澱的身體部位。我開始明瞭這份工作的重要性，同時感到想吐。

手術室裡，實驗室兼職病理學家卡羅斯．門迪斯（Carlos Mendez）啪嗒一聲套上橡膠手套，開始肢解某個男人的胳臂[2]，他將這隻手臂切分成前臂和上臂，然後把皮膚、脂肪組織、骨頭、肌肉分成不同堆。第二隻尚未肢解的手靜置桌面，手掌朝上，姿態宛若正在冥想的瑜伽修行者。托瑪切夫解釋，能源部在過去幾年銳減該貯藏處的預算，因此他們從原本的幾十名員工，裁至現在只剩四名。在墨西哥時，門迪斯曾經當過醫生，但他非法跨越美國邊境，蹲過幾年苦牢，因此照理來說不符合在美國執業的資格。門迪斯憤怒地皺起眉望著我對他的工作感到作嘔，我有股感覺，他應該比較想拿活人開刀，而不是切割輻射污染的死者屍體。

門迪斯舉起一把電鋸，當托瑪切夫和我離開手術室時，電鋸鋸齒啃噬骨頭的聲音尾隨我們而出。托瑪切夫告訴我，為了節省經費，登記處的前任處長被要求提早退休，托瑪切夫指向自己胸口，用他可愛的俄羅斯腔說：「於是我就成了那個便宜的新處長。」托瑪切夫從莫斯科學院的機密系所獲得核化學學位，在蘇聯時，他曾在「箱子」裡工作，也就是保密到家的軍事研究中心。基於安全法規，托瑪切夫做夢都沒想過自己有朝一日會到美國，更別說指揮美國的核設備。

托瑪切夫騎著單車穿越里奇蘭的高瘦身影就象徵著這場聯姻，美蘇核電廠走過了小倆口動不動就鬥嘴的愛情長跑，終成連理。處心積慮醞釀蘇聯彈頭恐懼的美國軍事戰略家，到了九〇年代卻瞬間把焦點切換至更令人焦慮的問題，那就是蘇聯核武工廠會傾塌，核原料和武器科學家機擴散全球，因此焦心的能源部官員雇用俄羅斯核科學家，美國立法者則將納稅人的血汗錢送進俄羅斯的核設施[3]。

美俄核武巨星的結合不是大新聞，對媒體保密到家，少了邊緣政策和冷戰時期的臉紅脖子粗、裝腔作勢，多半麻痺的民眾以為俄武軍備戰爭早已收尾。正好相反，我們正處於人類學者休．葛斯特森（Hugh Gusterson）所謂的「第二核時代」，二〇一一年的核研究和發展資金遠比冷戰高峰期豐沛優渥。美國聯邦政府計畫在接下來十年間，為核武發展重金擲下七千億美元。俄羅斯政府並不打算乖乖認輸，他們預計投入六千五百億美元開支，重整俄羅斯軍事，主要開銷將用在戰略核子武器上[4]。雷根總統執政期間，擔任美國國防部官員的勞倫斯．柯布（Lawrence Korb）指出：「冷戰已經落幕，軍事工業建物已經得勝。[5]」

雖然托瑪切夫在敵營受訓，卻是相當優秀的能源部雇員。他對醫療廢料封存深信不疑，還說他的輻射身體部位貯藏處，展現出在可容許量內鈽對人體具有某種良性效果，他認為可容許劑量應該提高。托瑪切夫說，他這裡所有的身體部位捐贈者都是在七、八十多歲過世。「在體內有鈽的情況下，他們還多活了四十年，相安無事。」托瑪切夫告訴我，並搖頭補充道：「你們記者啊，全部大錯特錯。[6]」

輻射的健康效應至今仍深具爭議，關於車諾比展現的效應爭執不休，而該起意外事故的死亡預測，是三十七人至二十五萬人不等。這個爭議並不教人意外，我曾說過在這段歷史中，放射性同位素對人體效應的醫學研究經過嚴密控制，藉此打造出知識、懷疑、異議，乃至意見分歧的巨大鴻溝。但缺乏好奇心也讓人覺得詭異，在冷戰時期的美國，國家癌症研究所並未提出輻射與癌症相關的質疑，當我向 NCI 的前任副所長艾倫·拉布森（Allen Rabson）徵求解釋時，他回道：「輻射是致癌物質這點是可以確定的，但想要確定答案，就勢必脫離科學面，走向政治面。[7]」NCI 官員反將醫學研究領域交由 AEC 官員處理，AEC 則不遺餘力推廣核電安全。

AEC 官員接手日本第一份核爆傷害調查研究的資助，為的就是繼續將「誤導」和「不健全」的報告壓到最低[8]。接下來的研究中，研究員使用折衷的 ABCC 研究設立標準，研究目標卻只是狹隘地瞄準有限劑量範圍和幾種癌症，時常忽視其他放射性同位素對人體可能造成的效應。打造世界通用標準就是科學的用意，然而在鈽災這件事上，這個模型並不管用。

托瑪切夫象徵的是一個具備流動知識的全球公民，跨越國界，用最現代的方式自由流動[9]。然而現代人對流動性的崇拜，卻讓人看不清一個特質，那就是現代科技在鈽工廠周遭的特定環境地勢形成的風險，其實亦受地緣限制。漢福德和奧爾斯克一帶執行的醫學研究，依賴的是他處計算標準得出的平均值和預測值，通常並未考量到放射性同位素會以不同方式融入土地和人體景觀等當地及特殊場所。儘管具備幾十年的研究背景，除了最明顯的健康效應，研究員仍不具可判斷其他健康效應的高敏銳度高手法。

與此同時，核工業卻以模糊觀點對待處置放射性污染。自五〇年代起，美國大眾就聽過不少關於丹佛等城市的背景輻射，但背景輻射和吸收核裂變產物危害其實沒太大關係[10]。美國民眾也聽過核能很「環保」，六〇年代，核能拯救了本來可能在水力發電大壩翻肚的魚。二十一世紀，核能應許的是一個無碳未來。福島核災後不久，公共關係人員拂去了五年前的煤碳工業危險報告表面堆積的塵埃[11]，這個操作手法之前就用過了：原子能委員會先在六〇年代中大肆宣揚採煤的危害[12]，福島核災爆發的幾十年前，日本政府和核能企業倡議人將車諾比事故從教科書刪掉，並斥資數百萬為核能安全打形象廣告。與此同時，日本能源發電公司粉飾意外，竄改安全報告，卻沒因害怕驚動員工，被他們發現該工業的危險性，而預先購置緊急設備[13]。

另一種消除鈽災的做法，就是為鈽災增添大自然色彩。過去十年間，官員將漢福德、馬亞科、車諾比地帶重新整頓成野生保護區。車諾比地區目前對外開放觀光，主打的就是美到令人屏息的森林、湖泊、河川景觀。記者和科學家描述，這裡有滿坑滿谷的野生動物[14]。然而，進化生物學家提姆．墨索（Tim Mouseau）追蹤車諾比地區的鳥類時卻發現生態災難區。即便污染量不嚴重，他追蹤的鳥類中卻有百分之十八畸形，四成雄性鷦鷯不具生育能力，整體燕科則降低百分之六十六。墨索在輻射熱點區不見熊蜂、蝴蝶、蜘蛛或蚱蜢，整個核區已不見生命跡象[15]。在華盛頓州東部，漢福德核廢料處理廠的周遭地帶，被包裝成哥倫比亞盆地最後一個原始蒿屬植物灌木棲息地推廣，鹿和兔子卻偶爾漫步走出該保護區，將放射性排泄物解放在里奇蘭的草地[16]。八〇年代，漢福德流域經認可成為哥倫比亞河的最後一片自由流動水域。觀望著河水高度隨著波特蘭電力需求起伏漲落，再測量哥倫比亞砂礫河岸的桑樹放射線劑量，這麼一想，把漢福德地帶形容成「自然野生」可說是想像力豐富[17]。

葡萄酒製造是哥倫比亞河域近期的多元化計畫，他們歡迎遊客參觀半圓形般圍繞漢福德核廢料處理廠的品酒廠，然而這些酒廠並未標註在酒莊之旅的地圖。我品嚐幾款葡萄酒時，向葡萄酒商提及這條路上住的瓦納潘印地安人都患有癌症，有份疾病控制中心的研究發現，當地印地安人中每五十人就有一個得到癌症，他們食用哥倫比亞河魚類的傳統飲食是原因之一[18]。我問她，若這份研究正確，對於在如此鄰近封閉鈽廠的地方種植釀酒用葡萄，她有什麼看法？她粗聲粗氣地暴躁回應，印地安人有酗酒、近親繁殖、飲食不營養等問題，這番論調我早就聽過不知多少次[19]。

我很同情這名葡萄酒商，核廢料問題並不容易面對，因為這問題實在大到難以消化。二〇一一年福島核廠反應爐心熔毀，災變嚴重性與車諾比不相上下，原因是東京電力（TEPCO）公司沒有棄置龐大核廢料的所在，因此只把廢料裝在核能反應爐旁的貯藏池，此舉簡直形同在煤氣廠裡儲藏火藥[20]。推廣「核武復興」的俄羅斯官員正在和日立通用合資公司角逐，向亞洲和中東的開發中國家外銷核反應爐[21]。俄羅斯的推銷台詞絕大多數是承諾再加工無效燃料，把已經負擔過重的既存馬亞科後處理工廠，當作傾倒場重新利用。地理學家夏蘿·可魯帕（Shiloh Krupar）形容，核廢料好比活死人，彷若五〇年代的喪屍電影，既殺不死，也阻止不了它復活[22]。

鈽的製造需要的是不民主也不安全的決定及政策，從政治角度來看，美國人與蘇聯人認為這種決策很美妙，因為在隔這般離劃分的地景裡，世界頭幾座鈽工廠誕下南轅北轍的社區：富有的長期雇員與短期移民勞工被分隔出來，而這片地景不僅有效讓龐大核工廠成為一個隱形基地，更讓它們製造的環境及衛生問題隱形。鈽托邦的空間劃分看似自然，實際上卻反映出蘇聯及美國所存在的社會區隔：自由與不自由勞工、主流白人及非白人少數人口、生活在被認定為安全區及被留在輻射區的居民。二十世紀的歷史繞著該地景的種族與階級印記打轉，在鈽區，這些界線保證了國家機密，而下屬員工則逐漸憂心，在他們閒人勿進的城市內，他們是否還能持續享受消費特權及社會福利優勢。

鈽托邦在當地廣受歡迎，是因為鈽托邦供應不斷擴張的經濟，無盡提升的生活標準，提供愈來愈大量消費性產品，而這一切全拜政府補助所賜，唯獨萬中選一的員工能享受這一切。鈽托邦居民對科學進步及經濟效率展現出不得了的堅定信念，許多人都認為他們城市處處可見的無階級富庶，是美國夢或共產主義烏托邦的真實體現，證實了他們國家的意識形態正確無誤，反過來看，這等自信和信心則孕育出人民的愛國情操、忠貞不二、服從沈默。

這些特殊社區就像協助它們發展的核科技，不費工夫地四處擴展。類似里奇蘭的社區在加州、德州、喬治亞州、愛達荷州、新墨西哥州重複出現，猶如奧爾斯克的社區則在烏拉山、哈薩克、西伯利亞、某些歐洲部分的俄羅斯地區複製，是相當吸引人又別具全球觀的模型。六〇年代，美國CIA探員和顧問透過祕密條約，協助在日本蓋通用電氣核電廠，通用工程師起初為福島設計的首要幾座反應爐，目的是用於製造美國核動力潛艇，也因此反應爐的設計專門提供水多人少的環境，雖然適合海洋表面底下的條件，卻不太適合供陸地上的民間使用[23]。結果日本核能開發商挪用前輩的做法，挑選偏遠貧窮海岸地帶建造核反應爐，然後豪奢地為新的「核村」提供補助金，日本核村民眾也熱烈歡迎反應爐，因為反應爐代表著工作機會和稅收、嶄新社區中心、學校、主題樂園、游泳池的降臨，甚至還有免費尿布可以拿[24]。

軍備競賽餵飽核社區的同時，社區形成的文化與生活方式也反過來培養滋長軍備競賽。擁有高補助金的核社區創造出一個「心滿意足的小宇宙」，因此很難達成政治解散。艾森豪總統是第一個抱怨這類軍事工業建物頑冥執拗的人，這位前任五星將領不得不承認，他是核廠的手下敗將。打著非核政綱登基上位的歐巴馬總統，也遏止不了核武開銷的激增[25]。場景切換至蘇聯，嘗試減緩核武製造的兩任蘇聯領袖赫魯雪夫和戈巴契夫，都在軍隊和安全官員的助力下遭到罷免。

鈽城不僅是科技和科學的產物，更是栽培出浩瀚城市文化的產物。鈽城開創嶄新社區，窩藏核心家庭，率領自己的國家前進。鈽托邦居民也不是唯一擁有這般欲望的人。出了鈽托邦，美國人和蘇聯人亦以種族隔離、聯邦補助的特權社區形式，爭先恐後取得實際及財務安全。隨著時間過去，鈽托邦已不被當作一種破格、離群索居的社會結構，而是美蘇風光裡，四處落地播種、夢寐以求的市郊住宅區，空間充裕的結構讓浩大核廠成為一種常態，成功在清晰可見的範圍內變得隱形。

雖然我從未進入奧爾斯克，但從照片看來，有著高樓、寬廣街道、遼闊空曠公共廣場的奧爾斯克，就是許多蘇聯城市的美好翻版。我倒是曾在里奇蘭待過一陣子，里奇蘭的尋常讓我不知做何反應，看起來既不像、感覺起來也不像冷戰的前哨基地，和許多美國戰後的郊區幾乎沒有兩樣，沿著里奇蘭寬闊筆直的主要道路平緩前進時，我們經過了為開闢停車場而與道路保持距離、猶如大盒子般的商店，讓我有種回到家的安心感受，卻萬萬沒想到這些主要道路是撤離路線，停車場被當作防火道，無窗的購物中心則身兼災難庇護所[26]。

里奇蘭和奧爾斯克都能讓人一眼辨識，因為在這些鈽城堡壘，核末日戰爭的將落地點，若有選擇，人人都會和其他同胞做出相同選擇，以民權和政治自由，換取消費和財務安穩。價值階級溜滑梯式的隱形地帶分區，向美國與蘇聯允諾出機會平等與流動性的謊言，但這個謊卻很容易讓人視而不見。將普世平等的長遠目標換成「少數優等人才」或「優選人民」的獨享特權時，美國人與蘇聯人也揮別了唾手可得又公平合理的公共住宅，蘇聯人偏好的是門禁森嚴的城市，美國人則喜歡單一階級的郊區。打造出富裕住宅區的同時，捍衛國防和進步的人亦帶來破壞及環境犧牲，而這些區域連他們自己都不願意住。到了二十一世紀，只要有機會，許多俄羅斯人和美國人都想住在封閉式門禁社區，諷刺的是這種社區並沒有化為監禁牢獄般的惡名，而是欲望的目標，而在此同時，開創性核城的流動性、半個世紀以來追求的安穩、健康、幸福世代則步入尾聲[27]。

一手打造漢福德和奧爾斯克的將軍、工程師、科學家，以國家與意識形態、領袖與平民、核區與非核區、身體與環境、人類與動物、大自然與文化等各式各樣的明確界線，向世人保證平安與保障[28]。這些區別大多都是虛構的，當美國和蘇聯對於家庭及後代的想法彼此疊合時，科學發現也穿越敵軍界線，核裂變產物從工業區遷徙至住宅區、從土壤進入食物、從空氣吸進肺部及血液、骨髓、最後抵達DNA，身體就這麼成為核廢料貯藏室。但即使邊界虛構，卻有其作用，葛羅夫斯將軍和貝利亞深知，分區是保守祕密和壓下壞消息的重要科技。將意識形態分成「共產主義」和「資本主義」的話，人們會因害怕被貼上敵人的標籤而不質疑自己的上級。細分成「科學」、「環境」、「文化」、「建築」的歷史，也沒能解開框架更大的故事謎底，解釋科學研究、文化思潮、都市化趨勢、領地分區、政策、財務是如何打造出我們稱為家園的地景，又是怎麼在同一時間製造出彈頭、導彈、愈來愈難以肩擔的國防預算。

核武工廠設備創造出軍事化景觀，甚至在鈽工廠領地外開花結果。就美國來說，在三城區支持推動人士的積極遊說之下，居民爭取到高速道路、橋樑、大壩、學校、住房、農場補助金，以保障國家安全和自給自足。居民日漸覺得自己應得冷戰所承諾的普遍富裕，而這種型態的分配能提供他們財務安穩。軍事化的美國地勢上演著五花八門的戰爭：貧窮戰爭、毒品戰爭、癌症戰爭、恐怖主義戰爭，而這些戰爭皆以常見的軍事科技展開：清除荒蕪城市的推土機、機密財務安全的地圖、為了食品製造和化療而改造的化學武器、為了保存食物和醫學而改良的核科技、對本地居民進行監視的武器。

這個軍事化景觀設備也助長了健康流行疾病。在一九五〇至二〇〇一年間的美國，癌症的整體年齡調整後發病率增加百分之八十五。醫學裡曾幾何時罕見的兒童癌症，如今竟變成美國兒童的頭號常見疾病殺手[29]。癌症發生率只是糖尿病、心臟病、氣喘、肥胖症等持續發展的美國健康問題的終點。標記在身體上的社經文化問題，也銘刻在美國社區裡，四分之一社區都位在有毒廢料清除基金場地的四英里範圍內，堆滿塑膠、化學溶劑、殺蟲劑、核廢料、各式各樣沒人樂見的消耗性社會碎屑[30]。而這也是鈽一手打造的房子。

俄羅斯的紀錄並沒有比較樂觀。從一九六〇至八五年，蘇聯的癌症率從每十萬人中有一百一十五人，攀升至一百五十人[31]。到了九〇年代中，俄羅斯的死亡率在二十世紀，達到和平時期水準的巔峰。俄羅斯的嬰兒僅有三分之一是健康誕生的，在一籮筐分類之中，俄羅斯的表現於所有國家間年年吊車尾，包括人口壽命、生育率、嬰兒死亡率[32]。就在蘇聯領導人刻不容緩地跟上美國武器製造商步伐的同時，他們原先允諾的共產主義烏托邦景觀，也演變成市民居住於配備完善、需要登記通行證的城市，村民則合法困在偏遠地區，在貧困及健康問題之中痛苦打滾。

里奇蘭和奧爾斯克的歷史急需說出來，是因為鈽托邦的問題尚未解決。二〇一一年，福島三座反應爐心熔毀，亦是重蹈覆轍，鈽區的模式重新上演：安全性隨便的軍事設計、意外發生後的一概否認和輕描淡寫、延遲撤離至同樣遭受污染的地區、雇用短期低廉的「職業遊牧民族」進行最骯髒的工作[33]。在美國、俄羅斯、日本，私人企業從核製造撈盡油水，聯邦政府則要在核意外發生後幫核企業負擔賠償，等於全體社會都要幫核歷險記招來的財務風險擦屁股。

幸好，故事沒有就此畫下句點。面對默不吭聲、癱瘓麻痺的領導人，日本國民做出烏拉山村民及華盛頓州東部農夫所做的事：他們親自著手參與，透過社群媒體網路和社區組織團結起來，購買蓋氏計算器、檢測自己的食物、空氣、土壤，繪製屬於自己鉅細彌遺的污染地圖，有了這份知識，他們就能逼迫公司主管和政府高官也動起來[34]。

我之所以展開這個計畫，是因為我想認識瞭解核安全國家領航人。生活在核武軍備競賽邊境的鈽托邦人民，在我眼底都是二十一世紀初的文化創始先鋒，從這個年代起，全球人民都成了反恐怖主義、財務、醫學的監視對象。身為嶄新千禧年人民，人人皆遭到監聽、監視、跟蹤，有時甚至是我們自己心甘情願的串通共謀。

然而在這本書的創作過程中，我認識到那些因為醫療飲食限制而不能和我分食的人，我遇見掀起上衣、讓我看歷經無數手術留下交叉線條疤痕的人。看著這些勇敢的人堅定提出問題、尋找自己所欲的答案、不顧督導的沈默禁令大聲說出口，我漸漸看見另一種不同的核武前鋒。這群人衝鋒陷陣，勇往直前，有些穿戴防護性工作裝和面罩；有些人蒼白纖瘦，有些則是孩童；有些人背著氧氣筒拖著步伐，抑或滑著他們的輪椅前進。透過資源、財富、權力的衝突矛盾，加上為風險、健康、安全而戰的抗爭，他們定義出一種全新的公民權，那就是除了自身政治和消費權外，人民還需要滿足生理權，不僅需要遠離匱乏和暴政的自由，也堅持享有遠離風險及污染的自由。換句話說，這群意志如鋼鐵般的人就是我們的一分子，因為人人皆是鈽托邦的子民。

鳴謝

我首先要謝的是和我分享故事的人，而大多故事都沈痛到讓人不想追憶，因此我十分感激願意慷慨與我分享的人：謝蓋・亞格魯申科夫（Sergei Aglushenkov）、亞歷山大・亞克立夫（Aleksander Akleev）、鮑伯・艾爾瓦雷茲（Bob Alvarez）、歡妮塔・安德魯耶斯基（Juanita Andrewjevsky）、妲夏・阿爾布格（Dasha Arbuga）、尤金・艾許利（Eugene Ashley）、湯姆・貝里（Tom Bailie）、珊卓・貝提（Sandra Batie）、約翰・布雷克勞（John Blacklaw）、辛蒂・布里克（Cindy Bricker）、艾德・布里克（Ed Bricker）、雷克斯・布克（Rex Buck）、湯姆・卡本特（Tom Carpenter）、鮑伯・柯里（Bob Collie）、瑪姬・德古耶（Marge Degooyer）、安妮特・賀里佛特（Annette Heriford）、羅傑・荷塞爾（Roger Heusser）、克里絲朵・賀伯斯（Crystal Hobbs）、古娜拉・依絲瑪吉洛娃（Gulnara Ismagilova）、史蒂芬妮・亞尼塞克（Stephanie Janicek）、喬・喬丹（Joe Jordan）、羅莎・卡桑茲瓦（Rosa Kazantseva）、拉希德・卡齊莫夫（Rashid Khakimov）、羅伯特・諾斯（Robert Knoth）、安娜・可利諾瓦（Anna Kolynova）、蜜拉・柯森科（Mira Kossenko）、史維特拉娜・柯貞科（Svetlana Kotchenko）、娜德茲達・庫特波娃（Nadezhda Kutepova）、琉博芙・庫斯米諾夫（Liubov Kuzminov）、弗拉狄斯拉夫・拉林（Vladyslav Larin）、娜塔莉亞・曼蘇羅娃（Natalia Manzurova）、艾芙朵基亞・梅尼柯娃（Evdokia Mel'nikova）、派特・梅若（Pat Merrill）、安娜・蜜里悠提娜（Anna Miliutina）、娜塔莉

亞・密羅諾娃（Natalia Mironova）、C. J. 密切爾（C. J. Mitchell）、拉夫・米瑞克（Ralph Myrick）、弗拉迪米爾・諾瓦瑟羅夫（Vladimir Novoselov）、帕威爾・歐勒尼科夫（Pavel Oleynikov）、娜德茲達・佩特魯許基納（Nadezhda Petrushkina）、崔夏・普里提金（Trisha Pritikin）、基斯・史密斯（Keith Smith）、凱倫・多恩・史帝勒（Karen Korn Steele）、吉姆・斯托菲爾斯（Jim Stoffels）、理查・蘇茲（Richard Sutch）、露易莎・蘇瓦洛娃（Louisa Suvorova）、羅伯特・泰勒（Robert Taylor）、謝蓋・托瑪切夫（Sergei Tolmachev）、維塔立・托斯帝柯夫（Vitalii Toltikov）、嘉麗那・烏斯提諾娃（Galina Ustinova）、艾莉娜・維亞基納（Elena Viatkina）。

我要謝謝以下善意對待我這個陌生人的人：茱莉亞・克梅勒夫斯凱亞（Julia Khmelevskaia）、伊果・納司基（Igor Narskii）、黛安・泰勒（Dianne Taylor）、唐恩・索倫森（Don Sorenson）、蜜雪兒・吉伯（Michelle Gerber）、娜塔莉・梅尼柯娃（Natalia Mel'nikova）、嘉莉娜・吉比特基納（Galina Kibitkina）、茱莉・吉爾恩斯（Juli Kearns）、謝蓋・朱拉夫勒夫（Sergei Zhuravlev）。由衷感謝協助研究與提供檔案資料的：瑪麗娜・馬諦斯基（Marina Mateesky）、桃樂絲・肯尼（Dorothy Kenney）、艾弗基尼・艾弗斯提尼夫（Evgenii Evstigneev）、詹姆斯・湯馬士・克里斯帝昂・歐伊斯特曼（James Thomas Chrstian Oestermann）、莫瑞・菲許貝克（Murray Feshback）、希洛・克魯巴（Shiloh Krupar）、保羅・約瑟夫森（Paul Josephson）、史蒂夫・溫恩（Steve Wing）、羅伯特・包曼（Robert Bauman）、約翰・芬德雷（John Findlay）、珍・史勞特（Jane Slaughter）、康妮・艾斯戴普（Connie Estep）、彼得・貝肯・哈雷斯（Peter Bacon Hales）、珍妮絲・帕斯利（Janice

Parthree）、泰瑞・費納（Terry Fehner）。我想特別感謝哈利・溫瑟（Harry Winsor）的耐心指導，帶我認識物理學、工程學、化學。本書用心良苦的讀者和編輯如下：莎拉・賴茲恩（Sarah Lazin）、蘇珊・弗伯（Susan Ferber）、凱瑟琳・艾弗都霍夫（Catherine Evtuhov）、羅莎・馬格努斯多蒂爾（Rosa Magnusdotir）、瑪姬・派克斯森（Maggie Paxson）、麥可・費（Mike Faye）、大衛・恩格曼（David Engerman）、伊森・普洛克（Ethan Pollock）、瓊伊・查特吉（Choi Chatterjee）、貝絲・霍姆格倫（Bath Holmgren）、安德魯・費雪（Andrew Fisher）、寶莉娜・布倫（Paulina Bren）、內琳嘉・克倫拜特（Neringa Klumbyte）、古娜茲・薩拉弗迪諾瓦（Gulnaz Sharafutdinova）。感謝邀約我參加本書研討會和演講的朋友：密西根大學（University of Michigan）的凱瑟琳・康寧（Kathleen Canning），北卡羅萊納大學教堂山分校（University of North Carolina, Chapel Hill）的唐恩・瑞雷（Don Raleigh）和露易絲・麥可雷諾斯（Louise McReynolds），德州大學奧斯汀分校（University of Texas, Austin）的瑪麗・紐伯格（Mary Neuburger），邁阿密大學（Miami University）的凱倫・達威夏（Karen Dawisha）和史蒂芬・諾里斯（Stephen Norris），密西根州立大學（Michigan State University）的路易・席格包姆（Lewis Siegelbaum），新墨西哥大學（University of New Mexico）的凱瑟琳・卡希爾（Kathleen Cahill）、梅麗莎・博科沃伊（Melissa Bokovoy）、山謬・德魯特（Samuel Truett），賓州州立大學（Pennsylvania State University）的凱薩琳・維納（Catherine Wanner）和尤莉・畢胡恩（Yurij Bihun），馬里蘭大學學院市分校（University of Maryland, College Park）的艾瑞卡・密拉姆（Erika Milam）、維思大學（Wesleyan University）的彼得・魯特蘭（Peter Rutland）和維多莉亞・史莫金羅斯洛克（Victoria Smolkin-

Rothrock），威廉與瑪麗學院（College of William and Mary）的費德列克·柯尼（Federick Corney）和北村弘（Kitashi Kitamura），哥倫比亞大學（Columbia University）的理查·沃特曼（Richard Wortman）和塔里克·阿瑪（Tarik Amar），國立衛生研究院（National Institutes of Health）的大衛·康特（David Cantor），史丹佛大學（Stanford University）的凱倫·威根（Karen Wigen）、凱南研究所（Kennan Institute）的布萊兒·魯伯（Blair Ruble）、華盛頓州立大學（Washington State University）的傑夫·桑德斯（Jeff Sanders）、加州大學柏克萊分校（University of California, Berkeley）的蕾亞諾恩·道林（Rhiannon Dowling）和維多莉亞·弗瑞德（Victoria Frede），北卡羅萊納大學的唐恩·瑞雷和露易絲·麥可雷諾斯，紐約大學（New York University）的茉莉·諾蘭（Molly Nolan）和安德魯·尼德漢（Andrew Needham），貝茲學院（Bates College）的珍·克斯特勞（Jane Costlow）和吉姆·芮特（Jim Righter），加州大學聖塔克魯茲分校（University of Calinornia, Santa Cruz）的安娜·秦（Anna Tsing），瑞秋卡森中心（Rachel Carson Center）的黛安娜·明塞特（Diana Mincyte）和克里斯托夫·摩區（Christof Mauch）。

十分感謝以下機構提供資金協助：馬里蘭大學巴爾的摩分校（University of Maryland, Baltimore County）、古根漢基金會（John Simon Guggenheim Foundation）、國家人文學術基金會（National Endowment for the Humanities）、歐亞及東歐研究國家委員會（National Council for Eurasian and East European Research）、非營利發展機構 IREX、基南研究所。我要特別謝謝以下人士的指導：麥可·班森（Michael Benson）、蕾貝加·波林（Rebecca Boehling）、比爾·切斯（Bill Chase）、威倫·柯韓（Warren Cohen）、喬

夫・伊里（Geoff Eley）、約翰・傑弗瑞（John Jeffries）、克里絲蒂・黎恩登梅爾（Kristy Lindenmeyer）、羅伯特・謝爾夫（Robert Shelf）、南茜・伯恩科夫・塔克、琳恩・維奥拉（Lynne Viola）、理查・懷特（Richard White）。最後，我的親朋好友也幫忙我孕育這本書的誕生，誠心感謝莎莉・布朗（Sally Brown）、威廉・布朗（William Brown）、莉茲・馬爾斯頓（Liz Marston）、艾倫・布朗（Aaron Brown）、茱莉・霍夫梅斯特（Julie Hofmeister）、大衛・巴姆佛德（David Bamford）、加瑪・葛瑞森（Kama Garrison）、麗莎・哈德梅爾（Lisa Hardmeyer）、蕾斯里・魯嘉伯（Leslie Rugaber）、布魯斯・葛瑞（Bruce Gray）、普蘭蒂絲・海爾（Prentis Hale）、崔西・艾德蒙斯（Tracy Edmunds）、萊拉・可科蘭（Leila Corcoran）、莎莉・韓司伯格（Sally Hunsberger），阿里・伊格曼（Ali Igmen），蜜雪兒・費基（Michelle Feige）、幫我發想書名的莎夏・巴姆佛德布朗（Sasha Bamford-Brown），還有一字不漏讀完整本書的瑪喬蓮恩・卡爾斯（Marjoleine Kars）。

檔案庫與簡稱

AOKMR　俄羅斯，庫納沙克，庫納沙克市政區檔案部門

BPC　加州，帕羅奧多，史丹佛大學胡佛研究所，博里斯帕許館藏

CBN　《哥倫比亞盆地報（Columbia Basin News）》

CREHST　華盛頓州，里奇蘭，「科學和科技」，哥倫比亞河歷史展覽

DOE Germantown　馬里蘭，日耳曼敦，能源部，一九五八～一九六六年，AEC 秘書處檔案

DOE Opennet　能源部 Opennet 線上系統，http://www.osti.gov/opennet

EOL　柏克萊，加州大學，班克羅夫特圖書館，特別館藏，厄尼思特・O・勞倫斯論文

FCP　西雅圖，華盛頓大學，特別館藏，弗萊德・克雷格特論文

FTM　華盛頓州，里奇蘭，能源部公共閱覽室，法蘭克・T・馬修斯日記

GWU　國家安全檔案資料庫，喬治華盛頓大學，www.wgu.edu/~nsarchiv/radiation/dir/mstreet/commeet/meet5/brief5/tab_fbr5f3m.txt

HMJ　西雅圖，華盛頓大學，特別館藏，亨利・M・傑克森論文

HML　德拉瓦州，威爾明頓，海格里博物館及圖書館

JPT 西雅圖，華盛頓大學，特別館藏，詹姆斯·P·湯瑪斯論文

LKB 華盛頓州立大學特別館藏，里奧·K·布斯塔論文

NAA 喬治亞州，亞特蘭大，國家檔案管理局

NARA 馬里蘭，學院市，美國國家檔案館

NYT 《紐約時報》

OGAChO 俄羅斯，車里雅賓斯克，車里雅賓斯克區綜合國家檔案館

PRR 華盛頓州，里奇蘭，能源部公共閱覽室

RPL 華盛頓州，里奇蘭，里奇蘭公共圖書館，里奇蘭城市歷史館藏

RT 華盛頓州，帕斯科，羅伯特·泰勒私人館藏

SPI 《西雅圖快訊報（Seatle Post-Intelligencer）》

SR 《發言人評論報》

TCH 《三城先驅報》

UWSC 西雅圖，華盛頓大學，特別館藏

註解

作者序

1. R. E. 傑法特（R. E. Gephart），《漢福德：一段關於核廢料和清理的對話》（*Hanford: A Conversation About Nuclear Waste and Cleanup*，俄亥俄州哥倫布：巴特爾出版，2003 年），5.25. 馬亞科工廠的預測值高出更多，落在十億居里；弗拉狄斯拉夫·拉林（Vladislav Larin），《馬亞科工廠裡的未知意外》（*Neizvestnyi radiatsionnye avarii na kombinate Maiak*），www.libozersk.ru/pbd/mayak/link/160.htm（2012 年 3 月 19 日摘錄）。
2. Yoshimi Shunya, "Radioactive Rain and the American Umbrella," Journal of Asian Studies 71, no. 2 (May 2012): 319–31.
3. Jack Metzgar, Striking Steel: Solidarity Remembered (Philadelphia: Temple University Press, 2000), 7, 156.
4. John M. Findlay and Bruce William Hevly, Atomic Frontier Days: Hanford and the American West (Seattle: University of Washington Press, 2011), 84.
5. T.C. Evans,"Project Report on Mice Exposed Daily to Fast Neutrons,"July 18, 1945, NAA, RG 4nn-326-8505, box 54, MD 700.2, "Enclosures."
6. Adriana Petryna, Life Exposed Biological Citizens After Chernobyl (Princeton, NJ: Princeton University Press, 2002).
7. 最近出版刊物包括加布里耶·赫希特（Gabrielle Hecht），《核能：非洲人與全球鈾貿易（*Being Nuclear: Africans and the Global Uranium Trade*，麻州劍橋：麻省理工學院出版，2012 年）；理查·羅德斯（Richard Rhodes），《炸彈微光：近年挑戰、全新危機、沒有核武的世界展望》（*Twilight of the Bombs: Recent Challenges, New Dangers, and the Prospects for a World Without Nuclear Weapons*，紐約：古早出版，2011 年）；芬德雷和赫夫利（Findlay and Hevly,），《原子邊境歲月》（*Atomic Frontier Days*）；強納森·薛爾（Jonathan Schell），《第七個十年：核危機的嶄新樣貌》（*The Seventh Decade: The New Shape of Nuclear Danger*，紐約：都會出版，2007 年）；雪倫·溫伯格和納森·霍基（Sharon Weinberger and Nathan Hodge），《核家族假期：在原子武器的世界旅遊》（*Nuclear Family Vacation: Travels in the World of Atomic Weaponry*，紐約：布倫斯博理出版，2008 年）；麥克斯·S·包爾（Max S. Power），《美國核荒原》（*America's Nuclear Wastelands*，普爾曼：

華盛頓大學出版，2008年）；V. N. 庫茲內索夫（V. N. Kuznetsov），《烏拉山圍城》（*Zakrytye goroda Ural*，葉卡捷琳堡：軍事史學術出版，2008年）。

第一章：馬提亞斯先生前往華盛頓州

1. FTM, December 16–22, 1943.
2. Katherine G. Morrissey, Mental Territories: Mapping the Inland Empire (Ithaca, NY: Cornell University Press, 1997), 32–35.
3. Michele Stenehjem Gerber, On the Home Front: The Cold War Legacy of the Hanford Nuclear Site (Lincoln: University of Nebraska Press, 1992), 22.
4. Paul C. Pitzer, Grand Coulee: Harnessing a Dream (Pullman: Washington State University Press, 1994), 341–43.
5. 同上，116。
6. FTM, January 5, 1943.
7. Robert S. Norris, Racing for the Bomb: General Leslie R. Groves, the Manhattan Project's Indispensable Man (South Royalton, VT: Steerforth Press, 2002), 214.
8. FTM, December 17 and 22, 1943.
9. 引述自吉伯（Gerber），《家園前線》（*On the Home Front*），12。亦見喬治．霍普金斯（George Hopkins）對尼可斯（Nichols）等人陳述的內容，1942年12月26日，NAA，RG 326-8505，41箱，600.03「地點」；「完整報告：漢福德工程師作業，第一部」，1945年4月30日，NAA，RG 326-8585，46箱，400.22「一般作業」。
10. D. W. Meinig, The Great Columbia Plain: A Historical Geography, 1805–1910 (Seattle:University of Washington Press, 1968), 6.
11. John M. Findlay and Bruce William Hevly, Atomic Frontier Days: Hanford and the American West (Seattle: University of Washington Press, 2011), 60.
12. Patricia Nelson Limerick, "The Significance of Hanford in American History," in Terra Pacifica: People and Place in the Northwest States and Western Canada (Pullman: Washington State University Press, 1998), 53–70.
13. Ted Van Arsdol, Hanford: The Big Secret (Vancouver, WA: Ted Van Arsdol, 1992), 13–15; Peter Bacon Hales, Atomic Spaces: Living on the Manhattan Project (Urbana: University of Illinois Press, 1997), 47–70.
14. FTM, March 26, 1943.

15. Norris, Racing for the Bomb, 217–21.

第二章：遠走高飛的勞工

1. “Photographs and Films from the Hanford Engineer Works E. I. Du Pont de Nemours & Company,” HML.
2. 一九四三至四五年的建築工估計人數落在九萬四千至十三萬兩千人。哈利・泰亞，（Harry Thayer）《漢福德工程師作業管理：公司、杜邦和冶金實驗室如何快速推動最早的鈽作業》（*Management of the Hanford Engineer Works: How the Corps, DuPont and the Metallurgical*，紐約：ASCE 出版，1996 年），93。
3. “The Manhattan District History,” PRR, HAN 10970, 58.
4. “Daily Employment During Construction Period” and “Total Daily Terminations,” HML, acc. 2086, folder 20.13; “Completion Report: Hanford Engineer Works, part I,” April 30, 1945, NAA, RG 326-8505, box 46, folder 400.22 “General.”
5. Crawford Greenewalt Diary, vol. 3, August 7, 1943 and January 13, 1944, HML.
6. “Semi-Monthly Report for Hanford Area,” August 5, 1943, and “Progress Reports,” 3/43–12/43, NAA, RG 326-8505, box 46, MD 600.914.
7. 葛羅夫斯寫給尼可斯（Groves to Nichols）的電報內容，1943 年 11 月 16 日，葛羅夫斯對阿卡特（Ackart）陳述的內容，1943 年 11 月 19 日，NAA，RG. 326-8505，41 箱，MD 600.1，「建設和設備」。
8. Nell Macgregor, “I Was at Hanford,” 17, UWSC, acc. 1714–71, box 1, folder 1; Ted Van Arsdol, Hanford: The Big Secret (Vancouver, WA: Ted Van Arsdol, 1992), 24.
9. Peter Bacon Hales, Atomic Spaces: Living on the Manhattan Project (Urbana: University of Illinois Press, 1997), 103.
10. Michele Stenehjem Gerber, On the Home Front: The Cold War Legacy of the Hanford Nuclear Site (Lincoln: University of Nebraska Press, 1992).
11. Van Arsdol, Hanford, 37.
12. Groves, “Memorandum,” November 9, 1943, NAA, RG 326-8505, box 52, MD 624, “Housing.”
13. Hales, Atomic Spaces, 117–25.
14. 請見「場地進度報告，f 部，地圖和平面圖」，1944 年 3 月 31 日，NAA，RG 326-8505，46 號箱，600.914。
15. James W. Parker Memoirs, HML, acc. 2110, 5.

16. Pap A. Ndiaye, Nylon and Bombs: DuPont and the March of Modern America (Baltimore: Johns Hopkins University Press, 2007), 167.
17. S. L. Sanger and Robert W. Mull, Hanford and the Bomb: An Oral History of World War II (Seattle: Living History Press, 1989), 96.
18. Parker Memoirs, 15.
19. Sanger, Hanford and the Bomb, 96.
20. 同上，93。
21. Van Arsdol, Hanford, 44.
22. 同上。
23. T. B. Farley, “Protection Security Experience to July 1, 1945,” October 2, 1945, PRR, HAN 73214; Leslie R. Groves, Now It Can Be Told: The Story of the Manhattan Project, (New York: Da Capo Press, 1983), 139; Hales, Atomic Spaces, 177.
24. Sanger, Working on the Bomb, 140.
25. Farley, “Memorandum,” October 2, 1945, PRR, HAN 73214, 17; W. B. Parsons, “Surveillance Logs,” October 4, 1944, NAA, RG 326 8505, box 103.
26. Mary Catherine Johnson-Pearsall, Alumni Sandstorm (on-line archives), www. alumnisandstorm.com, November 9, 1998.
27. Sanger, Working on the Bomb, 138–39.
28. “Richland, Atomic Capital of the West,” Bosn's Whistle, November 16, 1945.
29. 桑傑（Sanger），《製作炸彈》（*Working on the Bomb*），95。關於害蟲侵擾，請見馬提亞斯對弗烈德（Matthias to Friedell）提出的內容，1944年10月16日，NAA，RG 326-87-6，16號箱，「電報」文件夾。
30. “Total Daily Terminations,” HML, acc. 2086, folder 20.13.

第三章：「勞力短缺」

1. George Q. Flynn, The Mess in Washington: Manpower Mobilization in World War II, (Westport, CT: Greenwood Press, 1979), 165.
2. Cindy Hahamovitch, “The Politics of Labor Scarcity: Expediency and the Birth of the Agricultural 'Guestworkers' Program,” Center for Immigration Studies, December 1999.
3. Harry Thayer, Management of the Hanford Engineer Works: How the Corps, DuPont and the Metallurgical Laboratory Fast Tracked the Original Plutonium Works (New York: ASCE Press, 1996), 27.

4. 一九四四年，馬提亞斯確實向陸軍強行徵用一百五十名汽管裝配工。彼得．貝肯．哈雷斯（Peter Bacon Hales），《原子太空：曼哈頓計畫的生活》（*Atomic Spaces: Living on the Manhattan Project*，厄巴納：伊利諾大學出版，1997 年），185。
5. Carl Abbott, The Metropolitan Frontier: Cities in the Modern American West (Tucson: University of Arizona Press, 1993), 20.
6. John M. Findlay and Bruce William Hevly, Atomic Frontier Days: Hanford and the American West (Seattle: University of Washington Press, 2011), 27.
7. FTM, February 18, 1944.
8. FTM, September 23, 1943.
9. FTM, February 26, 1944.
10. 同上。
11. Matthias, "Field Progress Report," March 31, 1944, NAA, RG 326-8505, box 46, 600.914, "Progress Reports HEW."
12. "Spanish-American Program," April 1944, HML, acc. 2086, folder 20.13.
13. Robert Bauman, "Jim Crow in the Tri-Cities, 1943–1950," Pacific Northwest Q uarterly, Summer 2005, 126.
14. 里奇蘭人權委員會給里奇蘭市鎮會的備忘錄，1969 年 8 月 6 日，人權委員會文件夾，RPL。
15. Otto S. Johnson, "Manpower Meant Bomb Power," September 1945, HML, acc. 2086, folder 20.13.
16. James W. Parker Memoirs, HML, acc. 2110, 1.
17. Pap A. Ndiaye, Nylon and Bombs: DuPont and the March of Modern America (Baltimore: Johns Hopkins University Press, 2007), 121.
18. Administration Personnel, HML, acc. 2086, folder 20.10. Manhattan Project officials also introduced segregation to Oak Ridge, Tennessee. Russell B. Olwell, At Work in the Atomic City: A Labor and Social History of Oak Ridge, Tennessee (Knoxville: University of Tennessee Press, 2004), 21.
19. Flynn, Mess in Washington, 149–71.
20. Church, "HEW Policy Recommendations," April 17, 1943, NAA, RG 326-8505, box 42, f. 600.18, "HEW Operations."
21. Draft, "Federal Prison Industries Operating Contract," 1947, RT; FTM, June 10, June 11, July 5, August 4, 1943.
22. Herbert Taylor, March 24, 1944, RT.
23. Draft, "Federal Prison Industries Operating Contract."

24. Herbert Taylor, March 24 and April 2, 1944, RT.
25. 草稿，「聯邦監獄工業公司工作契約」（Federal Prison Industries Operating Contract.）。
26. Frank T. Matthias, "Hanford Comes of Age," January 1946, HML, acc. 2086, folder 20.10.
27. James W. Parker Memoirs, HML, acc. 2110, 9.
28. Nell Macgregor, "I Was at Hanford," 17, UWSC, acc. 1714–71, box 1, folder 1, 8–9.
29. Otto S. Johnson, "Manpower Meant Bomb Power," September 1945, HML, acc. 2086, folder 20.13; Thayer, Management of the Hanford Engineer Works, 82.
30. 布萊利．席茲對E. H. 瑪爾斯登（Bradley Seitz to E. H. Marsden）陳述的內容，1944年1月8日，NAA，RG 326-8508，54號箱，MD 700.2。
31. FTM, December 18–22, 1943.
32. Macgregor, "I Was at Hanford," 54.
33. FTM, December 18–22, 1943.
34. 聖誕節歡慶活動，1944年12月，HML，馬提亞斯照片收藏集。
35. "Completion Report," April 30, 1945, NAA, RG 326-8505, box 46, 400.22, "General."
36. 葛羅夫斯對E. G. 阿卡特（Groves to E. G. Ackart）陳述的內容，1943年11月16日，葛羅夫斯對尼可斯（Nichols）陳述的內容，1943年11月16日，NAA，RG 326-8505，41號箱；MD 600.1，「建設和設備」；E. 德瑞特（E. DeRight）對尼可斯陳述的內容，1943年12月14日，NAA，RG 326-8585，46箱，MD 600.914，「進度報告HEW」。

第四章：捍衛瓦納潘族

1. 布克（Buck）對馬提亞斯陳述的內容，1944年4月，HML，acc.20.15。
2. "WACs Visit Indian Tribe," Sage Sentinel, April 28, 1944, 1.
3. Click Relander, Drummers and Dreamers: The Story of Smowhala the Prophet and His Nephew Puck Hyah Toot, the Last Prophet of the Nearly Extinct River People, the Last Wanapams (Caldwell, ID: Caxton Printers, 1956), 51–55.
4. FTM, September 15, 1943.

5. 瓦納潘的土地在沒有授權同意或參與的情況下，透過協定轉讓給美國。安德魯・H・費雪（Andrew H. Fisher），《影子部落：哥倫比亞河畔的印第安身分培養》（*Shadow Tribe: The Making of Columbia River Indian Identity*，西雅圖：華盛頓大學出版，2010 年），83。
6. FTM, April 2, 1944.
7. 同上。
8. 作者專訪，雷克斯・布克（Rex Buck），2008 年 5 月 8 日，普里斯特急流大壩，華盛頓州。
9. FTM, April 2, 1944; Norman G. Fuller to Matthias, September 20, 1945, HML, acc. 2086, folder 20.15.
10. FTM, September 15, 1943, April 2, 1944.
11. 弗瑞德・福斯特（Fred Foster）對馬提亞斯陳述的內容，1945 年 9 月 4 日，HML，acc. 2086，20.15 號文件夾。

第五章：鈽打造的城市

1. FTM, March 2, 1943.
2. "Memorandum of Conference," April 1, 1943, NAA, RG 326-8505, box 60, folder "Meetings DuPont."
3. 請見彼得・貝肯・哈雷斯（Peter Bacon Hales），《原子太空：曼哈頓計畫的生活》（*Atomic Spaces: Living on the Manhattan Project*，厄巴納：伊利諾大學出版，1997 年），120-26 和查爾斯・O・傑克森（Charles O. Jackson），《柵欄後方的城市：田納西州橡樹嶺》（*City Behind a Fence: Oak Ridge, Tennessee*），1942-1946 年（諾克斯維爾：田納西大學出版，1981 年），71。
4. T. B. Farley, "Protection Security Experience to July 1, 1945," October 2, 1945, PRR, HAN 73214.
5. Hardy Green, The Company Town: The Industrial Edens and Satanic Mills That Shaped the American Economy (New York: Basic Books, 2010), 56.
6. Hales, Atomic Spaces, 99.
7. FTM, June 24, 1943.
8. FTM, June 21 and 27, 1945.
9. Crawford Greenewalt Diary, July 8 and January 9, 1943, HML.
10. FTM, June 28, 1945; Greenewalt Diary, March 1944, HML.

11. Wendy L. Wall, Inventing the "American Way": The Politics of Consensus from the New Deal to the Civil Rights Movement (New York: Oxford University Press, 2008), 51.
12. Pap A. Ndiaye, Nylon and Bombs: DuPont and the March of Modern America (Baltimore: Johns Hopkins University Press, 2007), 118–19; Barton J. Bernstein, "Reconsidering the 'Atomic General': Leslie R. Groves," Journal of Military History 67 (July 2003): 895.
13. Robert F. Burk, The Corporate State and the Broker State: The du Ponts and American National Politics, 1925–1940 (Cambridge, MA: Harvard University Press, 1990), 295–96.
14. 二次世界大戰期間，杜邦完成七成的美國炸藥製造，狄亞耶（Ndiaye），《尼龍和炸彈》（*Nylon and Bombs*），111；自152頁起引述。
15. 馬提亞斯，「村莊筆記」，1943年4月17日；邱奇．薩文對丹尼爾．浩普特（Church Sawin to Daniel Haupt）陳述的內容，1943年4月17日；馬提亞斯對揚西（Yancey）陳述的內容，1943年4月19日和23日，HML，acc. 2086，20.63號文件夾。
16. 馬提亞斯對揚西陳述的內容，1943年4月23日；揚西對馬提亞斯陳述的內容，1943年4月24日，1943年4月26日；「葛羅夫斯給馬提亞斯的備忘錄」，1943年4月27日，HML，acc. 2086，20.6320.63號文件夾。
17. "Conference Notes," April 1, 1943, Wilmington, NAA, RG 326 8505, box 183, f MD 319.1, "Report—Hanford Area"; FTM, June 24and September 11, 1943, and October 12, 13, and 15, 1944.
18. 杜邦想要建蓋多於其他專案的高檔房屋。崔維斯對尼可斯（Travis to Nichols）陳述的內容，1943年4月19日，NAA，RG 326-8505，52箱，MD 624號文件夾，「住房」。
19. FTM, October 18, 1943.
20. 引述自哈雷斯（Hales），《原子太空》（*Atomic Spaces*），96。
21. 關於三〇和四〇年代低密度、雜亂無章的都市規劃，請見凱尼斯．T．傑克森（Kenneth T. Jackson），《馬唐草邊境：美國郊區發展》（*Crabgrass Frontier: The Suburbanization of the United States*，紐約：牛津大學出版，1985年），131，霍華．L．普雷斯頓（Howard L. Preston），《汽車時代的亞特蘭大：南部大都會的養成》（*Automobile Age Atlanta: The Making of a Southern Metropolis*），1900-1935年（雅典：喬治亞大學出版，1979年）。
22. "History of the Project," vol. 1, PRR, HAN 10970, and FTM, November 16, 1943.
23. Richland Villager, February 6, 1947.

24. K. D. Nichols, The Road to Trinity (New York: Morrow, 1987), 107–8.
25. J. S. McMahon, "Village Administration Experience," July and August 1946, PRR, HAN 73214, Bk.-17.
26. 杜邦對區域經理陳述的內容，「月報，1944 年 8 月」，1944 年 9 月 20 日，NAA，RG 326-8505，182 號箱，MD 319.1，「報告——杜邦」。
27. Wall, Inventing the "American Way," 49–55.
28. Jack Metzgar, Striking Steel: Solidarity Remembered (Philadelphia: Temple University Press, 2000), 156; Joan Didion, Where I Was From (New York: Knopf, 2003), 115.
29. 關於里奇蘭被描述成「中產階級」，請見保羅．約翰．德意志曼（Paul John Deutschmann），「聯邦城市：里奇蘭行政研究」（Federal City: A Study of the Administration of Richland），碩士論文，奧勒岡大學，1952 年，301-5，及約翰．M．芬德雷和布魯斯．威廉．赫夫利（John M. Findlay and Bruce William Hevly），《原子邊境歲月：漢福德和美國西部》（*Atomic Frontier Days: Hanford and the American West*，西雅圖：華盛頓大學出版，2011 年），98。
30. 葛羅夫斯對菲利普．穆瑞（Philip Murray）陳述的內容，CIO，1946 年 4 月 19 日，羅伯特．諾里斯論文，41 箱，「勞工關係」文件夾，加州帕羅奧多，胡佛研究所。至於把勞工衝突和工會當作情報對象，請見 FTM，1944 年 9 月 8 日，W. B. 帕森斯（W. B. Parsons），「工會名單」，1944 年 5 月 23 日，NAA，RG 326 8505，182 號箱，MD319.1，「報告——杜邦」。
31. James W. Parker Memoirs, HML, acc. 2110, and "Monthly Report, July 1944," August 18, 1944, NAA, RG 326-8505, box 182, MD 319.1, "Reports—DuPont."
32. Peter Bacon Hales, "Building Levittown: A Rudimentary Primer," University of Illinois at Chicago, http://tigger.uic.edu/~pbhales/Levittown/building.html.
33. FTM, June 24, 1943.
34. FTM, June 28 and July 15, 1943, February 7, 8, and 9, 1944.
35. M. T. Binns, "Housing Experience to July 1, 1945," August 3, 1945, in "Village Operations, Part I," PRR, acc. 3097, 4–6, 9–10.
36. FTM, December 21, 1943.
37. FTM, August 18, 1943.
38. Hales, Atomic Spaces, 194.

39. 引述自蜜雪兒・史特內傑姆・吉伯（Michele Stenehjem Gerber），《家園前線：漢福德核廠的冷戰遺產》（*On the Home Front: The Cold War Legacy of the Hanford Nuclear Site*，林肯：內布拉斯加大學出版，1992 年），61。
40. Leroy Arthur Sheetz, "Richland—the Atomic City," Christian Science Monitor, January 18, 1947; Business Week, December 18, 1948, 65–70; George W. Wickstead, "Planned Expansion for Richland, Washington," Landscape Architecture 39 (July 1949): 167–75.
41. 卡爾・艾伯特（Carl Abbott）聲稱里奇蘭是新品種的美國社區，不是典型的企業城，也不是創造出格林貝爾特、馬里蘭等羅斯福新政城鎮的綠色都市運動的呈現。艾伯特（Abbott），「建造原子城：里奇蘭、洛斯阿拉莫斯和美國規劃語言」（Building the Atomic Cities: Richland, Los Alamos, and the American Planning Language），收錄於布魯斯・赫夫利和約翰・M・芬德雷（Bruce Hevly and John M. Findlay）等人，《原子西部》（*The Atomic West*，西雅圖：華盛頓大學出版，1998 年），90-115。
42. 有關眾多鉅細彌遺描寫戰後美國郊區的歷史，可參見羅伯特・O・瑟爾夫（Robert O. Self），《美國巴比倫：種族和戰後奧克蘭的鬥爭》（*American Babylon: Race and the Struggle for Postwar Oakland*，紐澤西州普林斯頓：普林斯頓大學出版，2003 年）；艾蘭・泰勒・梅（Elaine Tyler May），《回家的路：冷戰時期的美國家庭》（*Homeward Bound: American Families in the Cold War Era*，紐約：基本出版，1999 年）；亞曼達・I・瑟里格曼（Amanda I. Seligman），《一磚一瓦：芝加哥西邊的住宅區和公共政策》（*Block by Block: Neighborhoods and Public Policy on Chicago's West Side*，芝加哥：芝加哥大學出版，2005 年）；貝瑞・沙特（Beryl Satter），《家族財產：種族、不動產、黑人都會美國的開發》（*Family Properties: Race, Real Estate, and the Exploitation of Black Urban America*，紐約：都會出版，2009 年）。路易・蒙佛（Lewis Mumford）引發批評郊區為純菁英白人的重要矯正內文，可參見馬修・D・拉希特（Matthew D. Lassiter），《沈默的大眾：美國南部陽光地帶的市郊政治》（*he Silent Majority: Suburban Politics in the Sunbelt South*，紐澤西州普林斯頓：普林斯頓大學出版，2006 年）和凱文・麥可・克魯斯及湯瑪斯・J・素格魯（Kevin Michael Kruse and Thomas J. Sugrue）等人，《新郊區史》（*The New Suburban History*，芝加哥：芝加哥大學出版，2006 年）。

第六章：正式上工，帶著鈽離去的女人

1. 葛羅夫斯對區工程師陳述的內容，HEW，1944 年 9 月 1 日，NARA，RG 77，第 5 條，41 號箱。
2. Pap A. Ndiaye, Nylon and Bombs: DuPont and the March of Modern America (Baltimore: Johns Hopkins University Press, 2007), 136.
3. W. O. Simon, "Census Survey Tabulation," August 16, 1944, HML, box 2, folder 20.63.

4. P. W. Crane, "Technical Department Functions and Organization to July 1, 1945," PRR.
5. 另一場與喬・喬丹（Joe Jordan）進行的訪談，2008年5月17日，華盛頓州里奇蘭。
6. G. W. Struthers, "Procurement and Training of Non-Exempt Personnel," September 6, 1945, PRR.
7. 「華倫醫師舉行的會議上，對薛特・史坦醫師提出的問題」，NAA，1943年6月24日，RG 326-8505，12號箱，I .E.2，「一般通信」；厄可對丹尼爾斯陳述的內容，1943年4月24日，NAA，RG 326-66A-1405，9號箱，600.1號文件夾，「漢福德」。
8. "Completion Report," April 30, 1945, NAA, RG 326-8505, box 46, folder 400.22, "General."
9. "HW Radiation Hazards for the Reactor Safeguard Committee," July 27, 1948, PRR, HW 10592.
10. "Minutes of Richland Community Council," meeting no. 20, May 9, 1949, Richland Public Library, 1.
11. Struthers, "Procurement and Training."
12. Ted Van Arsdol, Hanford: The Big Secret (Vancouver, WA: Ted Van Arsdol, 1992), 64.
13. 威廉斯（Williams）對葛羅夫斯陳述的內容，1944年8月29日，德瑞特（De Right）對威廉斯陳述的內容，1944年8月25日，NAA，RG 326-8505，55號箱，MD 729.3「輻射，第一冊」。
14. Struthers, "Procurement and Training."
15. 同上；彼得・貝肯・哈雷斯（Peter Bacon Hales），《原子太空：曼哈頓計畫的生活》（*Atomic Spaces: Living on the Manhattan Project*，厄巴納：伊利諾大學出版，1997年），117。
16. 作者與瑪姬・德古耶（Marge DeGooyer）進行的專訪，2008年5月16日，華盛頓州里奇蘭。
17. Ruth Howes and Caroline L. Herzenberg, Their Day in the Sun: Women of the Manhattan Project (Philadelphia: Temple University Press, 1999), 142.
18. Laurie Williams, "At Hanford Plutonium Lab, She Could Really Cook," TCH, October 31, 1993, C8.
19. 作者訪談，德古耶。
20. Michele Stenehjem Gerber, On the Home Front: The Cold War Legacy of the Hanford Nuclear Site (Lincoln: University of Nebraska Press, 1992), 45; Ian Stacy, "Roads to Ruin on the Atomic Frontier: Environmental Decision Making at the Hanford Reservation, 1942–1952," Environmental History 15, no. 3 (July 2010): 415–48.
21. Howes and Herzenberg, Their Day in the Sun, 142, 195.

第七章：工作危害

1. Barton C. Hacker, The Dragon's Tail: Radiation Safety in the Manhattan Project, 1942–1946 (Berkeley: University of California Press, 1987), 44, 52–53; J. Samuel Walker, Permissible Dose: A History of Radiation Protection in the Twentieth Century (Berkeley: University of California Press, 2000), 9.
2. Walker, Permissible Dose, 7–8.
3. Stafford Warren, "Case of Leukemia in Mr. Donald H. Johnson," February 7, 1945, NAA, RG 326-8505, box 54, MD 700.2, "Enclosures."
4. Christopher Sellers, "Discovering Environmental Cancer: Wilhelm Hueper, Post-World War II Epidemiology, and the Vanishing Clinician's Eye," American Journal of Public Health 87, no. 11 (November 1997): 1824–35; Devra Lee Davis, The Secret History of the War on Cancer (New York: Basic Books, 2007), 97–102.
5. Robert Proctor, Cancer Wars: How Politics Shapes What We Know and Don't Know About Cancer (New York: Basic Books, 1995), 36–44.
6. Hacker, The Dragon's Tail, 53.
7. Greenewalt to Compton, April 2, 1943, reference in Stone to Compton, April 10, 1943, NAA, RG 326-8505, box 55, MD 729.3, "Radiation Book 1."
8. "Q uestions Asked of Dr. Chet Stern in Conference by Dr. Warren," June 24, 1943, NAA, RG 326-8505, box 12, I.E.2, "General Correspondence."
9. Peter Bacon Hales, Atomic Spaces: Living on the Manhattan Project (Urbana: University of Illinois Press, 1997), 284.
10. 海默・弗烈德（Hymer Friedell）對尼可斯陳述的內容，1945 年 2 月 14 日，NAA，RG 326-8505，54 箱號，MD 700.2，「論文和講課」。
11. Bradley Seitz, "Manhattan District Health Program," January 8, 1944, 1944, NAA, RG 326-8508, box 54, MD 700.2.
12. Hales, Atomic Spaces, 281.
13. 尼可斯對杜邦公司陳述的內容，1943 年 10 月 30 日，崔諾（Traynor）對威廉斯陳述的內容（草稿），1943 年 10 月 30 日，NAA，RG，326-8505，55 號箱，MD 729.3，「輻射，第一冊」；康普頓對華倫（Compton to Warren）陳述的內容，1944 年 10 月 28 日，54 號箱，MD 700.2，「論文和講課」。

14. Davis, The Secret History, 21, 31.
15. R. E. Rowland, Radium in Humans: A Review of U.S. Studies (Argonne, IL: Argonne National Lab, 1994), 25; Eileen Welsome, The Plutonium Files America's Secret Medical Experiments in the Cold War (New York: Dial Press, 1999), 49–50, 66. See also Ross M. Mullner, Deadly Glow: The Radium Dial Worker Tragedy (Washington, DC: American Public Health Association, 1999).
16. Robley Evans, "Protection of Radium Dial Workers and Radiologists from Injury by Radium," Industrial Hygiene and Toxicology 25, no. 7 (September 1943): 253–69.
17. 威廉斯對尼可斯陳述的內容，1943 年 10 月 7 日，NAA，RG 326-8505，55 號箱，MD 729.1，「輻射，第一冊」。
18. H. M. Parker, "Status of Health and Protection at the Hanford Engineer Works," in Industrial Medicine on the Plutonium Project (New York: McGraw-Hill 1951), 476–84.
19. David Goldring, "Draft of Report," October 2, 1945, NAA, RG 326-87-6, box 15, "Miscellaneous."
20. 格林瓦特（Greenewalt）對尼可斯陳述的內容，1943 年 4 月 14 日，格林瓦特對康普頓陳述的內容，1943 年 4 月 14 日，NAA，RG 326-8505，54 號箱，MD 700.2「魚類研究」。
21. Crawford Greenewalt Diary, January 22, 1943, HML; William Sapper, "Conference with Ichthyologist," NAA, June 12, 1943, RG 326-8505, box 60, "Meetings and Conferences."
22. Williams, "Radioactivity Health Hazards—Hanford," June 26, 1944, NAA, RG 326-8505, box 55, MD 729.1, "Radiation, Book 1."
23. 尼可斯對葛羅夫斯陳述的內容，1944 年 9 月 8 日，NARA，RG 77 5，83 號箱，「1942-1948 年的一般通信」。
24. 漢米爾頓對赫曼．希爾貝里醫師（Dr. Herman Hilberry）陳述的內容，1944年9月29日，EOL，43卷（28號箱），40號文件夾。
25. Welsome, Plutonium Files, 27, 29–30.
26. William Moss and Roger Eckhardt, "The Human Plutonium Injection Experiment," Los Alamos Science 23 (1995): 194.
27. J. G. Hamilton, "Review of Research upon the Metabolism of Long-life Fission Products October 1, 1942–April 30, 1943," July 13, 1943, EOL, reel 43 (box 28), folder 40.
28. Hales, Atomic Spaces, 291.
29. R. S. Stone to J. G. Hamilton, 1943, EOL, reel 43 (box 28), folder 40; Williams to Nichols, October 7, 1943; Marsden to Nichols, October 18, 1943; Traynor to Williams (draft), October 25, 1943.

30. Hamilton, "A Review"; Hamilton to Compton, July 28 and October 6, 1943; Hamilton to Stone, October 7, 1943; Hamilton, "A Brief Review of the Possible Applications of Fission Products in Offensive Warfare," May 27, 1943, EOL, reel 43 (box 28), folder 40.
31. H. J. Curtin to R. L. Doan, October 19, 1943, EOL, reel 43 (box 28), folder 40.
32. 同上。
33. Hamilton, "Survey of Work Done by the 48-A Group at Berkeley," April 24, 1945, EOL, reel 43 (box 28), folder 41.
34. Hamilton, "A Review."
35. Williams, "Radioactivity Health Hazards—Hanford," June 26, 1944, NAA, RG 326-8505, box 55, MD 729.1, "Radiation, Book 1."
36. J. E. Wirth, "Medical Services of the Plutonium Project," in Industrial Medicine on the Plutonium Project (New York: McGraw-Hill, 1951), 32.
37. Greenewalt Diary, January 29, 1944, HML; Norwood to Stone, September 9, 1944, NAA, RG 326-8505, box 54, MD 700.2, "Medical Correspondence"; Compton to Hamilton, April 8, 1944, EOL, reel 43 (box 28), folder 40.
38. 史東對諾伍德（Stone to Norwood）陳述的內容，1944 年 10 月 25 日，NAA，RG 326-8505，54 號箱，MD 700.2，「醫學通信」。
39. 康普頓對華倫陳述的內容，1944 年 10 月 28 日，NAA，RG 326-8505，54 號箱，MD 700.2，「論文和講課」。
40. 史東對漢米爾頓陳述的內容，1943 年 12 月 13 日，EOL，43 卷，（28 號箱），40 號文件夾。
41. 漢米爾頓對史東陳述的內容，1944 年 1 月 4 日，EOL，43 卷，（28 號箱），40 號文件夾。

第八章：食物鏈

1. "Radiation Hazards," September 1, 1944, NAA, RG 326-8505, box 55, MD 729.3.
2. Hamilton, "Decontamination Studies with the Products of Nuclear Fission," 1944; Hamilton, Progress Report for March 1945," April 6, 1945, EOL, reel 43 (box 28), folders 40–41.
3. 史東對漢米爾頓陳述的內容，1 月 30 日，45，EOL，43 卷，（28 號箱），41 號文件夾；芬柯和布魯斯（Finkel and Brues），「鍶 -89 從母體轉移至胎兒與年幼孩童的過程」，NAA，RG 326-87-6，24 號箱，「摘要醫學研究計畫」。感謝哈利．溫瑟（Harry Winsor）協助解釋這些文件檔案。
4. Wirth, "Medical Services," 32.

5. Eileen Welsome, The Plutonium Files America's Secret Medical Experiments in the Cold War (New York: Dial Press, 1999), 68, 79.
6. 快中子是速率超過音速許多的中子，在每一次的核分裂過程都會產生，但在傳統反應爐中，中子速度會減弱或減緩。感謝哈利．溫瑟的協助說明。
7. T. C. Evans, "Project Report on Mice Exposed Daily to Fast Neutrons," July 18, 1945, NAA, RG-326-8505, box 54, MD 700.2, "Enclosures."
8. 史東對諾伍德陳述的內容，「接觸劑量超越可容許劑量」，1945年10月25日，NAA，RG 326-8505，54號箱，MD 700.2，「論文和講課」。
9. "Chronic Radiation Program," NAA, RG 326-87-6, box 24, "Summary Medical Research Program."
10. 關於免疫失調，請見彼得．貝肯．哈雷斯（Peter Bacon Hales）原子太空：曼哈頓計畫的生活》（Atomic Spaces: Living on the Manhattan Project 厄巴納：伊利諾大學出版，1997年），290。
11. Susan Lindee, Suffering Made Real: American Science and the Survivors at Hiroshima (Chicago: University of Chicago Press, 1994), 62.
12. 同上，59。
13. "Experiments to Test the Validity of the Linear R-Dose/Mutation Rate Relation at Low Dosage," n.d., NAA, RG 326-87-6, box 24, "Summary Medical Research Program."
14. 同上。該報告應為戰時任職羅徹斯特大學的唐納．查爾斯（Donald Charles）操刀。請見林德（Lindee），《苦難成真》（*Suffering Made Real*），65。
15. Herman Muller, "Time Bombing Our Descendants," American Weekly, November 1946.
16. Crawford Greenewalt Diary, January 22 and February 12, 1943, HML.
17. See Hales, Atomic Spaces, 144–48, for a fuller discussion of Hanford's meteorology studies.
18. FTM, February 21, 1944; Matthias to Groves, October 24, 1960, HML, acc. 2086, 20.92.
19. 賈克伯森和奧華斯垂特（Jacobson and Overstreet）對史東陳述的內容，1944年2月15日，EOL，43卷（28號箱），40號文件夾。
20. 漢米爾頓對希爾貝里陳述的內容，1944年9月22日，漢米爾頓，「1944年12月進度報告」，1945年1月4日，EOL，43卷（28號箱），40號文件夾。

21. 漢米爾頓對希爾貝里陳述的內容。
22. Michele Stenehjem Gerber, On the Home Front: The Cold War Legacy of the Hanford Nuclear Site (Lincoln: University of Nebraska Press, 1992), 147.
23. 同上，162；「1956 年 12 月月報」，DOE Opennet，HW-47657；「低放射性廢液釋放」，DOE Germantown，RG 326/1359/7, 6-7。
24. 賈克伯森和奧華斯垂特對史東陳述的內容，1944 年 11 月 15 日；漢米爾頓對史東陳述的內容，1944 年 11 月 15 日，EOL，43 卷（28 號箱），40 號文件夾。
25. acobson and Overstreet, "Absorption and Fixation of Fission Products and Plutonium by Plants," June 1945, EOL, reel 43 (box 28), folder 40.
26. 史東對漢米爾頓陳述的內容，1944 年 4 月 28 日，EOL，43 卷（28 號箱），41 號文件夾。
27. H. M. 帕克對 S. T. 坎特里爾（H. M. Parker to S. T. Cantril）陳述的內容，1954 年 7 月 10 日，PRR，HW-7-1973。
28. 關於鮭魚蘊含的重要象徵意義，請見理查・懷特（Richard White），《有機機械》（*The Organic Machine*，紐約：希爾和王，1995 年）。
29. 一份機密報告說明：「勢必讓政府免受哥倫比亞河大規模高利潤鮭魚產業的損失求償。」「摘要醫學研究計畫」，NAA，326-87-6，24 號箱，「魚類計畫」。
30. 格林瓦特告訴尼可斯的內容，1943 年 4 月 14 日，NAA，RG 326-8505，54 號箱，MD 700.2，「魚類研究」。
31. 無標題圖片和「漢福德・泰耶給華倫的內容」，1944 年 8 月 19 日，NAA，RG 326-8505，54 號箱，MD 700.2，「魚類研究」。
32. Hanford Thayer, "Fisheries Research Program," March 12, 1945, NAA, RG 326-8505, box 54, MD 700.2, "Fish Research"; "Fish Program," RG 326-87-6, box 24, "Summary Medical Research Program."
33. 漢福德・泰耶（Hanford Thayer）對華倫陳述的內容，1944 年 7 月 18 日，NAA，RG 326-8505，54 號箱，MD 700.2，「魚類研究」。
34. 一九四五年，廢水在回到河川前放置冷卻的調節池內，水的放射線測出為一點八至二點四雷得。H. M. 帕克對 S. T. 坎特里爾陳述的內容，1945 年 9 月 11 日，PRR，HW 7-2346。
35. Hanford Thayer, "Site W Hazards to Migratory Fishes," May 22, 1943, NAA, RG 326-87-6, box 24, G-36.

36. 華倫對哈利・溫梭（Harry Wensal）陳述的內容，OSRD，1943 年 10 月 5 日，C. L. 教授和 K. S. 柯爾（C. L. Prosser and K. S. Cole），「生物研究：魚類」，1944 年，NAA，RG 326 8505，MD 700.2，「魚類研究」。
37. Richard Foster, "Weekly Report, 146 Building," October 14, 1945, NAA, RG 326-8505, box 54, MD 700.2, "Fish Research."
38. Gerber, On the Home Front, 117–8.
39. 另一場屠殺發生於 1945 年 10 月 11 日。福斯特，「週報，146 大樓」。
40. 有關醫學研究的分類，請見羅素・B・奧威爾（Russell B. Olwell），《原子城的工作：田納西州橡樹嶺的勞工與社會史》（*At Work in the Atomic City: A Labor and Social History of Oak Ridge, Tennessee*，諾克斯維爾：田納西大學出版，2004 年），119-20。

第九章：蒼蠅、老鼠、人類

1. 帕克對坎特里爾（Parker to Cantril）陳述的內容，PRR，HW-7-1973；J. E. 沃斯（J. E. Wirth），「鈽專案的醫療服務」（Medical Services of the Plutonium Project），摘自《鈽專案的工業醫療》（*Industrial Medicine on the Plutonium Project*，紐約：麥克葛羅—希爾，1951 年），20。
2. Roger Williams, "Radioactivity Health Hazards—Hanford," June 26, 1944, NAA, RG 326-8505, box 55, MD 729.1, "Radiation, Book 1."
3. Russell B. Olwell, At Work in the Atomic City: A Labor and Social History of Oak Ridge, Tennessee (Knoxville: University of Tennessee Press, 2004), 52–53.
4. Stone, "Exposures Exceeding Tolerance," October 25, 1945, NAA, RG. 326-8505, box 54, MD 700.2, "Essays and Lectures."
5. 欲瞭解不同意見，請參見海默・弗烈德，「鐳和產物的可容許值的說法」，1945 年 5 月 11 日，EOL，43 卷，（28 號箱），41 號文件夾。
6. Matthias, "Reports for Week Ending 29 April," May 12, 1944, NAA, RG 326-87-6, box 15, "Teletypes and Telegrams," and "Obstetrical and Gynecological Statistics from Discharged Patients," March, April, May, June (etc.) 1945, RG 326-8505, box 54, MD 701, "Medical Attendance."
7. R. S. Stone, "General Introduction," in Industrial Medicine, 14.
8. Foster, "Fish Life Observed in the Columbia River on September 27, 1945," NAA, RG 326-8505, box 54, MD 700.2, "Fish Research."

9. Lauren Donaldson, "Fisheries Inspection on the Columbia River in the Area Above Hanford, Washington, October 25 and 26, 1945," NAA, RG 326-8505, box 54, MD 700.2, "Fish Research."
10. Olwell, At Work in the Atomic City, 49–63.
11. 華倫對葛羅夫斯陳述的內容，「腳氣病報告」，NAA，RG 326-8505，54 號箱，MD 702，「報告，第一冊」。
12. 馬提亞斯對華倫陳述的內容，1945 年，NAA，RG 326-87-6，16 號箱，「HEW 報告」。
13. P. C. 利西（P. C. Leahy）對區域工程師陳述的內容，1946 年 1 月 7 日，NAA，RG 326-8505，54 號箱，MD 702，「醫療健檢」。
14. 羅伯特．芬克（Robert Fink）對海默．弗烈德陳述的內容，1945 年 12 月 5 日和 12 月 27 日；漢米爾頓對史東陳述的內容，1946 年 7 月 7 日，NAA，RG 326-8505，MD 700.2，「論文和講課」；彼得．貝肯．哈雷斯（Peter Bacon Hales），《原子太空：曼哈頓計畫的生活》（*Atomic Spaces: Living on the Manhattan Project*，厄巴納：伊利諾大學出版，1997 年），273-300。
15. Hamilton, "Progress Report for the Month of June and October 1945," EOL, reel 43 (box 28), folder 41.
16. Hales, Atomic Spaces, 284.
17. 艾爾莫．艾倫的孫女艾爾莫琳．惠特菲爾德．貝爾的證詞，或見「Cal-3」，美國人類輻射實驗諮詢委員會，1995 年 3 月 15 日，喬治華盛頓大學，國家安全檔案資料庫。
18. 史東對諾伍德陳述的內容，1944 年 10 月 25 日，NAA，RG 326-8505，54 號箱，MD 700.2，「醫學通信」。
19. W. B. Parsons, "Employment of Barbardians and Jamacians," November 23, 1944, NAA, RG 326 8505, box 103.
20. 威廉斯對葛羅夫斯陳述的內容，1944 年 8 月 24 日，揚西對馬提亞斯陳述的內容，1944 年 8 月 1 日，NARA，RG 77，第 5 條，41 號箱。
21. R. E. 德瑞對羅傑．威廉斯（Roger Williams）陳述的內容，1944 年 8 月 25 日，NAA，RG 326 8505，55 號箱，MD729.3，「輻射，第一冊」。
22. 葛羅夫斯對威廉斯陳述的內容，1944 年 8 月 26 日，葛羅夫斯對威廉斯陳述的內容，1944 年 9 月 7 日，威廉斯對葛羅夫斯陳述的內容，1944 年 8 月 30 日，華倫對葛羅夫斯陳述的內容，「『W』場地測試疏散」，1944 年 9 月 13 日，NARA，RG 77，第 5 條，41 號箱；弗烈德，「可容許值的說法」。
23. 海默．弗烈德給莫里斯．E．德利（Morris E. Daily）的內容，1944 年 5 月 10 日，J. N. 提利（J. N. Tilley），「里奇蘭醫學計畫」，1945 年 2 月 19 日，NAA，RG 326 8505，54 號箱，MD 700.2，「樣本」；MD 701，「醫療護理」。

24. R. L. 理查斯（R. L. Richards）對尼可斯陳述的內容，1944 年 4 月 10 日，NAA，RG 326 8505，54 號箱，MD701，「醫療護理」。
25. H. M. Parker, "Report on Visit to Site W by G. Failla," July 10, 1945, PRR, HW-7-1973.
26. 葛羅夫斯對內勒（Naylor）陳述的內容，1945 年 9 月 24 日，NARA，RG 77，第 5 條，83 號箱。
27. "Memorandum for the Chief, Military Intelligence, December 12, 1945," NARA, RG 77, box 85, folder "Goudsmit."
28. Williams, "Radioactivity Health Hazards—Hanford," June 26, 1944, NAA, RG 326 8505, box 55, MD 729.1, "Radiation, Book 1."
29. DuPont, "Monthly Report, May 1943," June 5, 1943, NAA, RG 326 8505, box 182, MD 319.1, "Reports—DuPont"; Groves to Nichols, telegram, November 16, 1943, Groves to Ackart, November 19, 1943, NAA, RG 326 8505, box 41, MD 600.1, "Construction and Installation"; DeRight to Nichols, December 14, 1943, RG 326 8505, box 46, MD 600.914, "Progress Reports HEW"; Greenewalt Diary, vol. 3, January 13, 1944, HML.
30. Williams, "Radioactivity Health Hazards—Hanford."
31. 漢米爾頓對康普頓陳述的內容，1945 年 4 月 24 日，EOL，43 卷（28 號箱）41 號文件夾。
32. Joshua Silverman, "No Immediate Risk: Environmental Safety in Nuclear Weapons Production, 1942–1985," PhD diss., History Department, Carnegie Mellon University, 2000, 60.
33. H. M. 帕克（H. M. Parker）對 S. T. 坎特里爾陳述的內容，1945 年 7 月 10 日，PRR，HW-7-1973。
34. H. M. Parker, "Radiation Exposure Data," February 8, 1950, PRR, HW-19404.
35. Silverman, "No Immediate Risk," 96.
36. 馬提亞斯對葛羅夫斯陳述的內容，1960 年 10 月 24 日，HML，acc. 2086，20.92。
37. Parker, "Report on Visit to Site W."
38. 要一半囤積體內的物質排出體外所需的時間為幾秒至兩週不等，全視不同同位素而定。R. S. 史東，「一般概述」，摘自《鈽專案的工業醫療》（紐約：麥克葛羅—希爾，1951 年），11。
39. 威廉斯對尼可斯陳述的內容，1945 年 4 月 12 日，華倫對沃斯、諾伍德、葛羅夫斯陳述的內容，1945 年 2 月 10 日，NAA，RG 326 8505，54 號箱，MD 700.2，「圈地」。有關其他有爭議的死亡，請見弗萊德·A·布萊恩（Fred A. Bryan），「血液抹片的傳輸」，1946 年 2 月 14 日，同樣檔案，以及歐威爾（Olwell），《在原子城的工作》（*At Work in the Atomic City*），118。

40. "Insurance Agreement Covering the Hanford Engineer Works," June 17, 1943, JPT, 5433-001, 11.
41. 有關曼哈頓專案傑出醫療紀錄的說法，亦可參考沃斯（Wirth），「鈽專案的醫療服務」，19-35。

第十章：冷凍的期刊

1. N. I. Kuznetsova, "Atomnyi sled v VIET," in Istoriia Sovetskogo atomnogo proekta: Dokumenty, vospominaniia, issledovaniia (Moscow: Ianus-K, 1998), 64.
2. Yuli Khariton and Uri Smirnov, "The Khariton Version," Bulletin of the Atomic Scientists, May 1993, 22.
3. Kuznetsova, "Atomnyi sled," 62–81.
4. Alexandr Kolpakidi and Dmitrii Prokhorov, Imperiia GRU: Ocherki istorii Rossiiskoi voennoi razvedki (Moscow: Olma Press, 2001), 2:174.
5. Alexander Vassiliev, "Black Notebook #35," in The Vassiliev Notebooks: Cold War International History Project Virtual Archive, www.cwihp.org. See also Allen Weinstein and Alexander Vassiliev, The Haunted Wood: Soviet Espionage in America—the Stalin Era (New York: Random House, 1999), 37; John F. Fox Jr., "What the Spiders Did: U.S. and Soviet Counterintelligence Before the Cold War," Journal of Cold War Studies 11, no. 3 (Summer 2009): 206–24.
6. Alexander Vassiliev, "Yellow Notebook #4," in The Vassiliev Notebooks, 5–6; Michael R. Dohan, "The Economic Origins of Soviet Autarky 1927/28–1934," Slavic Review 35, no. 4 (December 1976): 603–35.
7. Weinstein and Vassiliev, Haunted Wood, 28.
8. Kolpakidi and Prokhorov, Imperiia GRU, 174.
9. Weinstein and Vassiliev, Haunted Wood, 67.
10. Max Holland, "I. F. Stone: Encounters with Soviet Intelligence," Journal of Cold War Studies 3 (Summer 2009): 159.
11. L. D. Riabev, Atomnyi proekt SSSR: Dokumenty i materialy, vol. I, bk. 1 (Moscow: Nauka, 1999), 22, and vol. II, bk. 6 (2006), 754–62.
12. Riabev, Atomnyi proekt SSSR, vol. I, bk. 1, 239–40.
13. Campbell Craig and Sergey Radchenko, The Atomic Bomb and the Origins of the Cold War (New Haven, CT: Yale University Press, 2008), 44.
14. Riabev, Atomnyi proekt, vol. I, bk. 1, 242–43.

15. Anatoli A. Iatskov, "Atom i razvedki," Voprosi istorii estestvoznaniia i tekhniki 3 (1992): 105.
16. Riabev, Atomnyi proekt, vol. I, bk. 1, 244–45.
17. V. Chikov, "Ot Los-Alamosa do Moskvy," Soiuz 22, no. 74 (May 1991): 18.
18. Riabev, Atomnyi Proekt, vol. I, bk. 2, 259.
19. G. N. Fleurov, a physicist, wrote Stalin about his suspicions of an A-bomb project in the West. B. V. Barkovskii, "Rol' razvedki v sozdanii iadernogo oruzhiia," in Istoriia Sovetskogo atomnogo proekta: Dokumenty, vospominaniia, issledovaniia (Moscow: Ianus-K, 1998), 87–134.
20. Riabev, Atomnyi proekt, vol. I, bk. 1, 265–66.
21. Vassiliev, "Yellow Notebook #1," 192.
22. 同上。
23. E. A. Negin, Sovetskii atomnyi proekt: Konets atomnoi monopolii (Nizhnii Novgorod: Izd-vo Nizhnii Novgorod, 1995), 59.
24. Riabev, Atomnyi proekt, vol. I, bk. 1, 244–45.
25. 同上，276。
26. Campbell and Radchenko, The Atomic Bomb, 51; Jeffrey Richelson, Spying on the Bomb: American Nuclear Intelligence from Nazi Germany to Iran and North Korea (New York: Norton, 2006), 64.
27. Riabev, Atomnyi proekt, vol. I, bk. 1, 276–79, 363–64.
28. Negin, Sovetskii atomnyi proekt, 59.
29. Riabev, Atomnyi proekt, vol. I, bk. 1, 348–50.
30. 同上，276-79。
31. 同上，368-73。
32. J. Dallin, Soviet Espionage (New Haven, CT: Yale University Press, 1955), 457; Conant to Gromyko, July 16, 1942, NARA, RG 227 169, box 33, "B-2000 Russia."
33. Campbell and Radchenko, Atomic Bomb, 12; Kai Bird and Martin Sherwin, American Prometheus: The Triumph and Tragedy of J. Robert Oppenheimer (New York: Knopf, 2005), 164.

34. Vassiliev, "Yellow Notebook #4," 116–18.
35. 作者不詳，「德國遊記，一九四五年三月至七月」（私人紀錄），BPC，2號箱，7號文件夾，22；「給參謀長的報告」，1945年4月23日，以及約翰・蘭斯戴爾（John Lansdale），「物質的取得」，1946年7月10日，胡佛研究所，羅伯特・諾里斯（Robert Norris）論文，38號箱。關於蘇聯對美國於該區行動的瞭解，請參考《原子專案》（Atomnyi proekt），第2卷，第2冊，339，帕威爾・奧雷尼科夫（Pavel Oleynikov），「蘇聯原子專案的德國科學家」，《防止核擴散評論》（*Nonproliferation Review*）第7卷，第2期（2000年）：4-5。關於在美的德國科學家，請見琳達・杭特（Linda Hunt），《祕密議程：美國政府、納粹科學家、迴紋針行動》（*Secret Agenda: The United States Government, Nazi Scientists, and Project Paperclip*），1945至1990年（紐約：聖馬丁出版，1991年），20。

第十一章：蘇聯勞改營與炸彈

1. Vladimir Gubarev, "Professor Angelina Gus'kova," Nauka i zhizn' 4 (2007): 18–26; E. A. Negin, Sovetskii atomnyi proekt: Konets atomnoi monopolii (Nizhnii Novgorod: Izd-vo Nizhnii Novgorod, 1995), 64.
2. G. A. Goncharov and L. D. Riabev, O sozdanii pervoi otechestvennoi atomnoi bomby (Sarov: RFIATS-VNIIEF, 2009), 44–45.
3. I. Afanas'ev and V. A. Kozlov, Istoria Stalinskogo gulaga: Konets 1920-kh-pervaia polovina 1950-kh godov (Moscow: ROSSPEN, 2004), 1:30.
4. V. P. Nasonov and B. L. Vannikov, B. L. Vannikov: Memuary, vospominaniia, stat'i (Moscow: TSNIIatominform, 1997), 89–90; Mikhail Vazhnov, A. P. Zaveniagin: Stranitsy zhizni (Moscow: PoliMEdia, 2002), 9–11.
5. Nasonov and Vannikov, B. L. Vannikov, 92. For an alternative version, see Negin, Sovetskii atomnyi proekt, 61–62.
6. 9887號決議於1945年8月20日通過。亞布拉姆・伊薩科維奇・依歐利許（Abram Isaakovich Ioirysh），《蘇聯原子專案：命運、檔案、成就》（*Sovetskii atomnyi proekt: Sudby, dokumenty, svershenia*，莫斯科：IUNITI-DANA，2008年），187。
7. Arkadii Kruglov, Kak sozdavalas atomnaia promyshlennost' v SSSR (Moscow: TSNIIatominform, 1994), 54; Michael Gordin, Red Cloud at Dawn: Truman, Stalin, and the End of the Atomic Monopoly (New York: Farrar, Straus and Giroux, 2009), 85, 99.
8. V. Vachaeva, A. P. Zaveniagin: K 100-letiiu so dnia rozhdeniia (Noril'sk: Nikel, 2001), 25–26; Vazhnov, A. P. Zaveniagin, 6.
9. Career NKVD officers included Sergei Kruglov, Victor Abakumov, Vasilii Chernyshev, and Pavel Meshik. A. Volkov, "Problema no. 1," Istoriia otechestvennykh spetsluzhb, http://shieldandsword.mozohin.ru/index.html.

10. O. V. Khlevniuk, The History of the Gulag: From Collectivization to the Great Terror (New Haven, CT: Yale University Press, 2004), 182.
11. A. B. Suslov, Spetskontingent v Permskoi oblasti, 1929–1953 gg (Ekaterinburg: Ural'skii gos. universitet, 2003), 118–21, 125.
12. Oleg Khlevniuk, "Introduction," in Istoriia stalinskogo Gulaga, 3:46–47.
13. V. A. Kozlov and O. V. Lavinskaia in Istoriia stalinskogo Gulaga, 6:59–64.

第十二章：青銅器時代原子

1. V. Chernikov, Osoboe pokolenoe (Cheliabinsk: V. Chernikov, 2003), 19.
2. L. D. Riabev, Atomnyi proekt SSSR: Dokumenty i materialy, vol. I, bk. 1 (Moscow: Nauka 1999), 46.
3. Paul R. Josephson, Red Atom: Russia's Nuclear Power Program from Stalin to Today (New York: W. H. Freeman, 2000), 89.
4. O. V. Khlevniuk, The History of the Gulag: From Collectivization to the Great Terror, (New Haven, CT: Yale University Press, 2004), 35.
5. A. P. Finadeev, Togda byla voina, 1941–1945: Sbornik dokumentov i materialov (Cheliabinsk: n.p., 2005), 65.
6. Wilson T. Bell, "The Gulag and Soviet Society in Western Siberia, 1929–1953," PhD diss., University of Toronto, 2011, 246, 306.
7. Riabev, Atomnyi proekt, vol. II, bk. 2, 354–55, 358; V. Chernikov, Za zavesoi sekretnosti ili stroitel'stvo No. 859 (Ozersk: V. Chernikov, 1995), 17.
8. Mark Bassin, "Russian Between Europe and Asia: The Ideological Construction of Geographical Space," Slavic Review 50, no. 1 (Spring 1991): 1–17.
9. Rapoport, "Prikaz," January 14, 1946, and February 12, 1946, OGAChO, 1619/2c/43, 2, 3.
10. Chernikov, Za zavesoi, 17.
11. 同上，8。
12. Donald A. Filtzer, Soviet Workers and Late Stalinism: Labour and the Restoration of the Stalinist System After World War II (Cambridge: Cambridge University Press, 2002), 22.
13. V. N. Kuznetsov, Zakrytye goroda Urala (Ekaterinburg: Akademiia voenno-istoricheskikh nauk, 2008), 86–87.
14. Boris Khavkin, "Nemetskie voennoplennye v SSSR i Sovetskie voennoplennye v Germanii," Forum noveishei vostochnoevropeiskoi istorii i kul'tury no. 1 (2006): 2.

15. Chernikov, Za zavesoi, 25.
16. V. Novoselov and V. S. Tolstikov, Taina "Sorokovki," (Ekaterinburg: Ural'skii rabochii, 1995), 65.
17. Efim P. Slavskii, "Kogda strana stoila na plechakh iadernykh titanov," Voenno-istoricheskii zhurnal 9 (1993): 13–23.
18. "Vypolnenie proizvodstvennogo plana" (1949), OGAChO, 1619/1/363, 1.
19. As of January 1, 1947, 9,000 prisoners were on site; the ChMS NKVD enterprise wanted to send in more prisoners but could not for lack of housing. Four months later, the ChMS NKVD enterprise had 13,000 prisoners, 7,000 special settlers, and 8,200 POWs, only 47 percent of whom were healthy enough to work. See Kazverov to A. N. Komorovskii, 1946, OGAChO, R-1619/2/48, 46–59 and 80–91.
20. Rapoport, "O resul'tatakh [sic] proverki lagernogo uchastka," March 15, 1946, OGAChO, 1619/2/44, 42–43; Rapoport, "Rasporiazhenie," February 28, 1946, OGAChO, 1619/2/43, 36.
21. Kuznetsov, Zakrytye goroda, 90.
22. Rapoport, "Vcem nachal'nikam podrazdelenii ChMS i SY 859," September 16, 1946, OGAChO, R-1619/2/51, 6–8.
23. 卡斯維洛夫對 A. N. 科馬洛夫斯基（Kazverov to A. N. Komarovskii）陳述的內容，1946 年，OGAChO，R-1619/2/48，46-59。
24. Richard Rhodes, Dark Sun (New York: Simon and Schuster, 1995), 276.
25. Mikhailov nachal'nikam laguchastkov ChMS MVD, January 18, 1947, OGAChO, R-1619/2/51, 5–6.
26. Chernikov, Za zavesoi, 84.
27. 卡斯維洛夫對 A. N. 科馬洛夫斯基陳述的內容，46-59。
28. Zakharov Beloborodovu, 1949, OGAChO, 288/42/33, 4–15.
29. Rapoport, "O merakh uvelicheniia potoka posylok," October 31, 1946; Liutkevich Rapoportu, December 11, 1946, and Divbunov, "Po prevlecheniiu posylok-peredach," December 11, 1946, OGAChO, R-1619/2/45, 25–26, 31–32.
30. Filtzer, Soviet Workers, 41–43; S. Kruglov, "O razdelenii stroitel'stva no. 859," October 11, 1946, OGAChO, 161/2/41, 10–14.

第十三章：保密到家

1. V. N. Novoselov and V. S. Tolstikov, Atomnyi sled na Urale (Cheliabinsk: Rifei, 1997); N. V. Mel'nikova, Fenomen zakrytogo atomnogo goroda (Ekaterinburg: Bank kul'turnoi informatsii, 2006); Vladimir Gubarev, Belyi arkhipelag Stalina (Moscow: Molodaia gvardiia, 2004).

2. Rapoport, "Prikaz," April 13, 1946, OGAChO, 1619/2c/43, 42–43; Rapoport, "Ob organizatsii otpravki rabsily spetsposelentsev v SU-859," July 16, 1946, OGAChO, 1619/2/43, 66.
3. A. B. Suslov, Spetskontingent v Permskoi oblasti, 1929–1953 gg (Ekaterinburg: Ural'skii gos. universitet, 2003), 130.
4. Kazverov, "Dokladnaia zapiska za IV kvartal 1946 goda" and "Dokladnaia zapiska za 1 kvartal 1947 goda," OGAChO, R-1619/2/48, 46–59, 80; Saprikin, "V sviazi s postupleniem novogo spets. kontingenta," June 17, 1946, 1619/2/43, 66–67; Rapoport, "Ob organizatsii laguchastka no. 9 pri Stroiupravlenii no. 859, ChMS MVD," May 27, 1946, 1619/2/43, 63–64. On dangerous prisoners, see V. N. Kuznetsov, Zakrytye goroda Urala (Ekaterinburg: Akademiia voenno-istoricheskikh nauk, 2008), 61.
5. Rapoport, "Prikaz o sniatii s ucheta," July 26, 1946, OGAChO, 1619/23/48, 86–87; Rapoport, "Vcem nachal'nikam," 6–8. See also Lynne Viola, The Unknown Gulag: The Lost World of Stalin's Special Settlements (New York: Oxford University Press, 2007), 95.
6. 卡斯維洛夫對 A. N. 科馬洛夫斯基（Kazverov to Komarovskii）陳述的內容，1946 年，OGAChO，R-1619/2/48，46-59。
7. Rapoport, "Prikaz ob organizatsii shtrafnoi kolonnii zakliuchennykh," February 26, 1946, OGAChO, 1619/2/434, 27; Rapoport, "O meropriiatiiakh dal'neishego usileniia okhrany," April 22, 1946, OGAChO, 1619/2/44, 54–57.
8. Kazverov, "Dokladnaia zapiska," 1947, 46–59.
9. "Mikhailov nachal'nikam laguchastkov ChMS, MVD," January 18, 1947, OGAChO, R-1619/2/51, 5–6.
10. V. Chernikov, Za zavesoi sekretnosti ili stroitel'stvo No. 859 (Ozersk: V. hernikov, 1995), 145.
11. Riabev, Atomnyi proekt SSSR, vol. II, bk. 4 (Moscow: Fizmatlit, 2004), 198.
12. Chernikov, Za zavesoi, 145.
13. 同上，130，145。
14. Alexandr Isaevich Solzhenitsyn, One Day in the Life of Ivan Denisovich (New York: Signet Classics, 2008).
15. Rapoport, "O resul'tatakh [sic] proverki," March 15, 1946, OGAChO, 1619/2/44: 42–43; "Prikaz po upravleniiu Cheliabmetallurgstroiia MVD SSSR," April 5, 1946, OGAChO, 1619/1/39, 256; "O merakh usileniia rezhima," April 947, OGAChO, R-1619/2/50, 53–54.
16. Kuznetsov, Zakrytye goroda, 13.
17. V. Novoselov and V. S. Tolstikov, Taina "Sorokovki" (Ekaterinburg: Ural'skii rabochii, 1995), 124.
18. Vladyslav B. Larin, Kombinat "Maiak"—Problema na veka (Moscow: KMK Scientific Press, 2001), 199; "Protokol no. 1, politotdela Bazy

no. 10," January 5, 1949, OGAChO, P-1137/1/15, 1–5.

19. 「報告」，紀錄最早不超過 1946 年 11 月，OGAChO，P-288/1/141，12。
20. 同上，13。
21. 同上。
22. 拉波普特（Rapoport），「工地 MVD SSSR No. 859 臨時進入管理體制概述」，1946 年 7 月 23 日，OGAChO，R-1619/2/44，79-80；I. P. 珍林和 I. 甲薛夫（I. P. Zemlin and I Gashev），《陸軍上校 P. T. 畢士羅瓦》（*Desant polkovnika P. T. Bystrova*，奧爾斯克：馬亞科，1999 年），16。特殊軍事管理區的規範最早在 1934 年創立。艾瑞納．畢士羅瓦（Irina Bystrova），《冷戰期間的 USSR 軍事建物：四〇年代後半至六〇年代》（*Voenno-promyshlennyi kompleks SSSR v gody kholodnoi voiny: Vtoraia polovina 40-kh-nachalo 60-kh godov*，莫斯科：IRI RAN，2000 年），16。
23. Chernikov, Za zavesoi, 39; Rapoport, "Rasporiazheniia po Cheliabmetallurgstroiu MVD SSSR," October 17, 1946, OGAChO, 1619/1/39, 300.
24. Novoselov and, Tolstikov Taina "Sorokovki," 126; Ia. P. Dokuchaev, "Ot plutoniia k plutonievoi bombe," in Istoriia Sovetskogo atomnogo proekta: Dokumenty, vospominaniia, issledovaniia (Moscow: IAnus-K, 1998), 279–312. 25. David Holloway, Stalin and the Bomb: The Soviet Union and Atomic Energy, 1939–1956 (New Haven, CT: Yale University Press, 1994), 185.
25. David Holloway, Stalin and the Bomb: The Soviet Union and Atomic Energy, 1939–1956 (New Haven, CT: Yale University Press, 1994), 185.
26. Rapoport, "Prikaz nachal'nikam," September 19, 1946, OGAChO, 1619/1/39, 146.
27. D. Antonov Beloborodovu, August 21, 1949, OGAChO, 288/42/35; Rapoport, "O zapreshchenii zakupki produktov," September 5, 1946, OGAChO, 1619/2/43, 79–80.
28. 拉波普特，「指令」，1946 年 2 月 28 日，以及「關於七號組織的延誤」，1946 年 8 月 1 日，OGAChO，1619/2/43，36，75。關於欠缺都市計畫，可參考「十號資料庫，UKSa 組織黨會議三號協定」，1949 年 6 月 3 日，OGAChO，P-1167/1/4，35-39。
29. "Protokol no. 3, zakrytogo partiinogo sobraniia partorganizatsii," January 27, 1948, OGAChO, 1142/1/4, 1–7.

第十四章：貝利亞的探訪

1. E. A. Negin, Sovetskii atomnyi proekt: Konets atomnoi monopolii (Nizhnii Novgorod: Izd-vo Nizhnii Novgorod, 1995), 67.
2. Michael Gordin, Red Cloud at Dawn: Truman, Stalin, and the End of the Atomic Monopoly (New York: Farrar, Straus and Giroux, 2009), 153.
3. Iu. I. Krivonosov, "Okolo atomnogo proekta," in Istoriia Sovetskogo atomnogo proekta: Dokumenty, vospominaniia, issledovaniia (Moscow: IAnus-K, 1998), 354.
4. N. V. Mel'nikova, Fenomen zakrytogo atomnogo goroda (Ekaterinburg: Bank kul'turnoi informatsii, 2006), 26.
5. 同上，24。
6. A. V. Fateev, Obraz vraga v Sovetskoi propaganda, 1945–1954 gg. (Moscow: RAN, 1999), 70.
7. 同上，63。
8. Vladislav Zubok, "Stalin and the Nuclear Age," in Cold War Statesmen Confront the Bomb (New York: Oxford University Press, 1999), 58.
9. L. D. Riabev, Atomnyi proekt SSSR: Dokumenty i materialy, vol. II, bk. 6 (Moscow: Nauka, 2006), 236–37, 246–47, 248, 302, 350–52.
10. Riabev, Atomnyi proekt, vol. II, bk. 3 (Moscow: Nauka, 2002), 128, 199, 214.
11. "Mikhailov nachal'nikam laguchastkov ChMS MVD," January 18, 1947, OGAChO, R-1619/2/51, 5–6; Riabev, Atomnyi proekt, vol. 1, bk. 1, 195.
12. Kruglov, "O razdelenii stroitel'stva no. 859," October 11, 1946, OGAChO, 1619/2/41, 10–14.
13. V. Chernikov, Za zavesoi sekretnosti ili stroitel'stvo No. 859 (Ozersk: V. Chernikov, 1995), 44–45.
14. V. Novoselov and V. S. Tolstikov, Taina "Sorokovki" (Ekaterinburg: Ural'skii rabochii, 1995), 132–33, 142.
15. Riabev, Atomnyi proekt, vol. II, bk. 2, 488–89; bk. II, vol. 3, 199, 260–61.
16. Francis Sill, "Manhattan Project: Its Scientists Have Harnessed Nature's Basic Force," Life, August 20, 1945.
17. Novoselov and Tolstikov, Taina Sorokovki, 132.
18. Gordin, Red Cloud at Dawn, 82.
19. "O narusheiiakh zemlepol'zovaniia kolkhozov," August 24, 1946, OGAChO, 274/20/10,

38; "O stroitel'stve baraka," August 8, 1946, OGAChO, R 274/20/10, 34.

20. "Chertezh zemel'nykh uchastkov," April 5, 1947, and "Soveshchania u nachal'nika stroitel'stva no 859," May 7, 1947, OGAChO, R 274/20/18,120–22.

21. V. A. Kozlov, Massovye besporiadki v SSSR pri Khrushcheve i Brezhneve: 1953—nachalo 1980-kh gg (Moscow: Rosspen, 2010); Iu. N. Afanas'ev et al., eds., Istoriia stalinskogo Gulaga, vol. 7.

22. Anatoli A. Iatskov, "Atom i razvedki," Voprosi istorii estestvoznaniia i tekhniki 3 (1992): 103–32; B. V. Barkovskii, "Rol' razvedki v sozdanii iadernogo oruzhiia," in Istoriia Sovetskogo atomnogo proekta, 87–134.

23. David Holloway, Stalin and the Bomb: The Soviet Union and Atomic Energy, 1939–1956 (New Haven, CT: Yale University Press, 1994), 56, 185.

24. Alexander Vassiliev, "Yellow Notebook #1," in The Vassiliev Notebooks: Cold War International History Project Virtual Archive, www.cwihp.org, 23, 39, 146; Vizgin, Istoriia Sovetskogo atomnogo proekta, 120.

25. Vassiliev, "Yellow Notebook #1," 287, 79.

26. Weinstein and Vasilliev, Haunted Wood, 208.

27. Novoselov and Tolstikov, Taina "Sorokovki," 137.

28. Riabev, Atomnyi proekt, vol. 1, bk. 1, 188–89; vol. II, bk. 3, 203–7.

29. Kotkin, Magnetic Mountain Stalinism as a Civilization (Berkeley: University of California Press, 1995); Katherine A. S. Siegel, Loans and Legitimacy: The Evolution of Soviet-American Relations, 1919–1933 (Lexington: University Press of Kentucky, 1996), 128–30; Lennart Samuelson, Plans for Stalin's War Machine: Tukhachevskii and Military-Economic Planning, 1925–1941 (New York: St. Martin's, 2000), 16.

30. Harris, The Great Urals: Regionalism and the Evolution of the Soviet System (Ithaca, NY: Cornell University Press, 1999), 156, 167.

31. L. P. Sokhina, Plutonii v devich'ikh rukakh: Dokumental'naia povest' o rabote khimikometallurgicheskogo plutonievogo tsekha v period ego stanovleniia, 1949–1950 gg (Ekaterinburg: Litur, 2003), 32.

32. Chernikov, Za zavesoi, 48–49.

33. 雷奧尼・提莫寧（Leonid Timonin），《管理區的來信：原子時代的陶里亞蒂命運》（*Pis'ma iz zony: Atomnyi vek v sud' bakh*

tol' iattintsev，薩馬拉：薩馬拉圖書出版，2006年），12；尼可萊·拉波諾夫（Nikolai Rabotnov），「大肆宣傳的哀傷」，《旗標期刊》（*Znamia*），2000年7月1日，162；作者與娜塔莉亞·曼蘇羅娃（Natalia Manzurova）的訪談，2009年8月11日，車里雅賓斯克。

34. Riabev, Atomnyi proekt, vol. II, bk. 3, 316–18.
35. Timonin, Pis'　ma iz zony, 10.
36. Novoselov and Tolstikov, Taina "Sorokovki," 140.
37. "Protokol no. 3, zakrytogo partiinogo sobraniia partorganizatsii Zavodoupravelniia," January 27, 1948, OGAChO, 1142/1/4, 1–7.
38. V. N. Kuznetzov, Atomnyi proekt za koliuchei provolokoi (Ekaterinburg: Poligrafist, 2004), 24.

第十五章：責任回報

1. N. V. Mel'nikova, Fenomen zakrytogo atomnogo goroda (Ekaterinburg: Bank kul'turnoi informatsii, 2006), 37.
2. L. D. Riabev, Atomnyi proekt SSSR: Dokumenty i materialy, vol. 1, bk. 1, (Moscow: Nauka, 1999), 176–77, 226–28, 250–52; B. Muzrukov, "Ob otkomandirovanii na Bazu-10," April 24, 1950, OGAChO, 288/42/40, 32–33.
3. V. 車尼科夫（V. Chernikov），《機密及建設帷幕後方八百五十九號》（*Za zavesoi sekretnosti ili stroitel'stvo No. 859*，奧爾斯克：V. 車尼科夫，1995年），57-59。沙朗斯基（Saranskii）誇大了身家背景調查的完整程度。矯正版本請見「黨派運動人士會議」，1953年1月8日，OGAChO，P-1137/1/48，84-85。
4. N. I. Ivanov, Plutonii, A Bochvar, Kombinat "Maiak" (Moscow: VNII neorganicheskikh materialov, 2003), 8.
5. V. Novoselov and V. S. Tolstikov, Taina "Sorokovki" (Ekaterinburg: Ural'skii rabochii, 1995), 125.
6. Vladimir Gubarev, "Professor Angelina Gus'kova," Nauka i zhizn' 4 (2007): 18–26.
7. Nikolai Rabotnov, "Publitsistika—Sorokovka," Znamia, July 1, 2000, 162.
8. 作者與娜塔莉亞·曼蘇羅娃的訪談，2009年8月11日，車里雅賓斯克。
9. 出了該區的旅遊證據，請見「檔案庫十號政治部黨派運動人士會議」，1951年4月19日，OGAChO，P-1137/1/31，68-70，以及弗金（Fokin），「檔案文件之解釋」，1952年7月25日，OGAChO，288/42/51，96-97。
10. "O neotlozhnykh meropriiatiakh," August 1946, OGAChO, 1619/2/41, 9; Riabev, Atomnyi proekt, vol. 1, bk. 1, 203–7, 210, 282, 320–21.

11. Sekretariu Cheliabinskogo Obkoma VKP/b F. N. Dadonovu, July 19, 1948, OGAChO, 288/43/30, 4.
12. "Postanovlenie Politotdela Bazy no. 10," June 29, 1949, OGAChO, P-1167/1/15, 76–81; Beloborodov, April 7, 1948, and "Uralets, nachal'nik ob'ekta B, MVD Matveistevy," April 24, 1948, OGAChO, 288/42/29, 2–10.
13. Meshik Beloborodovu, June 7, 1949, OGAChO, 288/42/34, 16; Riabev, Atomnyi Proekt, vol. II, bk. 3, 324–25 and bk. 4, 198.
14. Riabev, Atomnyi proekt SSSR, vol. 1, bk. 1, 250–52.
15 Novoselov and Tolstikov Taina "Sorokovki," 100.
16. Chernikov, Za zavesoi, 77.
17. Dol'nik Beloborodovu, May 27, 1949, and Likhachev Beloborodovu, June 7, 1949, OGAChO, 288/42/35.
18 "Ob'iasnenie," 1946, OGAChO, 1619/1/161, 23, 44.
19. Gubarev, "Professor Angelina Gus'kov," 18–25.
20. Novoselov and Tolstikov, Taina "Sorokovki," 143–46.
21. "Stenogramma sobraniia partiinogo aktiva, politotdela no. 106," January 30, 1952, OGAChO, P-1137/1/38, 67–69.
22. Riabev, Atomnyi proekt, vol. 1, bk. 1, 206.
23. Mel'nikova, Fenomen, 51–54.
24. Chernikov, Za zavesoi, 90.
25. Arkadii Kruglov, Kak sozdavalas atomnaia promyshlennost' v SSSR (Moscow: TSNIIatominform, 1994), 66.
26. Novoselov and Tolstikov, Taina "Sorokovki," 107.
27. Riabev, Atomnyi proekt, vol. II, bk. 4, 431, 633–37.
28. Chernikov, Za zavesoi, 131.
29. 同上，116，96；「加強戒備及該區機密性」，1953年3月26日，OGAChO，P-1137/1/48，79-85；「八號協定，奧爾斯克辦公室」1956年10月2日，OGAChO，2469/1/4，1-12。關於更大型的猶太核彈設備的清理，請參考米凱爾．瓦茲諾夫（Mikhail Vazhnov），《A. P. 札維尼亞金：關於生活的那幾頁》（*A. P. Zaveniagin: Stranitsy zhizni*，莫斯科：PoliMEdia，2002年）95-97。
30. Chernikov, Za zavesoi, 57.

31. "Protokol no. 32, zasedeniia biuro Ozerskogo Gorkoma," September 24, 1957, OGAChO, 2469/1/121, 173.
32. "Spisok kandidatov i deputatov," 1957, OGAChO, 2469/1/120.
33. Novoselov and Tolstikov, Taina "Sorokovki," 100–101.
34. Chernikov, *Za zavesoi*, 116.
35. V. V. Alexeev, ed., Obshchestvo i vlast': 1917–1985, vol. 2: 1946–1985 (Cheliabinsk: UrO RAN, 2006), 93; L. P. Kosheleva, E. Iu Zubkova, and G. A. Kuznetsova, Sovetskaia zhizn,' 1945–1953 (Moscow: Rosspen, 2003), 198.
36. "O vyselenii iz osobo-rezhimnoi zony," February 8, 1948; "Ob otselenii grazhdan iz rezhimnoi zony ob'ekta no. 859" (1948), OGAChO, 23/1/22, 4–5, and "Tkachenko Beloborodovu," March 2, 1948, OGAChO, 288/43/21, 1–2.
37. Sh. 卡基莫夫（Sh. Khakimov），《未知的驅逐》（*Neizvestnaia deportatsiia*，車里雅賓斯克：尼加，2006 年）16。有關要求回來的請願，請見 OGAChO，R-274/20/30，50-53，66-67，78 和 87。
38. Tkachenko T. Smorodinskomu, OGAChO, 288/42/34, 5–6.
39. "Ganichkin Belobordovu," April 4, 1946, OGAChO, 288/42/34, 7.
40. "Protokol no. 9, zakrytogo bioro Kyshtymksogo Gorkoma," May 15, 1948, OGAChO, 288/42/34, 6–9.
41. David R. Shearer, Policing Stalin's Socialism: Repression and Social Order in the Soviet Union, 1924–1953 (New Haven, CT: Yale University Press, 2009); Gijs Kessler, "The Passport System and State Control over Population Flows in the Soviet Union, 1932–1940," Cahiers du monde russe 42, nos. 2–4 (April–December 2001): 478–504.
42. 有關基許提姆和奧爾斯克之間的緊繃關係，請見維克多・里斯金（Viktor Riskin），「原子飛地的原住民」，《車里雅賓斯克工人》（*Cheliabinskii rabochii*），2004 年 4 月 15 日。

第十六章：災害帝國

1. L. D. Riabev, Atomnyi proekt SSSR: Dokumenty i materialy, vol. II, bk. 2 (Moscow: Nauka, 2000), 83–85.
2. 同上，451-56。
3. Paul R. Josephson, Red Atom: Russia's Nuclear Power Program from Stalin to Today (New York: W. H. Freeman, 2000), 88–90.
4. Vladyslav B. Larin, Kombinat "Maiak"—Problema na veka (Moscow: KMK Scientific Press, 2001), 77.
5. Vladimir Gubarev, Belyi arkhipelag Stalina (Moscow: Molodaia gvardiia, 2004), 302–3.

6. Riabev, Atomnyi proekt, vol. II, bk. 4, 459–60.
7. 7. 同上，461-62；V. 諾瓦瑟羅夫和 V. S. 托斯帝柯夫（V. Novoselov and V. S. Tolstikov），《「四〇年代」的祕密》（Taina "Sorokovki"，葉卡捷琳堡：烏拉山工人，1995 年），149-53。
8. Sergei Parfenov, "Kaskad zamedlennogo deistviia," Ural 8, no. 3 (2006).
9. Alexei Mitiunin, "Natsional'nye osobennosti likvidatsii radiatsionnoi avarii," Nezavisimaia gazeta, April 15, 2005.
10. Parfenov, "Kaskad."
11. Ia. P. Dokuchaev, "Ot plutoniia k plutonievoi bombe," in Istoriia Sovetskogo Atomnogo Proekta: Dokumenty, Vospominaniia, Issledovaniia (Moscow: IAnus-K, 1998): 291.
12. Larin, Kombinat, 27–28.
13. 同上，87-88。
14. Vladimir Gubarev, "Glavnii ob'ekt derzhavy: po stranitsam 'Atomnogo proekta SSSR,'" Vsiakaia vsiachina: bibliotechka raznykh statei, May 2010, http://wsyachina.com.
15. 瑞雅畢夫（Riabev），《原子計畫》（*Atomnyi proekt*），第 2 卷，第 4 冊，425；L. P. 沙西納（L. P. Sokhina），《女子手中的鈽：化學冶金鈽廠作業的紀實故事》（*Plutonii v devich'ikh rukakh: Dokumental'naia povest' o rabote khimiko-metallurgicheskogo plutonievogo tsekha v period ego stanovleniia*），1949-1950 年（葉卡捷琳堡：力圖爾，2003 年），40-42。有關之後才得知體內吸收的瞭解，請見 A. K. 古斯柯娃（A. K. Gus'kova），《俄國核工業》（*Atomnaia otrasl' strany glazami vracha*，莫斯科：實時出版，2004 年），101 。
16. Nikolai Rabotnov, "Publitsitsika—Sorokovka," Znamia, July 1. 2000, 165.
17. L. P. Sokhina, "Trudnosti puskogovo perioda," in Nauka i obshchestvo, istoriia Sovetskogo atomnogo proekta (40e–50-e gody) (Moscow: Izdat, 1997), 138; Novoselov and Tolstikov, Taina "Sorokovki," 160.
18. Larin, Kombinat, 83.
19. Riabev, Atomnyi proekt, vol. II, bk. 4, 338–39.
20. Vladyslav B. Larin, "Mayak's Walking Wounded," Bulletin of the Atomic Scientists, September/ October 1999, 23.
21. Larin, Kombinat, 85–87.

22. 同上。
23. Dokuchaev, "Ot plutoniia," 291.
24. Larin, Kombinat, 86.
25. 同上，87。
26. "Zasedanie partiinogo aktiva," July 6, 1951, OGAChO, P-1137/1/31, 162–68.
27. Larin, Kombinat, 47.
28. Sokhina, "Trudnosti," 139–40.
29. Larin, Kombinat, 113.
30. Mikhail Gladyshev, Plutonii dlia atomnoi bomby: Direktor plutonievogo zavoda delitsia vospominaniiami (Cheliabinsk: n.p., 1992), 6.
31. Sokhina, Plutonii, 97.
32. 同上，71-74。
33. Larin, "Mayak's Walking Wounded," 22, 24.
34. Sokhina, "Trudnosti," 144.
35. Sokhina, Plutonii, 92–93.
36. Novoselov and Tolstikov, Taina "Sorokovki," 148–49.
37. Larin, Kombinat, 26.
38. Sokhina, Plutonii, 37–38.
39. V. N. Novoselov and V. S. Tolstikov, Atomnyi sled na Urale (Cheliabinsk: Rifei, 1997), 148.

第十七章：追求美國長久戰爭經濟的「少數優等人才」

1. 引述自保羅．約翰．德意志曼（Paul John Deutschmann），「聯邦城市：里奇蘭行政研究」（Federal City: A Study of the Administration of Richland），碩士論文，奧勒岡大學，1952年，20。
2. "Memorandum to the File," April 24, 1946, PRR, HAN 73214, Bk.-17.
3. 「記者會文字紀錄」，1949年4月18日，HMJ，58/3；華特．威廉斯對凱羅．威爾森（Walter Williams to Carroll Wilson）陳述的內容，1947年10月7日，NARA，RG 326 67A，71號箱，600.1（HOO）；羅尼．P．卡里斯雷和喬安．M．箴貞（Rodney

P. Carlisle with Joan M. Zenzen），《供應核武軍火庫：美國反應爐》（*Supplying the Nuclear Arsenal: American Production Reactors*），1942-1992（巴爾的摩，約翰霍普金斯大學出版，1996 年），56-57。

4. 關於政府壟斷，請參見「安檢調查專家小組權限」，1950 年，NARA，RG 326 8505，6 號箱，「安檢和情資，1947-1963」。
5. Carlisle, Supplying, 162.
6. "Managers' Data Book," JPT, 5433-001, box 25; J. Gordon Turnbull, Master Plan of Richland, Washington (1948), 56.
7. 作者與拉夫·米瑞克（Ralph Myrick）進行的專訪，2008 年 8 月 19 日，華盛頓州肯納威克；里奇蘭社區理事會議事錄，會議編號 #21，1949 年 6 月 20 日，RPL。
8. 切勿將查爾斯·愛德華·威爾森（Charles Edward Wilson）和通用汽車執行長及後來在艾森豪執政其擔任國防部長的查爾斯·艾溫·威爾森（Charles Erwin Wilson）混淆。
9. Charles E. Wilson, "For the Common Defense: A Pleas for a Continuing Program of Industrial Preparedness," Army Ordnance XXVI, no. 143 (March-April 1944): 285–287.
10. 同上，287。
11. Garry Wills, Reagan's America: Innocents at Home (New York: Doubleday, 1987), 281.
12. W.F. Tompkins to V. Bush, March 28 and May 9, 1944; Bush to Tompkins, April 27, 1944; Colonel Rising, "Memorandum," July 24, 1944, NARA, OSRD General Records, RG 227, entry 13, box 36.
13. "Research Board for National Security" (Draft), July 24, 1944, NARA, RG 227, 13, box 36, 2; Charles Vanden Bulck, "Remarks for Presentation at the Atomic Industrial Forum Symposium," March 3, 1958, NARA, RG 326 A1 67A, box 8, folder 10.
14. M. A. Tuve, "Suggested Pattern for Stable Contracting Agencies," September 12, 1944, and Tuve to Bush, September 29, 1944, NARA, RG 227 13, box 36.
15. Tuve, "Suggested Pattern."
16. 同上，12。
17. 通用電氣與原子能委員會的合約從一九四六年起，最終總額累積到一九七五年的四十二億。INFACT，《讓通用電氣重現光明：通用電氣是如何塑造帶來利潤的核武政策》（*Bringing GE to Light: How General Electric Shapes Nuclear Weapons*

Policies for Profits，費城：新社會出版，1988年），97-98。

18. 請參考彼得・蓋里森和布魯斯・威廉・赫夫利（Peter Galison and Bruce William Hevly），《大科學：大規模研究的成長》（*Big Science: The Growth of Large-Scale Research*，加州史丹佛：史丹佛大學出版，1992年）。
19. Caroll L. Wilson to Robert Oppenheimer, February 10, 1948, NARA, RG 326 1A 67A, box 71, 600.1 (HOO); Richard Rhodes, Dark Sun (New York: Simon and Schuster, 1995), 280.
20. "Directive for Type B Production Unit Areas," November 6, 1947; "Kellex Contract with General Electric," September 23, 1947, and Fred C. Schlemmer to Carroll Wilson, July 18, 1947, NARA, RG 326 67A, box 71, 600.1 (HOO).
21. Walter J. Williams, October 8, 1948, JPT, 5433-1, box 24; "Excerpts from Delbert Meyer's Thesis on History of Tri-Cities" (1959), CREHST, Acc. 2006.1 box 2, folder 6.1.
22. Villager, October 21, October 28, and November 4, 1948.
23. 斯烈莫（Schlemmer）對威爾森陳述的內容，1947年7月14日，NARA，RG 326 67A，71號箱，600.1（HOO）；「促進漢福德新計畫案的俄羅斯原子大爆炸」，TCH，1949年10月11日，1。
24. "Report on Building Project 234–35," NARA, RG 326 67A, box 71, 600.1 (HOO).
25. Williams to Wilson, July 16, 1947, NARA, RG 326 67A, box 71, folder 600.1 (HOO).
26. "Report by Falk Architectural Consultants," September 4, 1949, NARA, 326, entry 67A, box 71, folder 600.1.
27. 十年後，鄰近的肯納威克用一百萬美元蓋了間高中。TCH，1958年10月10日，1。
28. "Report on Building Project 234-35," RG 326-1A-67A, box 71, folder, 600.1 (HOO).
29. David Inglis, "Atomic Profits and the Q uestion of Survival," Bulletin of the Atomic Scientists IX, no. 4 (1953): 118; Christopher Drew, "Pentagon Changes Rules to Cut Cost of Weapons," NYT, September 15, 2010.
30. Roy B. Snapp, August 15, 1951, NARA, RG 326-67A, box 8, folder 10-14, 23.
31. 保羅・約翰・德意志曼（Paul John Deutschmann），「聯邦城市：里奇蘭行政研究」（Federal City: A Study of the Administration of Richland.），碩士論文，奧勒岡大學，1952年，149-50；TCH，1949年10月16日，1-2。也請參見麥克・高登（Michael Gordin），《黎明紅雲：杜魯門、史達林，原子壟斷的終點》（*Red Cloud at Dawn: Truman, Stalin, and the End of the Atomic Monopoly*，紐約：法勒—斯特勞斯—吉魯出版，2009年），250-51。

32. TCH, October 15, 1950, 4.
33. TCH, September 1 and October 4, 1949, 4, 1; October 30, 1950, 4.
34. Villager, October 28, 1948, 1; TCH, September 30, 1949, 24; CBN, May 4 and 11, June 2, July 3, 1950, 1.
35. 關於國防推動活動者的角色，請見羅傑・W・洛奇恩（Roger W. Lotchin），《加州堡壘》（*Fortress California*），《1910-1961年：從戰爭到福利的這條路》（*1910–1961: From Warfare to Welfare*，厄巴納：伊利諾大學出版，2002年）。
36. Maria E. Montoya, "Landscapes of the Cold War West," in Kevin J. Fernlund, ed., The Cold War American West, 1945–1989 (Albuquerque: University of New Mexico Press, 1998), 15–16.
37. Patricia Nelson Limerick, "The Significance of Hanford in American History," in Terra Pacifica: People and Place in the Northwest States and Western Canada (Pullman: Washington State University Press, 1998), 53–70.
38. TCH, October 24, 1950, 1. See CBN, October 18, 1952, 2.
39. 請見CBN，1950年9月2日和6月7日，1。關於華盛頓州東南部的聯邦計畫案的辯解範例，請見格蘭・禮（Glenn Lee）的論文，華盛頓州立大學圖書館，第10、11、14系列。
40. Gordin, Red Cloud, 43.
41. 關於里奇蘭無法防守這點，請見哈洛德・D・亞納莫沙（Harold D. Anamosa），「被動防守調查」，1953年5月7日，NARA，RG 326 67B，154號箱，11號文件夾。
42. Paul Loeb, Nuclear Culture: Living and Working in the World's Largest Atomic Complex (Philadelphia: New Society, 1986), 70.
43. Thomas W. Evans, The Education of Ronald Reagan: The General Electric Years and the Untold Story of His Conversion to Conservatism (New York: Columbia University Press, 2006), 92–99; Wendy Wall, Inventing the "American Way": The Politics of Consensus from the New Deal to the Civil Rights Movement (Oxford ; New York: Oxford University Press, 2008), 207.
44. "Monthly Report of Hanford District Civil Defense," July 9, 1951, CREHST, 2006.001 box 1, folder 3.1.
45. TCH, September 1, 1950, 7.
46. CBN, December 13, 1952, 1; TCH, November 17, 1957, 1; TCH, November 27, 1957, 1.
47. 關於愛國意識，請見羅素・B・歐威爾（Russell B. Olwell），《在原子城的工作：田納西州橡樹嶺的勞工與社會史》（*Work in the Atomic City: A Labor and Social History of Oak Ridge, Tennessee*，諾克斯維爾：田納西大學出版，2004年），3。

第十八章：史達林的火箭引擎：鈽國人民獎賞

1. Jeffrey Richelson, Spying on the Bomb: American Nuclear Intelligence from Nazi Germany to Iran and North Korea (New York: Norton, 2006), 93.
2. Paul R. Josephson, "Atomic-Powered Communism: Nuclear Culture in the Postwar USSR," Slavic Review 55, no. 2 (Summer 1996): 297–324; V. P. Vizgin, "Fenomen 'kul'ta atoma' v CCCP (1950–1960e gg.) in Istoriia Sovetskogo atomnogo proekta (Moscow: IAnus-K, 1998), 439–40.
3. 尤里・卡里頓和烏里・史密爾諾夫（Yuli Khariton and Uri Smirnov），「卡里頓版本」（The Khariton Version），《原子科學家簡報》（*Bulletin of the Atomic Scientists*），1993年5月，27-29。
4. Riabev, L. D. Riabev, Atomnyi proekt SSSR: Dokumenty i materialy, vol. II, bk. 6 (Moscow: Nauka, 2006), 748, and bk. 4, 755.
5. "Sobranie partiinogo aktiva politotdela bazy-10," April 19, 1951, OGAChO, P-1137/1/31, 31–39.
6. 有關進駐莫斯科的抱負，請見維拉・杜恩漢姆（Vera Dunham），《史達林時代：蘇聯小說的中產階級價值》（*In Stalin's Time: Middleclass Values in Soviet Fiction*，劍橋：劍橋大學出版，1976年），49。
7. Vladimir Bokin and Marina Kamys, "Posledstviia avarii na kombinate 'Maiak,'" Ekologiia 4, April 2003.
8. Riabev, Atomnyi proekt, vol. II, bk. 4, 379–80, 570–71; Elena Zubkova, Russia After the War: Hopes, Illusions and Disappointments, 1945–1957 (Armonk, NY: Sharpe, 1989), 86.
9. 引述自大衛・哈洛威（David Holloway），《史達林與炸彈：蘇聯和原子能源》（*Stalin and the Bomb: The Soviet Union and Atomic Energy*），1939-1956年（康乃狄格州紐哈芬市：耶魯大學出版，1994年），148。
10. Dunham, In Stalin's Time, 4.
11. 作者與弗拉迪米爾・諾瓦瑟羅夫（Vladimir Novoselov），2007年6月26日，俄羅斯車里雅賓斯克。
12. Holloway, Stalin and the Bomb, 186.
13. Anita Seth, "Cold War Communities: Militarization in Los Angeles and Novosibirsk, 1941–1953," PhD diss., Yale University, 2012, 161–224.
14. "Postanovlenie Politotdela Bazy no. 10," June 29, 1949, OGAChO, P-1167/1/15, 76–81.
15. Wendy Goldman, Terror and Democracy in the Age of Stalin: The Social Dynamics of Repression (Cambridge: Cambridge University

Press, 2007) 45–47, 116; Jeffrey J. Rossman, Worker Resistance Under Stalin: Class and Revolution on the Shop Floor (Cambridge, MA: Harvard University Press, 2005); Donald A. Filtzer, Soviet Workers and De-Stalinization: The Consolidation of the Modern System of Soviet Production Relations, 1953–1964 (Cambridge: Cambridge University Press, 1992), 155.

16. Elena Zubkova, et al., Sovetskaia zhizn', 1945–1953 (Moscow: Rosspen, 2003), 81–82, 625; A. V. Fateev, Obraz vraga v Sovetskoi propaganda, 1945–1954 gg. (Moscow: RAN, 1999), 178–79.
17. "Svodki, Cheliabinsksogo Obkoma," March 5, 1948, OGAChO, P-288/12/194, 3–5.
18. M. E. Glavatskii, ed., Rossiia, kotoruiu my ne znali, 1939–1993 (Cheliabinsk: Iuzhnoeural'skoe knizhnoe izdatel'stvo, 1995), 59–62.
19. Kosheleva, Sovetskaia zhizn', 209.
20. "O vypolnenii postanovleniia biuro obkoma," September 18, 1948, OGAChO, 288/42/29; "Postanovlenie politotdela bazy no 10," March 30, 1954, OGAChO, P-1137/1/15, 32–41.
21. "O khode zhilishchnogo stroitel'stva," June 18, 1948, OGAChO, 288/42/29; V. Chernikov, Za zavesoi sekretnosti ili stroitel'stvo No. 859 (Ozersk: V. Chernikov, 1995), 211.
22. "Protokol no. 3," June 3, 1949, OGAChO, P-1167/1/4, 35–39.
23. 瑞雅畢夫，《原子計畫》，第 2 卷，第 3 冊，393-94；「從胡蘿蔔到白麵包」，1949 年 9 月 15 日，以及「Dol'nik Beloborodovu」，最早紀錄不超過 1949 年 10 月，OGAChO，1137/1/15，1-5。
24. "Protokol no. 1, politotdela Bazy no. 10," January 5, 1949, OGAChO, 1137/1/15, 1–5.
25. "Uralets Beloborodovu," September 30, 1949, OGAChO, 288/42/35.
26. "Protokol no. 10, politotdela Bazy no. 10," April 1, 1949, OGAChO, 1137/1/15: 76–81; "Semenov Beloborodovu," September 29, 1949, OGAChO, 288/42/35.
27. "Zasedanie partiinogo aktiva," April 19, 1951, OGAChO, 1137/1/31, 27.
28. "Protokol no. 2," October 10, 1956, OGAChO, 2469/1/2, 9–10.
29. "Protokol No. 3, zasedanie biuro Ozerskogo gorkoma KPSS," August 29, 1956, OGAChO, 2469/1/3, 45–55.
30. "Protokol no. 3," 35–39.
31. "Sobranie partiinogo aktiva," April 10, 1952, OGAChO, P-1137/1/38, 171–72.

32. Riabev, Atomnyi proekt, vol. II, bk. 4, 248–50; Chernikov, Za zavesoi, 80, 30.
33. "Sobraniia partiinogo aktiva," 142–46.

第十九章：美國腹地的老大哥

1. "Utopian Life Only a Mirage in Atom Town," Chicago Tribune, July 24, 1949, 4.
2. "The Atom: Model City," Time, December 12, 1949. OUP UNCORRECTED PROOF BROWN-endnotes-PageProof 363 December 18, 2012 6:18 AM Notes to Pages 141–145 363
3. David Stevens, Rex E. Gwinn, Mark W. Fullerton, and Neil R. Goff, "Richland, Washington: A Study of Economic Impact," 1955, CREHST, 2006.001, 1, Folder 3.1.
4. Stevens et al., "Richland, Washington"; "JCAE Hearings 'Free Enterprise in Richland," June 23, 1949, HMJ, acc. 3560-2/58/29.
5. R. W. Cook, July 27, 1951, NARA, RG 326 67B, box 8, folder 10-4.
6. George W. Wickstead, "Planned Expansion for Richland, Washington," Landscape Architecture 39 (July 1949): 174.
7. "Atomic Cities' Boom," Business Week, December 18, 1948, 65–70.
8. TCH, February 11, 1950.
9. Paul Nissen, "Editor's Life at Richland Wasn't an Easy One!" part II, TCH, October 25, 1950, 1–2.
10. "Exhibit D, Villagers, Inc. Balance Sheet," July 10, 1945, PRR, Han 73214, bk. 17.
11. Nissen, "Editor's Life," part II, 2.
12. Nissen, "Editor's Life," part III, October 26, 1950, 1.
13. 同上。
14. 作者訪談，安妮特．賀里佛特（Annette Heriford），2008年5月18日，華盛頓州肯納威克。
15. W. B. Parsons, "List of Unions," May 23 1944, NAA, 326 8505, box 103, folder "Policy Books of Intelligence Division."
16. Robert Michael Smith, From Blackjacks to Briefcases: A History of Commercialized Strikebreaking and Union Busting in the United States (Athens: Ohio University Press, 2003).
17. 卡雷頓．許格（Carleton Shugg）對通用經理陳述的內容，1947年9月10日，NARA，RG 326 67A，16號箱，231.4號文件夾。

18. Claude C. Pierce Jr., "Reorganization of the Intelligence and Security Division," September 6, 1945, NAA, RG 326 8505, box 103, folder "Policy Books of Intelligence Division"; "AEC Security Costs," December 4, 1953, NARA, RG 326 67B, box 154, folder 11.
19. Stevens et al., "Richland, Washington," 55; "JCAE Hearings 'Free Enterprise in Richland,'" June 22, 1949, HMJ, 3560-2/58/29.
20. David Witwer, "Westbrook Pegler and the Anti-Union Movement," Journal of American History 92, no. 2 (September 2005): 527–52.
21. F. A. Hayek, The Road to Serfdom (Chicago: University of Chicago Press, 1994).
22. "Minutes of Richland Community Council," meetings no. 20 and 21, May 9 and June 20, 1949, RPL.
23. TCH, October 26, 1950, 1; Carroll Wilson to Joint Commission on Atomic Energy, April 11, 1947, NARA, RG 326 67A, box 39, folder 352.9.
24. Deutschmann, "Federal City," 143, 268–74; TCH, January 12, 1950, 1.
25. TCH, October 24, 1950, 1.
26. 普勞特（Prout）對弗雷德・斯烈莫陳述的內容，1948 年 12 月 20 日，以及斯烈莫，「AEC 租金」，1949 年 1 月 26 日，NARA，RG 326 67A，57 號箱，480 號文件夾。
27. TCH, February 1, 8, 17, and 25, 1950.
28. R. W. Cook, July 27, 1951, NARA, RG 326 67B, box 8, folder 10-4; Gordon Dean to Brien McMahon, February 19, 1951, HMJ, acc. 3560-2/58/58-26.
29. "Minutes of Richland Community Council," meeting no. 26, November 14, 1949, RPL; Sumner Pike to Estes Kefauver, February 23, 1951, NARA, RG 326 67B, box 8, folder 9.
30. J. A. Brownlow to Brien McMahon, February 15, 1951, HMJ, acc. 3560-2/58/58-26; "Richland Community Council," September 20, 1952, RPL; K. E. Fields to Oscar S. Smith, January 22, 1957, NARA, RG 326, 67B, box 81, folder 11, "Labor Relations."
31. 624th AEC Meeting, November 7, 1951, NARA, RG 326 67B, box 8, folder 9.
32. TCH, February 7, 1951, 4.
33. 同上。
34. "Numbers in Each Craft," 1952, NARA, RG 326, 67B, box 81, folder 11.
35. 大衛・E・威廉斯（David E. Williams）對亨利・傑克森（Henry Jackson）陳述的內容，1951 年 4 月 26 日；M. W. 鮑維（M.

W. Boyer）對威廉・L・波登（William L. Borden）陳述的內容，1951年6月12日，HMJ，acc. 3560-2/58/58-22；「S. 席爾曼和 KAPL 警衛工會」，1952年11月，NARA，RG 326，67B，81號箱，11號文件夾，「勞工關係」。

36. Frances Pugnetti, Tiger by the Tail: Twenty-Five Years with the Stormy Tri-City Herald (Kennewick, WA: Tri-City Herald, 1975), 140–41; William Border to Marion Boyer, March 12, 1952, NARA, 326 67B, box 81, folder 11; TCH, October 19, 1958, 1.

37. Thomas W. Evans, The Education of Ronald Reagan: The General Electric Years and the Untold Story of His Conversion to Conservatism (New York: Columbia University Press, 2006), 91–95. Q uotes from "Regulations for Hanford Works Security Patrolmen, GE, February 20, 1958," PRR, HAN 22970, 8–9.

38. Dick Epler, January-February 1998, Alumni Sandstorm (online archives) http:// alumnisandstorm.com.

39. Jack Metzgar, Striking Steel: Solidarity Remembered (Philadelphia: Temple University Press, 2000), 7, 156.

40. Glenn Crocker McCann, "A Study of Community Satisfaction and Community Planning in Richland, Washington," PhD diss., Department of Sociology, State College of Washington, 1952, 69–71, 115–17, 124; "Report of the Survey on Home Ownership" (1951), FCP, acc. 3543-004/4/19.

41. Bob DeGraw, August 10, 1998, Alumni Sandstorm (online archives), http://alumnisandstorm.com.

42. Carl Abbott, "Building the Atomic Cities: Richland, Los Alamos, and the American Planning Language," in Bruce Hevly and John M. Findlay, eds., The Atomic West, 90–115.

43. 作者專訪，史蒂芬妮・亞尼塞克（Stephanie Janicek），2010年7月14日，華盛頓州里奇蘭。

44. TCH, October 7, 1949.

45. Tom Vanderbilt, Survival City: Adventures Among the Ruins of Atomic America (New York: Princeton Architectural Press, 2002).

46. TCH, July 8, 1956.

47. 同上；里奇蘭社區理事會議事錄，會議編號 #21，1951年6月11日，1957年5月20日，1957年11月4日，1957年12月4日和30日，1958年1月6日，RPL。

48. Rebecca Lester, "Measures for the Prevention of Juvenile Delinquency in the City of Richland, WA," April 7, 1964, Sociology, 132, in FCP, 6/7.

49. McCann, "A Study of Community Satisfaction," 57.

50. Elaine Tyler May, Homeward Bound: American Families in the Cold War Era (New York: Basic Books, 1988), 153.
51. "Monthly Report, July 1954, Radiation Monitoring Unit," PRR, HW 32571.
52. TCH, November 3, 1951, 2.
53. A. Fred Clagett, "Richland Diary," October 13, 1972, CREHST, acc. 2006.001, box 1, folder 3.1; minutes of Richland Community Council, February 7, 1955, RPL; "Excerpts from Delbert Meyer's Thesis," CREHST, acc. 2006.1, box 2, folder 6.1, 120.
54. TCH, February 7, 1951, 4.
55. Mathew Farish, "Disaster and Decentralization: American Cities and the Cold War," Cultural Geographies 10 (2003): 125–48.
56. CBN, August 8 and September 22, 1950.
57. Lizabeth Cohen, A Consumers' Republic: The Politics of Mass Consumption in Postwar America (New York: Knopf, 2003).

第二十章：鄰居

1. 作者和 C. J. 密切爾（C. J. Mitchell）的訪談，2008 年 8 月 19 日，華盛頓州里奇蘭。
2. TCH, October 2, 1949, 1–2.
3. Charles P. Larrowe, "Memo on Status of Negroes in the Hanford, WA Area," April 1949, HJM, acc. 3560-2, box 58, folder 29.
4. Robert Bauman, "Jim Crow in the Tri-Cities, 1943–1950," Pacific Northwest Q uarterly, Summer 2005, 124–31.
5. "Negro Relations in the Atomic Energy Program," March 7, 1951, NARA, RG 326 67A, box 16, folder 291.2.
6. James T. Wiley Jr., "Race Conflict as Exemplified in a Washington Town," M.A. thesis, Department of Sociology, State College of Washington, 1949, 56.
7. Wiley, "Race Conflict," 61; Larrowe, "Memo on Status of Negroes."
8. CBN, May 8, 1950.
9. Larrowe, "Memo on Status of Negroes."
10. 一九四七至四八年間，一百九十三件逮捕案中，有一百二十五件屬於「遊手好閒」和「帶回偵查」。威利，「種族衝突」，8。
11. TCH, December 26, 1947, and February 25, 1948; William J. Gaffney, Appellant, v. Scott Publishing Company et al., Respondents, no. 30989, en banc, Supreme Court of Washington, December 14, 1949.
12. FHA, FHA Underwriting Manual (1938), sect. 911, 929, 937.

13. Wiley, "Race Conflict," 124.
14. Larrowe, "Memo on Status of Negros."
15. 同上。
16. TCH, January 12, 1950, 6.
17. 引述自包曼（Bauman），「三城區的種族隔離」。
18. John M. Findlay and Bruce William Hevly, Atomic Frontier Days: Hanford and the American West (Seattle: University of Washington Press, 2011), 130–32.
19. CBN, April 18 and 20, 1950.
20. TCH, September 11 and October 6, 1949
21. 「原子能源計畫的 AEC 黑人關係」，以及西雅圖都會聯盟論文，UWSCacc. 60768136/6，尤其是「原子能委員會的里奇蘭報告」。

第二十一章：伏特加社會

1. Nikolai Rabotnov, "Publitsistika—Sorokovka," Znamia, July 1, 2000, 160.
2. 同上，164。
3. "Protokol no. 10," April 1, 1949, OGAChO, P-1137/1/15, 49–50.
4. "Ob izzhitii faktov khuliganstva," March 20, 1954, OGAChO, P-1137/1/65, 1–3.
5. 同上；「協定 No. 31」，1951 年 6 月 22 日，OGAChO，288/42/43。
6. "Sobranie partiinogo aktiva politotdela bazy-10," April 19, 1951, OGAChO, P- 1137/1/31, 68–70.
7. 同上。
8. 作者和艾爾文・波爾（Ervin Polle）的通信內容，2012 年 2 月 12 日。
9. L. D. Riabev, Atomnyi proekt SSSR: Dokumenty i materialy, vol. II, bk. 5 (Moscow: Nauka, 2007), 170, 183, 187, and bk. 3, 245–46, 368; V. N. Kuznetsov, Zakrytye goroda Urala (Ekaterinburg: Akademiia voenno-istoricheskikh nauk, 2008), 96.
10. "Spravka o rabote nabliudatel'noi komissii," January 9, 1960, OGAChO, 2469/3/3, 59–64.

11. "Sobranie partiinogo aktiva politotdela bazy-10," 31–39.
12. 同上，37。
13. N. V. Mel'nikova, Fenomen zakrytogo atomnogo goroda (Ekaterinburg: Bank kul'turnoi informatsii, 2006), 92; Jack S. Blocker, David M. Fahey, and Ian R. Tyrrell, Alcohol and Temperance in Modern History: An International Encyclopedia (Santa Barbara, CA: ABCCLIO, 2003), 15.
14. "Ob faktov khuliganstva," 142; G. N. Kibitkina, "Informatsia o sostave i soderzhanii dokumentov fonda P-2469 Ozerskii gorkom KPSS za 1961–1965 gody" (unpublished).
15. "Zasedanie partiinogo aktiva," July 6, 1951, OGAChO, P-1137/1/31, 168–72.
16. "Protokol no. 1," August 18, 1956, OGAChO, 2469/1/3, 42.
17. "Protokol no. 4," August 15, 1951, OGAChO, 1181/1/2, 24.
18. "Protokoly sobranii," October 21, 1954, OGAChO, 1596/1/43, 52.
19. Kuznetsov, Zakrytye goroda, 67.
20. 作者和安娜・蜜里悠提娜（Anna Miliutina）的訪談，2010 年 6 月 21 日，基許提姆。
21. "Spravka," 1959, and "Spravka," January 7, 1960, OGAChO, 2469/3/3, 5, 8; "Protokol no. 7 plenumov gorodskogo komiteta KPSS," May 23, 1967, OGAChO, 2469/6/405, 48–51.
22. 作者和嘉麗納・佩特魯娃（Galina Petruva，假名）的訪談，2010 年 6 月 26 日，基許提姆。
23. "Sobranie partiinogo aktiva," April 10, 1952, OGAChO, P-1137/1/38, 179.
24. 同上，170-71。
25. 其他例子請見 OGAChO，288/42/43，7-8，96-97；P-1137/1/65，1-3；2469/1/119，159-70；2469/2/1，28-33；246/3/3，59-64，外加城市執行委員會自 1962 至 1967 年的議事錄，in fond 2469，6 號。
26. "Spravka," 1959, and "Spravka," January 7, 1960, OGAChO, 2469/3/3, 5, 8; "Protokol no. 7 plenumov gorodskogo komiteta KPSS," 48–51.
27. Lazyrin Malyginoi, 1957, OGAChO, 2469/1/118, 106–8.
28. "Sobranie partiinogo aktiva," 171–72.

29. Tamara Belanova, "S chego nachinalsia Obninsk," Gorod, April 1995, 52; Vladimir Bokin and Marina Kamys, "Posledstviia avarii na kombinate 'Maiak,'" Ekologiia 4, April 2003; Vladimir Gubarev, "Professor Angelina Gus'kova," Nauka i zhizn', no. 4 (2007), 18–26; Lawrence S. Wittner, The Struggle Against the Bomb (Stanford, CA: Stanford University Press, 1993), 1:146.
30. Rabotnov, "Publitsistika," 161.
31. Mel'nikova, Fenomen, 67.
32. 同上，68。

第二十二章：風險社會管理

1. Michele Stenehjem Gerber, On the Home Front: The Cold War Legacy of the Hanford Nuclear Site (Lincoln: University of Nebraska Press, 1992), 216.
2. 請見烏爾里希．貝克（Ulrich Beck），《世界性風險社會》（*World Risk Society*，劍橋：政體出版社，1999年），72。
3. H. M. Parker, "H.I., Plant Control Activities to August 1945," PRR.
4. Parker to S. T. Cantril, December 11, 1945, PRR, HW-7 31057.
5. K. Herde, "I-131 Accumulation," March 1, 1946, PRR, HW 3-3455; "I-131 Deposition in Cattle Grazing," August 29, 1946, PRR, HW 3-3628.
6. Parker, "Tolerable Concentration of Radio-Iodine," January 14, 1946, PRR, HW 7- 3217; "Radiation Exposure Data," February 8, 1950, PRR, HW 19404.
7. "HW Radiation Hazards," July 27, 1948, PRR, HW 10592.
8. M. S. Gerber, "A Brief History of the T Plant Facility at the Hanford Site," 1994, DOE Opennet, 29.
9. Ian Stacy, "Roads to Ruin on the Atomic Frontier: Environmental Decision Making at the Hanford Reservation, 1942–1952," Environmental History 15, no. 3 (July 2010): 415–48.
10. B. G. Lindberg, "Investigation, no. 333," January 28, 1954, PRR, HW 30764.
11. Minutes, Advisory Committee for Biology and Medicine (ACBM), October 8–9, 1948, NAA, RG 326 87 6, box 30, folder "ACBM"; Parker, "HW Radiation Hazards."
12. Parker, "Action Taken, Particle Hazard," October 25, 1948, PRR, HW 11348.

13. Walter Williams, "Certain Functions AEC Hanford Operations," October 8, 1948, JPT, 5433-1, box 24, 11.
14. Minutes, ACBM, October 8–9, 1948; Parker, "Report on Staff Action Taken and Planned," October 8–9, 1948, NARA, RG 326, Biology and Medicine, box 1, Folder 5.
15. Villager, October 14, 1948, 1.
16. Parker, "Report."
17. R. E. Gephart, Hanford: A Conversation About Nuclear Waste and Cleanup (Columbus, OH: Battelle Press, 2003), 2.3.
18. Kenneth Scott, "Some Biological Implications," June 30, 1949, NAA, RG 326 87 6, box 4, "Research and Development."
19. Forrest Western, "Problems of Radioactive Waste Disposal," Nucleonics, August 1948, 42–48.
20. Gerber, "Brief History of the Site," 30.
21. HWS Monthly Report for June 1952, July 21, 1952, PRR, HW 24928.
22. Monroe Radley, "Distribution of GE Personnel in Hanford Works 'AEC,'" May 15–24, 1948, JPT, 5433-1, box 24.
23. Parker, "Status of Ground Contamination Problem," September 15, 1954, DOE Opennet, HW 33068; R. H. Wilson, "Criteria Used to Estimate Radiation Doses," PRR, BNWL-706 UC-41, July 1986.
24. Herbert Parker, "Summary of HW Radiation Hazards for the Reactor Safeguard Committee," July 27, 1948, PRR, HW 10592.
25. J. W. Healy, "Dissolving of Twenty Day Metal at Hanford," May 1, 1950, DOE Opennet.
26. Karen Dorn Steele, "Hanford's Bitter Legacy," Bulletin of the Atomic Scientists, January-February 1988, 20; Daniel Grossman, "A Policy History of Hanford's Atmospheric Releases," PhD diss., Massachusetts Institute of Technology, 1994.
27. Healy, "Dissolving"; John M. Findlay and Bruce William Hevly, Atomic Frontier Days: Hanford and the American West (Seattle: University of Washington Press, 2011), 57–58.
28. Gerber, "Brief History of the Site," 32.
29. 同上，40、41-56、65、68、70。
30. Gerber, On the Home Front, 125.
31. 「AEC廢料貯存作業概述」，1960年9月21日，DOE GermantownRG 326/1309/6；傑法特（Gephart），《漢福德》（*Hanford*），5.3；「凱勒士與通用電氣的合約」，1947年9月23日，NARA，RG326 67A，71號箱，600.1號文件夾（HOO）。有關學校預算，TCH，1949年10月4日，1-2。

32. "722nd AEC Meeting," July 11, 1952, NARA, RG 326 67B, box 88, folder 17.
33. C. C. Gamertsfelder, "Effects on Surrounding Areas," March 11, 1947, PRR, HW 7-5934.
34. K. Herde, "Check of Radioactivity in Upland Wild-Fowl," December 7, 1948, PRR, HW-11897.
35. 引述自芬德雷和赫夫利（John M. Findlay and Bruce William Hevly），《原子邊境歲月》（*Atomic Frontier Days: Hanford and the American West*），57。36. "Study of AEC Radioactive Waste Disposal," November 15, 1960, DOE Germantown, RG 326/5574/9, 19.
36. "Study of AEC Radioactive Waste Disposal," November 15, 1960, DOE Germantown, RG 326/5574/9, 19.

第二十三章：行進的傷者

1. Vladyslav B. Larin, Kombinat "Maiak"—Problema na veka (Moscow: KMK Scientific Press, 2001), 119–20.
2. Alexei Mitiunin, "Natsional'nye osobennosti likvidatsii radiastionnoi avarii," Nezavisimaia gazeta, April 15, 2005.
3. Vladyslav B. Larin, "Mayak's Walking Wounded," Bulletin of the Atomic Scientists, September-October 1999: 25.
4. Larin, Kombinat, 113.
5. L. D. Riabev, Atomnyi proekt SSSR: Dokumenty i materialy, vol. II, bk. 4 (Moscow: Nauka, 2004), 206–8.
6. V. Chernikov, Osoboe pokolenoe (Cheliabinsk: V. Chernikov, 2003), 67.
7. Riabev, Atomnyi proekt, vol. II, bk. 4, 656–58; B. Emel'ianov, Raskryvaia pervye stranitsy: kistorii goroda Snezhinska (Ekaterinburg: IPP Uralskii rabochii, 1997).
8. Riabev, Atomnyi proekt, vol. II, bk. 4, 762–65.
9. 搜集得來有關伽瑪射線的原子情報。瑞雅畢夫，《原子計畫》，第 2 卷，第 4 冊，431。
10. Sokhina, Plutonii, 106–7, 133–35.
11. V. Chernikov, Za zavesoi sekretnosti ili stroitel' stvo No. 859 (Ozersk: V. Chernikov, 1995), 53.
12. Riabev, Atomnyi proekt, vol. II, bk. 4, 392–98.
13. N. V. Mel' nikova, Fenomen zakrytogo atomnogo goroda (Ekaterinburg: Bank kul'turnoi informatsii, 2006), 98; Riabev, Atomnyi proekt, vol. II, bk. 7, 589–600.

14. Vladimir Bokin and Marina Kamys, "Posledstviia avarii na kombinate 'Maiak,'" Ekologiia 4, April 2003; Victor Doshchenko et al., "Occupational Diseases from Radiation Exposure at the First Nuclear Plant in the USSR," Science of the Total Environment 142 (1994): 9–17.
15. G. I. Reeves and E. J. Ainsworth, "Description of the Chronic Radiation Syndrome in Humans Irradiated in the Former Soviet Union," Radiation Research 142 (1995): 242–44.
16. Nikolai Rabotnov, "Publitsistika—Sorokovka," Znamia, July 1, 2000, 168.
17. Vladimir Gubarev, "Professor Angelina Gus'kova," Nauka i zhizn' 4 (2007): 18–26.
18. Efim P. Slavskii, "Kogda strana stoila na plechakh iadernykh titanov," Voenno-istoricheskii zhurnal 9 (1993): 20.
19. Gubarev, "Angelina Gus' kova."
20. 同上，20。
21. Larin, Kombinat, 84–89.
22. A. K. Gus'kova, Atomnaia otrasl' strany glazami vracha (Moscow: Real'noe vremia, 2004), 87.
23. Adriana Petryna, Life Exposed: Biological Citizens After Chernobyl (Princeton, NJ: Princeton University Press, 2002), 39–41.
24. 作者與弗拉迪米爾・諾瓦瑟羅夫（Vladimir Novoselov）進行的訪談，2007 年 6 月 26 日，俄羅斯車里雅賓斯克。
25. Larin, Kombinat, 214, 195, and table 6.25, 412.
26. A. N. Nikiforov, "Severnoi siianie nad Kyshtymom," Dmitrovgrad-panorama 146 (September 27, 2001): 7–8.
27. "Protokol 1-oi gorodkoi partiinoi konferentsii," August 16–17, 1956, OGAChO, 2469/1/1; Komykalov Efremovu, January 5, 1962, OGAChO, 288/42/79, 1–2.
28. Evgenii Titov, "Likvidatory, kotorykh kak by i ne bylo," Novaia gazeta, February 15, 2010.
29. "O rabote nabliudatel'noi komissii," January 9, 1960, OGAChO, 2469/3/3, 59–64.
30. Ivanov, Plutonii, 8; Mel'nikova, Fenomen, 98–99; "Protokol No. 7," May 23, 1967, OGAChO, 2469/6/405, 51.
31. "Sobranie partiinogo aktiva politotdela bazy-10," April 19, 1951, OGAChO, P- 1137/1/31, 31–34.
32. "Sobranie partiinogo aktiva," January 30, 1952, OGAChO, 1137/1/38, 31–39, 59; "Reshenie politicheskogo upravleniia MSM," February 15, 1954, OGAChO, 1138/1/22, 47; "Orabote politotdela bazy no. 10," October 25, 1949, OGAChO, 288/43/30, 38–42;

"Postanovlenie Cheliabinskogo obkoma," April 21, 1950, OGAChO, 288/42/38.

33. Ulrich Beck, Ecological Enlightenment: Essays on the Politics of the Risk Society (Atlantic Highlands, NJ: Humanities Press, 1995), 20–21.

第二十四章：兩份驗屍報告

1. "Press Release of AEC," December 9, 1953, NARA, RG 326 67B, box 50, folder 13.
2. Marie Johnson, June 14, 1952; Russell to Norwood (undated); Jurgenson to M. Johnson, August 14, 1952, all in JPT, acc. 5433-001/11; Karen Dorn Steele, Spokesman Review, September 9, 1990, A14.
3. P. A. Fuqua, "Report of Fatality," July 26, 1952, JPT, acc. 5433-001/11.
4. 卡特對強森（Carter to Johnson）陳述的內容，1952 年 8 月 5 日，JPT，acc. 5433-001/11。關於接觸輻射而死亡的員工身體器官遭沒收的報告，請見克莉絲汀．艾佛森（Kristen Iversen），《完身負擔：在洛磯弗拉茲的核陰影下長大》（*Full Body Burden: Growing Up in the Nuclear Shadow of Rocky Flats*，紐約：皇冠出版，2012 年），185。
5. 史邁斯對麥克卡林（Smyth to McClean）陳述的內容，1952 年 12 月 23 日，以及富卡（Fuqua）對麥克卡林陳述的內容，1952 年 12 月 31 日，JPT，acc. 5433 001/11。
6. Boyer to LeBaron, January 10, 1951, GWU.
7. McClean to Carter, January 6 and February 2, 1953, JPT, acc. 5433 001/11.
8. 麥克卡林對史邁斯陳述的內容，1952 年 11 月 5 日，以及傑爾詹森（Jurgensen）對麥克卡林陳述的內容，1952 年 10 月 28 日，JPT，acc. 5433 001/11。
9. 作者訪談，KR，2011 年 8 月 16 日，華盛頓州里奇蘭。
10. "HWS Monthly Report, June 1952," July 21, 1952, PRR, HW 24928. OUP UNCORRECTED PROOF BROWN-endnotes-PageProof 369 December 18, 2012 6:18 AM Notes to Pages 179–183 369
11. L. V. Barker, "Radiation Incident," June 20, 1952, PRR, HW 24806.
12. D. P. E.，手寫筆記，1955 年 1 月 4 日，（歸在 B. G. 林伯格底下的檔案，「特別危害意外調查，No. 205」，1952 年 4 月 16 日），PRR，HW 24270。
13. F. P. Baranowski, "Contamination of Two Waste Water Swamps," June 19, 1964, DOE Germantown, RG 326/1362/7.

14. "1153rd AEC Meeting," December 6, 1955, NARA, RG 326 67B, box 50, folder 14; "HEW Monthly Report," January 30, 1956, PRR, HW 40692.
15. Lindberg, "Special Hazards Incident Investigation"; "Incident Report," June 4, 1951, PRR, HW 20892.
16. W. V. Baumgartner, "Report of Incident," November 4, 1953, PRR, HW 18221, 1950.
17. "Separations Section Radiation Hazards Incident Investigation," June 7, 1952 (HW 24746), in JPT, acc. 5433-001/11; Lindberg, "Special Hazards Incident Investigation, No. 194," March 12, 1952, PRR, HW 23801; "HEW Monthly Report," March 18, 1955, PRR, HW 35530; "HEW Monthly Report, January 30, 1956, PRR, HW 40692; Monthly Report—November 1955—Separations," December 12, 1955, PRR, HW 40248.
18. Lindberg, "Radiation Incident Investigation," April 1, 1952, and March 10, 1952, PRR, HW 24000, HW 23753; "Radiation Incident Class II, No. 29–32," February 4, March 20, and March 26, 1952, JPT, acc. 5433 001/11.
19. Charles Perrow, "Normal Accident at Three Mile Island," Society 18, no. 5 (July/August 1981): 17–26.
20. Herb Parker, "HW Radiation Hazards for the Reactor Safeguard Committee," July 27, 1948, PRR, HW 10592.
21. Jonathan Schell, The Seventh Decade: The New Shape of Nuclear Danger (New York: Metropolitan Books, 2007), 38.
22. Cook to Anderson, April 27, 1956, NARA, RG 326 67B, box 50, folder 14.
23. HEW Monthly Report, December 1954, DOE Opennet, HW 31267; B. G. Lindberg, "Radiation Sciences Department Investigation, No. 295," July 7, 1953, PRR, HW 28707.
24. "Monthly Operations Report, November 1955," DOE Opennet, HW 40182.
25. A. R. 麥克蓋爾（A. R. McGuire），「管理報告」，1955 年 12 月 23 日，HW 39967 RD，引述於桑雅．安德森（Sonja I. Anderson），「廢料歷史的概念研究，ER4945 專案」，1994 年 9 月 29 日，未發行，作者私人所有。
26. "HEW Monthly Report," January 30, 1956, PRR, HW 40692.
27. 「事件報告」，1956 年 7 月，HW 44580，引述自安德森，「概念研究」。
28. Myers, "Special Hazards Incident," March 24, 1953, PRR, HW 18575.
29. 讀數最高達每分鐘八萬。林伯格（Lindberg），「特別危害意外調查，No. 243」，1952 年 10 月 3 日，PRR，HW 26099；HWS 月報，1952 年 7 月 21 日，HW 24928。

30. "Special Hazards Incident Investigation, No. 204," April 28, 1952, PRR, HW 24269.
31. Hofmaster to Jackson, July 24, 1951, HMJ, box 28, folder 23; "Monthly Report, December 1956," DOE Opennet, HW 47657.
32. K. R. Heid to W. F. Mills, July 30, 1979; Michael Tiernan, August 10, 1979, PRR, RLHT595-0013-DEL.
33. 作者和唐恩・索倫森（Don Sorenson）的通信內容，2008 年 1 月 12 日。
34. "Monthly Report, December 1956," and Parker, "Component of Radiation Exposure," April 20, 1951, DOE Opennet, HW 47657 and HW 20888, 1–10.
35. "Q uarterly Progress Report, April-June 1960," DOE Opennet, HW 66306, 19.
36. Lindberg, "Radiation Sciences Department Investigation, No. 352," April 7, 1954, PRR, HW 31394.
37. 作者和威廉・布里克（William Bricker）的專訪，2011 年 8 月 16 日；作者與艾爾・波特及基斯・史密斯（Al Boldt and Keith Smith）的訪談，2011 年 8 月 15 日，里奇蘭。
38. Perrow, "Normal Accidents," 19.
39. Lindberg, "Radiation Sciences Department Investigation, No. 335," March 15, 1954, PRR, HW 31344.
40. Mary Manning, "Atomic Vets Battle Time," Bulletin of the Atomic Scientists, January-February 1995, 54–60.
41. 作者與 BE 的訪談，2011 年 8 月 15 日，里奇蘭。
42. State of Washington, Order and Notice, December 20, 1972; Schur to Hames, re: Smith and Patrick Radiation Reports, June 7, 1973; "Complaint of Blanche McQ uilkin, Executrix of the Estate of Adelbert McQ uilkin, Deceased," May 12, 1968, all in JPT, acc. 5433-001/11.

第二十五章：瓦魯克坡：邁向傷亡道路

1. "The Wahluke Slope, Secondary Zone Restrictions," 1951, NARA, 326 67B, box 84, folder 2, vol. 2; "Effect of Hanford Works on Wahluke Slope," April 16, 1949, JPT, 5433-001, box 25.
2. W. P. Conner to C. Rogers McCullough, April 18, 1952, and "Decision on AEC 38/12," January 12, 1953, NARA, 326 67B, box 84, folder 2, vol. 2, 25–26.
3. 帕克（Parker），「HW 輻射危害」，1948 年 7 月 27 日，PRR，HW 10592；經理報告，「瓦魯克坡」，21-23，以及勞爾・史特拉頓（Raul Stratton）對羅傑斯・麥克柯勞（Rogers McCollough）陳述的內容，1952 年 4 月 16 日，NARA，326 67B，

84 號箱，2 號文件夾，第 2 冊。

4. "Effect of Hanford Works on Wahluke Slope"; Lum, "Potential Hazards," 1947, NAA, RG 326 87 6, box 7, folder "Hazards and Control"; C. C. Gamertsfelder, "Effects on Surrounding Areas," March 11, 1947, PRR, HW 7-5934.
5. 請參考理查．懷特（Richard White），《鐵路上路：橫貫大陸建設及現代美國的養成》（*Railroaded: The Transcontinentals and the Making of Modern America*，紐約：W. W. 諾頓，2011 年）。
6. 胡伯．華特（Hubert Walter）對大衛．蕭陳述（David Shaw）的內容，1951 年 10 月 10 日，NARA，326 67B，84 號箱，2 號文件夾，第 2 冊；凱尼斯．歐斯本（Kenneth Osborn），「瓦魯克坡問題」，1952 年 4 月 18 日，NARA，326 67B，84 號箱，2 號文件夾，第 2 冊。
7. "Transcript of Wahluke Meeting," April 19, 1949, HMJ, acc. 58/50-32.
8. K. Herde, "I-131 Accumulation," March 1, 1946, PRR, HW 3-3455.
9. Bugher, "Wahluke Slope," October 27, 1952, DOE Opennet, AEC 38/14.
10. Gamertsfelder, "Effects on Surrounding Areas"; report from manager, "The Wahluke Slope," 23.
11. "Annual Percentage Frequency of Wind Directions," 1951, NARA, 326 67B, box 84, folder 2, vol. 2.
12. "Roles of AEC and ACRS with Respect to Wahluke Slope Problem," 1958, NARA, 326 67B, box 84, folder 2, vol. 2.
13. "Decision on AEC 38/12."
14. 同上。
15. Katherine L. Utter, "In the End the Land: Settlement of the Columbia Basin Project," PhD diss., University of Washington, 2004, 190–92.
16. 貝利將部分所得用於創辦貝里紀念男孩牧場。
17. Marion Behrends Higley, Real True Grit: Stories of Early Settlers of Block 15, 1953–1960 (Pasco, WA: B & B Express Printing, 1998).
18. Blaine Harden, A River Lost: The Life and Death of the Columbia (New York: W. W. Norton, 1996), 128–31.
19. Rodney P. Carlisle with Joan M. Zenzen, Supplying the Nuclear Arsenal: American Production Reactors, 1942–1992 (Baltimore: Johns Hopkins University Press, 1996), 91.

20. William Thurston, "Land Disposal of Radioactive Wastes," and W. B. McCool, "Land Disposal," October 27, 1960, DOE Germantown, RG 326 1309, box 6; John M. Findlay and Bruce William Hevly, Atomic Frontier Days: Hanford and the American West (Seattle: University of Washington Press, 2011), 8.

第二十六章：沈默不語流動的捷恰河

1. "Chertezh zemel'nykh uchastkov v/ch 859," April 5, 1947, OGAChO, 274/20/18, 121–22.
2. Thomas B. Cochran, Robert S. Norris, and Oleg Bukharin, Making the Russian Bomb: From Stalin to Yeltsin (Boulder, CO: Westview Press, 1995), 103–8.
3. 「協定 No. 164」，1949 年 9 月 19 日，OGAChO，288/13/105；「關於卡斯里區黨派會議」，1950 年 2 月 18 日，以及 1951 年 1 月 27-28 日，OGAChO，107/17/510 和 658；「協定 No. 164」，1949 年 9 月 19 日，OGAChO，288/13/105；「參考資料」，最早紀錄不超過 1949 年，OGAChO，288/13/84。1947 至 1951s 年嚴重污染國家農場紀錄 No. 2 遭到銷毀。請見 OGAChO，107/17/444。
4. Leonid Timonin, Pis'ma iz zony: Atomnyi vek v sud'bakh tol'iattintsev (Samara: Samarskoe knizhnoe izd-vo, 2006), 14.
5. 作者與亞歷山大・亞克立夫（Alexander Akleev）的訪談，烏拉山輻射醫學研究中心，車里雅賓斯克，2007 年 6 月 26 日。
6. V. Chernikov, Osoboe pokolenoe (Cheliabinsk: V. Chernikov, 2003), 1:179.
7. "Interview with Tom Carpenter, Executive Director of the Hanford Challenge," 2009, www.youtube.com/watch?v=jg_zw38G7Ms.
8. L. D. Riabev, Atomnyi proekt SSSR: Dokumenty i materialy, vol. II, bk. 4 (Moscow: Nauka, 2004), 762–65, and bk. 6, 350–52.
9. 同上，第 4 冊，679。
10. Timonin, Pis'ma iz zony, 16.
11. Zhores A. Medvedev, The Legacy of Chernobyl (New York: W. W. Norton, 1990), 111.
12. V. N. Novoselov and V. S. Tolstikov, Atomnyi sled na Urale (Cheliabinsk: Rifei, 1997), 35.
13. Timonin, Pis'ma iz zony, 16; Vladimir Novikov, Alexander Akleev, and Boris Segerstahl, "The Long Shadow of Soviet Plutonium Production," Environment, January 1, 1997.
14. Zubkova, Poslevoennoe sovetskoi obshchestvo, document 240, and "Partorganizatsii kontrarazvedki MVD v/ch 0501," August 18, 1951, OGAChO, 1181/1/12, 26–30.

15. D. Kossenko, M. Burmistrov, and R. Wilson, "Radioactive Contamination of the Techa River and Its Effects," Technology 7 (2000): 553–75.
16. M. O. Degteva, N. B. Shagina, M. I. Vorobiova, L. R. Anspaugh, and B. A. Napier, "Reevaluation of waterborne releases of radioactive materials from the Mayak Production Association into the Techa River in 1949–1951, Health Physics, 2012 Jan; Vol. 102 (1): 25–38.
17. Fauziia Bairamova, Iadernyi arkhipelag ili atomnyi genotsid protiv Tatar (Kazan': Nauchnopopuliarnoe izdanie, 2005), 1–5.
18. 作者與安娜・蜜里悠提娜（Anna Miliutina）進行的訪談，2010年6月26日，俄羅斯基許提姆。
19. 作者與琉博芙・庫斯米諾夫（Liubov Kuzminova）進行的訪談，2010年6月26日，俄羅斯基許提姆；「Tkachenko Smorodinskomu」和「土地轉讓」，1949年12月17日，OGAChO，288/42/34，5-6，59-60；「決策」，1946年4月24日，OGAChO，274/20/10，26-27；「建設老闆的決策會議 No. 859」，1947年5月7日，OGAChO，274/20/18；瑞雅畢夫，《原子計畫》，第2卷，第3冊，370。
20. "Podgotovki zhilfonda," June 26, 1951, OGAChO, P-1137/1/31, 85.
21. Vladyslav B. Larin, Kombinat "Maiak"—Problema na veka (Moscow: KMK Scientific Press, 2001), 39–40.
22. Novoselov and Tolstikov, Atomnyi sled, 38–39.
23. 第一場撤離在1951年10月下旬展開。請見「B. G. 穆斯魯柯夫 A. D. 威瑞福」（B. G. Muzrukov A. D. Zverevu），1951年10月26日，複製於諾瓦瑟羅夫和托斯帝柯夫（Novoselov and Tolstikov），《原子軌跡》（*Atomnyi sled*），218-19。
24. 同上。
25. Riabev, Atomnyi proekt, vol. II, bk. 5, 94–96.
26. Larin, Kombinat, 41.
27. Novoselov and Tolstikov, Atomnyi sled, 65.
28. E. Ostroumova, M. Kossenko, L. Kresinina, and O. Vyushkova, "Late Radiation Effects in Population Exposed in the Techa Riverside Villages (Carcinogenic Effects)," paper presented at the 2nd International Symposium on Chronic Radiation Exposure, March 14–16, 2000, Cheliabinsk.
29. 作者與亞克立夫（Akleev）的訪談。
30. Larin, Kombinat, 40.

31. Muzrukov Aristovu, February 9, 1952, OGAChO, 288/42/50.
32. Novoselev and Tolstikov, Atomnyi sled, 220–21.
33. Chernikov, Osoboe pokolenoe, 1:23.
34. "Dokumenty o stro-vy kolodtsev v blizi r. Techa," 1952–1955, Arkhivnyi otdel Kunashakskogo munitsipal'nogo raiona, 23/1/38.
35. 請參見雷昂・古雷（Leon Gouré），《蘇聯策略的戰爭倖存：USSR 民防》（*War Survival in Soviet Strategy: USSR Civil Defense*，邁阿密：邁阿密大學，1976 年）。
36. "O khode stroitel'stva kolodtsev," March 17, 1953, OGAChO, 274/20/33, 22.
37. Novoselov and Tolstikov, Atomnyi sled, 39–40.
38. 該問題至少一路持續至 1960 年。請見「馬亞科 1960 年 5 月 19 日 No. 28」，1960 年 5 月 20 日，OGAChO，R-1644/1/4a，127。
39. A. Burnazian, I. E. Slavaski, N. V. Laptevu, November 15, 1952, OGAChO, 288/42/50, 1.
40. "Muzrukov Bezdomovu" and "Udostoverinie," February 10 and 12, 1953, OGAChO, 274/20/33, 24–25.
41. "O resul'tatakh proverki" and "O khode stroitel'stva kolodtsev," March 14 and 17, 1953, OGAChO, 274/20/33, 30–31, 22.
42. "O Kaslinskoi raionnoi partiinoi konferentsii" and "Komissii po proverke kolkhoz 'Zvezda,'" March 21, 1953, OGAChO, 107/18a/389, 70–71.
43. Novoselov and Tolstikov, Atomnyi sled, 65–69.
44. "Rasporiazhenie no. 282cc," March 23, 1954, OGAChO, 274/20/38, 13.
45. "O meropriiatiakh po uluchsheniu meditsinskogo obsluzhivaniia," October 30, 1953, OGAChO, 274/30/20, 155–57.
46. Novoselov and Tolstikov, Atomnyi sled, 68.
47. Evgenii Titov, "Likvidatory, kotorykh kak by i ne bylo," Novaia gazeta, February 15, 2010, 16.
48. 作者與蜜里悠提娜（Miliutina）進行的訪談。

第二十七章：遷置

1. V. V. Litovskii, "Ural—radiatsionnye katastrofy—Techa," 1995, unpublished, http://techa49.narod.ru.
2. 同上。

3. 同上。
4. 關於疾病的起因和論述都請見亞德里安娜．佩崔納（Adriana Petryna），《接觸輻射的人生：車諾比事件後的公民》（*Life Exposed: Biological Citizens After Chernobyl*，紐澤西州普林斯頓：普林斯頓大學出版，2002 年），13。
5. 研究人員把校內表現當作輻射相關疾病的其中一項指標。作者與亞歷山大．亞克立夫（Alexander Akleev）的訪談，2007 年 6 月 26 日，俄羅斯車里雅賓斯克。
6. 關於重新遷置的事後評論，請見「捷恰河重新遷置工程的額外分配」，1962 年 9 月 12 日，OGAChO，1644/1/4a，197-99，180-81。
7. 作者與安娜．蜜里悠提娜（Anna Miliutina）進行的訪談，2010 年 6 月 26 日，俄羅斯基許提姆；亞莉桑德拉．特普洛娃（Alexandra Teplova），「車諾比前的沈默」（Molchali do Chernobylia），《車里雅賓斯克工人》（*Cheliabinskii rabochii*），2007 年 10 月 9 日。
8. 村民的個人財物賠償金額平均為一千盧布。清單來自 AOKMR，23/1/45-b 和 23/1/38a。
9. "Ot pereselentsev s. Kazhakul," June 13, 1959, OGAChO, R-1644/1/4a, 49.
10. Teplova, "Molchali do Chernobylia."
11. A. N. Komarovskii, A. V. Sitalo, and P. T. Shtefanu, November 19, 1954, OGAChO, 11381/22, 142–43.
12. 科學家估測光是 1949 至 1951 年，捷恰河畔的成人就吸收了平均四千六百微居里的劑量，最高為兩百雷姆。V. N. 諾瓦瑟羅夫和 V. S. 托斯帝柯夫（V. N. Novoselov and V. S. Tolstikov），《烏拉山的原子軌跡》（*Atomnyi sled na Urale*，車里雅賓斯克：瑞非出版，1997 年），39，72。
13. 作者與妲夏．阿爾布格（Dasha Arbuga）進行的訪談，2010 年 6 月 21 日，史盧多魯尼克。
14. 作者與艾芙朵基亞（杜夏）．梅尼柯娃及安娜．可利諾瓦（Evdokia (Dusia) Mel'nikova and Anna Kolynova）進行的訪談，2010 年 6 月 21 日，史盧多魯尼克。
15. 佩崔納（Petryna），《接觸輻射的人生》（*Life Exposed*），126-28；娜塔莉亞．曼蘇羅娃（Natalia Manzurova），「捷恰河污染報告」（Techa Contamination Report），未發行，作者私人所有；伊莉莎白．凡魯布（Elizabeth Vainrub），「車諾比核電廠意外後的二十年」（Twenty Years After the Chernobyl Nuclear Power Plant Accident），http://radefx.bcm.edu/chernobyl/english/links.htm。

第二十八章：免疫區

1. Lynne Viola, The Unknown Gulag: The Lost World of Stalin's Special Settlements (Oxford: Oxford University Press, 2007); Kate Brown, A Biography of No Place: From Ethnic Borderland to Soviet Heartland (Cambridge, MA: Harvard University Press, 2004); Katherine Jolluck, Exile and Identity: Polish Women in the Soviet Union During World War II (Pittsburgh, PA: University of Pittsburgh Press, 2002); J. Otto Pohl, Ethnic Cleansing in the USSR, 1937–1949 (Westport, CT: Greenwood Press, 1999).
2. "Ob uvelichenii shtata politotodela bazy 10," April 21, 1950; "Spravka," March 17, 1951, OGAChO, 288/42/42, 47–49; "Aristov Malenkovu," 1950, OGAChO, 288/42/38, 48.
3. Meshik Beloborodovu, June 7, 1949; "Spravka o rabote politotdela bazy no. 10," October 25, 1949, OGAChO, 288/42/34, 16, 38–44.
4. 關於引言，「政治部，文字紀錄 No. 106」，1952 年 1 月 30 日，OGAChO，P-1137/1/38，59。亦請見「ORSom 政治部成果不彰的領導」，1951 年 12 月 22 日，OGAChO，288/45/51，85。有關校後活動遭到侵吞的九十萬盧布，請見「黨派會議」，1952 年 4 月 10 日，OGAChO，P-1137/1/38，163。
5. "Stenogramma, Politotdela no. 106," 67–69.
6. 同上。
7. 同上，68-75。
8. "Zasedanie partiinogo aktiva," January 8, 1953, OGAChO, P-1137/1/48, 78.
9. "Spravka o massovykh besporiadkov zakliuchennykh," August 21, 1953, OGAChO, 288/42/56, 135–37.
10. "Prikaz MVDa o merakh ukrepleniia voinskoi ditsipliny," April 17, 1954, OGAChO, 1138/1/22, 114–48; V. N. Kuznetsov, Zakrytye goroda Urala (Ekaterinburg: Akademiia voenno-istoricheskikh nauk, 2008), 29.
11. "Sobranie partiinogo aktiva," April 10, 1952, OGAChO, 1137/1/38, 234–35.
12. "Zasedanie partiinogo aktiva," January 8, 1953, OGAChO, 1137/1/48, 80–84.
13. 請見茱莉亞娜・福斯特（Juliane Furst），《史達林末代：蘇聯戰後青年和成熟社會主義的崛起》（*Stalin's Last Generation: Soviet Post-War Youth and the Emergence of Mature Socialism*，牛津：牛津大學出版，2010 年），4。
14. Yoram Gorlizki and O. V. Khlevniuk, Cold Peace: Stalin and the Soviet Ruling Circle, 1945–1953 (Oxford: Oxford University Press, 2004), 167.

15. L. D. Riabev, Atomnyi proekt SSSR: Dokumenty i materialy, vol. II, bk. 5 (Moscow: Nauka, 2007), 65.
16. 關於「由於赦免」造成的勞工短缺，請見「MSM No. 247 第七場建設會議協定」，1954 年 2 月 6 日 -7 日，OGAChO，1138/1/29，21-31，48-64；「參考資料」，1953 年 7 月 6 日，OGAChO，274/20/33，65-67。關於貝利亞的改革，艾咪．W．奈特（Amy W. Knight），《史達林的蘇聯元帥貝利亞》（*Stalin's First Lieutenant*，澤西州普林斯頓：普林斯頓大學出版，1993 年），185。
17. Kuznetsov, Zakrytye goroda, 103.
18. “Reshenie politicheskogo upravleniia MSM SSSR,” February 15, 1954, OGAChO, 1138/1/22, 47; “Akt,” March 17, 1954, OGAChO, 1138/1/25, 7–23.
19. Kuznetsov, Zakrytye goroda, 105.
20. “O ser'eznykh nedostatkakh . . . sredi kontingentov stroitelei,” August 26, 1954, OGAChO, 1138/1/22, 125–28.
21. Kuznetsov, Zakrytye goroda, 105.
22. “O merakh uluchsheniia raboty ITL i kolonii MVD,” September 3, 1954, OGAChO, 1138/1/18, 11–23; “Plan meropriiatii Kuznetskogo ITL MVD SSSR,” September 17, 1954, OGAChO, 1138/1/18, 171–80.
23. M. 史蒂芬．費許（M. Steven Fish），「史達林死後：新冷戰的英美辯論」（After Stalin's Death: The Anglo-American Debate over a New Cold War），《外交史》（*Diplomatic History*），第 10 卷，第 4 期（1986）：333-55。
24. Knight, Beria, 194–97.
25. “Ot Kytergina, nachal'nika Politotdela no 201,” January 12, 1954, OGAChO, 1138/1/26, 6–7.
26. Irina Bystrova, Voenno-promyshlennyi kompleks SSSR v gody kholodnoi voiny: Vtoraia polovina 40-kh-nachalo 60-kh godov (Moscow: IRI RAN, 2000), 307.
27. V. Novoselov and V. S. Tolstikov, Taina “Sorokovki” (Ekaterinburg: Ural'skii rabochii, 1995), 195–96.
28. 同上，39-40。
29. Miriam Dobson, Khrushchev's Cold Summer: Gulag Returnees, Crime, and the Fate of Reform After Stalin (Ithaca: Cornell University Press, 2009), 34–35.
30. “Nachal'niku politupravleniia MSM, S. Baskakovu,” December 17, 1953, OGAChO, 1138/1/29, 21–31 and 58–64; “O faktov

khuliganstva," March 20, 1954, and "O merakh uluchsheniia raboty ITL i kolonii MVD," April 20, 1954, OGAChO, 1138/1/22, 56–63, 85–89; "Akt," March 11, 1954, OGAChO, 1138/1/25, 117–23.

31. "Sitalo Nachal'niku politotdela Glavpromstroiia MVD SSR," November 26, 1954, OGAChO, 1138/1/20, 35–36.
32. "Protokol 1-oi gorodkoi partiinoi konferentsii," August 16–17, 1956, OGAChO, 2469/1/1.
33. "7-oi partiinoi konferentsii stroitel'stva no. 247, MSM SSSR," February 6–7, 1954, OGAChO, 1138/1/29, 27–28, 59; "O rabote ofitserskikh sudov chesti," March 27, 1954, OGAChO, 1138/1/22, 56; "O sostoianii voinskoi distsipliny," April 20, 1954, OGAChO, 1138/1/22, 25; "Protokoly sobranii komsomol'skogo aktiva stroitel'stva i ispravitel'nom trudovykh lagerei," October 21, 1954, OGAChO. 1596/1/43, 47; "Nachal'niku politupravleniia MSM S. Baskakovu," 21–31 and 58–64.
34. "7-oi partiinoi konferentsii stroitel'stva no. 247, MSM," 22.
35. 同上，58-63。
36. "Ob osnovnykh zadachakh MVD SSSR," March 29, 1954, OGAChO, 1138/1/22, 104, 114–20.
37. "Protokoli no. 17 i 22, zasedaniia biuro Ozerskogo Gorkoma KPSS," December 13, 1956, July 2, 1957, OGAChO, 2469/1/3, 167–75, and 2469/1/120, 250–75.
38. A. N. Komarovski, A. V. Sitalo, and P. T. Shtefanu, November 19, 1954, OGAChO, 11381/22, 142–43.
39. "Protokol no. 17, zasedaniia biuro Oserskogo Gorkoma KPSS," December 13, 1956, OGAChO, 2469/1/3, 167–75; Zaveniagin, "O zavershenii pereseleniia zhitelei iz likvidiruemykh naselennykh punktov," January 20, 1956, OGAChO, R-288/42/67, 59.
40. Antonov Sitalo, December 9, 1954, OGAChO, 1138/1/22, 157–61.
41. "Protokol 1-i gorodskoi partiinoi konferentsii," August 16–17, 1956, OGAChO, 2469/1/1, 93.
42. "Kruglov nachal'nikam stroitel'stv glavpromstroiia MVD SSSR," March 11, 1954, and "Usloviia," 1954, OGAChO, 1138/1/22, 81–83.
43. "Protokol no. 1 and no. 2," August 16–17, 1956, and October 10, 1956, OGAChO, 2469/1/1, 54 and 2469/1/2, 8.
44. "Akt," March 11, 1954, and "Reshenie politicheskogo otdela no. 201," October 2, 1954, OGAChO, 1138/1/25, 117–23, 66–68; "7-oi partiinoi konferentsii stroitel'stva no. 247," 28–29, 59–61.
45. "Protokol no. 2," 18.
46. Batin Volkovu, October 11, 1955, and Batin, October 18, 1955, OGAChO, 107/22/67, 49–50, 52–53; Kuznetsov, Zakrytye goroda, 29.

47. A. Komarovskii and P. T. Shtefanu, November 19, 1954, OGAChO, P-1138/1/22, 142–43; Shtefan Greshinovu i Sitalo, November 27, 1954, OGAChO, 1138/22/1.
48. "Protokol no. 2," 10–11.
49. 同上，13。
50. 「首場城市黨派會議協定」，OGAChO，24691191，63-66。關於核廠挪用公款的情況，請見畢士羅瓦（Bystrova），《軍事工業建物》（*Voenno-promyshlennyi kompleks*），314，318。
51. "Protokol 1-oi gorodskoi partiinoi konferentsii," 107–10.
52. Bystrova, Voenno-promyshlennyi kompleks, 178.
53. "Protokol 1-oi gorodskoi partiinoi konferentsii," 53–54; "Protokol no. 8, Biuro Ozerskogo gorkoma," October 2, 1956, OGAChO, 2469/1/4, 1–12.
54. "Dostanovlenue, IV-ogo plenuma GK KPSS," July 19, 1960, OGAChO, 2469/3/3, 126–65.
55. "Tolmadzhev A. V. Sitalo," December 15, 1954, OGAChO, 11138/1/22, 155; "7-oi partiinoi konferentsii stroitel'stva no. 247, MSM SSSR," February 6–7, 1954, OGAChO, 1138/1/29, 28; "Kamorin Aristovu," September 12, 1952, OGAChO, 288/42/51, 105; "Protokoly sobraniia komsomol'skogo aktiva stroitel'stva i ispravitel'nom trudovykh lagerei," April 10, 1954, OGAChO, 1596/1/43, 15.

第二十九章：社會主義消費者共和國

1. "Postanovleniia biuro Cheliabinskogo obkoma KPSS," September 1, 1956, OGAChO, 288/42/65, 34.
2. 同上。
3. "Protokol 1-oi gorodskoi partiinoi konferentsii," August 16–17, 1956, OGAChO, 2469/1/1, 80.
4. 同上，104。
5. "Spravka zabolevaemosti rabotaiushikh,"1959, OGAChO, 2469/3/2, 113–14.
6. "Protokol 1-oi gorodskoi partiinoi konferentsii," 91.
7. "Spravka o potrebnosti v zh/ploshadi po zavodu na 1957 god," OGAChO, 2469/1/5, 173.
8. "Protokol no. 2," October 10, 1956, OGAChO, 2469/1/2, 10–11.
9. "Stenogramma zasedaniia biuro gorkoma KPSS," December 7, 1956, OGAChO, 2469/1/5, 18–37.

10. 關於蘇聯烏托邦模型建物的中心位置，請見凱特莉娜．克拉克（Katerina Clark），「社會主義實現和空間的神聖化」（Socialist Realism and the Sacralizing of Space），摘自 E. A. 杜布倫科和 E. 奈曼（E. A. Dobrenko and E. Naiman），《史達林主義風景：蘇聯空間的藝術和意識形態》（*The Landscape of Stalinism: The Art and Ideology of Soviet Space*，西雅圖：華盛頓大學出版，2003 年），3-18。
11. "Protokol no. 3, biuro Ozerskogo Gorkoma KPSS," August 29, 1956, OGAChO, 2469/1/3, 15.
12. "Protokol no. 17, biuro Ozerskogo Gorkoma KPSS," December 13, 1956, OGAChO, 2469/1/3, 167–75.
13. "Stenogramma zasedaniia biuro Ozerskogo Gorkoma KPSS," December 8, 1956, OGAChO, 2469/1/5, 43–44.
14. "Stenogramma Zasedaniia biuro Gorkoma KPSS s uchastiem chlenov biuro pervichoi partorganizatsii TsZL," December 7, 1956, OGAChO, 2469/1/5, 18.
15. 同上，55。
16. "Protokol no. 2 zasedaniia biuro Ozerskogo Gorkoma," December 17, 1957, OGAChO, 2469/1/121, 287.
17. V. Novoselov and V. S. Tolstikov, Taina "Sorokovki" (Ekaterinburg: Ural'skii rabochii, 1995), 190.
18. "Protokol no. 22, zasedaniia biuro Ozerskogo Gorkoma," July 2, 1957, OGAChO, 2469/1/122, 250–305.
19. "Reshenie 353," November 19, 1959, OGAChO, 2469/3/3, 51; "O rabote piatoi gorodskoi partinoi konferentsii," December 16–17, 1960, OGAChO, 2469/1/3, 43–44; "O perestroika raboty narodnoi druzhiny goroda" May 22, 1962, OGAChO, 2469/4/3, 257–75; "Zasedanii biuro gorkoma KPSS protokol no 46," October 23, 1962, OGAChO, 2469/4/5, 110–55; "Protokoly zasedaniia biuro gorkoma KPSS," January 12, 1965, OGAChO, 2469/5/292, 5–6.
20. "Dostanovlenie, iv-ogo Plenuma GK KPSS," July 19, 1960, OGAChO, 2469/3/3, 153; Mardasov, "Protokol sobraniia," November 3, 1957, OGAChO, 2469/1/119, 121.
21. "O povyshenii roli obshchestvennosti v bor'be s prestupnost'iu," January 12, 1960, OGAChO, 2469/3/3, 30–32; "Dostanovlenie, iv-ogo Plenuma GK KPSS."
22. "O sostoianii i merakh usileniia bor'by s detskoi beznadzornostiu," November 19, 1959, OGAChO, 2469/3/2, 51–53.
23. Brian Lapierre, "Making Hooliganism on a Mass Scale," Cahiers du monde russe 1–2 (2006): 359, 374; Edward D. Cohn, "Disciplining the Party: The Expulsion and Censure of Communists in the Post-War Soviet Union, 1945–1961," PhD diss., University of Chicago,

2007, 5; Oleg Kharkhordin, The Collective and the Individual in Russia: A Study of Practices (Berkeley: University of California Press, 1999).

24. 關於批評，請見亞歷克西．尤爾查克（Alexei Yurchak），「蘇聯形式霸權：一切皆永恆，直到永恆消逝」（Soviet Hegemony of Form: Everything Was Forever, Until It Was No More），《社會和歷史的比較研究》（*Comparative Studies in Society and History*），第 45 卷，第 3 期（2003）：482。

25. 有關托嬰，請見「KPSS 城市理事會全體會議」，1963 年 7 月 6 日，OGAChO，2469/4/244a，156。關於限制某些人從事製作工作，請見「第三次城市黨派會議紀錄」，1958 年 12 月 14 日 -15 日，OGAChO，2469/2/1，26，以及「物質核實作業，貿易工會設備 -20」，紀錄最晚不超過 1959 年 5 月，OGAChO，2469/3/2，167-76。

26. 請參見「KPSS 城市理事會全體會議」，1963 年 7 月 6 日，OGAChO，2469/4/244a，130-51；「1965 年 KPSS 城市理事會第十屆會議協定」，1965 年 3 月 2 日，OGAChO，2469/5/292，221-23。

27. 案件多到不勝枚舉。請見「KPSS 城市理事會會議協定 No. 26-50」的「個人事務」區，OGAChO，2469/4/5，82-256。

28. "Zasedanie plenumov gorkoma KPSS," July 6, 1963, OGAChO, 2469/4/244a, 151.

29. "Spravka," January 1960, OGAChO, 2469/3/3, 84–87.

30. "Protokol sobraniia aktiva gorodskoi partiinoi organizatsii," November 3, 1957, OGAChO, 2469/1/119 ll. 159–70; "Protokol no. 30, zasedaniia biuro Ozerskogo Gorkoma," September 9, 1957, OGAChO, 2469/1/121, 100–115; "Stenogrammy na vtoroi Ozerskoi gorodskoi partkonferentsii," November 30, 1957, OGAChO, 2469/1/117, 1–40; "Postanovlenie," January 22, 1957, OGAChO, 2469/1/121, 68–70; "Protokol no. 4, zasedaniia biuro Ozerskogo Gorkom," January 29, 1957, OGAChO, 2469/1/121, 108–10; "Zasedanie III-oi gorodskoi partiinoi konferentsii," December 14–15, 1958, OGAChO, 2469/2/1, 1–200.

31. "Protokol no. 2," October 10, 1956, OGAChO, 2469/1/2, 17 and "Protokol no. 1," August 16–17, 1956, OGAChO, 2469/1/1, 63–66.

32. "Spravka o vypolnenii postanvleniia SM SSSR ot 20 Marta 1957 goda" and "Bezdomov Kozlovu," June 23, 1960, and May 18, 1959, OGAChO, R-1644/1/4a, 105–6, 8.

33. "Bezdomov Churinu," July 6, 1959, "Poiasnitel'naia zapiska," December 8, 1959, and "Spravka po otseleniiu iz zony reki Techa," March 29, 1962, OGAChO, R-1644/1/4a.

34. "Spravka o vypolnenii postanovleniia SM SSSR," 116–18.

35. "Na no. 021-102 ot 15/VI-s.g.," July 25, 1959, "Spravka," October 5, 1959, Kaprenko Polianskomu, November 26, 1959, and "Spravka," January 1960, OGAChO, R-1644/1/4a, 105, 81, 77, 62, 92–94.
36. Zaveniagin, "O zavershenii pereseleniia zhitelei," January 20, 1956, OGAChO, 288/42/67, 59.
37. "E. Mamontov i Dibobes, gossaninspektor zony zagriazneniia Nadykto," May 23, 1961, OGAChO, R-1644/1/4a, 153–54, 149.
38. 「車里雅賓斯克區域執行委員會參考資料」，1960 年 2 月 6 日，OGAChO，R-1644/1/4a，193-95。一九六二年，區域官員仍盼望得到更多重新遷置的經費。請見同份檔案 Karapol'tsev，1962 年 9 月 12 日，180-1。
39. "Stenogramma 3-oi gorodskoi partiinoi konferentsii," December 14–15, 1958, OGAChO, 2469/2/1, 26.
40. "K spravke po otseleniiu zhitelei," July 7, 1959, OGAChO, R-1644/1/4a, 29–33.
41. Elena Efremova, "Zhiteli Musliumovo nachnyt pereseliat' na drugoi bereg radioaktivnoi reki," Ekologiia i pravo 27 (2008): 12–14.
42. "Protokol no. 49, zasedaniia biuro gorkoma KPSS," April 18, 1967, OGAChO, 2469/6/406, 137. On soldiers in hazardous conditions, see Guseev, "Otchetnii doklad," December 8, 1964, OGAChO, 2469/5/1, 51–53.
43. Zhores Medvedev, "Krepostnye spetzkontingenty krasnoi armii," Ural', May 1995, 221–22.
44. Shmygin Efremovu, March 1962, and Churin Efremovu, June 14, 1962, OGAChO, 288/42/79 5–7, 30–31.
45. "Doklad VIII-oi gorodskoi partiinoi konferentsii," December 8, 1964, OGAChO, 2469/5/1, 96–100.

第三十章：開放社會的作用

1. "General Electric Theater," Museum of Broadcast Communication, www.museum.tv/archives/etv/G/htmlG/generalelect/generalelect.htm.
2. May 1999, Alumni Sandstorm (online archive), alumnisandstorm.com.
3. TCH, October 14, 1949, and CBN, July 3 and May 8, 1950.
4. Herbert Parker, "Status of Ground Contamination Problem," September 15, 1954, DOE Opennet, HW 33068.
5. CBN, September 8, 1950; "27 Q uestions and Answers About Radiation," September 1951, NARA, RG 326, 67A, box 55, folder 461.
6. "Managers' Data Book," June 1949, and "Community Data Book," 1952, JPT, acc. 5433-001, box 25; Ralph R. Sachs, MD, "Study of 'Atomic City,'" Journal of the American Medical Association 154, no. 1 (1954): 44–49.
7. 科學家稱之為「健康員工症候群」。珍—奧洛夫·里詹金恩，珍·萊伯特和葛瑞格利·蕭彭（an-Olov Liljenzin, Jan Rydbert, and Gregory Choppin），《放射化學和核化學》（*Radiochemistry and Nuclear Chemistry*，牛津：巴特沃斯—海恩曼出版，

2002年），496。

8. 伯納・布柯夫（Bernard Bucove），「關鍵數據概要」（Vital Statistics Summary，奧林匹亞：華盛頓州立大學健康部門，1959年）。特別感謝桃樂絲・肯尼（Dorothy Kenney）匯集資料。
9. Michael D'Antonio, Atomic Harvest (New York: Crown, 1993), 66.
10. "HWS Monthly Report, June 1952," July 21, 1952, PRR, HW 24928, G-10.
11. Rebecca Nappi, "Grave Concerns," SR, October 17, 1993, F1.
12. Kristoffer Whitney, "Living Lawns, Dying Waters: The Suburban Boom, Nitrogenous Fertilizers, and the Nonpoint Source Pollution Dilemma," Technology and Culture 51, no. 3 (2010): 652–74.
13. Walter J. Williams, "Certain Functions of the Hanford Operations Office—AEC," October 8, 1948, JPT, acc. 5433-1, box 24.
14. 有關DDT的劑量，請見《村民報》（*Villager*），1947年3月27日，以及《*TCH*》，1950年1月18日。關於蚊蟲控制，請見弗萊德・克拉格特論文（Fred Clagett Papers），CREHST，acc. 3543-004，6/2，「蚊蟲」。
15. Siddhartha Mukherjee, The Emperor of All Maladies: A Biography of Cancer (New York: Scribner, 2010), 92.
16. "Birth Defect Research for Children, Fact Sheet," www.pan-uk.org/pestnews/Actives/ddt.htm.
17. F. Herbert Bormann, Diana Balmori, Gordon T. Geballe, and Lisa Vernegaard, Redesigning the American Lawn: A Search for Environmental Harmony (New Haven, CT: Yale University Press, 1993), 83.
18. J. Samuel Walker, Permissible Dose: A History of Radiation Protection in the Twentieth Century (Berkeley: University of California Press, 2000), 10.
19. J. N. Yamazaki, "Perinatal Loss and Neurological Abnormalities Among Children of the Atomic Bomb," Journal of the American Medical Association 264, no. 5 (1990): 605–9; F. A. Mettler and A. C. Upton, Medical Effects of Ionizing Radiation (Philadelphia: W. B. Saunders, 1995), 323.
20. Gregory L. Finch Werner Burkart and Thomas Jung, "Q uantifying Health Effects from the Combined Action of Low-Level Radiation and Other Environmental Agents," Science of the Total Environment 205, no. 1 (1997): 51–70.
21. Linda Lorraine Nash, Inescapable Ecologies: A History of Environment, Disease, and Knowledge (Berkeley: University of California Press, 2006), 185.

22. Ulrich Beck, "The Anthropological Shock: Chernobyl and the Contours of the Risk Society," Berkeley Journal of Sociology 32 (1987): 153–65.
23. "Hanford Laboratories Operation Monthly Activities Report," February 1957, DOE Opennet, HW-48741.
24. Paul F. Foster to James T. Ramey, August 12, 1958, and General MacArthur to Secretary of State, August 13, 1958, DOE Germantown RG 326, 1360, folder 1.
25. Daniel P. Aldrich, Site Fights: Divisive Facilities and Civil Society in Japan and the West (Ithaca, NY: Cornell University Press, 2008), 124–25.
26. Walker, Permissible Dose, 19.
27. 請見 DOE Germantown 信件 RG 326，1360，1 號文件夾。
28. "Role of Atomic Energy Commission Laboratories," September 17, 1959, DOE Opennet, 8, 11; S. G. English, "Possible Reorganization of the Environmental Affairs Group," March 6, 1970, DOE Germantown, RG 326/5618/15.
29. "Regarding Hidden Rules Governing Disclosure of Biomedical Research," December 8, 1994, DOE Opennet, NV 0750611.
30. 敦漢對布朗克說（Dunham to Bronk）的話，1955 年 12 月 20 日；「第 66 屆生物醫學諮詢委員會（ACBM）議事錄」，1958 年 1 月 10 日 -11 日，DOE Opennet，NV 0411748 和 NV 0710420。
31. Susan Lindee, Suffering Made Real: American Science and the Survivors at Hiroshima (Chicago: University of Chicago Press, 1994); David Richardson, Steve Wing, and Alice Stewart, "The Relevance of Occupational Epidemiology to Radiation Protection Standards," New Solutions 9, no. 2 (1999): 133–51.
32. Parker, "Control of Ground Contamination," August 19, 1954, PRR, HW 32808.
33. Author phone interview with Juanita Andrewjeski, December 2, 2009.
34. Parker, "Control of Ground Contamination."
35. Parker, "Status of Ground Contamination Problem."
36. E. R., Irish, "The Potential of Wahluke Slope Contamination," June 11, 1958, PRR, HW 56339.
37. 引述自 E. J. 布洛其（E. J. Bloch），「漢福德場地污染」（Hanford Ground Contamination），1954 年 9 月 17 日，DOE Opennet，RL-1-331167。

38. Parker, "Control of Ground Contamination."
39. Bloch, "Hanford Ground Contamination."
40. Herbert Parker, "Columbia River Situation," August 19, 1954, NARA, RG 326 650 box 50, folder 14.
41. "Hanford Works Monthly Report," June 21, 1951, DOE Opennet, HW 21260.
42. Parker, "Columbia River Situation."
43. 同上。
44. L. K. Bustad et al., "A Comparative Study of Hanford and Utah Range Sheep," HW 30119, LKB, box 14; "Biology Research Annual Report, 1956," PRR, HW 47500.
45. "Bulloch v. Bustad, Kornberg, General Electric et al.," LKB, ms 2008-19, box 7, folder "Bustad Personal."
46. Michele Stenehjem Gerber, On the Home Front: The Cold War Legacy of the Hanford Nuclear Site (Lincoln: University of Nebraska Press, 1992), 97–98.
47. Leo K. Bustad, Compassion: Our Last Great Hope (Renton, WA: Delta Society, 1990), 4.
48. Gerber, On the Home Front, 69.

第三十一章：一九五七年基許提姆大爆發

1. 作者和嘉麗納·佩特魯娃（Galina Petruva，假名）的訪談，2010 年 6 月 6 日，俄羅斯基許提姆。
2. Paul Josephson, "Rockets, Reactors and Soviet Culture," in Loren R. Graham, ed., Science and the Soviet Social Order (Cambridge, MA: Harvard University Press, 1990), 168–91.
3. "Protokol," August 1957, OGAChO, 2469/1/121, 62; "Protokol 3-oi gorodskoi partiinoi konferentsii," December 14–15, 1958, OGAChO, 2469/2/1, 15.
4. 俄羅斯國家核子公司說這場爆炸是化學爆炸，弗拉狄斯拉夫·拉林（Vladyslav Larin）卻稱是核爆。作者與拉林的訪談，2009 年 8 月 19 日，莫斯科。
5. Valery Kazansky, "Mayak Nuclear Accident Remembered," Moscow News, October 19, 2007, 12.
6. N. G. Sysoev, "Armiia v ekstremal'nykh situatsiiakh: Soldaty Cheliabinskogo 'Chernobylia,'" Voenno-istoricheskii zhurnal 12 (1993): 39–43.

7. “II-oi gorodskoi partinoi konferentsii gorkoma Ozerska,” November 30–December 1, 1957, OGAChO, 2469/1/117, 168, 234; “Protokol piatogo plenuma gorkoma,” October 8, 1957, OGAChO, 2469/1/118, 105.
8. V. N. Novoselov and V. S. Tolstikov, Atomnyi sled na Urale (Cheliabinsk: Rifei, 1997), 93.
9. “Protokol piatogo plenuma gorkoma,” 104; Sysoev, “Armiia v ekstremal'nykh situatsiiakh,” 39.
10. 作者與佩特魯娃的專訪。
11. Kazansky, “Mayak,” 12.
12. “Protokol piatogo plenuma gorkoma,” 97, 101; Leonid Timonin, Pis'ma iz zony: Atomnyi vek v sud'bakh tol'iattintsev (Samara: Samarskoe knizhnoe izd-vo, 2006), 11.
13. “Protokol piatogo plenuma gorkoma,” 104.
14. 同上，105。
15. Sysoev, “Armiia v ekstremal'nykh situatsiiakh,” 40–43.
16. Zhores Medvedev, “Do i posle tragedii,” Ural' 4 (April 1990): 108.
17. “Kriticheskie zamechanie,” August 15, 1958, OGAChO, 2469/2/4, 21–29.
18. Vladyslav B. Larin, Kombinat “Maiak”—Problema na veka (Moscow: KMK Scientific Press, 2001), 48–49.
19. “Kriticheskie zamechanie,” August 15, 1958, OGAChO, 2469/2/4, 21–29.
20. V. Chernikov, Osoboe pokolenoe (Cheliabinsk: V. Chernikov, 2003), 148–58; Larin, Kombinat, 162.
21. “Protokol piatogo plenuma gorkoma,” 100.
22. 同上，101-3。
23. Alexei Mitiunin, “Natsional'nye osobennosti likvidatsii radiatsionnoe avarii,” Nezavisimaia gazeta, April 15, 2005; Timonin, “Pis'ma iz zony,” 123.
24. Mira Kossenko, “Where Radiobiology Began in Russia,” Defense Threat Reduction Agency, Fort Belvoir, VA, 2011, 50.
25. “Zasedanie II-oi gorodskoi partinoi konferentsii gorkoma Ozerska,” November 30–December 1, 1957, OGAChO, 2469/1/117, 1–3; Novoselov and Tolstikov, Atomnyi sled, 126.
26. 作者和佩特魯娃及謝蓋．亞格魯申科夫（Petruva and Sergei Aglushenkov）的訪談，2010年6月26日，基許提姆；波金（Bokin），「意外後果」。囚犯後來抱怨病痛纏身：「監管委員會的參考資料」，1960 年 1 月 9 日，OGAChO，2469/3/3，59-64。

27. Kazansky, “Mayak,” 12.
28. Kossenko, “Where Radiobiology Began,” 50.
29. “Protokol piatogo plenuma gorkoma,” 101–2.
30. 同上，104。
31. “Postanovlenie,” October 8, 1957, OGAChO, 2469/1/118, 107.
32. “Zasedanie II-oi gorodskoi partinoi konferentsii gorkoma Ozerska,” 168.
33. “Protokol piatogo plenuma gorkoma,” 102–3; Zhores A. Medvedev, The Legacy of Chernobyl (New York: W. W. Norton, 1990), 105.
34. “Stenogrammy na vtoroi ozerskoi gorodskoi partkonferentsii,” November 30, 1957, OGAChO, 2469/1/117, 19–40; “Spravka po vyseleniiu,” May 9, 1958, OGAChO, 2469/2/3, 23.
35. V. Novoselov and V. S. Tolstikov, Taina “Sorokovki” (Ekaterinburg: Ural'skii rabochii, 1995), 187.
36. “Protokol sobraniia aktiva gorodskoi partiinoi organizatsii,” November 3, 1957, OGAChO, 2469/1/119, 156.
37. “Zasedanie II-oi gorodskoi partiinoi konferentsii gorkoma Ozerska,” 201.
38. “Stenogrammy na vtoroi ozerskoi gorodskoi partkonferentsii,” 19–40.
39. “Protokol sobraniia aktiva gorodskoi partiinoi organizatsii” and “3-oi gorodskoi partiinoi konferentsii,” December 14–15, 1958, OGAChO, 2469/2/1, 159–70, 25.
40. “Stenogrammy na vtoroi ozerskoi gorodskoi partkonferentsii,” 205, 238.
41. N. V. Mel'nikova, Fenomen zakrytogo atomnogo goroda (Ekaterinburg: Bank kul'turnoi informatsii, 2006), 99–100.

第三十二章：管理區外的卡拉波卡

1. N. G. Sysoev, “Armiia v ekstremal'nykh situatsiiakh: Soldaty Cheliabinskogo 'Chernobylia,'” Voenno-istoricheskii zhurnal 12 (1993): 39–43.
2. 作者與古娜拉·依絲瑪吉洛娃（Gulnara Ismagilova）的訪談，2009 年 8 月 17 日，塔塔斯凱亞卡拉波卡。

3. V. N. Novoselov and V. S. Tolstikov, Atomnyi sled na Urale (Cheliabinsk: Rifei, 1997), 117.
4. Vladyslav B. Larin, Kombinat "Maiak"—Problema na veka (Moscow: KMK Scientific Press, 2001), 52.
5. Novoselov and Tolstikov, Atomyi sled, 110.
6. 同上，120；V. 車尼科夫（V. Chernikov），《特殊世代》（*Osoboe pokolenoe*，車里雅賓斯克：V. 車尼科夫，2003年），9。
7. 作者與妲夏・阿爾布格（Dasha Arbuga）的訪談，2010年6月20日，俄羅斯史盧多魯尼克。
8. Novoselov and Tolstikov, Atomnyi sled, 121.
9. Larin, Kombinat, 291.
10. "Ob organizatsii vspashki zagriaznennikh zemel'," April 9, 1958, and "O perevode zagriaznennykh zemel," May 27, 1958, AOKMR, 23/1/37a, 1, 2, 11, 12, 30, in personal archive of Gulnara Ismagilova.
11. Novoselov and Tolstikov, Atomnyi sled, 138; Alexei Povaliaev and Ol'ga Konovalova, "Ot Cheliabinska do Chernobylia," Promyshlennye vedomosti, October 16, 2002.
12. "Ob usilenii okhrany zony zagriazneniia," November 14, 1958, OGAChO, R-274/20/48, 159–62.
13. 作者與依絲瑪吉洛娃（Ismagilova）的訪談。
14. Planet of Hopes press release, """Mayak" Used 2,000 Pregnant Women in Dangerous Clean Up of Nuclear Disaster," October 30, 2006, Moscow.
15. E. Rask, "Spravka," February 6, 1960, OGAChO, R-1644/1/4a, 193–95.
16. Vladyslav B. Larin, Kombinat "Maiak"—Problema na veka (Moscow: KMK Scientific Press, 2001), 55.
17. "O provedenii dopolnitel'nykh meropriiatii v zone radioaktivnogo zagriazneniia," September 29, 1959, personal archive, Gulnara Ismagilova.
18. Rask, "Spravka," 193–95.
19. Kh. Tataullinaia, April 18, 2000, personal archive, Gulnara Ismagilova.
20. Larin, Kombinat, table 6.27, 412.
21. Fauziia Bairamova, Iadernyi arkhipelag ili atomnyi genotsid protiv Tatar (Kazan': Nauchnopopuliarnoe izdanie, 2005).
22. 關於承包商的貪污，請見「第五屆城市黨派會議作業」，1960年12月16日-17日，OGAChO，2469/1/3，127。

23. Novoselov and Tolstikov, Atomnyi sled, 140–43.
24. 該俄羅斯實驗研究站是Opytnaia nauchno issledovatel'skaia stantsiia（ONIS）。
25. V. N. Pozolotina, Y. N. Karavaeva, I. V. Molchanova, P. I. Yushkov, and N. V. Kulikov, "Accumulation and Distribution of Long-Living Radionuclides in the Forest Ecosystems of the Kyshtym Accident Zone," Science of the Total Environment 157, no. 1–3 (1994): 147; Tatiana Sazykina and Ivan Kryshev, "Radiation Effects in Wild Terrestrial Vertebrates—the EPIC Collection," Journal of Environmental Radioactivity 88, no. 1 (2006): 38; Larin, Kombinat, 148–51.
26. Nadezhda Kutepova and Olga Tsepilova, "Closed City, Open Disaster," in Michael R. Edelstein, Maria Tysiachniouk, and Lyudmila V. Smirnova, eds., Cultures of Contamination: Legacies of Pollution in Russia and the U.S. (Amsterdam: JAI Press, 2007), 14:156.
27. Institut global'nogo klimata i ekologii, "Karta zagriazneniia pochv strontsiem-90," 2005.
28. Novoselov and Tolstikov, Atomnyi sled, 127.
29. Robert Standish Norris, Kristen L. Suokko, and Thomas B. Cochran, "Radioactive Contamination at Chelyabinsk-65, Russia," Annual Review of Energy and the Environment 18 (1993): 522.
30. Valery Soyfer, "Radiation Accidents in the Southern Urals (1949–1967) and Human Genome Damage," Comparative Biochemistry and Physiology Part A, no. 132 (2002): 723.
31. T. G. Sazykina, J. R. Trabalka, B. G. Blaylock, G. N. Romanov, L. N. Isaeva, and I. I. Kryshev, "Environmental Contamination and Assessment of Doses from Radiation Releases in the Southern Urals," Health Physics 74, no. 6 (1998): 687; E. Tolstyk, L. M. Peremyslova, N. B. Shagina, M. O. Degteva, I. M. Vorob'eva, E. E. Tokarev, and N. G. Safronova, "The Characteristics of 90-Sr Accumulation and Elimination in Residents of the Urals Region in the Period 1957–1958," Radiatsionnaia biologiia, radioekologiia 45, no. 4 (2005): 464–73.
32. "O perevode zagriaznennykh zemel," 30.
33. Natalia Mironova, Maria Tysiachniouk, and Jonathan Reisman, "The Most Contaminated Place on Earth: Community Response to Long-term Radiologial Disaster in Russia's Southern Urals," in Michael R. Edelstein, Maria Tysiachniouk, and Lyudmila V. Smirnova, eds., Cultures of Contamination: Legacies of Pollution in Russia and the U.S. (Amsterdam: JAI Press, 2007), 14:179–80.

第三十三章：私家領地

1. Iral C. Nelson and R. F. Foster, "Ringold—A Hanford Environmental Study," April 3, 1964, PRR, HW-78262 REV.
2. "Internal Dosimetry Results—Ringold," January 30, 1963, PRR, PNL 10337.
3. "Letter to Subject," and memo to A. R. Keene, December 14, 1962, PPR, PNL-10335; "Status of Columbia River Environmental Studies for Hanford Works Area," July 31, 1961, DOE, Germantown, RG 326, 1360, 3.
4. Nelson and Foster, "Ringold," 12.
5. 小型研究無法決定總效應，關於這點請見莫里斯・H・得葛魯特（Morris H. DeGroot），「核反應爐對人體健康造成的低等級輻射效應數據研究」（Statistical Studies of the Effect of Low Level Radiation from Nuclear Reactors on Human Health），《數學、數據和機率六》（*Mathematics, Statistics and Probability 6*）（1971）：223-34。
6. A. R. 盧德克（A. R. Luedecke）對所有營運經理陳述的內容，1959 年 4 月 16 日；威拉德・F・利比（Willard F. Libby），「關於明尼蘇達州 JCAE 前製造的小麥鍶 -90 宣言」（Statement on Strontium 90 in Minnesota Wheat Made Before the JCAE），1959 年 2 月 27 日；「AEC 主席約翰・A・麥可康恩的宣告」（Statement, John A. McCone, Chairman AEC），1959 年 3 月 24 日，DOE Germantown RG 326，1360，1；約瑟夫・黎伯曼對 A. R. 盧德克（Joseph Lieberman to A. R. Luedecke）陳述的內容，1959 年 12 月 11 日，以及盧德克，「輻射物質透過哥倫比亞河送入太平洋」（Dispersal of Radioactive Materials into the Pacific via the Columbia River），1959 年 12 月 31 日，RG 326，1359，7。
7. R. H. Wilson and T. H. Essig, "Criteria Used to Estimate Radiation Doses Received by Persons Living in the Vicinity of Hanford," July 1968, JPT, BNWL-706 UC-41; "Evaluation of Radiological Conditions in the Vicinity of Hanford for 1967," March 1969, JPT, BNWL-983 UC-41.
8. W. E. Johnson, "Expanded Use of Whole Body Counter," January 26, 1962, DOE Opennet, NV0719090.
9. "Letter to Subject."
10. 作者專訪，LH，2011 年 9 月。
11. 特別感謝哈利・溫瑟（Harry Winsor）的分析。
12. 美國國家癌症研究所研究發現，華盛頓州的落塵指數落在全國最低量的範圍內。《SR》，1997 年 8 年 10 日，B1。
13. R. W. Perkins et al., "Results of a Test of Sampling in I-131 Plumes," April 18, 1963, PRR, HW 77387.

14. “Atmospheric Pathway Dosimetry Report, 1944–1992,” October 1994, DOE Opennet, PNWD-2228 HEDR; Patricia P. Hoover, Rudi H. Nussbaum, Charles M. Grossman, and Fred D. Nussbaum, “Community-Based Participatory Health Survey of Hanford, WA, Downwinders: A Model for Citizen Empowerment,” Society and Natural Resources 17 (2004): 551.
15. Sonja I. Anderson, “A Conceptual Study of Waste Histories from B Plant and Other Operations, Accidents, and Incidents at the Hanford Site Based upon Past Operating Records, Data, and Reports, Project ER4945,” September 29, 1994, unpublished, in possession of author. My thanks to Harry Winsor for help with this data.
16. 高級工程師對 R. F. 福斯特（R. F. Foster）陳述的內容，1962 年 9 月 20 日，PRR，PNL 9724。
17. 請見圖表 2 和 3，R. W. 帕金斯（R. W. Perkins）等人，「I-131 煙霧抽樣測驗」，1963 年 4 月 18 日，PRR，HW 77387，16。
18. Jackson, “On Authorizing Appropriations for the AEC,” August 6, 1958, HMJ, acc. 3560-6 51c/11.
19. “AEC Plan for Expansion of Research in Biology and Medicine,” August 4, 1958, DOE Germantown RG 326, 1360, 1; “Role of Atomic Energy Commission Laboratories,” October 1, 1959, DOE Opennet, NV 0702108.
20. 同上；亞瑟・S・弗萊明（Arthur S. Flemming），健康、教育和福利部長，新聞稿，1959 年 3 月 16 日，DOE Germantown RG 326，1360，1。
21. H. Schlundt, J. T. Nerancy, and J. P. Morris, “Detection and Estimation of Radium in Living Persons,” American Journal of Roentgenology and Radium Therapy 30 (1933): 515–22; R. E. Rowland, Radium in Humans: A Review of U.S. Studies (Argonne, IL: Argonne National Lab, 1994).
22. Thomas H. Maugh II, “Eugene Saenger, 90,” Los Angeles Times, October 6, 2007; “DOE Facts, Additional Human Experiments,” GWU.
23. AEC 醫學研究檔案中，請見 NAA，No. 116 檔案，第 16 系列，4DO-326-97-001。想獲得結論，請見 W. J. 貝爾對 P. K. 克拉克（W. J. Bair to P. K. Clark）陳述的內容，1985 年 12 月 6 日，DOE Opennet，PNL-9358；艾琳・威爾桑（Eileen Welsome），《鈽檔案：美國冷戰時期的機密醫學研究》（*The Plutonium Files: America's Secret Medical Experiments in the Cold War*，紐約：錶盤出版，1999 年）；安德魯・戈里斯徹克（Andrew Goliszek）《以科學之名：祕密計畫、醫學研究、人類實驗的一段歷史》（*In the Name of Science: A History of Secret Programs, Medical Research, and Human Experimentation*，紐約：聖馬丁出版，2003 年），135-65。

24. Goliszek, In the Name of Science, 155.
25. "Minutes of the 66th Meeting Advisory Committee for Biology and Medicine," January 10–11, 1958, DOE Opennet.
26. R. F. Foster and J. F. Honstead, "Accumulation of Zinc-65 from Prolonged Consumption of Columbia River Fish," Health Physics 13, no. 1 (1967): 39–43; "Internal Depositions of Radionuclides in Men," February 1967, PRR, PNL 9287; "Whole Body Counting, Project Proposal," March 1966, PNL 9293; "Excretion Rates vs. Lung Burdens in Man," April 1966, PNL 9294; J. F. Honstead and D. N. Brady, "Report: The Uptake and Retention of P32 and Zn65 from the Consumption of Columbia River Fish," document BNSA-45, October 7, 1969, http://guin.library.oregonstate.edu/specialcollections/coll/atomic/catalogue/atomic-hanford_1-10.html.
27. K. L. Swinth to W. E. Wilson, April 11, 1967, PRR, PNL 9669.
28. Ralph Baltzo to Richard Cunningham, April 6, 1966, PRR, PNL 9086.
29. Alvin Paulsen, "Study of Irradiation Effects on the Human Testes," March 12, 1965, PRR, PNL 9081 DEL.
30. Carl Heller, "Effects of Ionizing Radiation on the Testicular Function of Man," May 1972, DOE Opennet, HW 709914, 3.
31. 芬克對弗烈德（Fink to Friedell）陳述的內容，1945 年 12 月 5 日，NAA，RG 326 8505，54 號箱，MD 700.2。
32. Linda Roach Monroe, "Accident at Nuclear Plant Spawns a Medical Mystery," September 10, 1990, Los Angeles Times; author interview with Marge DeGooyer, May 16, 2008, Richland, WA.
33. "Accidental Nuclear Excursion, 234-5 Facility," 1962, PRR, HW 09437.
34. 同上。
35. "Oral History of Health Physicist Carl C. Gamertsfelder, Ph.D.," January 19, 1995, DOE Opennet.
36. Parker, "Assistance to Dr. Paulsen," May 1, 1963, PRR, PNL 9074.
37. Author interview with Richard Sutch, San Francisco, May 11, 2012.
38. D. K. Warner to William Roesch, July 2, 1963, PRR, PNL 9076.
39. 霍斯特德對帕克（Holsted to Parker）陳述的內容，「包爾森醫師的協助」（Assistance to Dr. Paulsen），1963 年 7 月 9 日，PRR，PNL 9077。
40. 巴爾佐對紐頓（Baltzo to Newton）陳述的內容，1968 年 5 月 28 日，PRR，PNL 9104；W. E. 威爾森對巴爾佐（W. E. Wilson to Baltzo）陳述的內容，1968 年 6 月 14 日，PNL 9107。

41. R. S. 保羅對 S. L. 佛瑟特（R. S. Paul to S. L. Fawcett）陳述的內容，「人類實驗——需要政策？」（Experiments with People—Policy Need?）1965 年 9 月 23 日，PRR，PNL 9082。
42. "Case No. 3," November 17, 1967, PRR, PNL 9315; E. E. Newton to P. T. Santilli, July 27, 1967, PNL 9092; S. L. Fawcett to C. L. Robinson, "Agreement with Human Volunteers in Research Programs," November 22, 1966, PNL 9290; "Minutes of Meeting, Research Program Administration of Radioisotopes Study," November 14, 1966, PNL 9291; "Human Subjects Committee Meeting," November 16, 1967, PNL 9254; R. S. Paul, "Agreement with Human Volunteers in Research Programs," July 26, 1966, PNL 9295; P. T. Santilli to H. M. Parker, November 4, 1968, PNL 9106.
43. Carl G. Heller and Mavis J. Rowley, "Protection of the Rights and Welfare of Prison volunteers," 1976, PRR, RL 2405-2. 44. TCH, April 9, 1976.
45. C. E. Newton, "Human Subject Research," November 20, 1967, PRR, PNL 9099.
46. C. E. Newton, "Trip Report—Review of Dr. Paulsen's Project," December 18, 1967, PRR, PNL 9316.
47. "AEC Human Testicular Irradiation Projects in Oregon and Washington State Prisons," March 22, 1976, PRR, PNL 9114.
48. Research Review Committee to Audrey Holliday, March 13, 1970, Advisory Committee on Human Radiation Experiments, No. WASH-112294-A-5, www.gwu.edu/~nsarchiv/radiation/dir/mstreet/commeet/meet8/trsc08a.txt.
49. "Minutes of the 66th Meeting Advisory Committee for Biology and Medicine," January 10–11, 1958, DOE Opennet, NV 0710420.
50. S. J. Farmer to J. J. Fuquay, May 5, 1976, PRR, PNL 9066.
51. S. J. Farmer to J. J. Fuquay, November 1, 1976, PRR, PNL 9219; Karen Dorn Steele, "Names Given in Cold War Tests," SR, June 8, 1997.
52. TCH, April 9, 1976.
53. Mavis J. Rowley, "Effect of Graded Doses of Ionizing Radiation on the Human Testes," 1975–1976, PRR, RLO 2405-2.

第三十四章：「從螃蟹到魚子醬，我們樣樣不缺」

1. Peter Carlson, K Blows Top: A Cold War Comic Interlude Starring Nikita Khrushchev, America's Most Unlikely Tourist (New York: Public Affairs, 2009), 34.
2. "The Two Worlds: A Day-Long Debate," NYT, July 25, 1959, 1.

3. Susan Reid, "Cold War in the Kitchen: Gender and the De-Stalinization of Consumer Taste in the Soviet Union Under Khrushchev," Slavic Review 61, no. 2 (2008): 115–223.
4. 同上，221-23。
5. Rosa Magnusdottir, "Keeping Up Appearances: How the Soviet State Failed to Control Popular Attitudes Toward the United States of America, 1945–1959," Ph.D. diss., University of North Carolina, 2006, 221.
6. Victoria De Grazia, Irresistible Empire: America's Advance Through Twentieth-Century Europe (Cambridge, MA: Harvard University Press, 2005), 5, 102–3.
7. G. I. Khanin. "The 1950s: The Triumph of the Soviet Economy." Europe-Asia Studies 55, no. 8 (2003): 1199.
8. "Spravka zabolevaemosti rabotaiushchikh," 1959, and "Proverka raboty proforganizatsii ob'ekta-20," no later than May 1960, OGAChO, 2469/3/2, 113–14, 167–76; "Stenogramma 3-oi gorodskoi partiinoi konferentsii," December 14–15, 1958, OGAChO, 2469/2/1, 74; L. P. Sokhina, Plutonii v devich'ikh rukakh: Dokumental'naia povest' o rabote khimiko-metallurgicheskogo plutonievogo tsekha v period ego stanovleniia, 1949–1950 gg (Ekaterinburg: Litur, 2003), 116.
9. "Stenogramma 3-oi gorodskoi partiinoi konferentsii," 78; "Protokol zasedaniia biuro gorkoma KPSS," January 12, 1965, OGAChO, 2469/5/292, 5–6.
10. "Protokol no. 7, plenumov gorodskogo komiteta KPSS," May 23, 1967, OGAChO, 2469/6/405, 43.
11. "Otchetnii doklad gorodskogo komiteta," December 8, 1964, OGAChO, 2469/5/1, 58–59; "Stenogramma 3-oi gorodskoi partiinoi konferentsii," 132.
12. "O rabote piatoi gorodskoi partiinoi konferentsii," December 16–17, 1960, OGAChO, 2469/1/3, 18, 124–25.
13. "Doklad na 3-m Plenume gorkoma VLKSM," April 10, 1957, OGAChO, 2469/1/118, 5–24; "O sudakh," 1957, OGAChO, 2469/1/112, 209–18; "Zasedanie Gorkom," 1960, OGAChO, 2469/3/3, 13.
14. "Stenogramma 3-oi gorodskoi partiinoi konferentsii," 77; "O rabote piatoi gorodskoi partinoi konferentsii," 43–44.
15. "Spravka," January 7, 1960, OGAChO, 2469/3/3, 8; "O perestroike raboty narodnoi druzhiny goroda" May 22, 1962, OGAChO, 2469/4/3, 257–75.
16. "Zasedanie Gorkoma," 1960, OGAChO, 2469/3/3, 13.

17. “O merakh usileniia bor'by s detskoi beznadzornost'iu,” November 19, 1959, OGAChO, 2469/3/3, 61; “Doklad pri plenuma Gorkoma KPSS,” 31–40.

18. 「MSM 公司對住家和住宅居地……進行驅逐，」1956 年 8 月 20 日，參考自「驅逐票」，1958 年 5 月 9 日，OGAChO，2469/2/3，23。

19. 請見高爾康姆（Gorkom）的文字紀錄：「協定 No. 1」，1956 年 8 月 18 日，OGAChO，2469/1/3，42；「個人事務」，1962 年 5 月 8 日，OGAChO，2469/4/3，231；「協定 No. 37」，1962 年 8 月 7 日，OGAChO，2469/4/4，135-53；「協定 No. 4」1966 年 9 月 27 日，OGAChO，2469/6/2，57-100；「強化一般治安違法懲治方針」，1966 年 7 月 23 日，OGAChO，2469/6/3，118-37。

20. “Zakliuchenie,” 1957, OGAChO, 2469/1/121, 200–206.

21. “Protokol IX-oi Ozerskoi gorodskoi partiinoi konferentsii,” December 25, 1965, OGAChO, 2469/5/292, 64; “Tezisy,” 1960, OGAChO, 2469/2/289, 119; “Itogi,” December 2, 1958, OGAChO, 2469/2/4, 60–80.

22. “Po dal'neushemu uluchsheniiu bytovogo obsluzhivaniia naseleniia,” February 12, 1963, OGAChO, 2469/4/244a, 6–10.

23. 關於引言，請見 N. V. 梅尼柯娃（N. V. Mel'nikova）《封閉核城現象》（*Fenomen zakrytogo atomnogo goroda*，葉卡捷琳堡：文化資訊銀行，2006 年），78，84。

24. “Sobrannia aktiva gorodskoi partiinoi organizatsii,” November 3, 1957, OGAChO, 2469/1/119, 134.

25. V. P. Vizgin, “Fenomen 'kul'ta atoma' v CCCP (1950–1960e gg.),” Istoriia Sovetskogo atomnogo proekta, 423.

26. Mel'nikova, Fenomen, 87; “Zasedanii plenumov gorkoma KPSS,” February 12, 1963, OGAChO, 2469/4/244a, 144.

27. “Protokol no. 1, Ozerskoi gorodskoi partiinoi organizatsii,” February 7, 1958, OGAChO, 2469/2/4, 14.

28. “Doklad ob usilenii partiinogo rukovodstva komsomolom,” February 15, 1966, OGAChO, 2469/6/1, 42.

29. “Protokoly sobranii gorodskogo partiinogo aktiva,” February 19, 1959, OGAChO, 2469/2/290, 78, 53.

30. “Stenogramma partiino-khoziaistvennogo aktiva,” June 4, 1963, OGAChO, 2469/4/245, 77–78.

31. Ibid.

32. “Protokol no. 7 plenuma gorodskogo komiteta KPSS,” May 23, 1967, OGAChO, 2469/6/405, 98–99.

33. “Protokoly sobranii gorodskogo partiinogo aktiva,” February 19, 1959, OGAChO, 2469/2/290, 72.

34. "Protokol IV-ogo plenuma gorodskogo komiteta KPSS," July 19, 1960, OGAChO, 2469/3/3, 114.
35. "Doklad na 3-m Plenume gorkoma VLKSM," 5–24.
36. "Zasedanie plenumov gorkoma KPSS," February 12, 1963, OGAChO, 2469/4/244a, 144–45.
37. "Protokol no. 3 plenuma Gorkom KPSS," May 31, 1966, OGAChO, 2469/6/2, 17.
38. "Po dal'neushemu uluchsheniiu," 6–34; "O povyshenii roli obshchestvennosti v bor'be s prestupnost'iu," January 12, 1960, OGAChO, 2469/3/3, 44.
39. Mel'nikova, *Fenomen*, 101.
40. "Dostanovlenue, IV-ogo plenuma GK KPSS," July 19, 1960, OGAChO, 2469/3/3, 160; "Otvety na voprosy," January 22, 1963, OGAChO, 2469/4/244, 89–91.
41. DeGrazia, *Irresistible Empire*, 16, 472.
42. Mel'nikova, *Fenomen*, 102–3.
43. "Zasedanie Gorkoma," 1960, OGAChO, 2469/3/3, 14.
44. "Protokol no. 7 plenuma," 91.
45. "O povyshenii roli," 21–26; "Dostanovlenue, IV-ogo Plenuma GK KPSS"; Mel'nikova, *Fenomen*, 85.
46. "Protokol sobraniia aktiva gorodskoi partiinoi organizatsii," November 3, 1957, OGAChO, 2469/1/119 ll. 159–70.
47. "Protokol no. 7 plenuma," 43.
48. "Zasedanie plenumov gorkoma KPSS," July 6, 1963, OGAChO, 2469/4/244a, 128–35; "Protokol IX-oi Ozerskoi gorodskoi partiinoi konferentsii," December 25, 1965, OGAChO, 2469/5/292, 76; "Protokol no. 7," 48.
49. "Doklad VIII-oi gorodskoi otchetno vybornoi partiinoi konferentsii," 56–60; "Protokol no. 7," 100.
50. V. Chernikov, *Osoboe pokolenoe* (Cheliabinsk: V. Chernikov, 2003), 115.
51. Podol'skii, "Doklad," December 8, 1964, OGAChO, 2469/5/1, 7–24.
52. Novoselov and Tolstikov, *Taina Sorokovki*, 182.
53. 「KPSS城市理事會全體會議協定」，1965年1月12日，OGAChO，2469/5/292，28-35；娜塔莉．梅尼柯娃（Natalia Mel'nikova），「封閉核城次文化」（Zakrytii atomnii gorod kak subkul'tura），未發行，作者私人所有。

54. 作者訪談，弗拉迪米爾・諾瓦瑟羅夫（Vladimir Novoselov），2007 年 6 月 27 日，車里雅賓斯克。
55. "Otchetnii doklad gorodskogo komiteta KPSS VIII-ii gorodskoi otchetno vybornoi partiinoi konferentsii," December 8, 1964, OGAChO, 2469/5/1, 51–53.
56. Alexei Yurchak, "Soviet Hegemony of Form: Everything Was Forever, Until It Was No More," Comparative Studies in Society and History 45, no. 3 (2003): 480–510.
57. "O merakh po usileniiu bor'by," 123.
58. "Protokol no. 7," 54–55, 72–74; "Protokol no 2, vtorovo plenuma ozerskogo gorkoma KPSS," February 15, 1966, OGAChO, 2469/6/1, 5–7.
59. 同上，11，20。
60. Gennadii Militsin, "Ni o chem ne zhaleiu," Zhurnal samizdat, 12–24, 2010; "Spravka," May 17, 1957, OGAChO, 2469/1/118, 51.
61. "O merakh po usileniiu bor'by," 123.
62. 作者和弗拉迪米爾・諾瓦瑟羅夫的訪談，2007 年 6 月 26 日，俄羅斯車里雅賓斯克。
63. "Doklad ob usilenii partiinogo rukovodstva komsomolom," February 15, 1966, OGAChO, 2469/6/1, 1–23.
64. 想見評論，請參考尤他・G・波伊格（Uta G. Poiger），《爵士，搖滾，叛亂分子：分裂德國的冷戰政治和美國文化》（*Jazz, Rock, and Rebels: Cold War Politics and American Culture in a Divided Germany*，柏克萊：加州大學出版，2000 年），168-206。
65. S. I. Zhuk, Popular Culture, Identity, and Soviet Youth in Dniepropetrovsk, 1959–84 (Pittsburgh, PA: University of Pittsburgh, 2008).
66. Mel'nikova, Fenomen, 106.
67. "Dostanovlenue, IV-ogo plenuma GK KPSS," 165.
68. Viktor Riskin, "Aborigeny' atomnogo anklava," and "Sezam, otkroisia!" Cheliabinskii rabochii, April 15, 2004, and February 21, 2006.
69. 作者與諾瓦瑟羅夫（Novoselov）的訪談。
70. 作者與史維特拉娜・柯貞科（Svetlana Kotchenko）的訪談，2007 年 6 月 21 日，俄羅斯車里雅賓斯克。
71. 作者與安娜・蜜里悠提娜（Anna Miliutina）的訪談，2010 年 6 月 21 日，基許提姆。
72. Vladyslav B. Larin, Kombinat "Maiak"—Problema na veka (Moscow: KMK Scientific Press, 2001), tables 7.5 and 7.9, 415–16; Viktor

Doshchenko, "Ekvivalent Rentgena," Pravda, March 28, 2003.

73. N. P. Petrushkina, Zdorov'e potomkov rabotnikov predpriiatiia atomnoi promyshlennosti PO "Maiak" (Moscow: Radekon 1998); Bryan Walsh. "The Rape of Russia," Time, October 23, 2007.
74. Igor' Naumov, "Rabota roditelei na 'Maiake' skazalas' na potomstve," Meditsinskaia gazeta 68, no. 12 (September 2007): 11.
75. Angelina Gus'kova, "Bolezn' i lichnost' bol'nogo," Vrach 5 (2003): 57–58.
76. Ivan Larin, "Atomnyi vzryv v rukakh," Komsomol'skaia Pravda, February 3–6, 1995.
77. 作者與維塔立・托斯帝柯夫（Vitalii Tolstikov）的訪談，2007 年 6 月 20 日，俄羅斯車里雅賓斯克。
78. Paul R. Josephson, Red Atom: Russia's Nuclear Power Program from Stalin to Today (New York: W. H. Freeman, 2000), 252–54. 79. Mark Harrison, "Coercion, Compliance, and the Collapse of the Soviet Command Economy," Economic History Review 55, no. 3 (2002): 298–99.

第三十五章：鈽的共享資料

1. "AEC Identified Three Hanford Reactors for Shutdown," January 1964, DOE Germantown, RG 326/1401/7.
2. TCH, October 10, 1962; Mrs. E. T. (Pat) Merrill and Lucille Fuller, "'Atomic City' Celebrates Year of Independence," Western City Magazine, January 1960.
3. Cassandra Tate, "Letter from 'the Atomic Capital of the Nation,'" Columbia Journalism Review 21 (May-June 1982): 31.
4. 格蘭・李對格蘭・席伯格（Glenn Lee to Glenn Seaborg）陳述的內容，1964 年 4 月 18 日，DOE Germantown，RG326/1401/7。
5. Jackson, "President's Criticism of Atomic Authorization Bill," August 6, 1958, HMJ, acc. 3560–6 51c/11.
6. "Hanford Ground Breaking Ceremony," 1963, CREHST, box 37, folder 508.
7. Jon S. Arakaki, "From Abstract to Concrete: Press Promotion, Progress and the Dams of the Mid-Columbia (1928–1958)," PhD diss., School of Journalism and Communication, University of Oregon, 2006, 98.
8. Tate, "Letter," 31–35.
9. 席伯格對傑克森（Seaborg to Jackson）陳述的內容，1964 年 3 月 25 日，DOE Germantown，RG 326/1401/7。

10. Rodney P. Carlisle with Joan M. Zenzen, Supplying the Nuclear Arsenal: American Production Reactors, 1942–1992 (Baltimore: Johns Hopkins University Press, 1996), 154.
11. 李奧納德・多斯基對詹姆斯・崔維斯（Leonard Dworsky to James Travis）陳述的內容，1961 年 5 月 22 日，以及「哥倫比亞河污染」1961 年 6 月 20 日，DOE Germantown，RG 326/1362/7。
12. E. J. Sternglass, "Cancer: Relation of Prenatal Radiation to Development of the Disease in Childhood," Science 140, no. 3571 (June 7, 1963): 1102–4; "Revised Draft Statement on Low Level Radiation and Childhood Cancer," June 7, 1963, DOE Germantown, RG 326/1360/6.
13. "Feasible Procedures for Reducing Radioactive Pollution of the Columbia River," May 12, 1964, "Status Report in Regard to Abatement of Radioactive Pollution of the Columbia River," October 14, 1964, and W. B. McCool, "Water Pollution at Hanford," November 17, 1964, DOE Germantown, RG 326/1362/7.
14. Robert C. Fadeley, "Oregon Malignancy Pattern Physiographically Related to Hanford Washington Radioisotope Storage," Journal of Environmental Health 27, no. 6 (May-June 1965): 883–97.
15. 格蘭・席伯格對莫琳・紐伯格（Glenn Seaborg to Maurine Neuberger）陳述的內容，1965 年 8 月 13 日，紐伯格對席伯格陳述的內容，1965 年 7 月 23 日，DOE Germantown，RG 326/1362/7。
16. "Staff Comments on a Statement by Dr. Malcolm L. Peterson," May 3, 1966, DOE Germantown, RG 326/1362/7.
17. F. P. 巴拉諾斯基（F. P. Baranowski），「兩座廢水沼澤的污染」（Contamination of Two Waste Water Swamps），1964年6月19日，DOE Germantown，RG 326/1362/7；李・戴伊（Lee Dye），「核廢料污染河川」（Nuclear Wastes Contaminate River），《洛杉磯時報》（*Los Angeles Times*）1973 年 7 月 5 日，2A。AEC 在洛磯弗拉茲附近的科羅拉多鈽整理廠，也有類似的信用問題和健康爭議。請見克莉絲汀・艾佛森（Kristen Iversen），《完身負擔：在洛磯弗拉茲的核陰影下長大》（*Full Body Burden: Growing Up in the Nuclear Shadow of Rocky Flats*，紐約：皇冠出版，2012 年），59，77，122-23。
18. 格蘭・李對格蘭・席伯格（Glenn Lee to Glenn Seaborg）陳述的內容，1964 年 6 月 1 日，DOE Germantown，RG326/1401/8；保羅・洛布（Paul Loeb），《核文化：世界最大原子建物的生活工作》（*Nuclear Culture: Living and Working in the World's Largest Atomic Complex*，費城：新社會出版人，1986 年），163。
19. "Prospects for Industrial Diversification of Richland, Washington," December 20, 1963, DOE Germantown, RG 326/1401/10.

20. D. G. Williams, "Report on RLOO Diversification Program," April 27, 1966, DOE Germantown, RG 326/1402/5; Roger Rapoport, "Dig Here for Doomsday," Los Angeles Times, June 18, 1972, X5.
21. D. G. Williams to R. E. Hollingsworth, April 27, 1966, DOE Germantown, RG 326/1402/5.
22. John M. Findlay and Bruce William Hevly, Atomic Frontier Days: Hanford and the American West (Seattle: University of Washington Press, 2011), 186.
23. 作者和艾德·布里克（Ed Bricker）進行的電話訪談，2011年8月24日；保羅·西諾夫（Paul Shinoff），「漢福德核廢料處理廠的經濟發展」（Hanford eservation's Economic Boom），《華盛頓郵報》（*Washington Post*），1978年5月21日，A1。至於後來類似的作業指控，請見《*SR*》，1998年4月18日，A1。
26. 作者和基斯·史密斯（Keith Smith）進行的專訪，2011年8月15日，里奇蘭。
27. Findlay and Hevly, Atomic Frontier Days, 184.
28. James T. Ramey to Rex M. Whitton, June 17, 1964, DOE Germantown, RG 326/1401/7; Floyd Domini to Glenn Seaborg, May 4, 1964, RG 326/1401/8; Findlay and Hevly, Atomic Frontier Days, 67.
29. Loeb, Nuclear Culture, 111.
30. W. B. 麥克庫爾（W. B. McCool），「放射性廢料的土地棄置」，1960年10月27日，「AEC對於1968年GAO廢料報告的說法」，最早紀錄為1970年，DOE Germantown，RG 326/1309/6和RG 326/5574/8；M. 金·胡伯對亞伯·沃爾曼（M. King Hubbert to Abel Wolman）陳述的內容，1965年12月29日；約翰·E·蓋里（John E. Galley）對亞伯·沃爾曼陳述的內容，1965年12月11日，RG 326/1357/7。
31. "Study of AEC Radioactive Waste Disposal," November 15, 1960, DOE Germantown, RG 326/5574/9, 19; "Release of Low-Level Aqueous Wastes," DOE Germantown, RG 326/1359/7, 6–7.
32. Lee Dye, "Thousands Periled by Nuclear Waste," Los Angeles Times, July 5, 1973, A1.
33. Joel Davis, "Hanford Adjusts to New Public Awareness," SR, May 27, 1979; Rapoport, "Dig Here"; Dye, "Thousands Periled" and "Nuclear Wastes"; R. F. Foster and J. F. Honstead, "Accumulation of Zinc-65 from Prolonged Consumption of Columbia River Fish," Health Physics 13, no. 1 (1967): 39–43.
34. 格蘭·席伯格對弗萊德·席茲（Glenn Seaborg to Fred Seitz）陳述的內容，1965年11月1日；M. 金·胡伯對亞伯·沃爾曼

（M. King Hubbert to Abel Wolman）陳述的內容，1965 年 12 月 29 日，DOE Germantown，RG 326/1357/7。

35. J. Samuel Walker, Permissible Dose: A History of Radiation Protection in the Twentieth Century (Berkeley: University of California Press, 2000), 64; Brian Balogh, Chain Reaction: Expert Debate and Public Participation in American Commercial Nuclear Power, 1945–1975 (Cambridge: Cambridge University Press, 1991), 221–25.

36. S. G. English, "Possible Reorganization of the Environmental Affairs Group," March 6, 1970, DOE Germantown, RG 326/5618/15; "Study of AEC Radioactive Waste Disposal," 20.

37. 卡里斯雷和箴貞（Carlisle and Zenzen），《供應》（*Supplying*），136；拉普波特（Rapoport），「在此掘地」（Dig Here）；戴伊（Dye），「核廢料」（Nuclear Wastes）。關於 AEC 對限制資訊外流至外界評論家的討論，請見「AEC 對於 1968 年 GAO 廢料報告的說法」。

38. Sidney Marks and Ethel Gilbert, "Press Conference, Mancuso/Milham Studies," November 17, 1977, DOE Opennet; Tim Connor, "Radiation and Health Workers at Risk," Bulletin of the Atomic Scientists, September 1990.

39. David Burnham, "A.E.C. Finds Evidence," NYT, January 8, 1975, 17.

40. Robert Proctor, Agnotology: The Making and Unmaking of Ignorance (Stanford. CA: Stanford University Press, 2008), 18–20.

41. Donald M. Rothberg, "2 Scientists, AEC at War on Radiation Limits," Eugene Register-Guardian, July 22, 1970; Walker, Permissible Dose, 37–44.

42. Rapoport, "Dig Here."

43. N 反應爐的低生產能是一種為了配合反對「公共權力」保守分子的政治妥協。作者與 N 反應爐設計師尤金・艾許利（Eugene Ashley）的專訪，2006 年 8 月 18 日，里奇蘭。

44. Rapoport, "Dig Here."

45. Loeb, Nuclear Culture, 98.

46. 作者與拉夫・米瑞克（Ralph Myrick）的訪談，2008 年 8 月 19 日，華盛頓州肯納威克，以及派特・梅若（Pat Merrill），2007 年 8 月 15 日，華盛頓州普羅瑟（Prosser）；沙暴校友（Alumni Sandstorm，線上檔案庫），www.alumnisandstorm.com，1999 年 5 月。

47. Tate, "Letter," 31–35.

48. Rapoport, "Dig Here."
49. Shinoff, "Hanford."
50. Loeb, Nuclear Culture, 114; Daniel Pope, Nuclear Implosions: The Rise and Fall of the Washington Public Power Supply System (Cambridge: Cambridge University Press, 2008).
51. Dennis Farney, "Atom-Age Trash," Wall Street Journal, January 25, 1971, 1; Michael Wines, "Three Sites Studied for Atom Dump," Los Angeles Times, December 20, 1984, SD3.
52. Loeb, Nuclear Culture, 200–202.
53. Joan Didion, Where I Was From (New York: Knopf, 2003), 150–51; Farney, "Atom-Age Trash."
54. "Hanford's New Contractors," SPI, August 11, 1996, E2.
55. Didion, Where I Was From, 150–51.
56. Nicholas von Hoffman, "Prosperity vs. Ecology," Washington Post, March 1, 1971, B1.
57. Jay Mathews, "Community That Embraced the Atom Now Fears for Its Livelihood," Washington Post, December 22, 1987, A23.
58. "Big 'Star Wars' Role Expected for Hanford," SR, November 22, 1985, A1.
59. Paul Shukovsky, "Hanford Veterans Want a Little Respect," Seattle PI, October 8, 1990, A1.
60. "Alumni Sandstorm," October 1998.
61. Hobson, Taylor, and Stordahl, "Alumni Sandstorm," January 2001, May 1998, and December 1998.
62. "Alumni Sandstorm," October 1998.

第二十六章：車諾比大回歸

1. 作者和露易莎・蘇瓦洛娃（Louisa Surovova）進行的訪談，2010年6月22日，俄羅斯基許提姆。
2. David R. Marples, The Social Impact of the Chernobyl Disaster (New York: St. Martin's Press, 1988), 11–12, 27.
3. Sonja D. Schmid, "Transformation Discourse: Nuclear Risk as a Strategic Tool in Late Soviet Politics of Expertise," Science, Technology, and Human Values 29, no. 3 (2004): 370.
4. Susanna Hoffman and Anthony Oliver-Smith, Catastrophe and Culture: The Anthropology of Disaster (Santa Fe, NM: School of American Research Press, 2002), 27.

5. Natalia Manzurova and Cathie Sullivan, Hard Duty: A Woman's Experience at Chernobyl (Tesuque, NM: Sullivan and Manzurova, 2006), 28.
6. Alexei Povaliaev and Ol'ga Konovalova, "Ot Cheliabinska do Chernobylia," Promyshlennye vedomosti, October 16, 2002.
7. Manzurova and Sullivan, Hard Duty, 35.
8. 作者與娜塔莉亞・曼蘇羅娃（Natalia Manzurova）的訪談，2010 年 6 月 24 日，俄羅斯車里雅賓斯克。
9. Povaliaev and Konovalova, "Ot Cheliabinska do Chernobylia."
10. Paul R. Josephson, Totalitarian Science and Technology, (Atlantic Highlands, NJ: Humanities Press, 1996), 308.
11. "Dopovida zapiska UKDB," March 12, 1981, and N. K. Vakulenko, "O nedostatochnoi nadezhnosti kontrol'no-izmeritel'nykh proborov," October 16, 1981, The Secrets of Chernobyl Disaster (Minneapolis, MN: Eastview, 2004).
12. Manzurova and Sullivan, Hard Duty, 32.

第三十七章：一九八四年

1. 作者和艾德・布里克（Ed Bricker）進行的電話訪談，2011 年 8 月 24 日。
2. Through a secretary, Albaugh declined a request for an interview.
3. Keith Schneider, "Operators Got Millions in Bonuses Despite Hazards at Atom Plants," NYT, October 26, 1988, A1; Karen Dorn Steele, "'Excessive' Bonuses Given Hanford Firm," SR, March 23, 1997, B1.
4. Eric Nalder, "The Plot to Get Ed Bricker," Seattle Times, July 30, 1990.
5. "Gardner Asks Why Hanford Radiation Signs Came Down," SPI, August 7, 1986.
6. 作者和凱倫・多恩・史帝勒（Karen Dorn Steele）的專訪，2010 年 11 月 6 日，華盛頓州斯波坎。
7. 布里克通報同時期 Z 廠的鈽遺失。作者通信，2012 年 2 月 17 日。
8. Paul Loeb, Nuclear Culture: Living and Working in the World's Largest Atomic Complex (Philadelphia: New Society Publishers, 1986), 88.
9. Houston Chronicle, September 26, 1993, A22; Michael D'Antonio, Atomic Harvest: Hanford and the Lethal Toll of America's Nuclear Arsenal (New York: Crown, 1993), 95–115.

10. Karen Dorn Steele, "Seven Workers Contaminated," SR, December 14, 1986, 22A; "Scientists Seek to Solve Hanford Flake Emission," SR, June 4, 1985, A5; "Big Rise in Hanford 'Hot' Water," SR, March 8, 1985, A1; "Hanford Cleanup: Huge Task Looms," SR, February 17, 1986, A1; "Hanford Called National Sacrifice Zone," SR, April 5, 1986, A22; "Wastes Could Reach River Within Five Years," SR, May 7, 1986, A6.
11. D'Antonio, Atomic Harvest, 30, 43.
12. Steele, "Coalition Seeks Data on Radiation," SR, January 30, 1986, A3.
13. SR, July 22, 1990, A1.
14. Tom Devine, The Whistleblower's Survival Guide (Washington, D.C.: Government Accountability Project, 1997).
15. D'Antonio, Atomic Harvest, 116–17.
16. Steele, "In 1949 Study Hanford Allowed Radioactive Iodine into Area Air," SR, March 6, 1986.
17. 有關流出紀實檔案的優良概要，請見史帝勒，「漢福德的憂傷遺產」（Hanford's Bitter Legacy），《原子科學家簡報》（*Bulletin of the Atomic Scientists*），1988 年 1 月 -2 月，20。
18. 作者和鮑伯・艾爾瓦雷茲（Bob Alvares）進行的訪談，2011 年 11 月 29 日，華盛頓哥倫比亞特區馬修・L・瓦德（Matthew L. Wald），「核武工廠：遲來的議案」（Nuclear Arms Plants: A Bill Long Overdue），以及「美國禁止的廢料傾倒卻在原子廠照常進行」（Waste Dumping That U.S. Banned Went on at Its Own Atom Plants），《NYT》，1988 年 10 月 23 日和 12 月 8 日，A1。
19. Fox Butterfield, "Nuclear Arms Industry Eroded as Science Lost Leading Role," NYT, December 26, 1988, A1.
20. Lonnie Rosenwald, "DOE Shuts Down Two Hanford Plants," SR, October 9, 1986, 3A.
21. "Drugs Said Hidden at Plutonium Plant," Washington Post, November 14, 1986, A10; Eric Nalder, "Hanford Security Reported Lax," Pullman Daily News, April 10, 1987, 3A.
22. 作者和吉姆・斯托菲爾斯（Jim Stoffels）進行的訪談，2007 年 8 月 17 日，華盛頓州里奇蘭。
23. Jay Mathews, "Community That Embraced the Atom Now Fears for Its Livelihood," Washington Post, December 22, 1987, A23; Butterfield, "Nuclear Arms Industry Eroded."
24. 惠特尼・沃克對 R. E. 海恩曼二世（Whitney Walker to R. E. Heineman Jr.）陳述的內容，「特殊項目——長期潛伏的間諜」

(Special Item—Mole)，1987 年 1 月 16 日，布里克個人文件。

25. 作者和艾德・布里克(Ed Bricker)進行的電話訪談，2011 年 11 月 28 日。

26. Cindy Bricker, "Where One Person Can Make a Difference," unpublished essay. See also John Wilson and Larry Lange, "Whistle-Blower Was a Target for Reprisals," July 31, 1990, SPI, B1.

27. Matthew Wald, "Watkins Offers a Plan to Focus on Atom Waste," NYT, March 25, 1989, 9.

28. 引述自約翰・M・芬德雷和布魯斯・威廉・赫夫利(John M. Findlay and Bruce William Hevly)，《原子邊境歲月：漢福德和美國西部》(*Atomic Frontier Days: Hanford and the American West*，西雅圖：華盛頓大學出版，2011 年)，258；狄恩・葛拉姆瑟(Deeann Glamser)，「N 清理作業將炸彈重鎮變成繁榮城市」(N-Cleanup Turns Bomb Town to Boom Town)，《今日美國》(*USA Today*)，1992 年 3 月 25 日，8A。

29. Larry Lang, "Clan's Second Whistle-Blower Also in Battle with Hanford," August 9, 1996, SPI, C4.

30. "Clampdown: The Silencing of Nuclear Industry Workers; Four Who Spoke Out," Houston Chronicle, September 26, 1993, A22.

31. "Siberian Fire Foreshadowed; Blasts Rocked Hanford Site, Letters Say," St. Louis Post-Dispatch, April 10, 1993, 1B; "Energy Chief Meets with 3 Dismissed Hanford Whistle-Blowers," SPI, April 18, 1996; Heath Foster, "Hanford Blast Not Unique, Probe Finds," SPI, June 7, 1997, A3.

32. Steele, "'Safety First' Melts Down at Hanford; Contractor Targets Workers Who Raise Concerns, Supervisor Says," SR, August 1, 1999, A1; "High Court Backs Pipefitters Fired for Raising Safety Issue," SR, September 8, 2005, B2.

33. Keith Schneider, "Inquiry Finds Illegal Surveillance of Workers in Nuclear Plants," NYT, July 31, 1991; Jim Fisher, "Still Seeing No Evil at Westinghouse Hanford," Lewiston Morning Tribune, August 7, 1991, 10A; Dori Jones Yang, "Slowly Reclaiming a Radioactive Wasteland," BusinessWeek, April 22, 1991; Eric Nalder and Elouise Schumacher, "Hanford Whistle-Blower—Breaking the Code—Citing Harassment," Seattle Times, December 2, 1990.

34. Keith Schneider, "Inquiry"; Larry Lange, "Hanford Surveillance Charge Cleared Up, Westinghouse Claims," SPI, August 2, 1991, B1; "Looking for Mr. Whistle-blower," Spy, June 1996, 40–43.

35. Matthew Wald, "Trouble at a Reactor? Call In an Admiral," NYT, February 17, 1989, D1.

36. Larry Lange, "Hanford Jobs Shift Toward Site Cleanup; Nuclear Workers Must Be Retrained, Officials Say," SPI, September 18, 1993,

A1; “Hanford Waste Tank Incidents Prompt Shutdown, Safety Training,” SPI, August 13, 1993, C9.

37. Karen Dorn Steele, “'Excessive' Bonuses Given Hanford Firm,” SR, March 23, 1997, B1; “Whistleblower Says Westinghouse, Fluor Daniel Made Off with $85 Million in Federal Funds,” SR, April 8, 1999, A1; Rob Taylor, “EPA Alleges Fraud in Lab's Waste Tests,” SPI, April 26, 1990, A1; Angela Galloway, “11 Hanford Workers to Sue, Allege a Cover-Up,” SPI, March 31, 2000, A1; Michael Paulson, “Hanford Violations Will Bring Hefty Fine,” SPI, March 31, 1998, A1; Sarah Kershaw and Matthew L. Wald, “Lack of Safety Is Charged in Nuclear Site Cleanup,” NYT, February 20, 2004, A1; Tom Sowa, “Hanford Violations Will Bring Hefty Fine,” SR, May 2, 2010; Sarah Kershaw and Matthew Wald, “Workers Fear Toxins in Faster Nuclear Cleanup,” NYT, February 20, 2004; Wald, “High Accident Risk Is Seen in Atomic Waste Project,” NYT, July 27, 2004; Blaine Harden, “Nuclear Plant's Medical and Management Practices Q uestioned,” Washington Post, February 26, 2004, A1; Rusty Weiss, “The Case of CH2M Hill: $2 Billion in Crony Stimulation,” November 30, 2011, Accuracy in Media, www.aim.org/special-report/the-case-of-ch2m-hill-2-billion-incrony-stimulation/print.

38. Matthew Wald, “A Review of Data Triples Plutonium Waste Figures,” NYT, July 11, 2011, A16.

39. Annette Cary, “Workers Uncover Carcasses of Hanford Test Animals Dogs, Cats, Sheep, Others Exposed to Radiation,” TCH, January 15, 2007; Justin Scheck, “Toxic Find Is Latest Nuclear-Cleanup Setback,” Wall Street Journal, December 10, 2010, A3.

40. “Complex Clean-up,” Environmental Health Perspectives 107, no. 2 (February 1999); Mathew Wald, “Nuclear Site Is Battling a Rising Tide of Waste,” NYT, September 2, 1999, A12; Karen Dorn Steele, “Get Moving on Cleanup, Hanford Told Environmental; Officials Critical of Delays, Cost Overrun,” SR, June 6, 1998; Karen Dorn Steele, “Salmon Close to Radiation; Plutonium Byproduct Found Near Hanford Reach Spawning Beds,” SR, June 7, 1999, B1; Solveig Torvik, “Hanford Cleanup; Over Four Years, $5 Billion Spent and a 'Black Hole,'” SPI, April 25, 1993, E1; “Hanford's New Waste Contractors,” SPI, August 11, 1996, E2; “Hanford Responsible for Contaminated Fish In River,” SPI, August 5, 2002, B5.

41. Kimberly Kindy, “Nuclear Cleanup Awards Q uestioned,” Washington Post, May 18, 2009.

42. “GAP Exposes Errors, Cover-up at Hanford,” press release, 2006, http://whistleblower.org/press/press-release-archive/2006/1281-gap-exposes-errors-cover-up-at-hanford.

43. Matthew Wald, “High Accident Risk Is Seen in Atomic Waste Project,” NYT, July 27, 2004, A13; Craig Welch, “No Proof Hanford N-Waste Mixers Will Work,” Lewiston Morning Tribune, January 30, 2011.

44. Tim Connor, "Outside Looking Back," October 12, 2010, www.cforjustice.org/2009/07/04/outside-looking-back.
45. "Energy Chief Meets with 3 Dismissed Hanford Whistle-Blowers," SPI, April 18, 1996.

第二十八章：遺棄者

1. Michel R. Edelstein and Maria Tysiachniuk, "Psycho-social Consequences Due to Radioactive Contamination in the Techa River Region of Russia," in Maria Tysiachniuk, Lyudmila V. Smirnova, and Michel R. Edelstein, eds., Cultures of Contamination: Legacies of Pollution in Russia and the U.S. (Amsterdam: JAI Press, 2007), 14:192.
2. A. N. Marei, "Sanitarnie posledstviia udaleniia v vodoemy radioaktivnykh otkhodov predpreiiatii atomnoi promyshlennosti," PhD diss., Moscow, 1959.
3. "Na vash no. 28," May 20, 1960, Mamontov Burnazian, June 20, 1961, and "Prikaz SM USSR no 1282–587," November 12, 1957, OGAChO, R-1644/1/4a, 5, 127–28, 153–54, 193–95.
4. V. N. Novoselov and V. S. Tolstikov, Atomnyi sled na Urale (Cheliabinsk: Rifei, 1997), 175–76.
5. Fauziia Bairamova, Iadernyi arkhipelag ili atomnyi genotsid protiv Tatar (Kazan': Nauchnopopuliarnoe izdanie, 2005), 35.
6. A. K. Gus'kova, Atomnaia otrasl' strany glazami vracha (Moscow: Real'noe vremia, 2004), 92.
7. 作者和羅伯特・諾斯（Robert Knoth）進行的訪談，2011 年 8 月 2 日，阿姆斯特丹。
8. M. Kossenko, D. Burmistrov, and R. Wilson, "Radioactive Contamination of the Techa River and Its Effects," Technology 7 (2000): 560–75; Adriana Petryna, Life Exposed: Biological Citizens After Chernobyl (Princeton, NJ: Princeton University Press, 2002), 226 n. 18.
9. Bairamova, Iadernyi arkhipelag, 53.
10. L. D. Riabev, Atomnyi proekt SSSR: Dokumenty i materialy, vol. II, bk. 7 (Moscow: Nauka, 2007), 589–600.
11. Ministry of Health of Russia, Muslyumovo: Results of 50 Years of Observation (Cheliabinsk, 2001).
12. 作者和蜜拉・柯森科（Mira Kossenko）進行的訪談，2012 年 5 月 13 日，加州紅木市；「俄羅斯健康研究計畫」，美國能源部衛生安全保護部門，www.hss.energy.gov/healthsafety/his/hstudies/relationship.html。
13. 貝拉莫瓦（Bairamova），《核群島》（*Iadernyi arkhipelag*），47-50，68；M. D. 大衛・魯斯（M. D. David Rush），「俄羅斯期刊，1995 年 7 月號」，《醫學和全球生存 2》（*Medicine and Global Survival 2*），No. 3（1995 年）；作者和亞歷山大・亞克立夫（Alexander Akleev）的訪談，2007 年 6 月 26 日，車里雅賓斯克。一九六八年的遺傳學院報告發現，穆斯柳

莫沃（Muslumovo）的染色體異常發生率超過標準值二十五倍左右。V. A. 薛夫臣柯（V. A. Shevchenko）等人，《慕斯柳莫沃居民的細胞遺傳研究》（*Cytogenetic Study of the Residents of Muslumovo*，莫斯科，1998 年）。有關生育問題研究，請見 A. V. 亞克立夫和 O. G. 普羅許臣斯卡耶（A. V. Akleev and O. G. Ploshchanskaya），「長期接觸輻射的孕婦和勞工併發症發生率」（Incidence of Pregnancy and Labor Complications in Women），第二屆長期輻射暴露國際研討會上提出的論文，2000 年 3 月 14 日 -16 日，車里雅賓斯克。對於先天性問題提高，機率卻未獲結論的文獻評論，請見柯森科、布爾米斯托夫、威爾森（Kossenko, Burmistrov, and Wilson），「輻射污染」（Radioactive Contamination）。

14. I. E. Vorobtsova, "Genetic Consequences of the Effect of Ionizing Radiation in Animals and Humans," Medical Radiology, 1993, 31–34.

15. A. V. Akleev, P. V. Goloshapov, M. M. Kossenko, and M. O. Degteva, Radioactive Environmental Contamination in South Urals and Population Health Impact (Moscow: TcniiAtomInform, 1991).

16. 作者和亞克立夫的訪談；E. 奧斯托莫瓦，M. 柯森科，L. 克雷希尼納，和 O. 威希科瓦（E. Ostroumova, M. Kossenko, L. Kresinina, and O. Vyushkova），「捷恰河畔村莊暴露人口的晚期輻射效應（罹癌效應）」（Late Radiation Effects in Population Exposed in the Techa Riverside Villages），第二屆長期輻射暴露國際研討會上提出的論文，2000 年 3 月 14 日 -16 日，車里雅賓斯克，31-32。

17. Gus'kova, Atomnaia otrasl', 111.

18. 「人民社會保護法，No. 99-F3」，1996 年 7 月 30 日，複製於諾瓦瑟羅夫和托斯帝柯夫，《原子軌跡》，226-27。

19. Vladyslav B. Larin, Kombinat "Maiak"—Problema na veka (Moscow: KMK Scientific Press, 2001), 235.

20. 作者和娜德茲達・庫特波娃（Nadezhda Kutepova）的訪談，2010 年 6 月 19 日，和露易莎・蘇瓦洛娃（Louisa Surovova）進行的訪談，2010 年 6 月 22 日，基許提姆。

21. 漢米爾頓對康普頓（Hamilton to Compton）陳述的內容，1943 年 10 月 6 日，EOL，43 卷（28 號箱），40 號文件夾。

22. 作者和庫特波娃進行的專訪。

23. 請見瑪頓・杜奈（Marton Dunai），「給俄羅斯馬亞科核廢料加工廠的警告」（Warning on the way to Russia's Mayak Nuclear Waste Processing Plant），《綠色地平線簡報》（*Green Horizon Bulletin*），第 12 卷，第 1 期，（2009 年 6 月號）。

24. 娜塔莉亞・卡爾臣柯和弗拉迪米爾・諾瓦瑟羅夫（Natalia Karchenko with Vladimir Novoselov），「穆斯柳莫沃殺手不是輻射，而是酒精」（Muslumovo sgubila ne radiatsiia, a alkogolizm），《MK 烏拉山》（*MK-Ural*），2007 年 6 月 20 日 -27 日，25；

迪帝爾・盧華特（Didier Louvat），「健康觀點」（The Health Perspective），車諾比災難紀念會上公開的論文：二十年後的人類經驗，華盛頓哥倫比亞特區，2006年27。有關鈾礦工抽菸和癌症的相似關聯，請見彼得・赫斯勒（Peter Hessler），「鈾寡婦」（The Uranium Widows），《紐約客》（*New Yorker*），2010年9月13日。有關否認核能非影響健康的說法討論，請見加布里耶・赫希特（Gabrielle Hecht），《核能：非洲人與全球鈾貿易》（*Being Nuclear: Africans and the Global Uranium Trade*，麻州劍橋：麻省理工學院出版，2012年），183。

25. Selim Jehan and Alvaro Umana, "The Environment-Poverty Nexus," Development Policy Journal, March 2003, 54–70.
26 "Contaminated Village to Be Resettled After 55 years," Itar-Tass News Weekly, November 3, 2006.
27. Elena Efremova, "Zhiteli Musliumovo nachnyt pereseliat' na drugoi bereg radioaktivnoi reki," Ekologiia i pravo 27 (2008): 12–14.
28. 作者與亞克立夫（Akleev）進行的訪談。
29. 二〇〇一年，捷恰河的十九個居地共有兩萬兩千人。拉林（Larin），《總和》（*Kombinat*），232。
30. Elena Pashenko, Sergey Pashenko, and Serega Pashenko, "Non-Governmental Monitoring—Past, Present and Future of Techa River Radiation," Boston Chemical Data Corp., 2006, 3.
31. 同上，7-8。

第三十九章：病者

1. Karen Dorn Steele, "Hanford's Bitter Legacy," Bulletin of the Atomic Scientists, January-February 1988, 20; Keith Schneider, "U.S. Studies Health Problems Near Weapon Plant," NYT, October 17, 1988.
2. 作者和崔夏・普里提金（Trisha Pritikin）的訪談，2010年3月2日，加州柏克萊，以及2010年5月3日，華盛頓哥倫比亞特區。
3. INFACT, Bringing GE to Light: How General Electric Shapes Nuclear Weapons Policies for Profits (Philadelphia: New Society Publishers, 1988), 118.
4. 作者的電話訪談，2009年12月2日。
5. Jim Camden, "New Report Means Another Exercise in Damage Control," SR, July 22, 1990, A8.
6. Keith Schneider, "Release Sought on Health Data in Atomic Work," NYT, November 24, 1988, A18.
7. DOE終於在一九九〇年交出資料。請見康諾・貝斯（Connor Bass），「員工的輻射和健康風險」（Radiation and Health Workers at Risk），《原子科學家簡報》（*Bulletin of the Atomic Scientists*），1990年9月號。

8. Michael Murphy, "Cover-up of Hanford's Effect on Public Health Charge," SR, September 20, 1986; Dick Clever, "Hanford Exposure Area Widened," SPI, April 22, 1994, A1.

9. P. P. Hoover, R. H. Nussbaum, and C. M. Grossman, "Community-Based Participator Health Survey of Hanford, WA, Downwinders: A Model for Citizen Empowerment," Society and Natural Resources 17 (2004): 547–59.

10. "Gofman on the Health Effects of Radiation," Synapse 38, no. 16 (1994): 1–3; David Richardson, Steve Wing, and Alice Stewart, "The Relevance of Occupational Epidemiology to Radiation Protection Standards," New Solutions 9, no. 2 (1999): 133–51.

11. Glenn Alcalay, testimony, U.S. Advisory Committee on Human Radiation Experiments, March 15, 1995, www.gwu.edu/~nsarchiv/radiation/dir/mstreet/commeet/meet12/trnsc12a.txt.

12. 引述自布萊恩・哈登（Blaine Harden），《遺失的河川：哥倫比亞的生與死》（*A River Lost: The Life and Death of the Columbia*，紐約：W. W. 諾頓出版，1996年），180；傑拉德・彼得森對南茜・赫索爾（Gerald Petersen to Nancy Hessol,）陳述的內容，1985年6月5日，PRR，PNL-10469-330；賴瑞・藍吉（Larry Lange），「漢福德家長難掩激動」（Hanford Parents Stirred Up），《*SPI*》，1994年6月28日。

13. Lowell E. Sever et al., "The Prevalence at Birth of Congenital Malformations in Communities near the Hanford Site" and "A Case-Control Study of Congenital Malformations and Occupational Exposure to Low-Level Ionizing Radiation," American Journal of Epidemiology 127, no. 2 (1988): 243–54, 226–42.

14. Linda Lorraine Nash, Inescapable Ecologies: A History of Environment, Disease, and Knowledge (Berkeley: University of California Press, 2006), 192.

15. Steele, "Hanford's Bitter Legacy," 22.

16. 傑克・吉格和大衛・魯斯（Jack Geiger and David Rush），《死亡計算：能源部流行病研究的關鍵評論》（*Dead Reckoning: A Critical Review of the Department of Energy's Epidemiologic Research*，華盛頓哥倫比亞特區：醫師社會責任組織，1992年）；迪克・克雷夫（Dick Clever），「漢福德暴露區域擴增」（Hanford Exposure Area Widened），《*SPI*》，1944年4月22日，A1。有關初期研究的決定因素，請見R. H. 威爾森和T. H. 艾席格（R. H. Wilson and T. H. Essig），「預測漢福德周圍居民接收輻射劑量的使用標準」，1986年7月，PRR，BNWL-706 UC-41。

17. Washington State Department of Health, Hanford Health Information Network, "Radiation Health Effects: A Monograph Study of

the Health Effects of Radiation and Information Concerning Radioactive Releases from the Hanford Site: 1944-1972," Module 9, Sept. 1996.

18. 例如 N. P. 伯西科夫，V. B. 蒲魯沙柯夫（N. P. Bochkov, V. B. Prusakov）等人，「根據流產、先天發展缺陷，得出的傳病理學頻率動態評估」（Assessment of the Dynamics of the Frequency of Genetic Pathology, Based on Numbers of Miscarriages and Congenital Developmental Defects），《細胞學和遺傳學》（*Cytology and Genetics*），第 16 卷，第 6 期（1982 年）：33-37。
19. Karen Dorn Steele, "U.S., Soviet Downwinders Share Legacy of Cold War," SR, July 13, 1992, A4.
20. Nash, Inescapable Ecologies, 142.
21. Devra Lee Davis, The Secret History of the War on Cancer (New York: Basic Books, 2007), 42.
22. Steele, "Doe 'Pleased' by Hanford Ruling," SR, August 27, 1998, B1; Teri Hein, Atomic Farm Girl (New York: Houghton Mifflin, 2003), 247.
23. Steele, "Doe 'Pleased.'"
24. Steele, "Judge out of Hanford Case," SR, March 11, 2003, A1.
25. Jenna Greene, "In Hanford Saga, No Resolution in Sight," National Law Journal, June 20, 2011.
26. Steele, "Thyroid Study Finds No Link," SR, January 29, 1999, A1.
27. Steele, "Downwinders Blast Study on Cancers," SR, May 6, 1999, B1; "Scientists Get Earful on Hanford," SR, June 20, 1999, B1.
28. 作者訪談，2011 年 1 月 26 日，華盛頓哥倫比亞特區。
29. Ulrich Beck, Ecological Enlightenment: Essays on the Politics of the Risk Society (Atlantic Highlands, NJ: Humanities Press, 1995), 3.
30. Steele, "Downwinders List Illnesses at Hearing," SR, January 26, 2001; "Hanford Not as Safe a Workplace as Thought," SPI, November 5, 1999, A20; Gerald Petersen to Nancy Hessol, June 5, 1985, PRR, PNL-10469-330.
31. Robert McClure and Tom Paulson, "Hanford Secrecy May Be at an End, Doctors Say," SPI, January 31, 2000, A5.
32. Florangela Davila, "Grim Toll of Bomb-Factory Workers' Illness Explored," Seattle Times, February 5, 2000.
33. William J. Kinsella and Jay Mullen, "Becoming Hanford Downwinders," in Bryan C. Taylor et al., eds., Nuclear Legacies: Communication, Controversy, and the U.S. Nuclear Weapons Complex (Lanham, MD: Lexington Books, 2007), 90.

34. 作者和 KR 進行的專訪，2011 年 8 月 16 日，里奇蘭。
35. SR, July 22, 1990, A1, A8.
36. 例如，最早福瑞德哈金森的研究員選擇埃倫斯堡市當作漢福德附近社區的控管關口，直到下風者艾妲・霍金斯（Ida Hawkins）指出，埃倫斯堡也在漢福德輻射污染的路徑。金席拉和穆倫（Kinsella and Mullen），「成為漢福德下風者」（Becoming Hanford Downwinders），90。至於約翰・提爾（John Till）坦承 HEDR 科學家需要更瞭解氣候模式的說法，請見比爾・盧夫塔斯（Bill Loftus），「鹿甲狀腺發現囤積野外的長半衰期碘 -129」（Deposited in the Wild Longer Half-Life Iodine-129 Found in Deer Thyroids），《路易斯頓早晨評論報》（*Lewiston Morning Review*），1991 年 3 月 31 日，1A。

第四十章：穿著連身工作服的卡珊德拉

1. Michael D'Antonio, Atomic Harvest (New York: Crown, 1993), 36–42.
2. "They Lied to Us," Time, October 31, 1988.
3. Blaine Harden, A River Lost: The Life and Death of the Columbia (New York: W. W. Norton, 1996), 174–75.
4. R. F. Foster, "Evaluation of Radiological Conditions in the Vicinity of Hanford from 1963," February 24, 1964, DOE Opennet, HW-80991.
5. "Description of Proposed HARC Research Involving Human Subjects," n.d., PRR, PNL-9236; "Internal Depositions of Radionuclides in Men," February 1967, PRR, PNL 9287; Advisory Committee on Human Radiation Experiments, "Documentary Update: Fallout Data Collection," February 8, 1995, GWU.
6. "Atmospheric Pathway Dosimetry Report, 1944–1992," October 1994, DOE Opennet, PNWD-2228 HEDR.
7. "Q uarterly Progress Report, Activities in the Field of Radiological Sciences, July–September 1956," DOE Opennet, HW 46333, 9.
8. R. W. Perkins et al., "Test of Sampling in I 131 Plumes," April 18, 1963, PRR, HW 77387, 16.
9. S. Torvik, "Study Further Muddies Hanford Waters," Seattle Times, February 28, 1999.
10. Academy of Sciences, Review of the Hanford Thyroid Disease Study Draft Final Report (Washington, DC: National Academy Press, 2000); Steele, "Judge Unseals Evaluation of Hanford Study," SR, March 11, 2003; Trisha Thompson Pritikin, "Insignificant and Invisible: The Human Toll of the Hanford Thyroid Disease Study," presentation at the conference "Ethics of Research on Health Impacts of Nuclear Weapons Activities in the United States," Collaborative Initiative for Research Ethics and Environmental Health at Syracuse University,

October 27, 2007.

11. Steele, "Jury Rejects Rhodes' Lawsuit," SR, November 24, 2005, 1.

12. Steele, "Judge out of Hanford Case," SR, March 11, 2003, A1.

13 Steele, "Radiation Compensation Proposal Includes Hanford," SR, April 13, 2000, A1; Robert McClure and Tom Paulson, "Hanford Secrecy May Be at an End," SPI, January 31, 2000, A5; Florangela Davila, "Grim Toll of Bomb-Factory Workers' Illness Explored," Seattle Times, February 5, 2000.

14. Seth Tuler, "Good Science and Empowerment Through Community-Based Health Surveys," Perspectives on Nuclear Weapons and Community Health, February 2004, 3–4; J. R. Goldsmith, C. M. Grossman, W. E. Morton, et al., "Juvenile Hypothyroidism Among Two Populations Exposed to Radioiodine," Environmental Health Perspectives 107 (1999): 303–8; C. M. Grossman, W. E. Morton, and R. H. Nussbaum, "Hypothyroidism and Spontaneous Abortion Among Hanford, Washington Downwinders," Archives of Environmental Health 51 (1996): 175–76.

15. Stephen M. Smith Gregory D. Thomas, and Joseph A. Turcotte, "Using Public Relations Strategies to Prompt Populations at Risk to Seek Health Information: The Hanford Community Health Project," Health Promotion Practice 10, no. 1 (2009): 92–101.

16. 有關致命的出生缺陷「無顱蓋症」（頭顱缺乏），請見德弗拉·李·戴維斯（Devra Lee Davis），《癌症戰爭的祕密歷史》（*The Secret History of the War on Cancer*，紐約：基本出版，2007 年），345。

第四十一章：核能開放政策

1. Robert G. Darst Jr., "Environmentalism in the USSR: The Opposition to the River Diversion Projects," Soviet Economy 4, no. 3 (1988): 223–52; David R. Marples, "The Greening of Ukraine: Ecology and the Emergence of Zelenyi Svit, 1986–1990," in Judith B. Sedaitis and Jim Butterfield, eds., Perestroika from Below: Social Movement in the Soviet Union (Boulder: Westview, 1991), 133–44.

2. Komsomol'skaia pravda, July 15, 1989; Cheliabinskii rabochii, August 23, 1989; Argumenty I fakty 41 (October 1989); Sovetskaia Rossia, November 26, 1989.

3. 作者和娜塔莉亞·曼蘇羅娃（Natalia Mironova）進行的訪談，2011 年 3 月 3 日，華盛頓哥倫比亞特區。

4. "Rakety i stiral'nye mashiny," Ural 4 (April 1994): 52–53.

5. Maria Tysiachniuk, Lyudmila V. Smirnova, and Michel R. Edelstein, eds., Cultures of Contamination: Legacies of Pollution in Russia and the U.S. (Amsterdam: JAI Press, 2007), 14:500.
6. "Zakon o sotsial'noi zashchite grazhdan, no. 99-F3," July 30, 1996, reproduced in V. N. Novoselov and V. S. Tolstikov, Atomnyi sled na Urale (Cheliabinsk: Rifei, 1997), 226–27.
7. Vladyslav B. Larin, Kombinat "Maiak"—Problema na veka (Moscow: KMK Scientific Press, 2001), 288.
8. 請見安德魯・威爾森（Andrew Wilson），《虛擬政治：後蘇聯世界的假民主》（*Virtual Politics: Faking Democracy in the Post-Soviet World*，康乃狄格州紐哈芬市：耶魯大學出版，2005 年）。
9. David Rush, "A Letter from Chelyabinsk—April, 1998: The End of Glasnost or the Beginning of a Civil Society?" Medicine and Global Survival 5, no. 2 (1998): 109–12.
10. Richard Stone, "Duo Dodges Bullets in Russian Roulette," Science 387, no. 5459 (October 3, 2000): 1729; David Rush, "A Letter from Krasnoyarsk: Disarmament, Conversion, and Safety After the Cold War," Medicine and Global Survival 2, no. 1 (1995): 24.
11. Dmitrii Zobkov and German Galkin, "Uralu grozit iadernaia katastrofa," Kommersant-daily, April 8, 1998; Boris Konovalov, "Atomnyi bombi Urala teper' ugrozhaiut ne SShA, a Rossii," Izvestiia, August 30, 1995.
12. V. M. Kuznetsov, "Osnovnie problemy i sovremennoe sostoianie bezopasnosti predpriiatii IaTTs RF," Iadernaia bezopasnost', 2003, 231–35.
13. Amelia Gentleman, "Nuclear Disaster Averted," Observer, September 17, 2000; Viktor Riskin, "Tainy 'Maiaka,'" Cheliabinskii rabochii, October 26, 2000, 1.
14. Greenpeace, "Half-Life: Living with the Effects of Nuclear Waste: Mayak Exhibition," http://archive.greenpeace.org/mayak/exhibition/index.html.
15. Irina Sidorchuk and Dmitrii Zobkov, "Voina protiv atoma," Kommersant, August 17, 2000; Marina Latysheva, "Russia's Nuclear Sites Worry Ecologists, FSB," Moscow News, March 9–15, 2005.
16. Anna Il'ina and Anatolii Usol'tsev, "Khozhdenie po mukam," Rossiskaia gazeta, September 30, 1997; Alexander Neustroev, "VURS stal 'vzroslym,'" Panorama, October 21, 1999.
17. 作者和亞歷山大・諾瓦瑟羅夫（Alexander Novoselov）進行的訪談，2007 年 6 月 26 日，俄羅斯車里雅賓斯克。

18. Natalia Karchenko with Vladimir Novoselov, "Musliumovo sgubila ne radiatsiia, a alkogolizm," MK-Ural, June 20–27, 2007, 25.
19. Il'ina and Usol'tsev, "Khozhdenie po mukam."

第四十二章・國王的全體子民

1. Viktor Kostiukovskii, "U nas shpionom stanovitsia liuboi," Russkii Kur'er, November 25, 2004, 1.
2. Viktor Riskin, "'Aborigeny' atomnogo anklava," and "Sezam, otkroisia!" Cheliabinskii rabochii, April 15, 2004, and February 21, 2006.
3. "Maiak protiv beremennykh likvidatorov iadernoi avarii," Ekozashchita, press release, Cheliabinsk, January 17, 2007.
4. 作者和娜德茲達・庫特波娃進行的電話訪談，2009 年 11 月 11 日。
5. 二〇〇七年，奧爾斯克市政府花費在每位居民的費用是基許提姆的三倍。黎斯金（Rizkin），「芝麻開門！」
6. Valerie Sperling, Altered States: The Globalization of Accountability (Cambridge: 2009), 221–76.
7. Marina Latysheva, "Russia's Nuclear Sites Worry Ecologists, FSB," Moscow News, March 9–15, 2005.
8. Mikhail Moshkin, "Zarubezhnii grant—eto ne pribyl," Vremia, June 15, 2009.
9. Boris Konovalov, "Atomnyi bombi Urala teper' ugrozhaiut ne SShA, a Rossii," Izvestiia, August 30, 1995.
10. Marina Smolina, "Maiaku vernuli direktora," Izvestiia, May 30, 2006.
11. Cheliabinsk Regional Court Judge S. B. Gorbulin, "Decision to Terminate a Criminal Case," May 22, 2006, document provided by Nadezhda Kutepova.
12. Mikhail V'iugin, "Radiopassivnost," Vremia novostei, 2007; Gennadii Iartsev and Viktor Riskin, "Atomshchiki priniali dozu," Cheliabinskii rabochii, July 28, 2007.
13. Yu. V. Glagolenko, Ye. G. Drozhko, and S. I. Rovny, "Experience in Rehabilitating Contaminated Land and Bodies of Water Around the Mayak Production Association," in Glenn E. Schweitzer, Frank L. Parker, and Kelly Robbins, eds., Cleaning Up Sites Contaminated with Radioactive Materials: International Workshop Proceedings (Washington, DC: National Academies Press, 2009).

第四十三章　未來

1. "Human Tissue, Organs Help Scientists Learn from Plutonium and Uranium Workers," press release, Washington State University, October 1, 2010, http://www.sciencedaily.com/releases/2010/10/101006114450.htm.

2. 門迪斯（Mendez）為虛構假名。
3. Hugh Gusterson, People of the Bomb: Portraits of America's Nuclear Complex (Minneapolis: University of Minnesota Press, 2004), xvii.
4. Adam Weinstein, "We're Spending More on Nukes Than We Did During the Cold War?" Mother Jones, November 9, 2011; "Time to Rethink and Reduce Nuclear Weapons Spending," Arms Control Association 2, no. 16 (December 2, 2011); Lawrence Korb, "Target Nuclear Weapons Budget," Plain Deal, November 19, 2011; "Russia's Military Spending Soars," February 25, 2011, http://rt.com/news/military-budget-russia-2020/print.
5. Gusterson, People of the Bomb, xvii.
6. 與謝蓋．托瑪切夫（Sergei Tolmachev）進行的專訪，2010年11月5日，華盛頓州里奇蘭。
7. 作者和艾倫．拉布森（Allen Rabson）進行的訪談，2011年1月27日，馬里蘭州貝塞斯達。關於壓下的癌症環境病因，請見羅伯特．普羅克特（Robert Proctor），《癌症戰爭：政治如何形塑我們對癌症的認識與無知》（*Cancer Wars: How Politics Shapes What we Know and Don't Know About Cancer*，紐約：基本出版，1995年），43-48。
8. 敦漢對布朗克（Dunham to Bronk）陳述的內容，1955年12月20日，DOE Opennet。
9. Katrin Anna Lund and Karl Benediktson, "Inhabiting a Risky Earth," Anthropology Today 27, no. 1 (2011): 6.
10. Harry Stoeckle, "Radiation Hazards Within A.E.C.," February 15, 1950, NAA, 326 87 6, box 29, MHS, 3-3.
11. David Brown, "Nuclear Power Is Safest Way to Make Electricity," Washington Post, April 2, 2011.
12. Daniel J. Flood to Glenn Seaborg, August 23, 1963, and "AEC Air Pollution in New York City," AEC 506/6, June 22, 1965, DOE Germantown, RG 326, 1362/7.
13. Norimitsu Onishi, "'Safety Myth' Left Japan Ripe for Crises," NYT, June 24, 2011; McCormack, "Building the Next Fukushimas."
14. Mary Mycio, Wormwood Forest: A Natural History of Chernobyl (Washington, DC: Joseph Henry Press, 2005); D. Kinley III, ed., The Chernobyl Forum (Vienna: International Atomic Energy Agency, 2006).
15. Timothy Mousseau, "The After Effects of Radiation on Species and Biodiversity," Pennsylvania State University, September 30, 2011; Timothy Mousseau and Anders P. Moller, "Landscape Portrait: A Look at the Impacts of Radioactive Contaminants on Chernobyl's Wildlife," Bulletin of the Atomic Scientists 67, no. 2 (2011): 38–46.
16. TCH, November 5, 2010, A1.

17. Josh Wallaert, dir., Arid Lands [documentary] (United States, 2007).
18. Helen A. Grogan, Arthur S. Rood, Jill Weber Aanenson, Edward B. Liebow, and John Till, "A Risk-Based Screening Analysis for Radionuclides Released to the Columbia River," Centers for Disease Control, 2002, table 7-5.
19. 關於不斷把癌症怪罪在個人習慣不佳，請見普羅克特（Proctor），《癌症戰爭》（*Cancer Wars*），188-89。
20. Andrew Horvat, "How American Nuclear Reactors Failed Japan," and Gavan McCormack, "Building the Next Fukushimas," in Jeff Kingston, ed., Tsunami: Japan's Post-Fukushima Future (Washington, DC: Foreign Policy, 2011), 195–203, 230–35.
21. Chico Harlan, "Japan's Contradiction on Nuclear Power," Washington Post, November 17, 2011, A8.
22. Shiloh R. Krupar, "Where Eagles Dare: An Ethno-Fable with Personal Landfill," Environment and Planning D: Society and Space 25 (2007): 194–212.
23. McCormack, "Building the Next Fukushimas."
24. Daniel P. Aldrich, Site Fights: Divisive Facilities and Civil Society in Japan and the West (Ithaca, NY: Cornell University Press, 2008), 126–32.
25. Craig Campbell and Jan Ruzicka, "The Nonproliferation Complex," London Review of Books, February 23, 2012, 37–38.
26. Tom Vanderbilt, Survival City: Adventures Among the Ruins of Atomic America (New York: Princeton Architectural Press, 2002), 169; I. A. Shliakhov, P. T. Eborov, and N. I. Alabin and P. T. Egorov, Grazhdanskaia oborona (Moscow, 1970), 166.
27. 特別感謝路易・席格包姆（Lewis Siegelbaum）提供這個構想。
28 Bruno Latour, We Have Never Been Modern, trans. Catherine Porter (Cambridge, MA: Harvard University Press, 1993).
29. Sandra Steingraber, Living Downstream: An Ecologist's Personal Investigation of Cancer and the Environment (Cambridge, MA: Da Capo Press, 2010), 44.
30. 同上，69。
31. Vladyslav B. Larin, Kombinat "Maiak"—Problema na veka (Moscow: KMK Scientific Press, 2001), table 6.25, 412.
32. Murray Feshbach, "Scholar Predicts Serious Population Decline in Russia," January 29, 2004, public lecture, Woodrow Wilson Center, Washington, DC; Galina Stolyarova, "Experts: Russia Hit by Cancer Epidemic," St. Petersburg Times, February 5, 2008.
33. Hiroko Tabuchi, "Economy Sends Japanese to Fukushima for Jobs," NYT, June 8, 2011; Eric Johnston, "Key Players Got Nuclear Ball

Rolling," Japan Times Online, July 16, 2011.

34. Christian Caryl, "Leaks in All the Wrong Places," and Lawrence Repeta, "Could the Meltdown Have Been Avoided?" in Jeff Kingston, ed., Tsunami: Japan's Post-Fukushima Future (Washington, DC: Foreign Policy, 2011), 90–92, 183–94; Hiroko Tabuchi, "Radioactive Hot Spots in Tokyo Point to Wider Problems" and "Japanese Tests Find Radiation in Infant Food," NYT, October 14 and December 6, 2011; Edwin Cartlidge, "Fukushima Maps Identify Radiation Hot Spots," Nature, November 14, 2011; Mousseau, "The After Effects of Radiation."

國家圖書館出版品預行編目 (CIP) 資料

鈽托邦：失去選擇的幸福與核子競賽下的世界墳場 / 凱特 . 布朗 (Kate
Brown) 作；張家綺譯 . -- 初版 . -- 臺北市：行人文化實驗室 , 2019.03
　　544 面；14.8x21 公分
譯　自：Plutopia : nuclear families, atomic cities, and the great Soviet and
American plutonium disasters

ISBN 978-986-83195-7-8(平裝)

1. 核能污染　2. 工業安全　3. 俄國　4. 美國

449.8448　　　　　　　　　　　　　　　　　108002391

鈽托邦：失去選擇的幸福與核子競賽下的世界墳場

Plutopia: Nuclear Families, Atomic Cities, and the Great Soviet
and American Plutonium Disasters

作　　者：凱特‧布朗 Kate Brown
譯　　者：張家綺
總 編 輯：周易正
責任編輯：楊琇茹、盧品瑜
封面設計：江宏達
內頁排版：葳豐企業
行銷企劃：郭怡琳、毛志翔、華郁芳
印　　刷：沈氏印刷

定　　價：620 元
Ｉ Ｓ Ｂ Ｎ：9789868319578
2019 年 3 月　初版一刷
版權所有，翻印必究

出版者：行人文化實驗室（行人股份有限公司）
發行人：廖美立
地　址：10563 台北市松山區八德路四段 36 巷 34 號 1 樓
電　話：+886-2- 37652655
傳　真：+886-2- 37652660
網　址：http://flaneur.tw

總經銷：大和書報圖書股份有限公司
電　話：+886-2-8990-2588